从零开始学
电子电路设计

刘炳海　主编

赵显通　董　忠　副主编

化学工业出版社

·北京·

本书以图文结合视频讲解电路设计的方法，主要内容包括电路设计与制作基础、电路设计的方法、电子电路系统设计基本原则和设计内容、模拟电路与集成电路设计、传感器及电路设计、数字电路设计、印制电路板设计与制作、手工制作印制电路板的方法、印制电路CAD Protel DXP 2004使用、电子电路调试、单片机电路设计基础、工控及综合电子电路设计实例，书中各章节配有视频讲解及拓展讲解，附录中还给出了大量实用数据。

全书内容全面，既适合初学者阅读，也适合作为中高等院校电子类及相关专业的教材，还可作为该领域技术人员的参考书。

图书在版编目（CIP）数据

从零开始学电子电路设计/刘炳海主编. —北京：化学工业出版社，2019.3（2023.7重印）
ISBN 978-7-122-33713-9

Ⅰ. ①从… Ⅱ. ①刘… Ⅲ. ①电子电路-电路设计 Ⅳ. ①TN710.02

中国版本图书馆CIP数据核字（2019）第010090号

责任编辑：刘丽宏　　装帧设计：刘丽华
责任校对：边　涛

出版发行：化学工业出版社（北京市东城区青年湖南街13号　邮政编码100011）
印　　刷：三河市航远印刷有限公司
装　　订：三河市宇新装订厂
787mm×1092mm　1/16　印张20½　字数480千字　2023年7月北京第1版第7次印刷

购书咨询：010-64518888　　售后服务：010-64518899
网　　址：http://www.cip.com.cn
凡购买本书，如有缺损质量问题，本社销售中心负责调换。

定　　价：79.80元

前　言

本书是按照逻辑（而不是按照顺序）组织内容的，使读者在某个设计过程中能够对不同类型的分析进行比较。本书的主要特点是每个单元利用一个普通的电路讲解电路的基本原理，将复杂问题进行分解，提供全面的针对书中练习的解决方案等。

本书集模拟电路、数字电路、单片机的基础知识和设计技能为一体，把初学电子电路设计所需要掌握的内容表现得淋漓尽致。全书语言生动活泼、平实易懂。没有过多复杂的计算，也没有生涩的大理论，只要知道欧姆定律的朋友就可以在本书的引导下掌握电子电路的设计知识。书中插图丰富，并配有视频教程，力求用图让读者来形象地理解知识及过程，加深印象。

本书特别注重知识的铺垫和循序渐进。电子电路的内容多、难度大，没有基础的朋友一时可能不知道从哪里开始学习、如何开始学习。我们在全面介绍各种电子元器件、电路结构、工艺技巧的同时，按照科学的学习方法设置章节，使电子电路设计的基础知识变成了一粒粒珍珠，交给读者朋友们串起来，既授人以鱼，也授人以渔。书中第7章的程序源代码可通过以下网址免费下载：http://download.cip.com.cn/html/20190227/414164628.html。

本书由刘炳海任主编，赵显通、董忠任副主编。全书由张伯虎统稿，参加本书编写的还有曹祥、王桂英、张振文、赵书芬、孔凡桂、曹振宇、张校珩、张胤涵、曹振华、曹铮、陈海燕、张书敏、焦凤敏、张伯龙、张校铭、蔺书兰等。

本书可供电子爱好者及电路设计人员阅读，也可作为大学、中专院校开展电子制作和科技创新的参考书，还可作为实例参考书。如对书中内容有任何疑问，欢迎扫描下方二维码交流。

由于笔者水平有限，书中难免有不妥之处，恳请广大读者谅解。

编者

目 录

视频页码
2, 3, 18, 20, 21

第1章 电路设计与制作基础 1

第2章 模拟电路与集成电路设计 21

视频页码
23, 33,
34, 39,
43, 44,
59, 92

视频页码
104, 124

第3章 传感器及电路设计 94

第4章 数字电路设计 111

视频页码
133, 168

视频页码
301, 307, 308, 315, 316

附录 311

参考文献 317

第 1 章 电路设计与制作基础

1.1 由一个鱼缸水温自动控制器就能轻松学会多种电路设计

提示

大家看到这个标题就会感觉到疑惑，学电子电路本来不是一件很容易的事，要掌握很多电子知识，让很多人望而生畏，最后甚至放弃学习电子技术，而为啥标题会这样轻松呢？下面就给大家讲解电路设计轻松入门需掌握的方法，就是“拿来主义法”或者称作“移植大法”，用这种方法可以使你的学习更有趣味，而且这种方法在你的设计生涯中经常会用到，让你的设计工作简单化。

1.1.1 常规基本设计法

设计一个鱼缸水温自动控制器，让家里养的具有观赏价值的热带鱼安全过冬，我们该如何去做呢？下面将以此为例介绍电路设计流程。电路设计以555时基集成电路为核心，进行多种扩展。

（1）考虑鱼缸水温自动控制器的设计目的　对于具有观赏价值的热带鱼，为使它们安全过冬，需要对鱼缸水温进行监测，并实现自动加温，从而使得水温保持在26℃左右。在设计中要求自动加热控制器运行稳定、可靠性好，而且结构尽可能简单。

（2）提出鱼缸水温自动控制器设计任务思路和基本要求并进行元器件选择

① 设计任务思路和基本要求　热带鱼缸水温自动控制器通过使用负温度系数热敏电阻器作为感温探头，将温度变化转换为电压值，然后通过555定时器根据电压参数变化通过加热器对鱼缸内的水自动加热，从而使鱼缸水温保持在26℃左右。

② 主要元器件选择　IC集成块选用NE555时基集成电路；电源需要采用220V整流得到12V直流电压，在这里我们选择IN4001型硅整流二极管用于整流电路；温度感温头Rt选用常温下的470Ω MF51型负温度系数热敏电阻器；控制继电器K选用工作电压12V的JZC-22F小型中功率电磁继电器。计算出各个元件参数。

（3）画出鱼缸水温自动控制器单元设计模块

① 电路设计简单原理构思　220V电压通过二极管整流、电容器滤波后，给电路的控制部分提供了约12V的电压。555时基电路接成单稳态触发器（使用2端）。设控制温度为26℃，通过调节电位器RP使得负温度系数的热敏电阻达到使用要求。当温度低于26℃时，Rt阻值升高，555时基电路输出高电平控制继电器K导通，触点吸合，加热管开始加热，直到温度恢复到26℃时，Rt阻值变小，555时基电路输出低电平，继电器K失电，触点断开，加热停止。

② 画出电路设计原理框图　如图1-1所示。

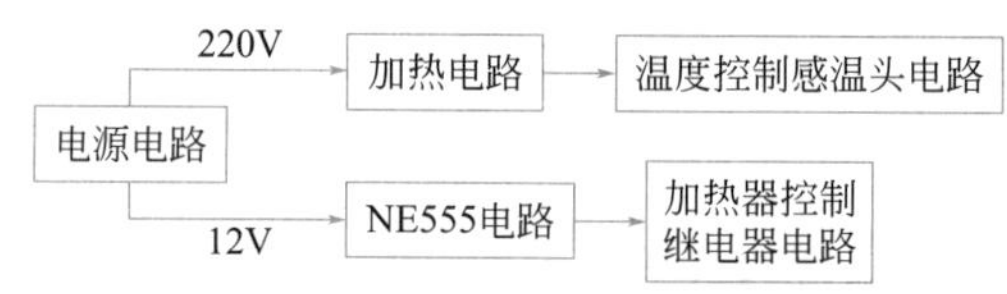

图1-1　电路设计原理框图

（4）对鱼缸水温自动控制器进行设计

① 查找主要元件NE555资料　NE555芯片引脚功能及引脚图见表1-1和图1-2。

表1-1　NE555芯片各引脚功能

脚号	功能	用途
1	接地	通常被连接到电路共同接地
2	触发点	触发NE555使其启动，触发信号上缘电压须大于2/3 V_{CC}，下缘须低于1/3 V_{CC}
3	输出	当时间周期开始555的输出脚位，输出比电源电压少1.7V的高电位。周期的结束输出回到0V左右的低电位。于高电位时的最大输出电流大约200 mA
4	重置	一个低逻辑电位送至这个脚位时会重置，使输出回到一个低电位。它通常被接到正电源或忽略不用
5	控制	准许由外部电压改变触发和闸限电压。该输入能用来改变或调整输出频率
6	重置锁定	重置锁定并使输出呈低态。当这个引脚的电压从1/3 V_{CC} 电压以下移至2/3 V_{CC} 以上时启动这个动作
7	放电	这个引脚和主要的输出引脚有相同的电流输出能力，当输出为ON时为LOW，对地为低阻抗，当输出为OFF时为HIGH，对地为高阻抗
8	V_{CC}	555 IC的正电源电压端。供应电压的范围是+4.5V（最小+值）至+16V(最大值)

多功能报警器的制作

电子琴的制作

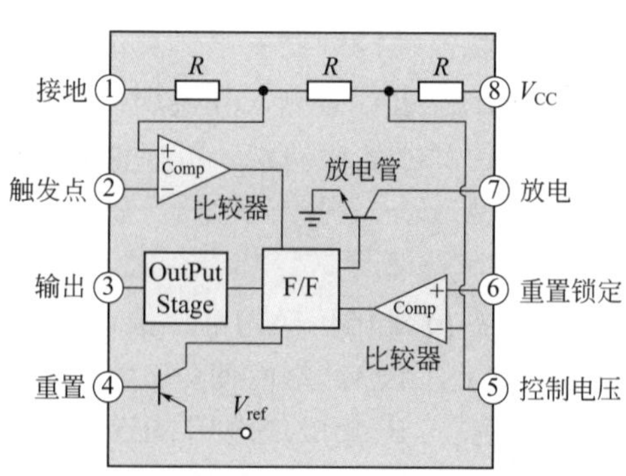

图1-2　NE555内部功能框图

② 设计鱼缸水温自动控制器电路原理图　按照NE555芯片功能，再加上上述的电源

电路和感温检测电路、加热执行电路，组成了我们需要设计的鱼缸水温自动控制器电路，如图1-3所示。

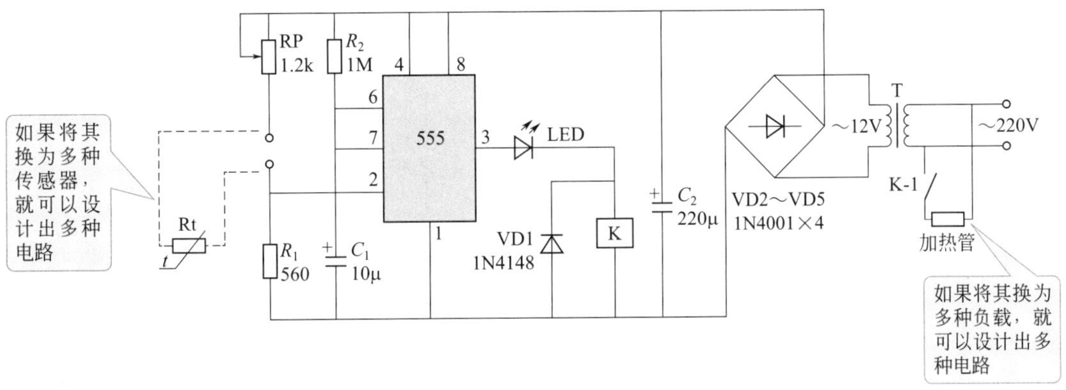

图1-3 鱼缸水温自动控制器电路原理图

③ 鱼缸水温自动控制器电路设计工作原理分析 220V电源电压通过二极管VD2～VD5整流、电容器C_2滤波后，给电路的控制部分提供了约12V的电压。555时基电路接成单稳态触发器，暂态为11s。

设控制温度为26℃，通过调节电位器RP使得RP + Rt = $2R_1$，Rt为负温度系数的热敏电阻。当温度低于26℃时，Rt阻值升高，555时基电路的2脚为低电平，则3脚由低电平输出变为高电平输出，继电器K导通，触点吸合，加热管开始加热，直到温度恢复到26℃时，Rt阻值变小，555时基电路的2脚处于高电平，3脚输出低电平，继电器K失电，触点断开，加热停止。

④ 电路元件参数计算 电路元件的参数计算是一件很麻烦的事，并且实际计算出的数值在电路中可能不适用，还要根据经验选取。

555时基电路在电子琴、多功能报警器电路设计与制作中的应用可扫第2页二维码学习。

1.1.2 电路设计的秘法——用“拿来主义法”或“移植法”设计多种电路

“移植法”设计开关电源的方法可扫二维码详细学习。

开关电源设计-移植法

设计一个养鱼用的自动鱼塘水位控制器，当水位低的时候就自动补水，按照常规的设计方法，是不是要自己找各种元件、计算各种元件参数呢？这样设计一个电路需要很多知识，需要很长时间，所以你想过用上面的这个电路吗？把它拿过来，自己改装一下是否可以呢？大家看如图1-4所示电路。

这里只是把图1-3中更换传感器和负载器件，其他元件并没有改变，这就轻松设计了一个控制电路。至于元件计算就不必了，这个电路已经是成熟的，元件拿来就用好了。

再看一个例子，设计一个自动除湿电路，可用于工业企业自动除湿、计算机房自动除湿，如图1-5所示。

这个电路更换为湿度传感器，负载换为风机，用于农业种养殖大棚自动通风或除湿。

把负载换成水泵还可以制作成自动灌溉控制器，当土壤干燥缺水时可自动控制灌溉。

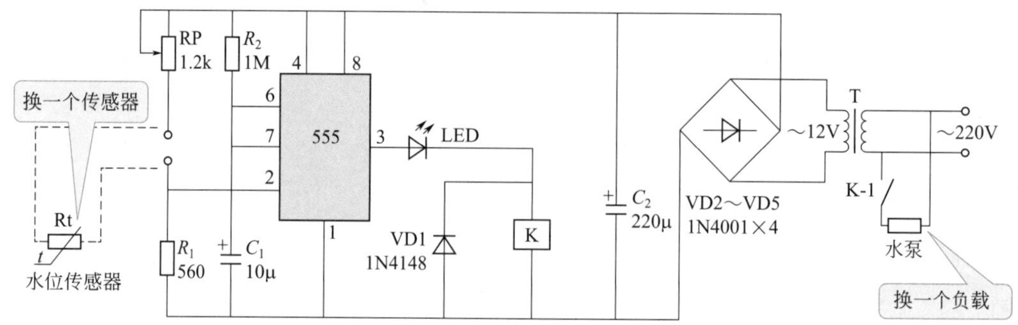

图1-4　鱼塘水位控制器

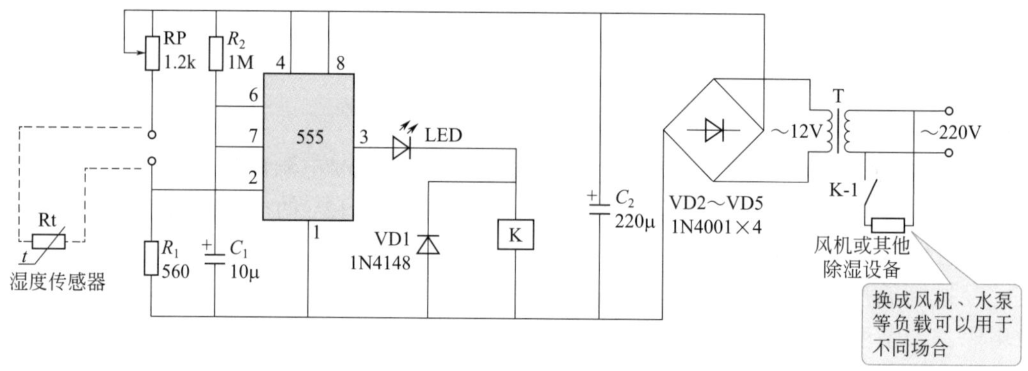

图1-5　除湿自动控制器

同样是555时基电路，可以制作出成百上千种电路，因此要想制作出更多的电路，就要深入掌握一些555时基电路的功能及工作状态，见表1-2。

表1-2　555时基电路的应用

电路名称	原理图	工作原理	波形图
单稳态		R、C组成定时电路。常态为稳态，输出端③脚U_o=0，放电端⑦脚导通到地，C上无电压。在输入端②脚输入一负触发信号U_i（≤1/3V_{CC}）时，电路翻转为暂稳态，U_o=1，⑦脚截止，电源经R对C充电。当C上电压U_o达到2/3V_{CC}时，电路再次翻转到稳态，脉宽T_W=1.1RC，见波形图	
多谐振荡器（无稳态电路）		置“1”端S（②脚）和置“0”端R（⑥脚）接在一起，R_1、R_2和C组成充放电回路。刚通电时，C上无电压，输出端（③脚）U_o=1，放电端（⑦脚）截止，电源经R_1、R_2向C充电。当C上电压U_c达到2/3V_{CC}时，电路翻转，U_o变为“0”，⑦脚导通到地，C经R_2放电，放电至U_o=1/3V_{CC}时，电路再次翻转，U_o又变为“1”，如此周而复始形成振荡，输出方波，振荡周期$T=0.7(R_1+2\times R_2)C$，见波形图	

续表

电路名称	原理图	工作原理	波形图
双稳态触发器	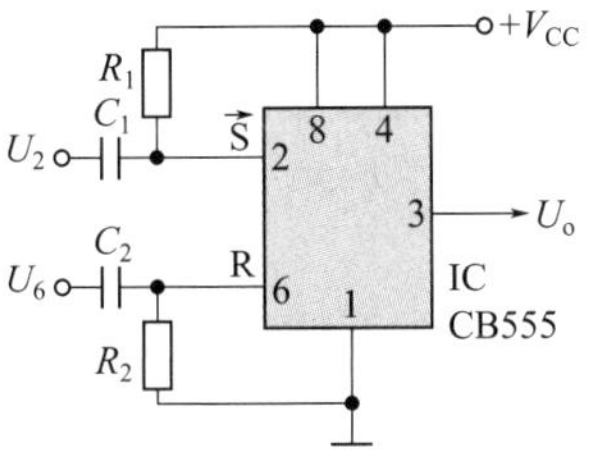	置“1”端S（②脚）和“0”R（⑥脚），分别接有C_1、R_1和C_2、R_2构成的微分触发电路。 当有负触发脉冲U_2加至（②脚）时，③脚U_o=1。当有正触发脉冲U_6加至（⑥脚）时，U_o=0，实现两个稳态，见波形图	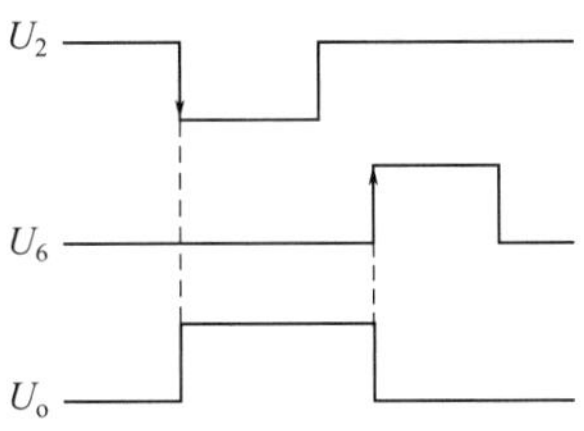
施密特触发器	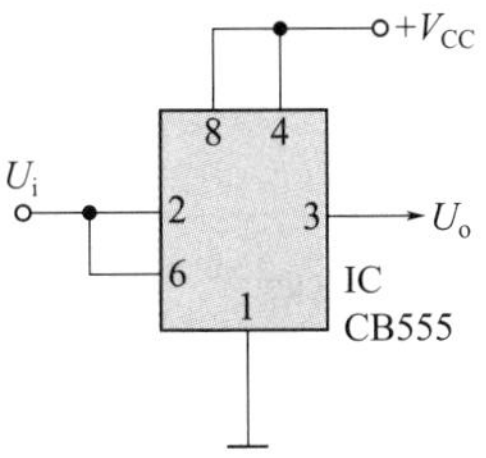	②、⑥脚接在一起作为触发信号U_1的输入端。 当输入信号U_1≥2/3V_{CC}时，输出信号U_o=0；当输入信号U_1≤1/3V_{CC}时，输出信号U_o= 1。施密特触发器可以将缓慢变化的模拟信号整形为边沿陡峭的数字信号，见波形图	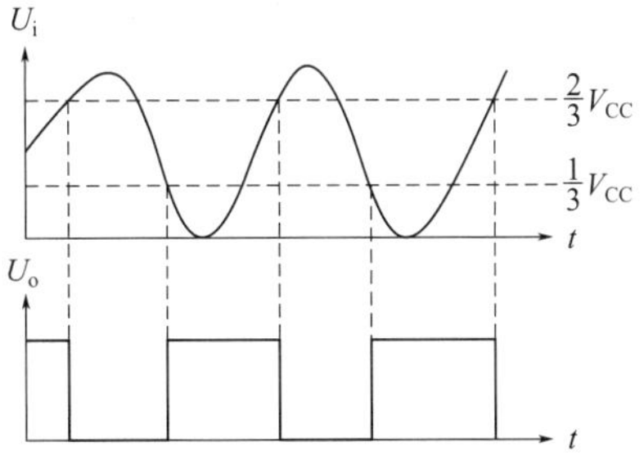
利用555时基电路的放电端⑦脚可以组成电平转换电路	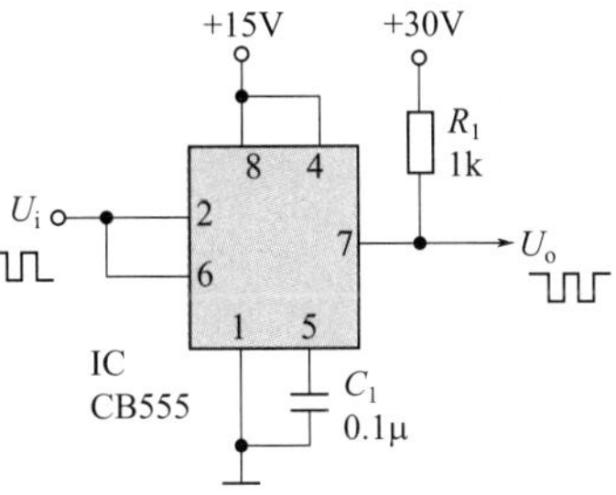	此为反相电平转换电路，R_1为上接电阻。输出U_o与输入U_1相位相反，但幅度为U_1的两倍	
利用555时基电路的复位器④脚可组成同相电平转换电路	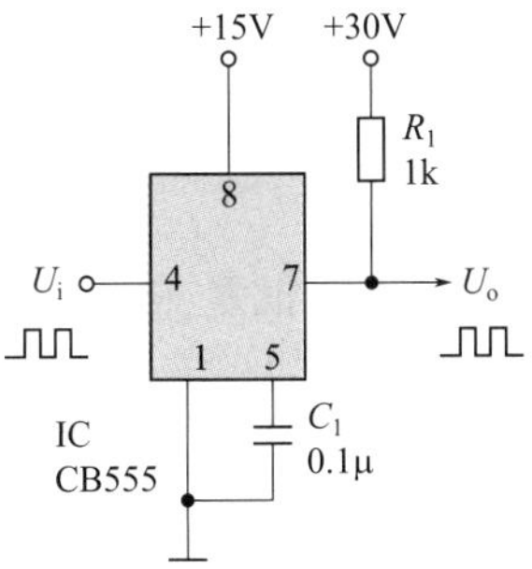	输出U_o与输入U_1相位相同，且U_o=2U_1	

续表

电路名称	原理图	工作原理	波形图
延时关灯电路	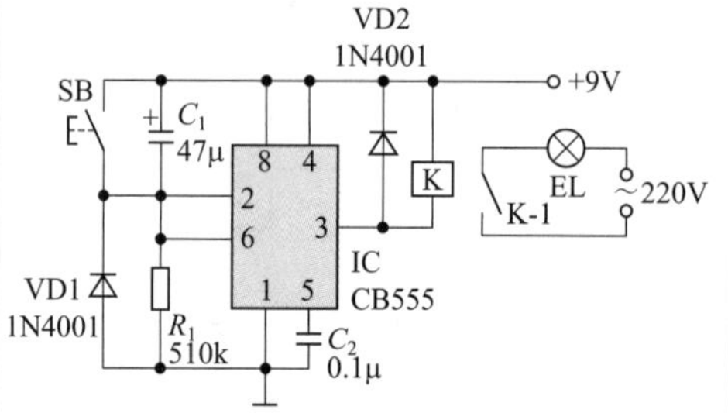 VD2 1N4001, +9V, SB, C_1 47μ, 8 4, 2, 6, 3, K, EL, K-1, ~220V, VD1 1N4001, R_1 510k, 1 5, IC CB555, C_2 0.1μ	555时基电路接成单稳态模式，C_1、R_1为定时元件。按一下SB，照明灯EL亮，延时约25s后自动关灯	
可调脉冲信号发生器	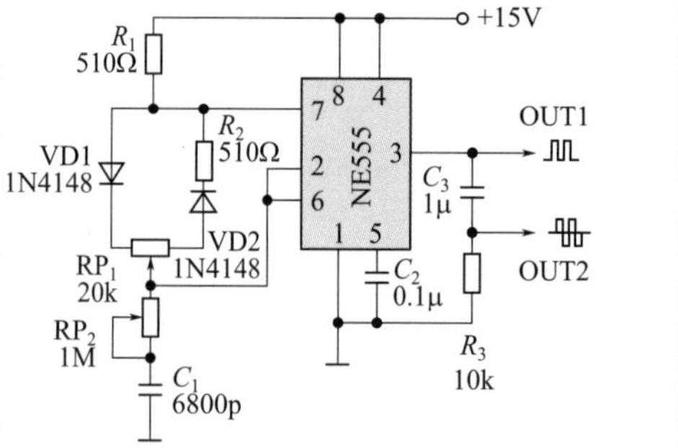 +15V, R_1 510Ω, 7 8 4, R_2 510Ω, OUT1, VD1 1N4148, 2, 6, NE555, 3, C_3 1μ, OUT2, 1 5, VD2 1N4148, RP_1 20k, C_2 0.1μ, RP_2 1M, R_3 10k, C_1 6800p	555时基电路接成无稳态，RP_2为频率调节，RP_1为占空比调节。输出100Hz～10kHz的方波，占空比可在5%～95%范围调节。OUT1输出脉冲方波，OUT2输出交流方波	

了解了这张表，是不是可以利用555时基电路设计出很多电路呢？

提示

大家可能觉得这种设计思路过于简单，用了很多原有数据，其实万变不离其宗。当然，实际应用中对于各种集成电路必须要有厂家提供的技术参数（电路功能、引脚功能、工作电压）以及最小应用单元单路，才能在此基础上进行设计应用，没有这些数据再好的集成电路也是废芯片，再高明的设计师也无从下手。因此，学习电路设计，就先从芯片厂家提供的设计成熟的集成电路芯片开始吧！这不仅可以节约很多时间，举一反三，还可设计出更多、更实用的电路。

1.2 电路设计流程

1.2.1 电子产品研制的一般过程

电子产品研制的一般过程如图1-6所示。从市场调研到正式批量生产要经过一定的周期，过程比较复杂，考虑的因素也较多。在画出原理图前，必须完成电子电路的制作。电子电路的制作是电子产品制作的一个阶段，其一般过程如图1-7所示。

电子电路设计的质量对产品性能的优劣和经济效益具有举足轻重的作用。设计时所

采用的方法和电路不好，选用的元器件太贵或筛选困难等，往往会造成产品性能差、生产困难、成本高、销路不畅、经济效益低等问题，甚至不得不重新设计，但这样也许会错失良机，以致整个研制工作的失败。

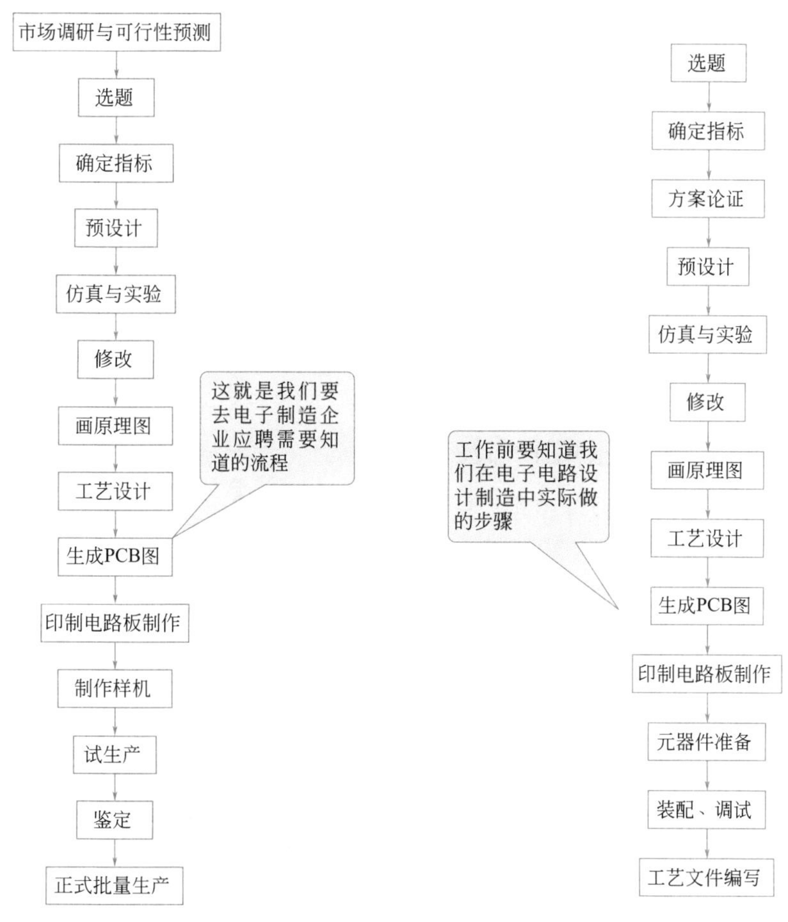

图1-6　电子产品研制过程

图1-7　电子电路制作过程

工艺设计包括印制电路板（Printed Circuit Board，PCB）的布线、编写各部件（如插件板、面板等）之间的接线表、画出各插头插座的接线图和机箱加工图等。

制作完成后，可根据具体情况试生产若干台，并交付使用单位试用。若发现问题，应及时改进，做出合格的定型产品，再进行鉴定。在确信有令人满意的经济效益前提下，才能投入批量生产。

（1）确定电路设计指标与可行性预测　对于一个企业而言，效益是最重要的经济杠杆，没有经济效益，企业就不能生存、发展。因而，研制一个电子产品，企业领导人首先应考虑的是研制一个什么样的产品，该产品是否有市场，能否产生经济效益。所以，在选题之前一定要认真进行市场调研，了解市场需求，了解其他厂家生产的同类商品的品种、规格、样式、质量、价格、成本、利润，并分析本企业是否具备生产该产品的条件，本企业在资金、人才、工艺、技术力量、管理等方面是否具备竞争的条件。只有知己知彼，才能在商战中立于不败之地；只有充分发挥企业的优势，研制出性能更佳、性价比更高的产品，企业才能在市场经济激烈的竞争中占领一席之地。总之，一个电子产品是否有市场，前期的市场调研起着关键性的作用。

选题确定后，最先遇到的问题是确定电子电路的设计指标，提出合适的性能指标并不是一件容易的事，设计刚开始时所提出的性能指标往往不切实际，例如，技术上无法实现、所需的成本太高等，这些问题可能要到预设计阶段，甚至试生产或使用阶段才能被发现。因此，产品的性能指标一般要在研制过程中反复修改，才能最后确定出可以实现的性价比较高的性能指标。

（2）电路设计　电路设计是电子产品研制的中心环节，对电子产品的性能、质量起着决定性作用，前期市场调研得出的可行性预测能否实现，依赖于能否设计出符合要求的电子电路，包括性能指标能否实现、电路设计是否合理并有竞争力、成本高低、能否有一定利润等要求。

电路设计包含确定指标、方案论证、预设计、仿真与实验、修改等过程。

1.2.2 画电路图及生成PCB图

（1）画电路图　电路图通常是在系统框图、单元电路设计、器件选择和参数计算的基础上绘制的，它是设计制作印制板的主要依据，也是进行生产、组装、调试和维修的依据。因此，画好一张总电路图很重要。电路图画得好，不仅自己看起来方便，而且别人容易看懂，便于进行技术交流。

电路图要按照一定的原则来画。画电路图要熟悉电路原理图绘制软件的基本操作方法。常用软件如CAD、Protel、Altium Designer软件等。

（2）生成PCB图　印制电路板设计是一种耗费精力而又需细致的工作，通常要经过多次反复才可完成。

① 印制板布局　布局是设计电路板工作中最耗费精力的工作，往往对若干次布局进行比较才能得到一个比较满意的结果。

印制板的布局，首先要满足电路的设计性能，其次要满足安装空间的限制。在没有尺寸限制时，要使布局尽量紧凑，尽量减小PCB设计的尺寸，以减少生产成本。

② 印制板布线　布线和布局是密切相关的两项工作，布局的好坏直接影响着布线的布通率。布线受布局、板层、电路结构、电路性能要求等多种因素的影响，而布线结果又直接影响电路板性能。进行布线时要综合考虑各种因素，才能设计出高质量的PCB图。

布线有手工布线和自动布线之分，自动布线通过计算机实现，布线效率高，但布线的效果不一定能完全满足要求，通常要与手工布线配合使用。

1.2.3 印制电路板的制作

电子技术的进步带动了电子工艺的发展，大规模集成电路、微电子技术的日趋成熟，对印制板的制造工艺和精度不断提出新的要求。印制板的品种从单面板、双面板发展到多层板、挠性板。印制板的线条越来越细，密度也越来越高。

印制板的制造工艺发展很快，新设备、新工艺相继出现。不同的印制板其工艺有所

不同，但照相制版、图形转移、板腐蚀、孔金属化、金属涂覆及喷涂助焊剂等环节都是必不可少的。

工厂生产印制板批量大，质量要求高，成本也高。作为课程设计用的印制板，可提供PCB图由厂家生产，也可采用手工方法制作。

1.2.4　元器件的准备

电子产品制作过程中的元器件准备，除了要对元器件进行检测以判断质量好坏外，还要了解货源的采购。

由于课程设计的时间较短，不可能由学生自己去买元器件，因此一般统一由实验室提供。元器件准备主要是识别各种元器件，并对各元器件好坏进行检测。

1.2.5　装配、调试与指标测量

在电子产品样机试制阶段或小批量试生产时，印制板装配主要靠手工操作，其顺序是待装元件—引线整形—插件—调整位置—剪切引线—固定位置—焊接—检验。

印制电路板的装配要按照安装的技术要求来进行，具体的安装技术、安装方法等问题可以参照后面章节。

电子设备或电子电路装配完成之后，必须通过调试才能达到规定的技术指标。调试工作包括调整和测试两个部分，调整主要是指对电路参数的调整，即对整机内可调元器件及与电气指标有关的调谐系统、机械传动部分进行调整，使之达到预定的性能要求；测试则是在调整的基础上，对整机的各项技术指标进行系统的测试，使电子设备各项技术指标符合规定的要求。

电子电路调试的一般步骤为通电前直观检查、通电检查、分块调试、整机联调。电子产品的调试和电路的调试有共同之处，但电子产品调试的内容更多且难度更大。由于电子产品的种类繁多，电路复杂，各种产品单元电路的种类及数量也不相同，所以调试程序也不尽相同，但对一般电子产品来说，调试程序大致为通电检查—电源调试—分级分板调试—整机联调—整机性能指标的测试—环境试验—整机通电老练—参数复调。

环境试验检验电子产品对各种环境条件的适应能力，以检验产品在相应环境条件下正常工作的能力。环境试验有温度、湿度、振动、冲击和其他环境试验，要按技术规定进行各项试验。

整机通电老练的目的是提高电子设备的可靠性，大多数的电子设备在测试完成之后，均进行整机通电老练试验。

经整机通电老练后，整机各项技术性能指标会有一定程度的变化，通常还需进行参数复调，使交付使用的产品具有最佳的技术状态。

1.2.6　工艺技术文件的编写

设计一个优良的电子产品，其工艺设计过程非常重要。在工艺设计过程中，生产工艺应确保生产的方便、快捷，功能实施和操作要简单、先进，同时要人性化。另外，还要处理好通用和专用问题，以保证使用的可靠性，增强通用性。工艺设计完成后，要进行工艺技术文件的编写，完善文件资料。技术文件是生产、试验、使用和维修的基本依据。

1.2.7 样机制作及鉴定

样机制作的主要工作是：编制产品设计工作图纸，设计制造必要的工艺装置和专用设备，试验掌握关键工艺和新工艺，制造零、部、整件与样机，对样机进行调整，进行性能试验和环境试验等。

鉴定的目的在于对试制各阶段工作做出全面的评价并得出结论。通过鉴定，对能否设计定型做出结论。审查时一般邀请使用部门、研究设计单位和有关单位的代表参加。重要的产品鉴定结论要报上级机关批准。

1.3 电子电路系统设计基本原则和设计内容

1.3.1 电子电路系统设计的基本原则

电子电路系统设计时应当遵守的基本原则如下。

① 满足系统功能和性能的要求。好的设计必须完全满足设计要求的功能特性和技术指标，这也是电子电路系统设计时必须满足的基本条件。

② 电路简单，成本低，体积小。在满足功能和性能要求的情况下，简单的电路对系统来说不仅是经济的，同时也是可靠的。所以，电路应尽量简单。值得注意的是，系统集成技术是简化系统电路的最好方法。

③ 电磁兼容性好。电磁兼容特性是现代电子电路的基本要求，所以，一个电子系统应当具有良好的电磁兼容特性。实际设计时，设计的结果必须能满足给定的电磁兼容条件，以确保系统正常工作。

④ 可靠性高。电子电路系统的可靠性要求与系统的实际用途、使用环境等因素有关。任何一种工业系统的可靠性计算都是以概率统计为基础的，因此电子电路系统的可靠性只能是一种定性估计，所得到的结果也只是具有统计意义的数值。实际上，电子电路系统可靠性计算方法和计算结果与设计人员的实际经验有相当大的关系，设计人员应当注意积累经验，以提高可靠性设计的水平。

⑤ 系统的集成度高。最大限度地提高集成度，是电子电路系统设计过程中应当遵循的一个重要原则。高集成度的电子电路系统，必然具有电磁兼容性好、可靠性高、制造工艺简单、体积小、质量容易控制以及性价比高等一系列优点。

⑥ 调试简单方便。这要求电子电路设计者在设计电路的同时，必须考虑调试的问题。如果一个电子电路系统不易调试或调试点过多，这个系统的质量是难以保证的。

⑦ 生产工艺简单。生产工艺是电子电路系统设计者应当考虑的一个重要问题，无论是批量产品还是样品，简单的生产工艺对电路的制作与调试来说都是相当重要的一个环节。

⑧ 操作简单方便。操作简便是现代电子电路系统的重要特征，难以操作的系统是没有生命力的。

⑨ 耗电少。

⑩ 性价比高。

通常希望所设计的电子电路能同时符合以上各项要求，但有时会出现相互矛盾的情况。

例如，在设计中有时会遇到这样的情况：如果要想使耗电最少或体积最小，则成本高或可靠性差或操作复杂麻烦。在这种情况下，应当针对实际情况抓住主要矛盾来解决问题。例如，对于用交流电网供电的电子设备，如果电路总的功耗不大，那么功耗的大小不是主要矛盾，而对于用微型电池供电的航天仪表而言，功耗的大小则是主要矛盾之一。

1.3.2　电子电路设计的内容

电子电路设计是对各种技术综合应用的过程。通常，电子电路设计过程包括以下几个方面的内容。

（1）功能和性能指标分析　一般设计题目给出的是系统功能要求、重要技术指标要求。

这些是电子电路系统设计的基本出发点。但仅凭题目所给要求还不能进行设计，设计人员必须对题目的各项要求进行分析，整理出系统和具体电路设计所需的更具体、更详细的功能要求和技术性能指标数据，这些数据才是进行电子电路系统设计的原始依据。同时，通过对设计题目的分析，设计人员可以不定期更深入地了解所要设计的系统的特性。功能和性能指标分析的结果必须与原题目的要求进行对照检查，以防遗漏。

（2）系统设计　系统设计包括初步设计、方案比较和实际设计3部分内容。有了功能和性能指标分析的结果，就可以进行初步的方案设计。方案设计的内容主要是选择实现系统的方法、拟采用的系统结构（如系统功能框图），同时还应考虑实现系统各部分的基本方法。

这时应当提出两种以上方案进行初步对比，如果不能确定，则应当进行关键电路的分析，然后再作比较。方案确定后，系统的总体设计就已完成，这时必须与功能、性能指标分析的结果数据和题目的要求进行核实，以免疏漏。

一个实用课题的理想设计方案不是轻而易举就能获得的，往往需要设计者进行广泛、深入的调查研究，翻阅大量参考资料，并进行反复比较和可行性论证，结合实际工程实践需要，才能最后确定下来。

（3）原理电路设计　系统设计的结果提出了具体设计方案，确定了系统的基本结构，那么，接下来的工作就是进行各部分功能电路以及分电路连接的具体设计。这时要注意局部电路对全系统的影响，要考虑是否易于实现、是否易于检测以及性价比等问题，因此，设计人员平时要注意电路资料的积累。

（4）可靠性设计　电子电路系统的可靠性指标，是根据电子电路系统的使用条件和功能要求提出的，具有极强的针对性和目的性。任何一个电子电路系统的可靠性指标和设计要求，都只能针对一定的条件和目的，脱离具体条件谈可靠性是没有任何意义的。

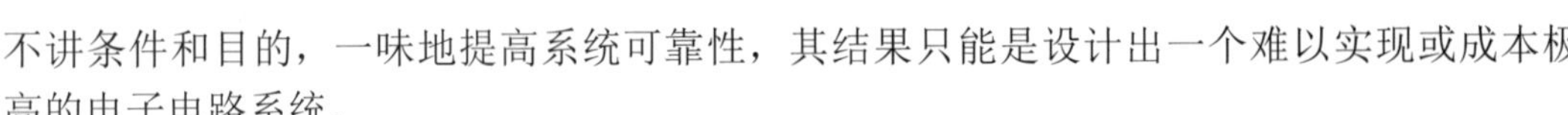

不讲条件和目的，一味地提高系统可靠性，其结果只能是设计出一个难以实现或成本极高的电子电路系统。

可靠性设计包括三个方面：一是系统可靠性指标设计；二是系统本身可靠性必须满足设计要求；三是系统对错误的容忍程度，即容错能力。

实际上，可靠性设计在系统设计时已经有所体现，系统的方案设计和电路设计中必须考虑可靠性因素（如器件的选择、电路连接方式的选择等）。可靠性设计应当对全系统的可靠性进行核实计算。

（5）电磁兼容特性设计 电磁兼容设计实际也体现在系统和电路的设计过程中。系统的各种电磁特性指标是系统电磁设计的基本依据，而电路的工作条件则是电磁兼容设计的基本内容。

电磁兼容设计要解决两方面的问题，一是提出合理的系统电磁兼容条件，二是如何使系统能满足电磁兼容条件的要求。电子电路电磁兼容设计的任务是对电子电路系统的电磁特性（特别是电磁耦合特性）进行分析、计算，再根据分析、计算的结果来确定系统电磁兼容结构和特性。

要提高电子电路电磁兼容特性，在电路设计时应注意：

- 选择电磁兼容特性好的集成电路。
- 尽量使关键电路数字化。
- 尽量提高系统集成度。
- 只要条件允许，尽量降低系统频率。
- 为系统提供足够功率的电源。
- 电路布线合理，做到高低频分开、功率电路与信号电路分开、数字电路与模拟电路分开、远距离传输信号使用电隔离技术等。

（6）调试方案设计 电子电路系统设计的另一个重要内容是设计一个合理的调试方案。调试方案的目的是为设计人员提供一个有序、合理、迅速的系统调试方法，使设计人员在系统实际调试前就对调试的全过程有个清楚的认识，明确要调试的项目、目的、应达到的技术指标、可能发生的问题和现象、处理问题的方法、系统各部分调试时所需要的仪器设备等。

调试方案设计还应当包括测试结果记录的格式设计，测试结果记录格式必须能明确地反映系统所实现的各项功能特性和达到的各项技术指标。

1.3.3 电路设计的一般过程

电子电路的一般设计方法和步骤如图1-8所示。由于电子电路种类繁多，千差万别，设计方法和步骤也因情况不同而异，因而图1-8所示的设计步骤有时需要交叉进行，甚至会出现反复。电子电路设计的方

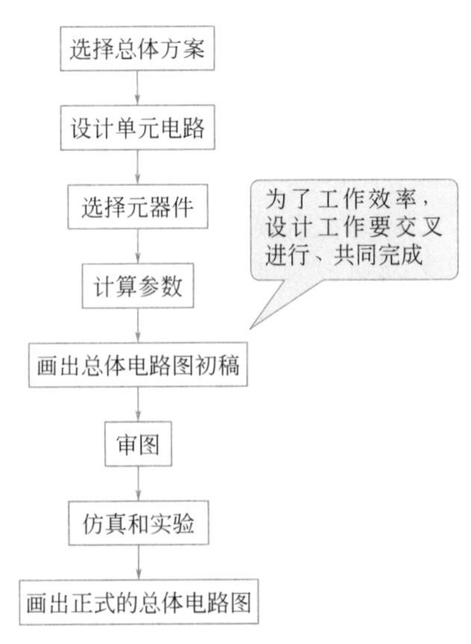

图1-8 电路设计过程

法和步骤不是一成不变的，设计者要根据实际情况灵活掌握。

（1）选择总体方案　设计电路的第一步就是选择总体方案。总体方案是用具有一定功能的若干单元电路构成一个整体，以满足课题题目所提出的要求和性能指标，实现各项功能。选择方案就是按照系统总的要求，把电路划分成若干个功能块，得出能表示单元功能的整机原理框图。每个方框是一个单元功能电路，按照系统性能指标要求，规划出各单元功能电路所要完成的任务，确定输出与输入的关系，确定单元电路的结构。

由于符合要求的总体方案往往不止一个，所以应当针对系统提出的任务、要求和条件，进行广泛调查研究，大量查阅参考文献和有关资料，广开思路，要敢于探索，努力创新，提出若干不同方案，仔细分析每个方案的可行性和优缺点，反复比较，争取方案的设计合理、可靠、经济、功能齐全、技术先进。

框图应能说明方案的基本原理，应能正确反映系统完成的任务和各组成部分的功能，清楚表示出系统的基本组成和相互关系。

选择方案必须注意下面两个问题。

① 要有全局观点，从全局出发，抓住主要矛盾。因为有时局部电路方案为最优，但系统方案不一定是最佳的。

② 要充分开动脑筋，不仅要考虑方案是否可行，还要考虑怎样保证性能可靠，考虑如何降低成本、降低功耗、减小体积等许多实际的问题。

（2）设计单元电路　单元电路是整机的一部分，只有把单元电路设计好才能提高整体设计水平。设计单元电路的一般方法和步骤如下。

① 根据设计要求和已选定的总体方案原理框图，确定对各单元电路的设计要求，必要时应详细拟定主要单元电路的性能指标、与前后级之间的关系、分析电路的构成形式。应注意各单元电路之间的相互配合，注意各部分输入信号、输出信号和控制信号的关系。尽量少用或不用电平转换之类的接口电路，并考虑使各单元电路采用统一的供电电源，以简化电路结构，降低成本。

② 拟定好各单元电路的要求后，应全面检查一遍，确定无误后方可按信号流程或从难到易或从易到难的顺序分别设计各单元电路。

③ 选择单元电路的组成形式。一般情况下，应查阅有关资料，以丰富知识、开阔眼界，从已掌握的知识和了解的各种电路中选择一个合适的电路。如确实找不到性能指标完全满足要求的电路，也可选用与设计要求比较接近的电路，然后调整电路参数。

在单元电路的设计中特别要注意保证各功能块协调一致地工作。对于模拟系统，要按照需要采用不同的耦合方式把它们连接起来；对于数字系统，协调工作主要通过控制器来进行，控制器不允许有竞争冒险和过渡干扰脉冲出现，以免发生控制失误。对所选各功能块进行设计时，要根据集成电路的技术要求和功能块应完成的任务，正确计算外围电路的参数。对于数字集成电路要正确处理各功能输入端。

（3）计算参数　为保证单元电路达到功能指标要求，常需计算某些参数。例如放大器电路中各电阻值、放大倍数，振荡器中电阻、电容、振荡频率等参数。只有很好地理解电路的工作原理，正确利用计算公式，计算的参数才能满足设计要求。

一般来说，计算参数应注意以下几点。

① 各元器件的工作电压、电流、频率和功耗等应在允许的范围内，并留有适当的裕量，以保证电路在规定的条件下能正常工作，达到所要求的性能指标。

② 对于环境温度、交流电网电压等工作条件，计算参数时应按最不利的情况考虑。

③ 涉及元器件的极限参数（如整流桥的耐压）时，必须留有足够的裕量，一般按1.5倍左右考虑。例如，如果实际电路中三极管UCE的最大值为20V，那么挑选三极管时应按$U_{(BR)CEO}\geqslant 30V$考虑。

④ 电阻值尽可能选在1MΩ以下，一般不应超过10MΩ，其数值应在常用电阻标称值系列之内，并根据具体情况正确选择电阻的品种。

⑤ 非电解电容尽可能在100pF ～ 0.1μF范围内选择，其数值应在常用电容器标称值系列之内，并根据具体情况正确选择电容的品种。

⑥ 在保证电路性能的前提下，尽可能降低成本，减少器件品种，减少元器件的功耗，减小体积，为安装调试创造有利条件。

⑦ 有些参数很难用公式计算确定，需要设计者具备一定的实际经验。如确实无法确定，个别参数可待仿真时再确定。

（4）审图 由于在设计过程中有些问题难免考虑不周全，各种参数计算也可能出错，因此在画出总原理初图并计算参数后，进行审图是很有必要的。审图可以发现原理图中不当或错误之处，能将错误降到最低程度，使仿真阶段少走弯路。尤其是比较复杂的电路，仿真之前一定要进行全面审查，必要时还可请经验丰富的同行共同审查，以发现和解决大部分问题。审图时应注意以下几点。

① 先从全局出发，检查总体方案是否合适，有无问题，是否有更佳方案。

② 检查各单元电路是否正确，电路形式是否合适。

③ 模拟电路各电路之间的耦合方式有无问题，数字电路各单元电路之间的电平、时序等配合有无问题，逻辑关系是否正确，是否存在竞争冒险。

④ 检查电路中有无烦琐之处，是否可以简化。

⑤ 根据图中所标出的各元器件的型号、参数，验算能否达到性能指标，有无恰当的裕量。

⑥ 要特别注意检查电路图中各元器件工作是否安全，是否工作在额定值范围内。

⑦ 解决所发现的全部问题后，若改动较多，应复查一遍。

（5）仿真和实验 电子产品的研制或电子电路的制作都离不开仿真和实验。设计一个具有实用价值的电子电路，需要考虑的因素和问题很多，既要考虑总体方案是否可行，还要考虑各种细节问题。

例如，用模拟电路实现还是用数字电路实现，或者用模/数混合电路实现；各单元电路的组织形式，各单元电路之间的连接用哪些元器件；各种元器件的性能、参数、价格、体积、封装形式、功耗、货源等。电子元器件品种繁多，性能参数各异，仅普通晶体三极管就有几千种类型，要在众多类型中选用合适的器件着实不易，再加上设计之初往往经验不足，以及一些新的集成电路尤其是大规模或超大规模集成电路的功能较多，内部电路复杂，如果没有实际用过，单凭资料是很难掌握它们的各种用法及使用的具体细节的。因此，设计时考虑问题不周、出现差错是很正常的。对于比较复杂的电子电路，单

凭纸上谈兵就能使自己设计的原理图正确无误并能获得较高的性价比，往往是不现实的，所以必须通过仿真和实验来发现问题、解决问题，从而不断完善电路。

随着计算机的普及和EDA技术的发展，电子电路设计中的实验演变为仿真和实验相结合。电路仿真与传统的电路实验相比较，具有快速、安全、省材等特点，可以大大提高工作效率。仿真具有下列优越之处。

① 对电路中只能依据经验来确定的元器件参数，用电路仿真的方法很容易确定，而且电路的参数容易调整。

② 由于设计的电路中可能存在错误或者在搭接电路时出错，可能损坏元器件或者在调试中损坏仪器，从而造成经济损失。而电路仿真中也会损坏元器件或仪器，但不会造成经济损失。

③ 电路仿真不受工作场地、仪器设备、元器件品种和数量的限制。

④ 在EWB软件下完成的电路文件，可以直接输出至常见的印制电路板排版软件，如Protel、OrCAD和TANGO等，自动排出印制电路板，加速产品的开发速度。

尽管电路仿真有诸多优点，但其仍然不能完全代替实验。仿真的电路与实际的电路仍有一定差距，尤其是模拟电路部分，由于仿真系统中元器件库的参数与实际器件的参数可能不同，可能导致仿真时能实现的电路而实际却不能实现。对于比较成熟的有把握的电路可以只进行仿真，而对于电路中关键部分或采用新技术、新电路、新器件的部分，一定要进行实验。

仿真和实验要完成以下任务。

① 检查各元器件的性能、参数、质量能否满足设计要求。

② 检查各单元电路的功能和指标是否达到设计要求。

③ 检查各个接口电路是否起到应有的作用。

④ 把各单元电路组合起来，检查总体电路的功能，检查总电路的性能是否最佳。

（6）总体电路图的画法　原理电路设计完成后，应画出总体电路图。总体电路图不仅是印制电路板等工艺设计的主要依据，而且在组装、调试和维修时也离不开它。绘制电路图要注意以下几点。

① 布局合理，排列均匀，疏密恰当，图面清晰，美观协调，便于看图，便于对图进行理解和阅读。

② 注意信号的流向，一般从输入端或信号源画起，由左至右或由上至下按信号的流向依次画出各单元电路。一般不要把电路图画成很长的窄条，电路图的长度和宽度比例要比较合适。

③ 绘图时应尽量把总电路画在一张纸上，如果电路比较复杂，需绘制几张图，则应把主电路画在同一张图纸上，而把一些比较独立或次要的部分（如直流稳压电源）画在另外的图纸上，并在图的断口两端做上标记，标出信号从一张图到另一张图的引出点和引入点，以说明各图纸在电路连线之间的关系。

④ 每一个功能单元电路的组件应集中布置在一起，便于显示各单元电路的功能关系。

⑤ 连接线应为直线，连线通常画成水平线或竖线，一般不画斜线。十字连通的交叉线，应在交叉处用圆点标出。连线要尽量短，少折弯。有的连线可用符号表示，如

果把各元器件的每一根连线都画出来，容易使人眼花缭乱，用符号表示简洁明了。比如，器件的电源一般只标出电源电压的数值（如+5V、+15V、–12V），地线用符号来表示。

⑥ 图形符号要标准，图中应加适当的标注。图形符号表示器件的项目或概念。电路图上的中、大规模集成电路器件，一般用方框表示，在方框中标出它的型号，在方框的边线两侧标出每根线的功能名称和引脚号。除中、大规模器件外，其余元器件符号应当标准化。

⑦ 数字电路中的门电路、触发器在总电路原理图中建议用门电路符号、触发器符号来画，而不按接线图形式画。比如，一个CMOS振荡器经四分频后输出的电路如图1-9（a）所示，如果画成图1-9（b）所示的形式则不利于看懂它的工作原理，不便与他人进行交流。由于CMOS集成电路不用的输入端不能悬空，因此要对图1-9（b）中CC4069（CD4069）和CC4013（CD4013）不用的输入端进行处理，否则该图是不正确的。

以上只是总电路图的一般画法，实际情况千差万别，应根据具体情况灵活掌握。

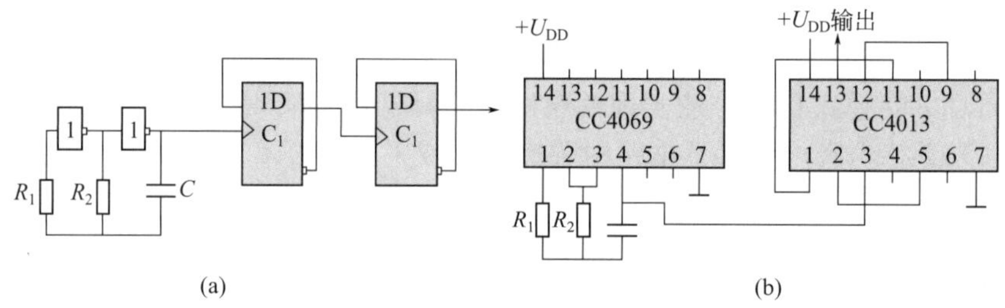

图1-9　振荡分频器

1.3.4　电子电路设计的方法

（1）模拟电路设计的基本方法　无论是民用的还是工程应用的电子产品，大多数是由模拟电路或模/数混合电路组合而成的。模拟装置（设备）一般是由低频电子线路或高频电子线路组合而成的模拟电子系统，如音频功率放大器、模拟示波器等。虽然它们的性能、用途各不相同，但其电路组成部分都是由基本单元电路组成的，电路的基本结构也具有共同的特点。一般来说，模拟装置（设备）都由传感器件、信号放大和变换电路以及驱动、执行机构三部分组成，结构框图如图1-10所示。

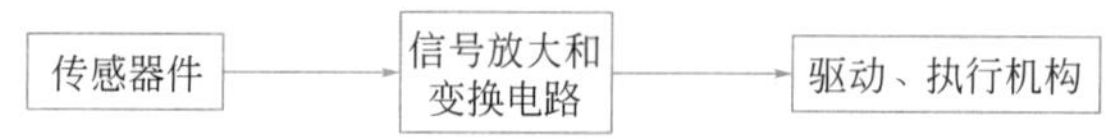

图1-10　模拟装置结构框图

传感器件主要是将非电信号转换为电信号。信号放大和变换电路则是对得到的微弱电信号进行放大和变换，再传送到相应的驱动、执行机构。其基本的功能电路有放大器、振荡器、整流器及各种波形产生、变换电路等。驱动、执行机构可输出足够的能量，并根据课题或工程要求，将电能转换成其他形式的能量，完成所需的功能。

对于模拟电子电路的设计方法，从整个系统设计的角度来说，应先根据任务要求，经过可行性的分析、研究后，拿出系统的总体设计方案，画出总体设计结构框图；在确定总体方案后，根据设计的技术要求，选择合适的功能单元电路，然后确定所需要的具体元器件（型号及参数）；最后将元器件及单元电路组合起来，设计出完整的系统电路。需要说明的是，随着科技的进步，集成电路正在迅速发展，线性集成电路（如集成运算放大器）日渐增多，采用模拟线性集成电路组建电路已趋流行。这方面的训练对于初学的设计者来说十分重要。

（2）数字逻辑电路设计的基本方法 数字逻辑电路的设计包括两个方面：基本逻辑功能电路设计和逻辑电路系统设计。这里主要介绍数字逻辑电路系统的设计，即根据设计的要求和指标，将基本逻辑电路组合成逻辑电路系统。

数字逻辑电路通常由四部分组成：输入电路、控制电路、输出电路、电源电路，如图1-11所示。

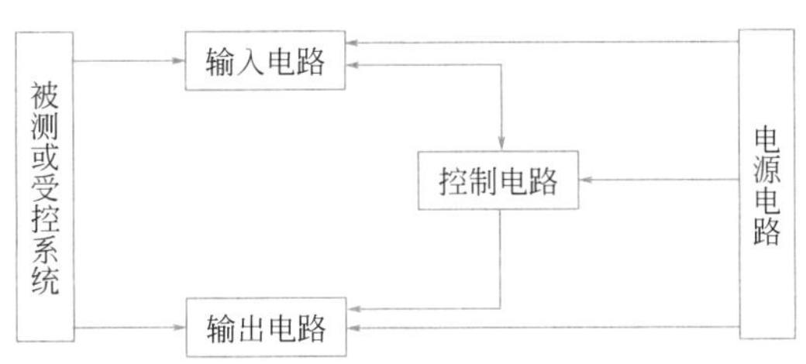

图1-11 数字逻辑电路组成

输入电路接收被测或受控系统的有关信息并进行必要的变换或处理，以适应控制运算电路的需要。

控制电路则把接收的信息进行逻辑判断和运算，并将结果输送给输出电路。输出电路将得到的结果再做相应的处理即可驱动被测或受控系统了。电源电路的作用是为数字系统的各部分提供工作电压或电流。

对于简单的数字逻辑电路的设计，一般是根据任务的要求，画出逻辑状态真值表，利用各种方法化简，求出最简逻辑表达式，最后画出逻辑电路图。近年来，中、大规模集成电路的迅速发展，使得数字逻辑电路的设计发生了根本性的变化。现在设计中更多的是考虑如何利用各种常用的标准集成电路设计出完整的数字逻辑电路系统。在设计中使用中、大规模集成电路，不仅可以减少电路组件的数目，使电路简洁，而且能提高电路的可靠性，降低成本。因此，在数字电路设计中，应充分考虑这一问题。

数字逻辑电路总体方案设计的基本方法如下。

① 根据总的功能和技术要求，把复杂的逻辑系统分解成若干个单元系统，单元的数目不宜太多，每个单元也不能太复杂，以方便检修。

② 每个单元电路由标准集成电路来组成，选择合适的集成电路及器件，构成单元电路。

③ 考虑各个单元电路间的连接，所有单元电路在时序上应协调一致，满足工作要求，相互间电气特性应匹配，保证电路能正常、协调工作。

1.4 电子电器制作实例

认识电路板上的电子元器件

电子元器件识别、检测与维修

扫描二维码学习电子元器件知识后就可以制作小电子电器了。不需要理解原理，就可直接制作。

例1-1 简单电子门铃的制作

简单的门铃电路制作

（1）组成和制作原理 门铃主要由电源、音乐集成电路（包括三极管和电阻等元器件）、扬声器、按钮开关以及外壳等部分组成，门铃原理图见图1-12。其制作原理可扫二维码学习。

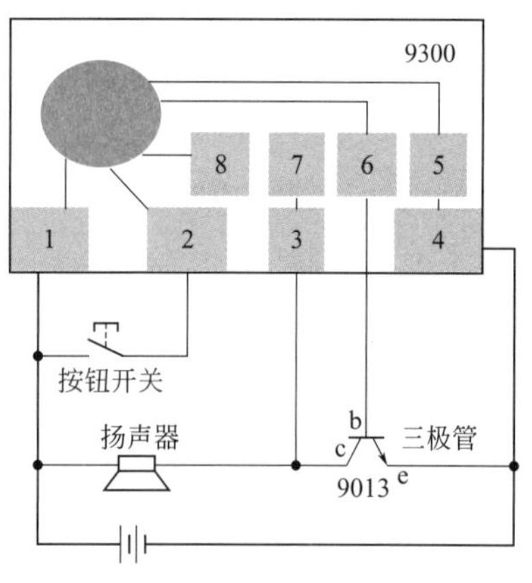

图1-12 门铃原理图

用于制作门铃的音乐集成电路很多，常见的型号有9300、9300C、9301、KD132、KD153、KD153HT HFC482大规模集成电路等。不同的集成电路其信号输出端不同。9300C、9301、KD153H等型号的集成电路带有高阻输出端，可直接驱动压电陶瓷发声装置使其发声。9300、9300C、9301、KD152、KD153、KD153H和HFC482等型号的集成电路，必须将输出信号用三极管放大后，才能使扬声器发声。

（2）识读原理图 在原理图上各元器件是用符号（图形符号与字母）表示的，应认识各元器件的符号并和实物联系起来。每件电子作品都要按照电路图去制作，不能装错元器件，否则不但易损坏元器件，还会导致制作失败。看懂原理图对完成门铃的制作有重要作用。

图1-12表示了各元器件的连接顺序，要能看懂。为了制作方便，可根据所给的原理图绘制实物连接图。音乐集成电路连接的焊接点有8个，共两排。可以给它们编号为1～8，这8个焊点中3和7是连在一起的，4与5是连在一起的。

从图中可以看到三极管c极接3或7均可，由于7有元件引线插孔，安装方便，因此c极可装在焊点7上。B极接6，e极接4和5，同样，接5方便些。

（3）制作步骤

① 焊点镀锡。分别给音乐集成片的焊点镀锡，镀锡的量要少而薄。

② 导线的处理。对导线处理的方法，前面的作品中都已介绍过。

③ 三极管的安装与焊接。三极管3条引线e、b、c要分别插在5、6、7等3个引线插孔中。三极管e、b、c的区分方法如图1-13所示。插装前要仔细核对，检查无误后，用点锡焊接法将3个焊点焊好。

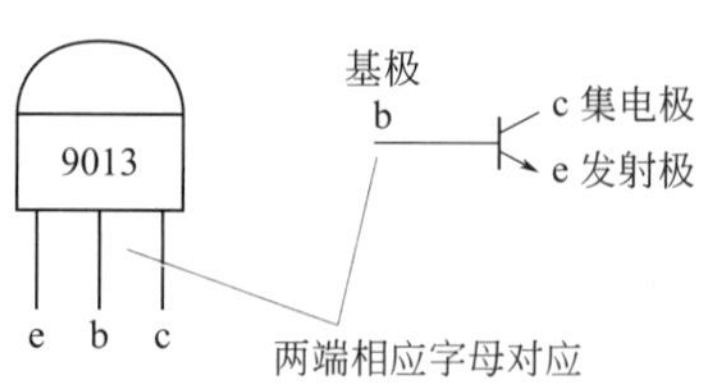

图1-13 三极管元件符号与实物图

④ 按钮开关的组装。

⑤ 扬声器引线的焊接。焊接扬声器引线时，可先在有圆孔的焊点上镀锡，再焊引线。焊接引线，不要把引线焊在已焊有线圈引线的焊点上，以防止线圈引线脱落。

⑥ 各部分的连接。最后，所有准备工作已经完成，只剩下将这些元器件装到电路板上了。由图1-13可看出，按钮开关的两根引线要焊到1、2两个焊点上，扬声器要焊在1、3两个焊点上，电池正极焊在“1”上，负极焊在“4”上。焊完后再检查一下有无漏焊的元件，无误后，即可装好电池，按一下开关，奏响音乐，成功了！

例1-2 玩具电子小猫制作

本电路利用一个空瓶子制成玩具电子小猫，夜晚两眼能放出美丽的光芒，深受儿童喜爱。电路简单有趣，容易制作。

（1）工作原理 玩具猫电路和印制电路板如图1-14所示。该电路是典型的多谐振荡器。刚接电源时，两只管子会同时导通，但由于晶体管的性能差异，假设BG1管子的集电极电流i_{c1}增长得稍快些，则通过正反馈，将使i_{c1}越来越长，而i_{c2}则越来越小，结果BG1饱和而BG2截止。但是这个状态不是稳定的，BG2的截止是靠定时电容C_1上的电压来维持的，因此经过一定时间后，电路将自动翻转，BG1截止，BG2饱和导通。这种状态同样也是不稳定的，因为BG1的截止是靠电容C_2上的电压来维持的，所以再经一定时间后，电路又自动翻转，……，如此反复交替循环变换，就形成了自激振荡。此电路也叫做无稳压电路。

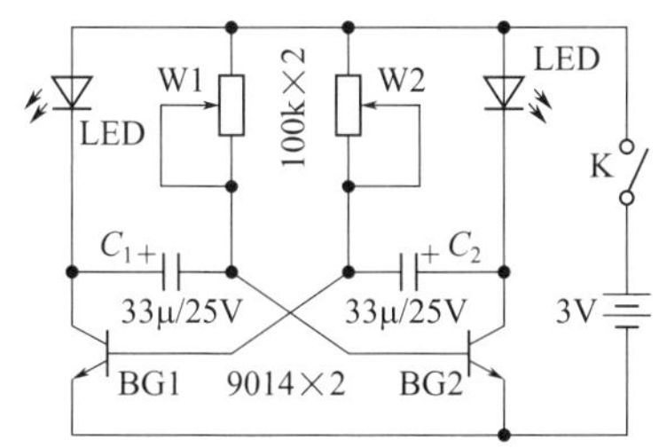

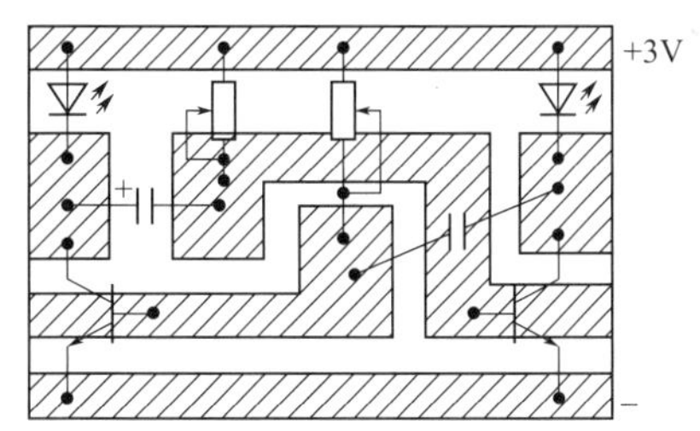

图1-14 玩具猫电路和印制电路板

（2）元件选择和制作 LED选用绿色发光二极管，三极管只要是NPN型小功率管（如9014）即可，制成后只要略调W1与W2，使用只发光二极管轮流闪烁。然后把小电路板与电池装进空瓶子里，让两只发光管刚好在小猫的两只眼睛位置，再想办法固定。

例1-3 磁摆装饰制作——磁摆小玩具

磁摆小玩具制作简单，取材容易，特别适合中小学生课余动手动脑制作。它具有动感，可以制成各种各样的十分有趣的小玩具，比如电子秋千、电子地球仪、会动眼睛的小猫等。若把它们置于家中的书桌上，不失为新颖别致的装饰品。

（1）电路原理 磁极具有同性相斥、异性相吸的特点。磁摆装置由磁性摆锤、电磁驱动等电路组成。电路见图1-15，印制电路板见图1-16。

当磁性摆锤处于线圈的正中位置时，三极管TV的be极因电阻R和电容C_2阻断，故无电压通过，c极电流为零（线圈L_2因直流电阻甚微，可视为短路）。当磁性摆锤移位时（稍加外力），磁性摆锤的磁力线便切割线圈而产生感应电压，磁摆的磁极与线圈的磁场之间产生新的磁场，它们互相作用、互相影响，使三极管TV的be极感应电压周期性地不断变化，通过三极管TV的c极励磁电流产生的磁场，对磁摆不停地吸与斥，不断地补充能量，使磁摆持续工作。

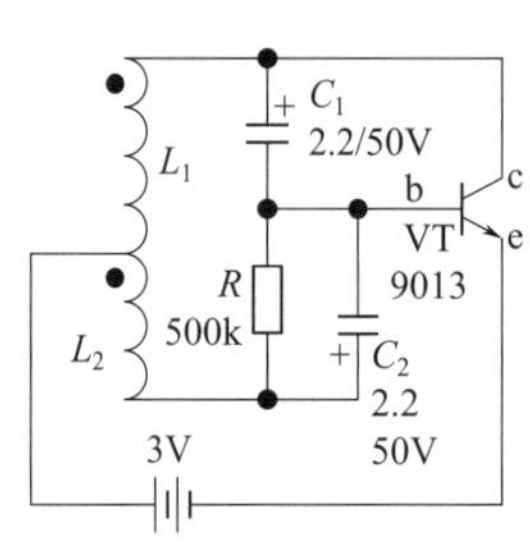

图1-15　电路图

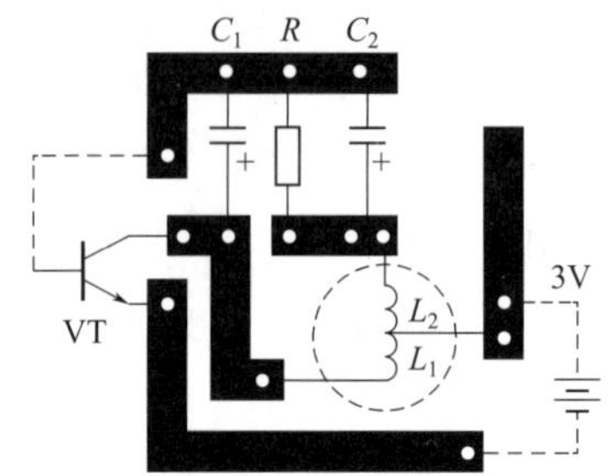

图1-16　印制电路板图

（2）制作　线圈部分很关键，用纸壳做一个外径20mm、内径10mm、高20mm的圆形骨架，用线径0.1mm的漆包线两根，同向并绕L_1为2000圈、L_2为1600圈，把L_1的始端定为引线1，末端与L_2的始端绞合在一起，定为引线2，L_2的末端定为引线3，分别焊入电路，千万不能把线头弄错了，不然电路是不会工作的。磁性摆锤用废弃的小耳塞中的磁环三只，重叠起来，从它原来的铁盖中心穿一根细尼龙线悬吊起来即可。装配时磁摆与线圈的距离越近越好，摆线长则周期短，摆线短则周期长，可根据需要适当调整。TV的基极电压为0.3V，集电极电压为2.8V。

知识拓展　电子元器件的识别、检测与应用

认识电路板上的电子元器件

电子元器件识别、检测与维修

电子元器件的识别、检测与应用可扫描二维码（这部分二维码也可以统一在本书最后扫码学习）。

第 2 章 模拟电路与集成电路设计

2.1 放大电路——从一个直流稳压电源设计开始

（1）设计目的　直流稳压电源由于具有效率高、体积小、重量轻的特点，近年来直流稳压电源高频化是其发展的方向。高频化使开关电源小型化，并使直流稳压电源进入更广泛的应用领域，特别是在高新技术领域的应用，推动了高新技术产品的小型化、轻便化。这里以具有放大环节的串联型晶体管稳压电路来进行介绍。串联型稳压电源的制作可扫二维码学习。

（2）画出串联型晶体管稳压电路单元设计模块　具有放大环节的串联型晶体管稳压电路由四个环节组成，如图2-1所示。

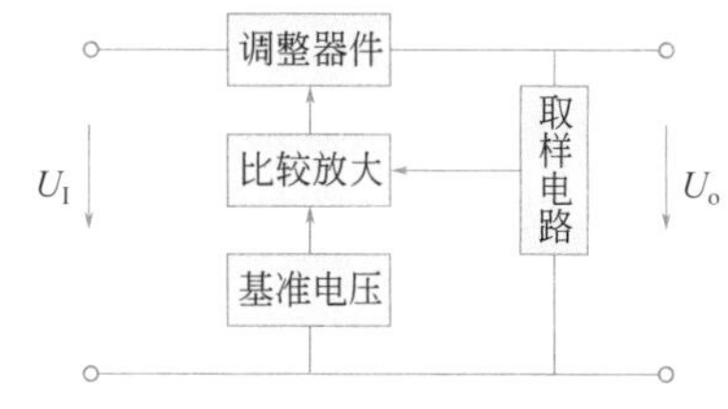

图2-1　串联型稳压框图

（3）根据原理框图确定串联型稳压电路各元件的作用　在图2-2串联型稳压电路中VT1为调整元件，R_3和VZ为基准电压元件（这里VZ为稳压二极管），VT2为比较放大元件，R_1 R_2是该电路的取样电路。

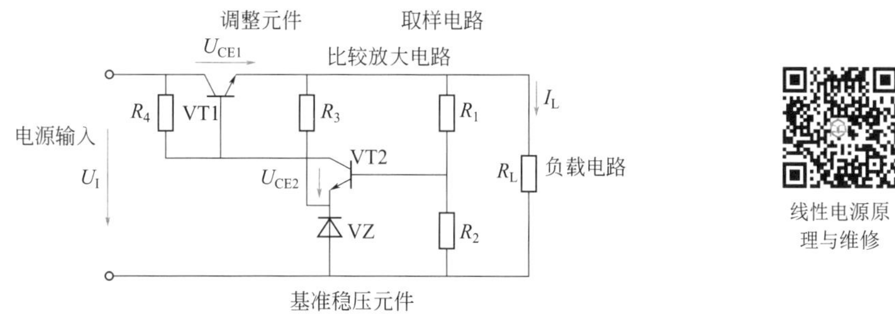

图2-2　串联型稳压电路

（4）对设计出的串联型稳压电路稳压原理分析验证正确性　串联型稳压电路稳压原理如图2-3所示。U_I增大时，自动调整过程如下：

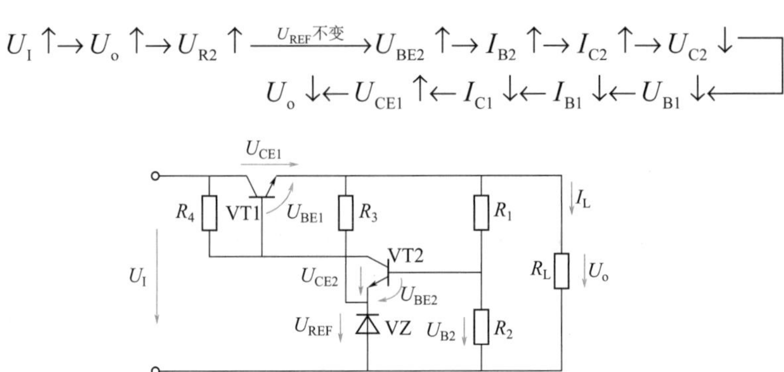

图2-3　串联型稳压电路稳压原理

在图2-3中，当电网电压波动或负载变动引起输出直流电压发生变化时，取样电路取出输出电压的一部分送入比较放大器，并与基准电压进行比较，产生的误差信号经VT2放大后送至调整管VT1的基极，使调整管改变其管压降，以补偿输出电压的变化，从而达到稳定输出电压的目的。

上面就是具有放大环节的串联型晶体管稳压电路设计，是不是很容易呢？下面就对模拟电路与集成电路设计进行详细介绍。

2.1.1　常见三极管放大电路

（1）共发射极放大电路　图2-4所示为共发射极放大电路的基本组成电路图。它的特点是对电压、电流和功率都能进行放大，且输入电阻和输出电阻适中，因此被广泛使用。共发射极放大电路对输入的信号电压还具有倒相作用，常用在低频放大电路的输入级、中间级或输出级。

（2）共集电极放大电路　图2-5所示为共集电极放大电路的基本组成电路图。它的特点是：电压放大倍数接近而略小于1，电压跟随特性好；具有一定的电流和功率放大能力；在这三种电路中，输入阻抗最高，输出阻抗最低。在多级放大电路中，因具备阻抗变换作用，常用作中间级以隔离前后级间的影响，也可用作输出级，提高不定期负载的能力。

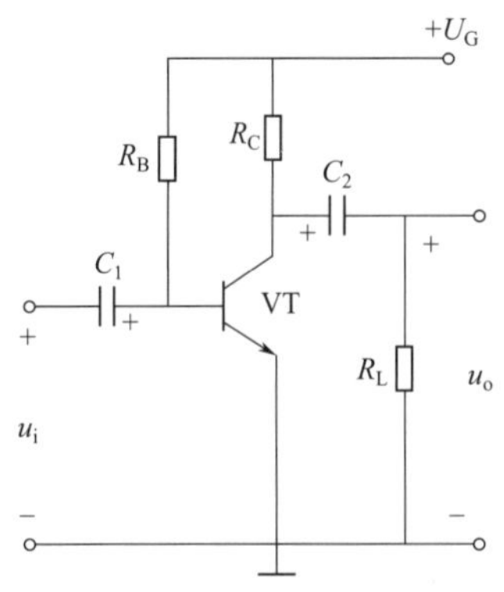

图2-4　共发射极放大电路

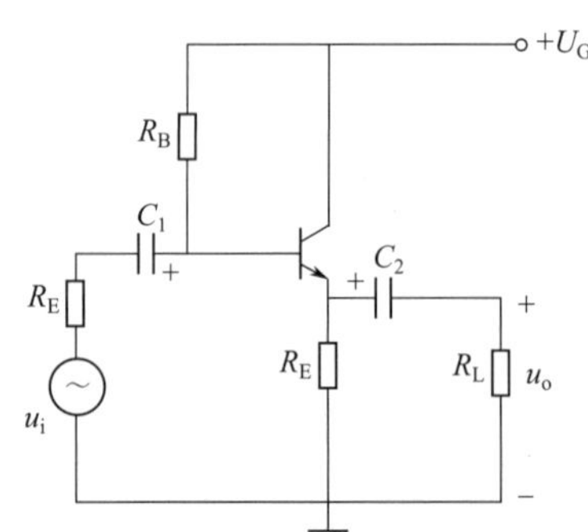

图2-5　共集电极放大电路

（3）共基极放大电路　图2-6所示为共基极放大电路的基本组成电路图。它的主要特点是输入阻抗低，其放大倍数和共发射极电路差不多，频率响应特性好，常用于高频情况下。

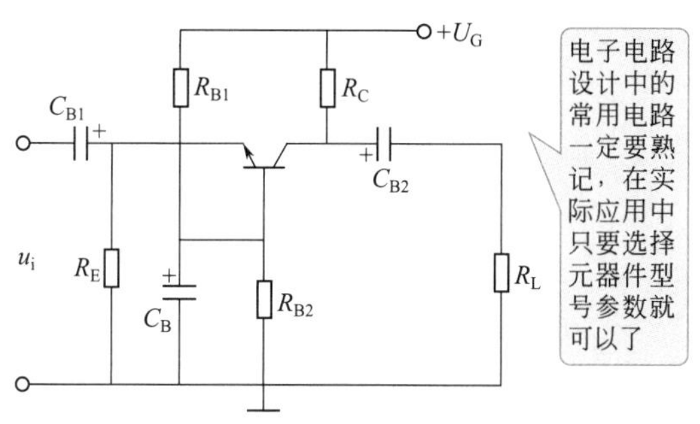

光控感应开关的制作

图2-6　共基极放大电路

三极管放大电路可应用于多种电路，直接耦合三极管放大电路用于光控感应开关制作可扫二维码学习。

2.1.2　三极管放大电路直流工作点的估算

直流工作状态是指放大器处于无信号输入的状态，此时电路中各处的电压、电流都是直流量，通常又叫做静态。静态工作点（直流工作点）则是此时三极管直流电压 U_{BE}、U_{CE} 和直流电流 I_B、I_C 的统称，用Q表示。

三极管放大电路的常见分析方法有图解法、等效电路法和估算法。本节主要介绍较为简便的估算法。

（1）固定偏置电路　估算法求静态工作点：

$$I_{BQ}=\frac{U_G-U_{BEQ}}{R_B}\approx\frac{U_G}{R_B}$$

$$I_{CQ}=\beta I_{BQ}+I_{CEO}\approx\beta I_{BQ}$$

$$U_{CEQ}=U_G-I_{CQ}R_C=10\text{V}-2\text{mA}\times3\text{k}\Omega$$

一般情况下规定将NPN型三极管看作是硅管，且 U_{BEQ} 是0.7V，PNP型三极管看作是锗管，且 U_{BEQ} 是0.3V，在估算法中可忽略不计。

例2-1　估算静态工作点

图2-7所示的放大器中，设 U_G=10V，R_B=100kΩ，R_C=3kΩ，若晶体管电流放大系数 β=20，试估算静态工作点。

从电路图可知，三极管是NPN型，U_{BEQ}=0.7V，则

$$I_{BQ}\approx\frac{U_G}{R_B}=\frac{10\text{V}}{100\text{k}\Omega}=100\mu\text{A}$$

$$I_{CQ}\approx\beta I_{BQ}=20\times100\mu\text{A}=2\text{mA}$$

$$U_{CEQ}=U_G-I_{CQ}R_C=10\text{V}-2\text{mA}\times3\text{k}\Omega=4\text{V}$$

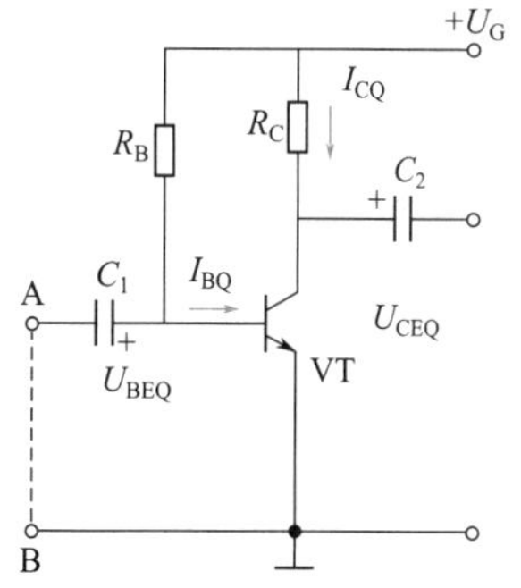

图2-7　静态工作点

静态工作点的设置对放大电路是很重要的，它关系到电

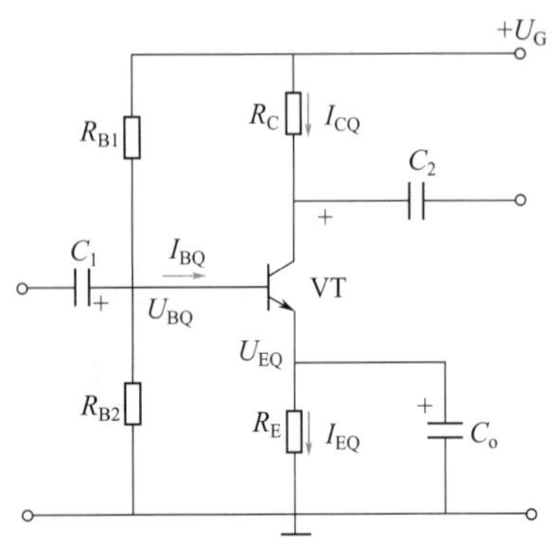

图2-8 分压式稳定工作点偏置电路

压的增益以及波形的失真情况。因此为了使放大器得到较好的性能，必须先设置合适的静态工作点。还有多种原因造成静态工作点不稳定，如电源电压不稳定、三极管老化等，其中温度的变化对三极管参数的变化影响也很大。而固定偏置电路的温度稳定性较差，只能用在环境温度变化不大、要求不高的场合。

（2）分压式稳定工作点偏置电路 图2-8所示为分压式稳定工作点偏置电路，该电路可以有效地抑制温度对静态工作点的影响。其工作原理：当温度升高时，I_{CQ}增大引起I_{EQ}相应增大，则R_E上的电压降$U_{EQ}=I_{EQ}R_E$也增大，U_{BQ}保持不变，$U_{BEQ}=U_{BQ}-U_{EQ}$，则U_{BEQ}减小，使得I_{BQ}减小，从而抑制了I_{CQ}的增加，达到稳定静态工作点的目的，所以R_E也称为电流负反馈电阻。

静态工作点的计算：

$$U_{BQ}=U_G\frac{R_{B2}}{R_{B1}+R_{B2}}$$

$$U_{EQ}=U_{BQ}-U_{BEQ}$$

$$I_{CQ}=I_{EQ}=\frac{U_{EQ}}{R_E}$$

$$U_{CEQ}=U_G-I_{CQ}R_C-I_{EQ}R_E=U_G-I_{CQ}(R_C+R_E)$$

2.2 反馈电路及应用

反馈就是指放大电路把输出信号（电压或电流）的一部分或全部，通过一定的方式送回到输入回路，从而影响放大电路输入信号的过程。反馈电路在电子电路中应用非常广泛。

2.2.1 反馈的基本类型

（1）正反馈和负反馈 反馈信号增强了原输入信号的叫做正反馈；反馈信号削弱了原输入信号的叫做负反馈。常采用瞬时极性法来进行判断。

① 先假设输入信号电压瞬时极性为正。

② 根据“共发射极电路集电极电位与基极电位的瞬时极性相反，发射极电位与基极电位瞬时极性相同”规律，确定出各极电位的瞬时极性。

③ 当反馈信号回到输入端的基极上时，则两者同极性时表示增强了原输入信号，为正反馈，不同极性时表示削弱了原输入信号，为负反馈；当反馈信号回到输入端发射极上时，则两者同极性时表示削弱了原输入信号，为负反馈，不同极性时表示增强了输入

信号，为正反馈。

（2）电压反馈和电流反馈　反馈信号与输出电压成正比的是电压反馈；反馈信号与输出电流成正比的是电流反馈。常采用输出短路法来进行判断，使输出电压为零，即输出端短路，此时看反馈信号是否还存在，若消失则表示为电压反馈，若存在则表示为电流反馈。

（3）串联反馈和关联反馈　反馈信号与输入信号以电压的形式在输入端串联的反馈叫做串联反馈；反馈信号与输入信号以电流的形式在输入端并联的反馈叫做并联反馈。判别方法：若输入端短路，反馈信号被短路则称为并联反馈。一般情况下，反馈信号加到共发射极电路基极的反馈为并联反馈；反馈信号加到共发射极电路发射极的反馈为串联反馈。

（4）交流反馈和直流反馈　存在于放大电路直流通路中影响直流性能的反馈叫做直流反馈；存在于放大电路交流通路中影响交流性能的反馈叫做交流反馈。

2.2.2　反馈类型的判断

例 2-2　判断图2-9所示电路的反馈组态

图2-9所示电路是一个共集电极电路（射极输出器）。从图中可看出发射极所接的电阻 R_E 就是反馈电阻。根据瞬时极性法可判断出该电路是负反馈，又因为它既接在输出端上又接输入级三极管发射极，因此可以认为它是电压串联负反馈。

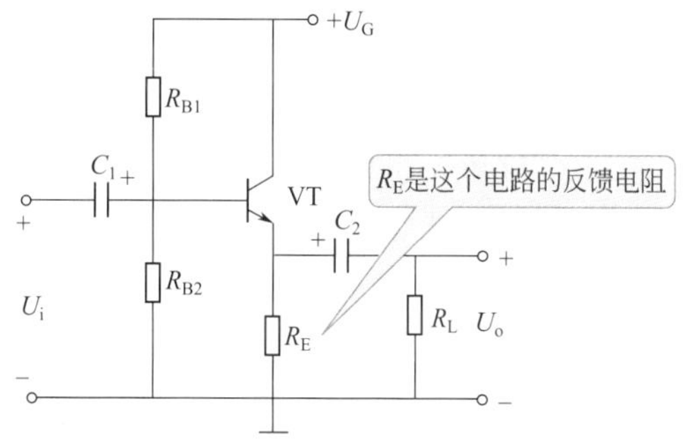

图2-9　［例2-2］电路图

例 2-3　判断图2-10所示电路的反馈组态

图2-10所示电路图是一个两级放大器，图中电阻 R_1 与输入、输出端都有联系，所以 R_1 肯定是反馈电阻，根据瞬时极性法可判断出该电路是正反馈，又因为 R_1 既接在输出端上又接在输入端三极管的基极上，所以可判断出它是电压并联正反馈。

例 2-4　判断图2-11所示电路的反馈组态

如图2-11所示是一个两级放大器，与输入、输出端有联系的有两个电阻 R_1、R_f，根据瞬时极性法可判断出经反馈电阻 R_1 引入的是负反馈，且 R_1 加在输入端三极管VT1基极上，可见是直流并联负反馈。因反馈信号与输出电流成比例，故为电流反馈。

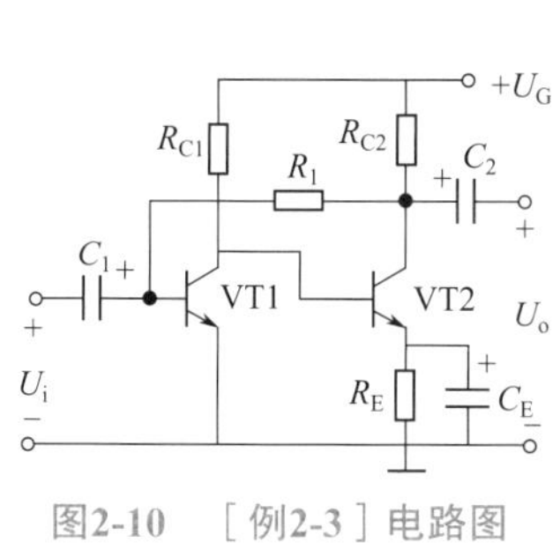

图2-10　［例2-3］电路图

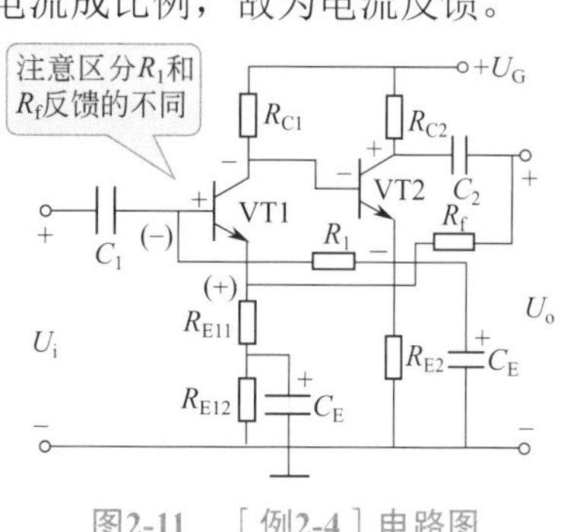

图2-11　［例2-4］电路图

结论：R_1引入的是直流电流并联负反馈。

根据瞬时极性法可判断出经反馈电阻R_f引入的是交流负反馈，且R_f加在输出端上，可见是电压负反馈。因反馈信号和输入信号加在三极管的两个输入电极上，反馈信号回到发射极，故为串联反馈。

结论：R_f引入的是交流电压串联负反馈。

2.2.3 反馈电路的应用

在放大电路中，引入反馈使放大器的放大倍数减小为负反馈；反之，使放大器的放大倍数增大为正反馈。在放大电路中接入负反馈后可使放大电路放大倍数的稳定性、非线性失真和频率特性等性能都得到改善，故负反馈广泛应用于自动控制系统及各种放大电路中，如电视机中的AGC电路就是负反馈电路，视放级也设计为电流负反馈电路以稳定工作点及补偿频响等用。正反馈可以提高放大倍数，故也得到了广泛应用，如彩电开关电源电路及行、场振荡电路都采用了正反馈电路。

根据反馈电路与输入及输出电路的连接方式，负反馈可以归纳为以下四种类型：

① 串联电流负反馈；

② 串联电压负反馈；

③ 并联电压负反馈；

④ 并联电流负反馈。

在放大电路中，引入电压负反馈，将使输出电压保持稳定，其效果是减小了电路的输出电阻；而电流负反馈将使输出电流保持稳定，因而增大了输出电阻。在放大电路中，引入并联负反馈可使放大电路中输入电阻减小，并联负反馈是把反馈电流与输入电流并联起来，其作用是削弱输入电流；而串联负反馈可使放大电路中输入电阻增大及把反馈电压与输入电压串联起来，其作用是对输入信号电压起削弱作用。

在通信、导航、遥测遥控系统中，由于受发射功率大小、收发距离远近、电波传播衰落等各种因素的影响，接收机所接收的信号强弱变化范围很大，信号最强时与最弱时可相差几十分贝。如果接收机增益不变，则信号太强时会造成接收机饱和或阻塞，而信号太弱时又可能丢失。因此，必须采用自动增益控制电路，利用反馈电路使接收机的增益随输入信号强弱而变化，自动增益控制电路是接收机中几乎不可缺少的辅助电路。在发射机或其他电子设备中，自动增益的控制电路也有广泛的应用。下面简单分析一个具体的自动增益的控制电路。

图2-12所示为晶体管收音机中的简单AGC电路。R_{P1}、C_3组成低通滤波器，从检波后的音频信号中取出缓变直流分量作为控制信号，直接对晶体管进行增益控制。经分析可知，这是反向AGC。调节可变电阻R_{P1}，可以使低通滤波器的截止频率低于解调后音频信号的最低频率，避免出现反调制。

从图2-12中可看出R_{P1}为反馈电阻。根据检波二极管VD1的接法，检波后的直流分量由M点流入地，因此U_M对地为正。当输入信号增大时，U_M增加，U_M通过电阻R_{P1}加到VT1基极的AGC电压也增加，VT1是PNP型三极管，所以第一中放管VT1的发射结偏压U_{BE}下降，集电极电流I_{C1}减小，从而使第一中放的增益下降。当输入信号减弱时，U_M下

降，U_{BE}上升，从而使第一中放级的增益上升，通过反馈电路实现了自动增益控制的作用。

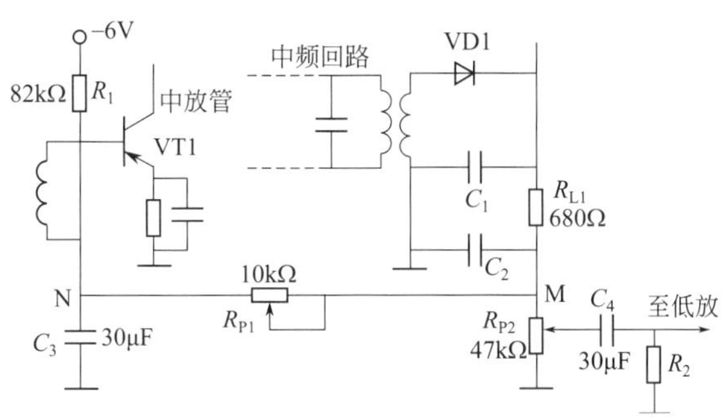

图2-12 晶体管收音机中的简单AGC电路

2.3 运算放大器的使用

运算放大器是内部具有高放大倍数的直接耦合放大器。起初，人们只是将运算放大器用于运算的范围，如今，它被集成在一小块硅片上，称为集成运算放大器（简称集成运放或运放）。它已经在测量、控制、通信及数字计算机等许多领域得到了广泛应用。

2.3.1 运算放大器的类型及选择

（1）运算放大器的组成及图形符号 集成运算放大器（常简称为运算放大器）是一种具有高增益、高输入阻抗和低输出阻抗的直接耦合放大器。电路大致可分为输入级、中间级和输出级。输入级采用差动放大电路，目的是减小零点漂移；中间级采用具有高增益的放大电路；输出级采用互补对称放大电路，这样使输出阻抗降低，从而提高了电路的带负载能力。

集成运算放大器在电路中的图形符号如图2-13所示，图中“△∞”表示额定开路增益很高，左边表示输入端，“+”表示同相端，“−”表示反相端，右边表示输出端。

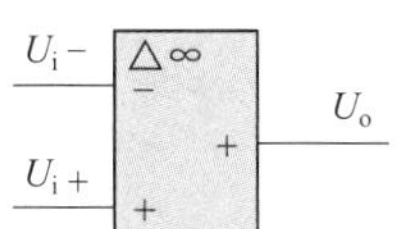

图2-13 集成运算放大器的图形符号

（2）运算放大器主要参数

① 开环差模电压增益A_{UO} 指运放工作在线性区，且外围未接负反馈电路时，输出电压与两输入端间电压的比值，又可称为开环放大倍数。

② 输入失调电压U_{IO} 实际的运放差分输入级很难做到完全对称，通常使输入电压为零时，输出电压也为零，在输入端间加的补偿电压叫做失调电压。U_{IO}越小，表明电路对称性越好。

③ 输入失调电流I_{IO} 指输出电压为零时，运放两输入端静态基极电流之差。

④ 输入偏置电流I_{IB}　指输出电压为零时，运放两输入端静态基极电流的平均值。I_{IB}越小表示信号源内阻对输出电压影响越小，性能越好。

⑤ 静态功耗P_c　指输入电压为零，输出端空载时所消耗的功率。

⑥ 共模抑制比K_{CMR}　指运放开环时，差模放大倍数A_{UD}与共模放大倍数的比值。

⑦ 开环频宽B_W　指开环差模电压增益下降3dB时对应的频率f_H。

（3）运放的分类及应用范围　通用型运放具有较高的差模输入电压和共模输入电压，输出端有短路保护功能，电压增益高。除通用型外，运放还具有特殊型，主要分以下几类。

① 高输入阻抗型　其差模输入电阻为$10^9\sim10^{12}\Omega$，输入偏置电流较小。该种运放被广泛用于有源滤波器、取样-保持放大器、对数和反对数放大器及A/D、D/A等方面。

② 高精度型（又称低漂移型）　一般用于毫伏量级或更精密的弱信号检测仪、高精度稳压电源或自动控制仪表中。

③ 低功耗型　这种功放要求电源电压±15V时，最大功耗不大于6mW。一般应用于对能源有严格控制的遥测、遥感、生物医学和空间技术研究的设备中。

（4）高压型　能输出较高的电压或较大的功率。

（5）高速型　这类运放转换速率大于30V/μs，通常用于快速D/A及A/D转换器、精密比较器、锁相环和视频放大器中。

2.3.2　运算放大器的基本应用电路

运算放大器的应用极为广泛，以下举例说明。

（1）线性应用

① 比例运算电路

a. 同相输入比例运算电路　图2-14所示为同相输入比例运算电路，在该电路中输入信号U_i从同相输入端输入，输出电压U_o通过反馈电阻R_f回到反相输入端。

已知I_i=0，所以U_f=U_i，且I_f=I_1

$$U_-=U_o\frac{R_1}{R_1+R_f}$$

AU_o=∞，$U_f-U_-=\dfrac{U_o}{AU_o}=0$，故$U_f$=$U_-$

则有　$$U_i=U_o\frac{R_1}{R_1+R_f}$$

输出电压 $$U_o=\left(1+\frac{R_f}{R_1}\right)U_i$$

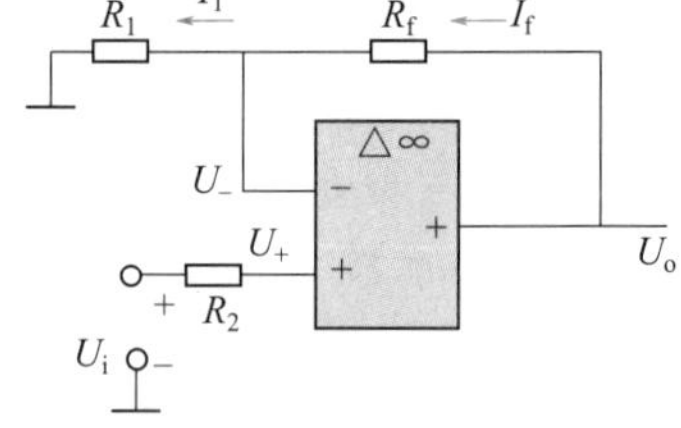

图2-14　同相输入比例运算电路

从上式可知：输出电压与输入电压同相且有比例关系，所以习惯上称该电路为同相比例运算电路。

b. 反相输入比例运算电路　如图2-15所示，输入信号U_i从反相输入端输入，输出电压通过R_f反馈到反相输入端。

已知I_i=0，R_2无压降，则U_f=0，且I_1=I_f

$$I_1=\frac{U_i-U_-}{R_1}，\ I_f=-\frac{U_o-U_-}{R_f}$$

可得 $\dfrac{U_i-U_-}{R_1}=-\dfrac{U_o-U_-}{R_f}$，又$U_+=U_-=0$

则推出 $U_o=-\dfrac{R_f}{R_1}U_i$

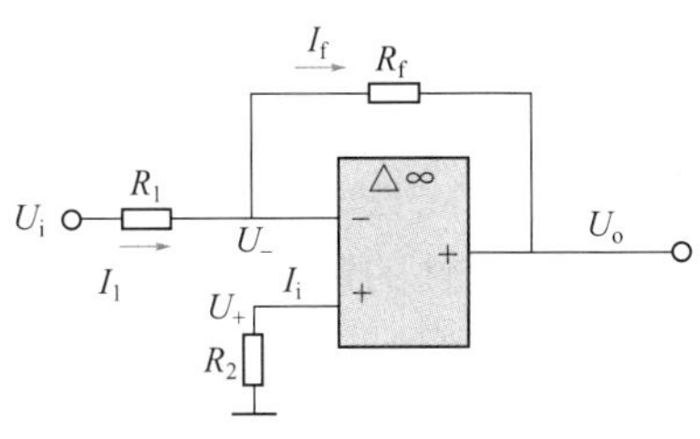

图2-15　反相输入比例运算电路

从上式可知：输出电压与输入电压反相且存在比例关系，比例常数为$-R_f/R_1$，所以习惯上叫做反相输入比例运算电路。在该电路中，同相输入端接地而反相输入端U_-近似为零，故称反相输入端“虚地”。

当$R_f=R_1$时，$U_o=-U_i$，称反相器。

② 加法比例运算电路　如图2-16所示，反相输入端有若干个输入信号，输出电压通过反馈电阻R_f接到反相输入端。

为使运算放大器输入端对称，故取$R_4=R_1//R_2//R_3$。

由$I_i=0$可知同相输入端接地，反相输入端虚地。

$$I_1=\frac{U_{i1}}{R_1}，\ I_2=\frac{U_{i2}}{R_2}，\ I_3=\frac{U_{i3}}{R_3}$$

$$I_1+I_2+I_3=I=I_f$$

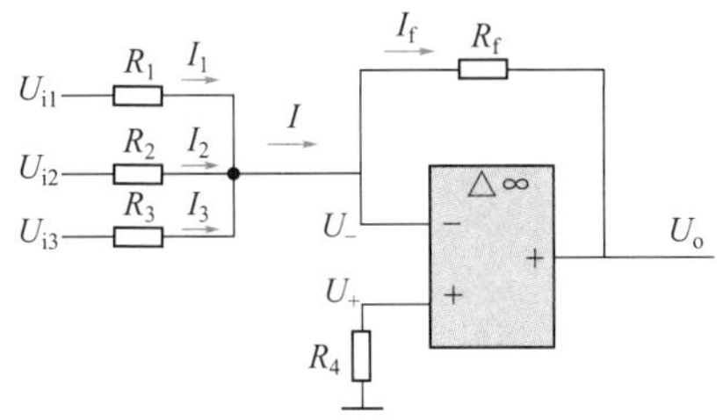

图2-16　加法比例运算电路

可得 $\dfrac{U_{i1}}{R_1}+\dfrac{U_{i2}}{R_2}+\dfrac{U_{i3}}{R_3}=-\dfrac{U_o}{R_f}$

可推出 $U_o=-R_f\left(\dfrac{U_{i1}}{R_1}+\dfrac{U_{i2}}{R_2}+\dfrac{U_{i3}}{R_3}\right)$

取$R_1=R_2=R_3=R_f$时，$U_o=-(U_{i1}+U_{i2}+U_{i3})$即加法器。

③ 减法比例运算电路　如图2-17所示，两输入信号U_{i1}和U_{i2}分别通过R_1和R_2加到运放器两输入端，输出电压通过电阻R_f反馈到反相输入端。

为使运算放大器两端对称，通常取$R_1=R_2$，$R_3=R_f$。

从图中可知，$I_1=\dfrac{U_{i1}-U_-}{R_1}$，$I_f=\dfrac{U_--U_o}{R_f}$

由$I_i=0$可得$I_1=I_f$，即$\dfrac{U_{i1}-U_-}{R_1}=\dfrac{U_--U_o}{R_f}$

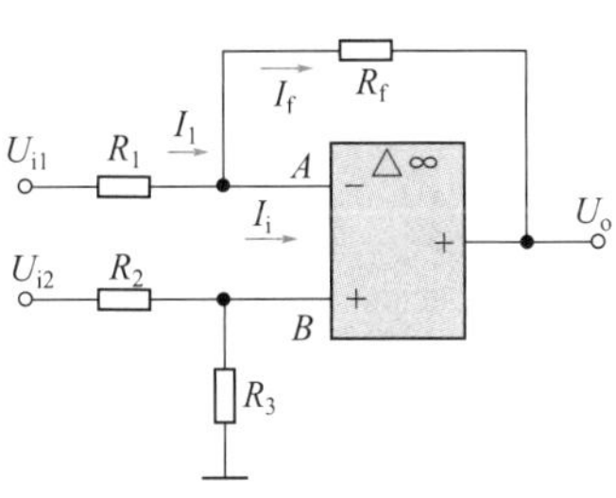

图2-17　减法比例运算电路

推出 $U_-=\dfrac{U_{i1}R_f+U_oR_1}{R_1+R_f}$

又知 $U_+=\dfrac{R_3}{R_2+R_3}U_{i2}$

由于$U_+=U_-$，$R_1=R_2$，$R_3=R_f$

故上式化简后得 $U_o=\dfrac{R_f}{R_1}(U_{i2}-U_{i1})$

取$R_1=R_f$时，则$U_o=U_{i2}-U_{i1}$，可称为减法器。

运算放大器还可以组成积分、微分、乘法、除法、对数等多种运算电路，这里不再介绍。

（2）非线性应用　前面介绍的运放是工作于线性区域的，非线性应用是指运放器工作在传输特性的饱和段，即输出电压只有 $\pm U_{om}$ 两种取值。非线性应用很广泛，下面介绍最基本的应用——比较器。

比较器是将输入信号电压 U_i 与参考电压 U_{REF} 进行比较，比较结果用输出电压正、负两种极性来显示出来。如图2-18所示，该比较器输入信号通过电阻 R_1 加到运放器的同相输入端，参考电压 U_{REF} 加在反相端。

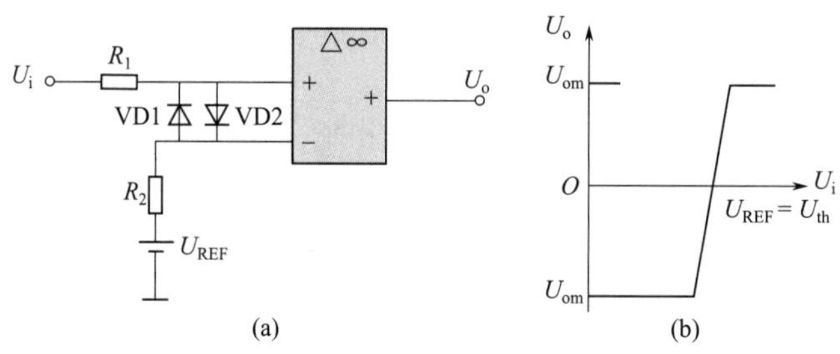

图2-18　比较器

由于运放器开环放大倍数 A_{UO} 很高，当 U_i 略大于 U_{REF} 时，U_i 输出正饱和电压值 $+U_{om}$；当 U_i 略小于 U_{REF} 时，U_i 输出负饱和电压值 $-U_{om}$。把比较器输出电压 U_o 从一个电平跳到另一个电平时对应的输入电平 U_i 的值叫做门限电压或值电压 U_{th}，在图2-18中 U_{th}=U_{REF}。

从图2-18中可看出，在运放器两输入端之间接了两个反相二极管V1和V2。目的是防止 U_i 和 U_{REF} 相差太大时烧坏运放器，起限幅保护作用，且同时串入了两个限流电阻 R_1 和 R_2。图中信号加在了同相端，故称为同相比较器。若信号加在反相端，则称为反相比较器。若参考电压 U_{REF}=0，则称为零比较器。

运算放大器还可应用于电源保护电路、定时电路、自动控制电路等众多领域中。

2.4　模拟电路设计步骤及注意事项

接到一个电子电路设计任务时，首先应仔细分析该任务，提出多种方案并进行选择，然后对各部分组成单元电路进行设计，最后进行组合、功能调试。

2.4.1　模拟电路设计步骤

（1）提出系统方案

① 分析、提出系统方案　仔细分析设计要求，了解系统的性能指标、内容以及特殊要求等。根据各部分单元电路功能，画出一个整机原理方框图。然后搜集与查阅相关的资料，提出多种可行性方案。从合理性、可能性、经济性及功能性等多方面进行选择，

并反复进行可行性分析和优缺点比较，关键部分应进行实际现场考察。

② 确定方案　经过分析和比较后选择出一种方案。然后根据各单元电路功能画出该方案的原理方框图。这个简单的框图要求反映出各组成部分的功能以及相互之间的关系。

（2）单元电路的设计与制作

① 单元电路选择与设计　单元电路是整机中的一部分，必须把各单元电路制作好才能提高整机性能。因此，必须按照已确定的总体方案系统要求，明确该单元电路的任务，详细拟定出单元电路的性能指标以及单元电路间的级联问题。

对满足功能要求的多个单元电路进行分析比较和筛选，具体制作时，在满足性能要求的前提下，可模拟成熟的电路，也可创新。此外，还要考虑各单元电路间的级联问题，例如信号耦合方式、电气特性的相互匹配以及互相间的干扰等问题。

② 参数计算　通常满足同一电路要求的参数值可能有多组，设计者应选择一组能满足功能要求的、可行的参数，以便确定元器件的具体型号。

③ 元器件的选择　由于元器件的种类繁多，设计者需要进行分析比较选择出最合适的元器件。首先，所选元器件要满足单元电路的性能指标要求，其次，要考虑价格、体积等要求。随着微电子技术的飞速发展，各种集成电路的应用也越来越广泛。它的性能可靠、体积小，而且便于安装调试和维修。选择集成电路不仅要考虑功能和特性的要求，还要考虑功耗、电压、价格等多方面的要求。

（3）绘制电路图　在系统框图、参数计算、元器件选择以及单元电路间的关系等都确定后，就可以进行总体电路图的绘制。总体电路图是电子电路设计的重要文件，它不仅是电路安装和电路板制作等工艺设计的重要依据，而且是电路试验和维修时的重要文件。

绘制总体电路图时应注意：合理布局，要清晰地反映出各单元电路的组成以及各单元电路间的连接关系；反馈信号的方向与一般信号的流向相反。

（4）总体电路试验　实践是检验该设计正确与否的标准，所以在总体电路图设计完毕后，设计者应进行试验，通过试验可以发现电路中的问题，找出设计中的不足，从而修改和完善电路设计。一般试验步骤如下。

① 组装　对于集成电路要认清方向，元器件要按照信号流向顺序连接，这样便于调试。

② 调试　调试前后对连线、元器件安装、电源等进行检查，确保安装无误后通电观察是否有冒烟、发热等故障，若有则应断电排除故障。接着要局部地对各单元电路进行调整，按信号的流向分块逐级地使其中参数达到指标。逐步扩大范围，最后完成整机调整。还要使整机的抗干扰能力、稳定性及抗机械振动能力等各方面达到设计指标。

③ 故障检查　调试时出现故障，要认真查找故障原因，仔细作出判断。常用的故障检查方法有直观观察法、用万用表查静态工作点法、信号寻迹法、替换法等。

（5）绘制正式的总体电路图　在对电路进行试验后，可知各单元电路是否合适，单元电路之间的连接是否合理，元器件选择是否正确，电路中是否存在故障。对出现的问题加以有效地解决，从而可以进一步修改和完善总体电路图，绘制正式的总体电路图应按国际标准，要求更严格、更工整。

2.4.2 模拟电路设计注意事项

① 在进行参数计算时，应考虑元件的工作电流、电压、功耗和频率等是否满足性能指标，还要考虑元器件的极限参数留有充裕量，一般应大于额定值的1.5倍。

② 单元电路要布局合理，元器件的引线要尽量短，且要减少交叉；大功率开关管或滤波电容要远离输入级；总接地线要严格按照高频→中频→低频逐级从弱电到强电的顺序排列；立体声的双声线必须分开，直到功放级再合起来。

③ 在进行元器件选择时，一些特殊情况，如高频、宽频带高电压和大电流等场合，不适合选用集成电路。

④ 电路中应采用静电屏蔽和电磁屏蔽来降低噪声。

⑤ 电路中加入滤波电容和补偿网络来消除自励振荡。

⑥ 在进行组装时，可选用不同颜色的导线来表示不同的用途，这样检查时较方便，且连线不允许跨在集成电路上。

⑦ 在进行调试时，为了方便，可在电路图上标明各点的电位值、波形图及其他主要参数。

⑧ 绘制电路图时，图纸的布局、图形符号、文字标准都应规范统一。

2.5 模拟电路设计实例

2.5.1 电源电路设计

2.5.1.1 电源电路组成

电源是给电子设备提供能量的电路。大多数的电子设备要用到直流电，直流电的最简单的供电方法是用电池做电源。但电池有成本高、体积大、需要不断更换（蓄电池则要经常充电）的缺点，因此最经济可靠而又方便的是使用整流电源。电子电路中的电源一般是低压直流电，所以要把220V/50Hz的市电变换成电路所需要的直流电，应该先把220V交流电变成低压交流电，再用整流电路变成脉动的直流电，最后用滤波电路滤除脉动直流电中的交流成分后才能得到直流电。由于很多电子设备对电源的质量要求很高，所以一般还需要再增加一个稳压电路。因此，整流电源的组成一般有四大部分，即变压电路、整流电路、滤波电路、稳压电路，如图2-19所示。在这四部分中根据稳压电路的不同，可将电源分为串联调整型稳压电源、开关电源、集成稳压电源。

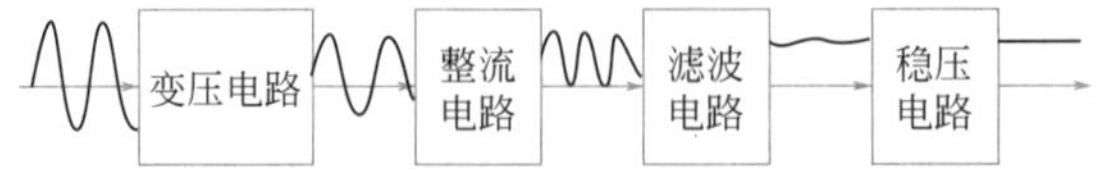

图2-19 整流电源的组成

直流稳压电源的技术指标可以分为两大类：一类是工作参数，反映直流稳压电源的固有特性，如输入电压、输出电压、输出电流、输出电压调节范围；另一类是性能参数，

反映直流稳压电源的优劣，包括稳定度、等效内阻（输出电阻）、纹波电压及温度系数等。

（1）工作参数

① 输出电压及调节范围　在符合直流稳压电源工作条件的情况下，能够正常工作的输出电压及调节范围。

② 最大输入电压　保证直流稳压电源安全工作的最大输入电压。

③ 最大输出电流 I_{omax}　保证稳压器安全工作所允许的最大输出电流。

④ 输出负载电流范围　输出负载电流范围又称为输出电流范围，在这一电流范围内，直流稳压电源应能保证符合指标规范所给出的指标。

⑤ 功耗 P　直流稳压电源在将交流电转变为稳定直流电的过程中要消耗功率，主要是将电能转化成热能散发掉了，大部分是稳压电路消耗的，因此设计稳压电路时要注意散热问题。

（2）性能参数

① 电压调整率 S_U　电压调整率是表征直流稳压电源稳压性能优劣的重要指标，又称为稳压系数或稳定系数，它表征当输入电压 U_i 变化时直流稳压电源输出电压 U_o 的稳定程度，通常以单位输出电压下的输入和输出电压的相对变化量的百分比表示。

$$S_U=\left.\frac{\Delta U_o/U_o}{\Delta U_i/U_i}\right|_{\substack{\Delta I_o=0\\ \Delta T=0}}$$

② 输出电阻 R_o　输出电阻又称为负载调整率，是指在负载变化而输入电压不变的条件下，稳压电源抗负载变化的能力。输出电阻（又称等效内阻）用 R_o 表示，它等于输出电压变化量和负载电流变化量之比。

$$R_o=\left.\frac{\Delta U_o}{\Delta I_o}\right|_{\substack{\Delta U_i=0\\ \Delta T=0}}\quad(\Omega)$$

③ 纹波抑制比 S_R　纹波抑制比反映了直流稳压电源对输入端引入的市电电压的抑制能力，当直流稳压电源输入和输出条件保持不变时，纹波抑制比常以输入纹波电压峰-峰值与输出纹波电压峰-峰值之比表示，一般用分贝数表示，但是有时也可以用百分数表示，或直接用两者的比值表示。

④ 温度系数 S_T　集成直流稳压电源的温度稳定性是在所规定的直流稳压电源工作温度 T_i 最大变化范围内（$T_{min}\leqslant T_i\leqslant T_{max}$），直流稳压电源输出电压相对变化的百分比值。

$$S_T=\frac{\Delta U_o}{\Delta T}_{\substack{\Delta U_i=0\\ \Delta I_o=0}}\quad(\mathrm{mV/^\circ C})$$

2.5.1.2　分立元件的串联调整型稳压电源设计

线性电源原理与制作可扫二维码学习。

线性电源原理与制作

（1）设计任务和要求

任务：设计一个分立元件的串联调整型稳压电源。

要求：将220V交流市电转化为所需要的直流电，条件如下。

输出电压：U_o=+12V；

输出电流：I_o=500mA；

稳压系数：S≤5%；

输出电阻：R_o<0.15kΩ。

自己制作变压器

（2）电路设计原理

① 降压电路　其作用就是将220V交流市电通过变压器降低为所需要的低压交流电，主要元器件为铁芯变压器。根据整流电路的设计要求，如果选择的整流电路为全波整流，要选择中心抽头的变压器；如果选择桥式整流电路，则选择单输出的变压器即可。自己如何制作变压器可扫二维码学习。

② 滤波电路　整流后得到的是脉动直流电，滤波电路就是要滤除脉动直流电中的交流成分，得到平滑的直流电。电路形式有以下几种。

a. 电容滤波。把电容器和负载并联，如图2-20（a）所示，正半周时电容被充电，负半周时电容放电，可使负载上得到平滑的直流电。

$$U_L=（1.1\sim1.2）U_2$$

电容放电的时间$\tau=R_LC$越大，放电过程越慢，输出电压中脉动（纹波）成分越少，滤波效果越好。一般取$\tau\geqslant（3\sim5）T/2$，T为电源交流电压的周期。

b. 电感滤波。电感滤波电路利用电感器两端的电流不能突变的特点，把电感器与负载串联起来，如图2-20（b）所示，以达到使输出电流平滑的目的。从能量的观点看，当电源提供的电流增大（由电源电压增加引起）时，电感器L把能量存储起来；而当电流减小时，又把能量释放出来，使负载电流平滑，所以电感L也能滤除脉动电流中的交流成分。

c. LC滤波。用1只电感和1只电容组成的滤波电路因为像一个倒写的字母“L”，被称为L形，如图2-20（c）所示。用1只电感和2只电容组成的滤波电路因为像字母“π”，被称为π形，如图2-20（d）所示，这是滤波效果较好的电路。

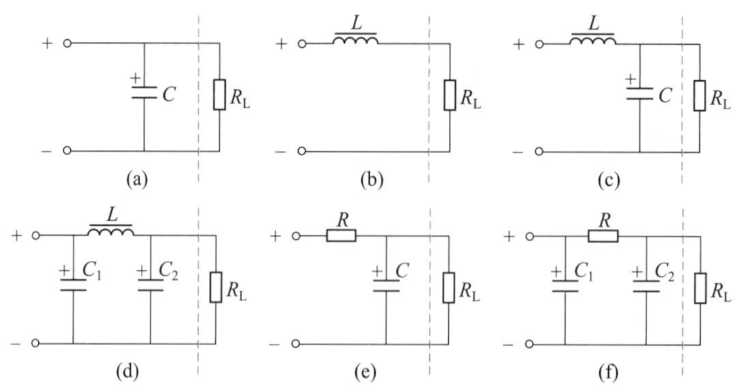

图2-20　滤波电路形式

d. RC滤波。电感器的成本高、体积大，所以在电流不太大的电子电路中常用电阻器取代电感器而组成RC滤波电路。同样，它也有L形，如图2-20（e）所示；π形滤波电路如图2-20（f）所示。

③ 稳压电路　交流电网电压的波动和负载电流的变化都会使整流电源的输出电压和

电流随之变动，因此要求较高的电子电路必须使用稳压电源。有放大和负反馈作用的串联型稳压电路是最常用的稳压电路，它的框图和电路如图2-21（a）、（b）所示。它是从取样电路（R_3、R_4）中检测出输出电压的变动，与基准电压（U_z）比较并经放大器（VT2）放大后加到调整管（VT1）上，使调整管两端的电压随之变化。如果输出电压下降，就使调整管管压降也降低，于是输出电压被提升；如果输出电压上升，就使调整管管压降也上升，于是输出电压被压低，结果就使输出电压基本不变。在这个电路的基础上发展成很多变形电路或增加一些辅助电路，如用复合管作为调整管，输出电压可调的电路，用运算放大器作为比较放大的电路以及增加辅助电源和过流保护电路等。

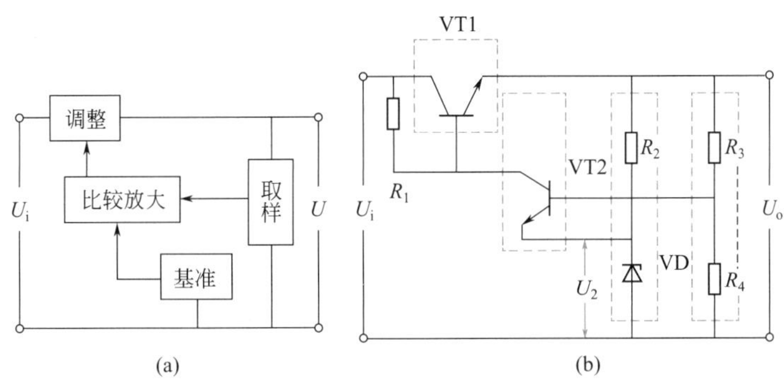

图2-21　串联型稳压电路

（3）设计步骤　以最常见的桥式整流电容滤波为例进行电路设计。桥式整流电容滤波电路如图2-22所示，已知u_1是220V交流电源，频率为50Hz，根据设计要求，直流电压U_L=12V，负载电流I_L=500mA。求电源变压器副边电压u_2的有效值，选择整流二极管及滤波电容。

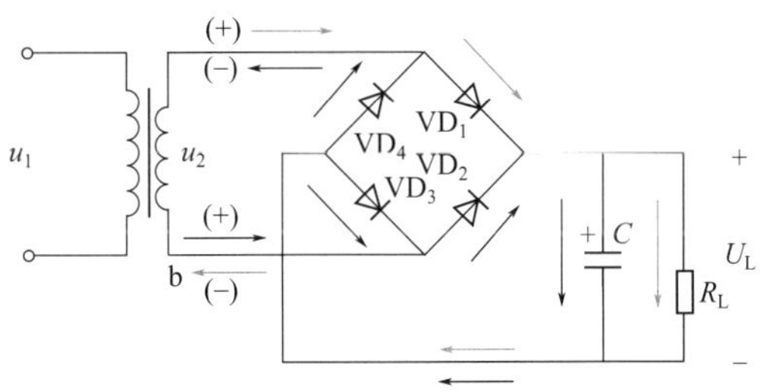

图2-22　桥式整流电容滤波电路

① 变压器副边电压的有效值。

由U_L=（1.1 ～ 1.2）U_2，取U_L=1.2U_2，则$U_2=\frac{12}{1.2}$V=10V

② 选择整流二极管。流经整流二极管的平均电流为

$$I_D=\frac{1}{2}I_L=250\text{mA}$$

二极管承受的最大反向电压为

$$U_{RM}=\sqrt{2}\,U_2=14.1\text{V}$$

③ 选择滤波电容。因为负载电阻

$$R_L=\frac{U_L}{I_L}=\frac{12}{500}\text{k}\Omega=24\Omega$$

根据$R_LC\geqslant$（3 ～ 5）$\frac{T}{2}$，取$R_LC=4\times\frac{T}{2}=4\times0.01\text{s}=0.04\text{s}$

由此得滤波电容$C=\frac{0.04\text{s}}{R_L}=\frac{0.04\text{s}}{24\Omega}=1666.7\mu\text{F}$

考虑到电网电压波动±10%，则电容所承受的最高电压为

$$U_{CM}=\sqrt{2}\,U_2\times(1+10\%)=15.5\text{V}$$

因此，选用标称值为2200μF/25V的电解电容。

（4）稳压电路的选择与计算 稳压电路采用具有放大和反馈功能的串联调整型稳压电路，根据设计要求I_C= 500mA，调整管采用中功率或大功率晶体管，设其电流放大系统β_1为30，则调整管最大基极电流$I_m=\frac{I_C}{\beta_1}=\frac{500}{30}\text{mA}=16.7\text{mA}$，用小功率的比较放大管直接推动有困难，因此，使用两管复合作为调整管，如果VT2的β_2=30，则VT2的最大基极电流$I_m=\frac{I_C}{\beta_2}=\frac{16.7}{30}\text{mA}=0.56\text{mA}$，此时，用小功率管可以驱动，所以确定用两管复合作为调整器件，电路如图2-23所示。

① 复合调整管的选取。对于VT1应满足：

$I_{CM1}>I_o=500\text{mA}$

$U_{BR(CEO)1}=U_{tmax}-U_{tmin}=16\text{V}-12\text{V}=4\text{V}$

$P_{CM1}=(U_{tmax}-U_{tmin})\,I_{cm}=4\text{V}\times0.5\text{A}=2\text{W}$

由晶体管手册查出3001A的参数如下：

$I_{CM}=0.5\text{A}$

$U_{BR(CEO)}=20\text{V}$

$P_{CM}=25\text{W}$

$\beta=12\sim100$

可以满足上述要求，选$\beta_1>25$的管子。

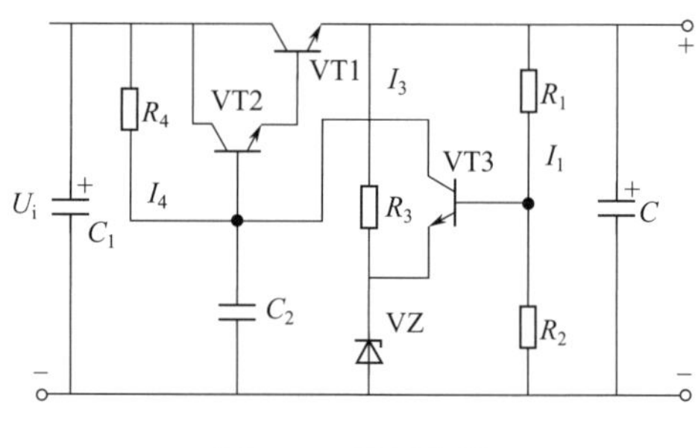

图2-23 稳压电路

VT2满足以下条件：

$$I_{CM2}=\frac{I_C}{\beta_1}=\frac{500}{25}\text{mA}=20\text{mA}$$

$U_{BR(CEO)2}\approx U_{BR(CEO)1}=4\text{V}$

$$P_{CM2}=(U_{tmax}-U_{tmin})\frac{I_{CM}}{\beta_1}=4\times25\text{mV}=100\text{mW}$$

满足上述要求，选$\beta_2>40$的管子。

② 基准电压电路的选定。取分压比为n=0.6，计算

$U_W=nU_o=0.6\times12\text{V}=7.2\text{V}$

选用2CW55硅稳压二极管，参数如下：

稳定电压：U_W=（6.2 ～ 7.5）V

稳定电流为I_W=5mA，R_W=23.5kΩ

限流电阻R_3满足以下条件：

0.15kΩ<R_3<0.96kΩ，取R_3=820Ω。

③ 取样电路的计算。取I_1=20mA，$R_1+R_2=\dfrac{U_o}{I_1}=\dfrac{I_2}{20\times10^{-3}}$=600Ω

$$R_2=\frac{U_W}{I_o}=600\Omega\times\frac{7.2}{12}=360\Omega$$

$$R_1=600\Omega-360\Omega=240\Omega$$

④ 比较放大电路的计算。采用晶闸管3B×31C作为比较放大管，其β_3>80，则取R_4=4.7kΩ。

⑤ 电容C_2和C_3的选定。为消除稳压电源内产生的自励高频振荡，在VT2的基极与地之间跨接一小电容C_2（0.05μF/160V），另外在稳压电源输出端加一滤波电容C_3，以减小纹波电压，C_3取500μF/30V。

（5）印制板设计实例

① 电路原理图样图。串联调整型稳压电源如图2-24所示。

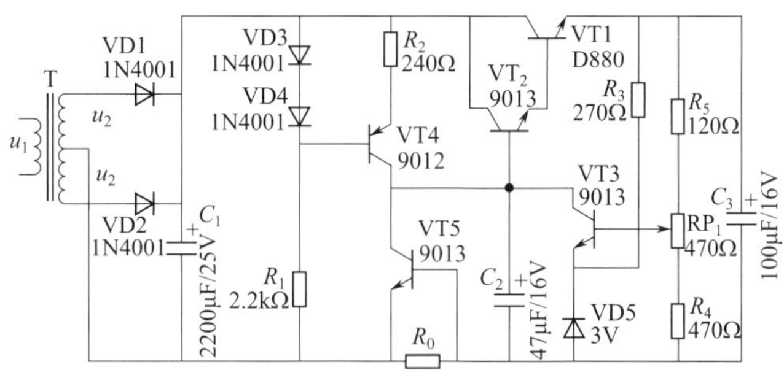

图2-24　串联调整型稳压电源

② 稳压电源的设计参数。输出电压范围为1.5 ～ 9V；输出电流500mA；电压调整率≤1%；电流调整率（内阻）≤0.5Ω；输出纹波电压≤5mV。

③ 设计电路板时考虑的因素。

- 整流滤波电容的位置应靠近整流二极管，这样整流以后的脉动直流电压可以及时得到滤波，以减少对后面电路的影响。
- 电源调整管的位置应设计在电路板的边缘，这样有利于安装散热片。
- 调整电压的电位器应设计在电路板的边缘，以便调整电压。
- 取样电路应靠近稳压电源的输出端，以便负载的变化能及时反映到取样电路。
- 因为输出电流较大，在布线时线应尽可能宽些，尤其是正负电源输出端，线宽应在1.5mm以上。
- 电路板设计成长方形，一端为交流输入，另一端为直流输出。

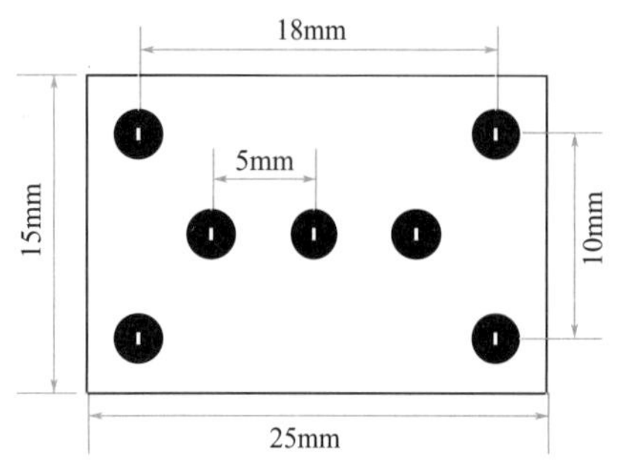

图2-25　电位器封装图

• 由于变压器较重且体积大、散热多，因此不宜放在印制板上。

④ 绘制印制板的步骤。

• 在SCH 99中绘制电路原理图，确定各元器件的封装并进行ERC校验，确认无误后执行菜单Design—Create Netlist，生成网络表。

• 进入PCBLib元器件库设计，手工设计如图2-25所示的电位器封装图。元器件库名设置为Newlib，元器件名设置为V_{RP}，四周的焊盘用于固定电位器的外壳，焊盘号均为0，中间的3个焊盘为引脚，依次定义引脚号为1、2、3，具体尺寸如图2-25所示。

• 进入PCB 99，新建一个PCB文件，将该文件更名；执行菜单Tools—Preference，并设置工作系统参数。执行菜单Design—Options，设置文档参数。在Layers选项卡中选中信号层为Bottom Layer（单面板），选中可视栅格1，2；在Options选项卡中设置单位制为Metric（公制），捕获栅格为0.5mm，可视栅格1为1mm，可视栅格2为10mm，电气栅格为0.25mm。

• 装入元器件封装库。将浏览器设置为元器件库浏览器，单击“Add/Remove”按钮，装入标准元器件库Advpcb.ddb和自建元器件库Newlib.Lib（内有电位器的封装）。

• 规划印制板。将当前层设置为禁止布线层Keep Out Layer，然后执行菜单Place—Track，在工作区绘制如图2-26所示的电路板边框。

• 在印制板上放置定位螺孔6个，螺孔的直径为3mm。定位螺孔的放置方法如下：在图中相应位置放置焊盘，然后将焊盘的孔径设置为与焊盘直径相同，如图2-27所示。

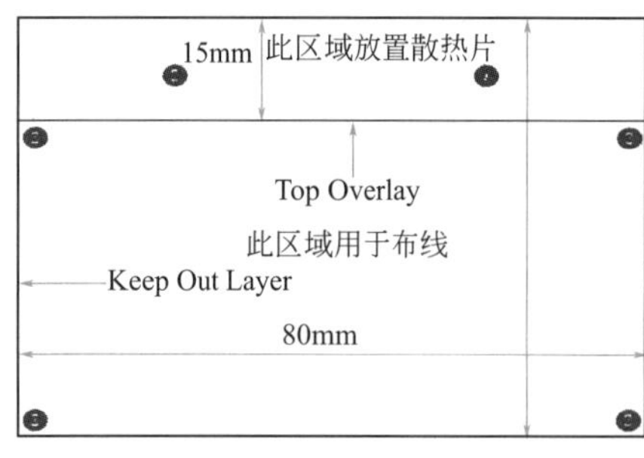

图2-26　规划印制板

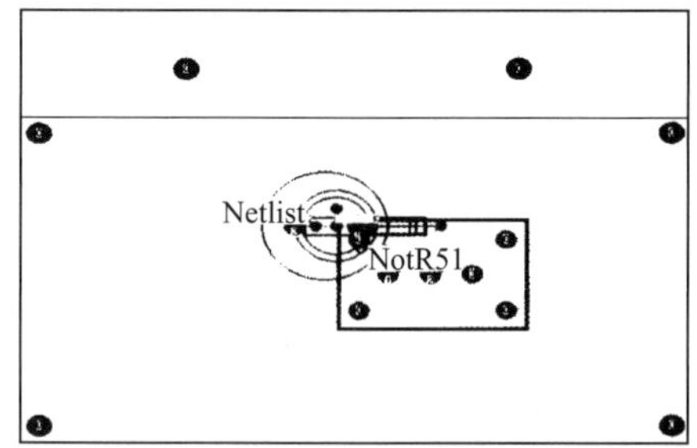

图2-27　装载元件

• 执行菜单Design—Netlist，载入网络表，忽略元器件引脚错误的提示，确定网络表其他内容无误后，单击“Execute”按钮，将元器件调入工作区，如图2-27所示。

• 通过Tools—Auto Place自动布局。自动布局的效果一般不是很理想，需要进行手工调整。确定元器件封装在电路板上的位置，注意尽量减少网络飞线的交叉，如图2-28所示。为了使图面更简洁，将元器件的型号或标称值隐藏，具体方法如下：双击元器件，选中Comment选项卡，选中Hide复选框，然后单击“Global”按钮，在Change Scope下拉列表框中选中All Primitives，单击“OK”按钮，即可实现隐藏。

从图2-28中可以看出二极管、电位器缺少网络飞线，三极管的网络飞线有错。主要原因是印制板中的元器件和原理图中的元器件引脚不匹配，如二极管在印制板中的引脚号为A、K，而在原理图中为1、2；电位器在原理图中引脚号为1、W、2，而在印制板中定义为1、2、3；三极管中的E、B、C极在原理图中定义的引脚号为3、1、2，而在印制板中为1、2、3。

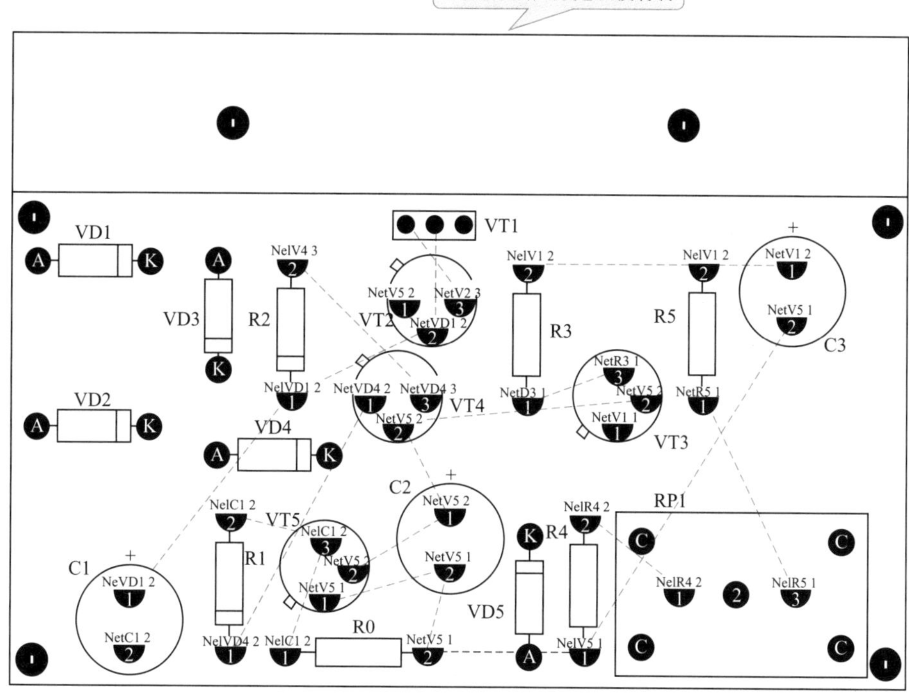

图2-28　元器件布局

• 按上述的顺序依次修改二极管、三极管和电位器的焊盘编号，重新装载网络表文件，并对电路布局进行局部调整，最后的电路如图2-29所示。为了使焊盘编号显示更完整，在该图中将焊盘上的网络隐藏，方法如下：执行菜单Tools—Preferences，在弹出的对话框中选中Show/Hide选项卡，再取消对Show Pad Net复选框的选择即可。

元器件调整完毕后，执行菜单Tools—Align Component—Move To Grid，将元器件移到栅格上，这样能提高布线质量和效率。

• 手工布线，执行菜单Place—Pad，放置焊盘，设置好焊盘的网络。执行菜单Place—Track放置连线，其最终的效果如图2-30所示。

2.5.1.3　采用集成稳压器的直流稳压电源

集成稳压器以小功率三端集成稳压器应用最为普遍，常用的型号有W78××系列、W79××系列、W317系列、W337系列等。如何检测三端稳压器可扫二维码学习。

三端稳压器的检测

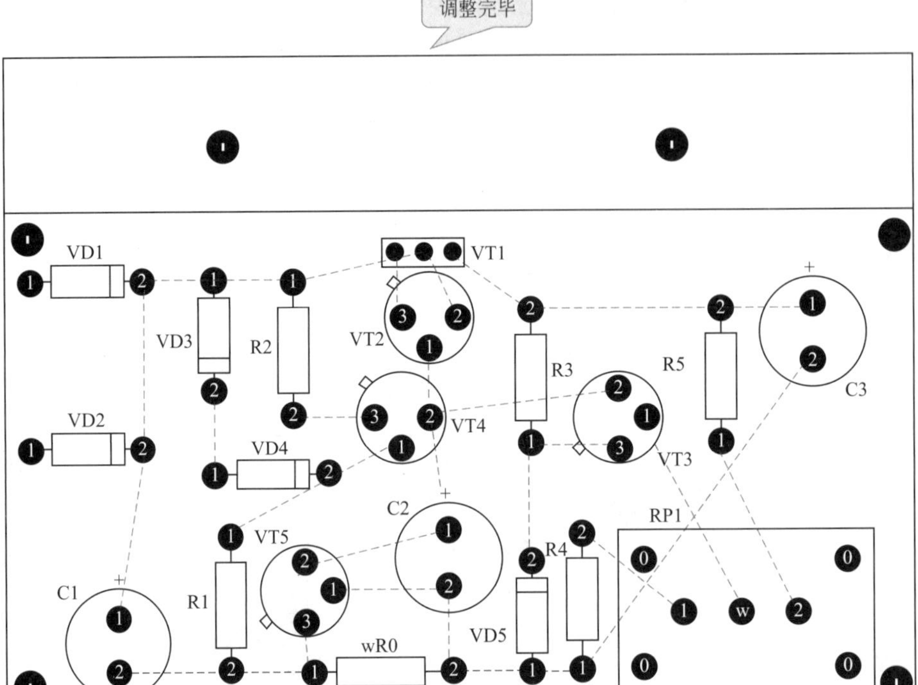

图2-29　调整后的布局图

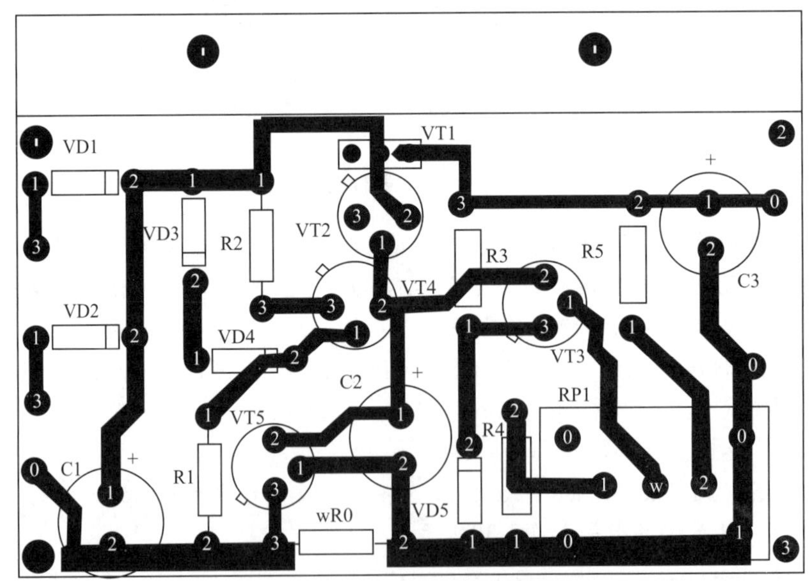

图2-30　手工布线后的PCB效果图

（1）W78/79系列固定输出的三端集成稳压器　固定输出的三端集成稳压器的三端指输入端、输出端及公共端三个引出端。W78/79系列三端集成稳压器是较常用的固定式三端集成稳压器，其三个引脚分别是电压输入端（U-IN）、接地端（GND）和电压输出端（U-OUT）。78系列三端集成稳压器为正电压型，79三端集成稳压器为负电压型，型号后两位数字为输出电压值。图2-31所示为W78/79系列三端稳压器的外形。在根据稳定电压值选择稳压器的型号时，要求经整流滤波后的电压要高于三端集成稳压器的输出电压2～3V（输出负电压时要低2～3V），但不宜过大。

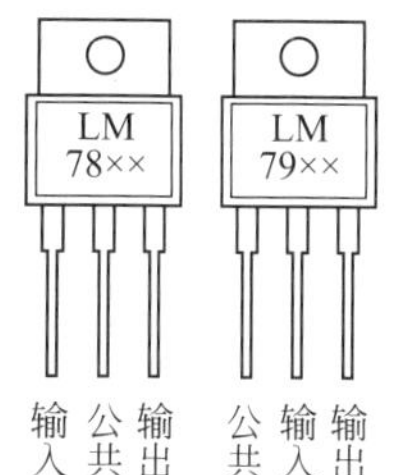

图2-31　W78/79系列三端稳压器外形

W78/79系列三端集成稳压器内部由启动电路、基准电压、恒流源、误差放大器、保护电路、调整管等组成，如图2-32所示。78系列三端集成稳压器又分为78L××、78M××、78N××、78××、78S××、78H××和78T××七个系列。它们的内部电路结构相同，只是输出电流及封装形式等有所差异。

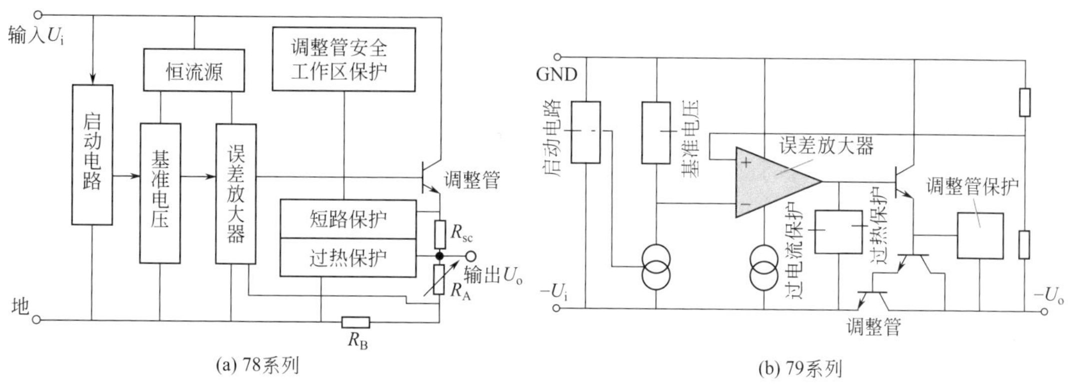

图2-32　W78/79系列三端集成稳压器内部框图

① 基本应用电路　固定输出的三端集成稳压器的基本应用电路如图2-33所示。图中：C_1用以抑制过电压，抵消因输入线过长产生的电感效应并消除自励振荡；C_2用以改善负载的瞬态响应，即瞬时增减负载电流时不致引起输出电压有较大的波动。C_1、C_2一般选涤纶电容，容量为0.1μF至几个微法。安装时，两电容应直接与三端集成稳压器的引脚根部相连。

② 扩展输出电压的应用电路　如果输出电压需要高于三端集成稳压器的输出电压，可采用如图2-34所示的升压电路。

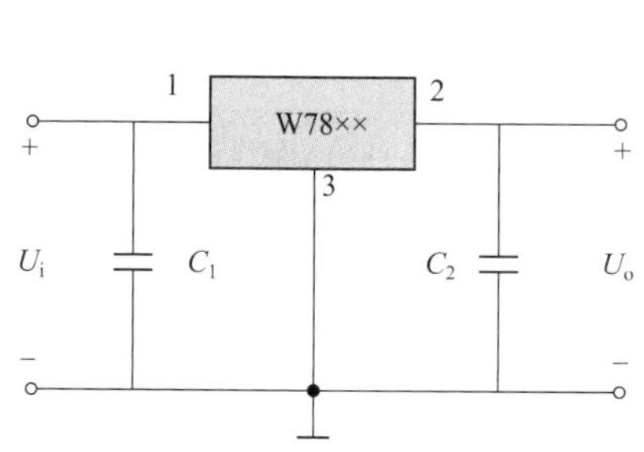

图2-33　固定输出三端集成稳压器基本应用电路

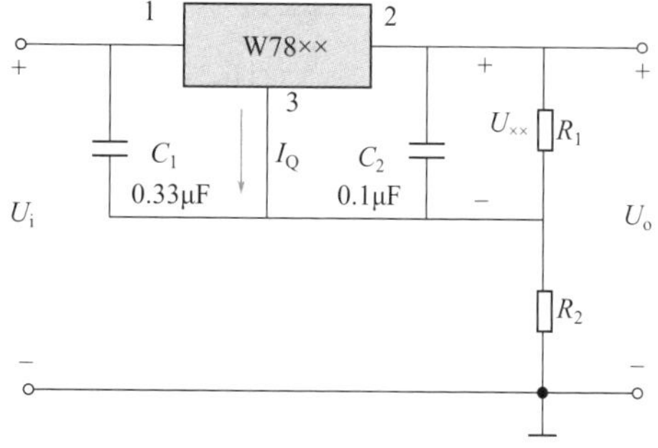

图2-34　扩展输出电压电路

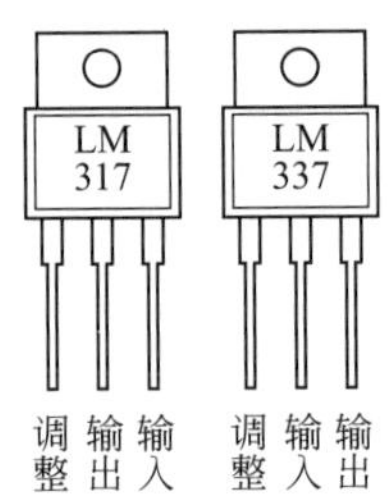

图2-35　17/37系列三端集成稳压器外形

（2）17/37系列可调式三端集成稳压器　17/37系列三端集成稳压器是较常用的可调式三端集成稳压器，其三个引脚分别是电压输入端（U-IN）、电压调节端（ADJ）和电压输出端（U-OUT）。17系列三端集成稳压器为正电压型，37系列三端集成稳压器为负电压型，如图2-35所示。17/37系列三端集成稳压器内部由恒流源、基准电压、误差放大器、调整管和保护电路等组成，如图2-36所示。

① 三端可调双电源稳压电路　图2-37所示为由LM117和LM137组成的正、负输出电压可调的稳压器。电路中的U_{REF}=V31（或V21）=1.2V，R_1和R_1'为120～240Ω，R_2和R_2'的大小根据输出电压调节范围确定。该电路输入电压分别为±25V，则输出电压可调范围为±（1.2～20）V。

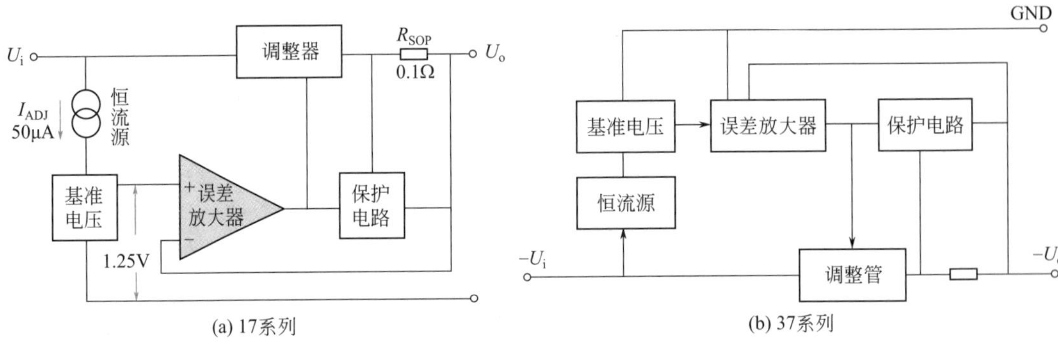

图2-36　17/37系列三端集成稳压器内部框图

② 并联扩流型稳压电源　图2-38所示为并联扩流型稳压电路，它是用两个可调式稳压器LM317组成的。输入电压U_i=25V，输出电流I_o=I_{o1}+I_{o2}=3A，输出电压可调范围为1.2～22V。电路中的集成运放741是用来平衡两稳压器的输出电流的。如LM317-1输出电流I_{o1}大于LM317-2输出电流I_{o2}时，电阻R_1上的电压降增加，运放的同相端电位U_P

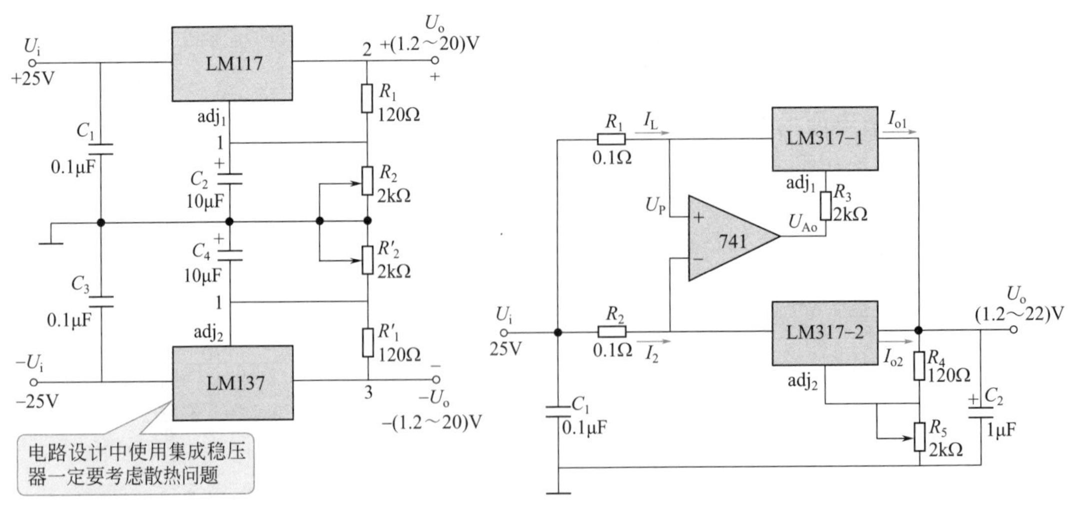

图2-37　LM117和LM137组成的可调稳压器

图2-38　并联扩流型稳压电路

（$=U_i-I_1R_1$）降低，运放输出端电压U_{Ao}降低，通过调整端adj$_1$使输出电压U_o下降，输出电流I_{o1}减小，恢复平衡；反之亦然。改变电阻R_5可调节输出电压的数值。

2.5.1.4　小型开关电源设计

开关电源是指通过电路控制调整管进行高速的导通与截止，使之工作在截止区和饱和区，将直流电转化为高频率的交流电提供给变压器进行变压，从而产生所需要的一组或多组电压的电源。调整管截止时，相当于机械开关断开；调整管饱和时，相当于机械开关闭合。这种起开关作用的三极管就称为开关管，而用开关管来稳压的电源也就称为开关型稳压电源。开关电源基本原理可扫二维码学习，其检测、维修可扫附录七二维码详细学习。

开关电源优点很多：一是稳压范围宽，在一定范围内输出电压与输入电压变化无关，电视机采用的开关电源可以在110～240V内正常工作，是其他方式电源无法比拟的；二是效率高，由于采用开关振荡工作方式，开关管工作在截止区和饱和区，所以热损耗特别少，发热低，节能效果优于其他类型电源；三是结构简单，相对于其他相同功率的电源，开关电源的体积与重量要小得多。因此，在目前众多的电子设备中，开关式电源应用已经相当普遍。缺点就是电路复杂，维修困难，对电路的污染严重。开关电源类型很多，图2-39所示为一个简单实用的小型开关稳压电源电路图。

串联开关电源原理

并联开关电源原理

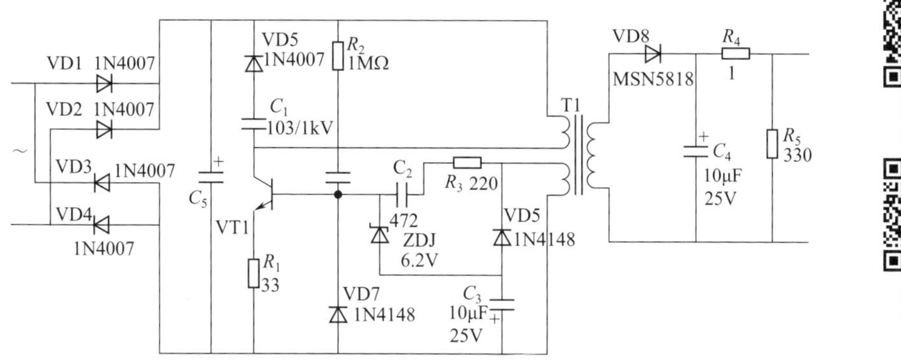

图2-39　实用小型开关稳压电源

例2-5　智能电动车充电电路设计

（1）对电动自行车智能充电器设计基本要求

① 根据电动自行车铅酸蓄电池的特点，当其为48V/12A·h时，采用限压恒流充电方式，初始充电电流最大不宜超过3A。也就是说，充电器输出最大达到52V/3A/130W，已经可满足。在充电过程中，充电电流还将逐渐降低。

② 智能充电器常见的几种充电模式如图2-40所示，有限流恒压充电模式、两阶段恒流充电模式和涓流脉冲充电模式。这三种充电模式均为业界推荐采用，其各阶段充电电流间的转换，都分别受有温度补偿的转换电压（包括快充最低允许电压、快充终止电压和浮充电压）控制。

充电起始阶段：用限流充电，也称为恒流充电；

充电器控制电路检修　充电器无输出启动电路检修　充电器以TL3842为核心的电路原理

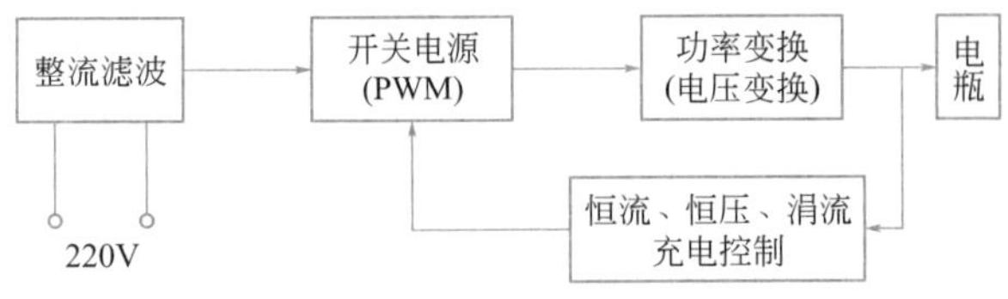

图2-40　几种充电模式

充电中期：改为恒压充电；

充电后期：也是定压充电，但定压值比中期降低了一些，称为涓流充电，也称为浮充。此阶段，还可以采用脉冲模式。

（2）系统总体的设计

① 系统实现功能及技术指标

- 充电保护：在充电过程中，能够自行调节输出电流及电压，保证充电电压在52V左右。
- 充电显示：通过LED灯的闪烁，能够显示当前的充电状态。
- 电压参数：220V交流转换成52V直流。

② 系统实现结构图　根据设计的要求和技术指标，能实现对充电过程的保护、充电状态显示等的方案很多。但要对方案的性能、成本、体积、难易程度等进行分析与比较，本着以满足功能要求为前提，综合考虑，确定方案。

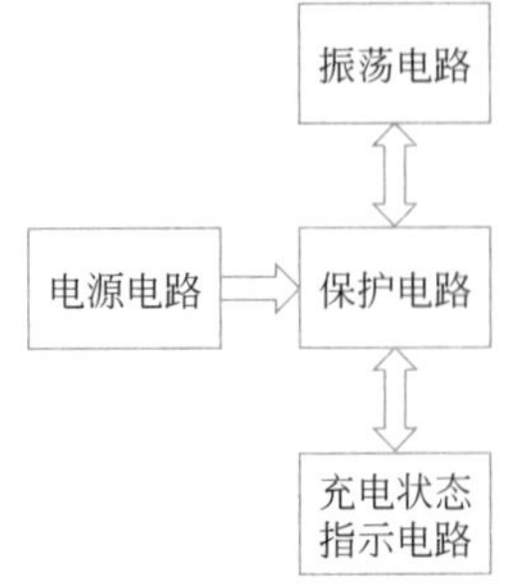

图2-41　智能充电器设计结构图

在这里的智能充电器的设计包含四部分，即电源电路、振荡电路、保护电路及充电状态指示电路。结构图如图2-41所示。

根据图2-41所示，显然需要运算放大器、光电耦合器、场效应管等功能部件，其中的每一个功能部件又都有多种选择的余地，当我们对每一个功能部件进行分析、比较、选择和确定后，总体设计按照如下方案。

（3）电动车智能充电器电路设计原理　电动车充电器实际上就是一个开关电源加上一个检测电路，目前很多电动车的48V充电器都是采用KA3842和比较器LM358来完成充电工作，设计电路原理图如图2-42所示。

设计原理如下：220V交流电经LF1双向滤波VD1～VD4整流为脉动直流电压，再经C_3滤波后形成约300V的直流电压，300V直流电压经过启动电阻R_4为脉宽调制集成电路IC1的7脚提供启动电压，IC1的7脚得到启动电压后（7脚电压高于14V时，集成电路开始工作），6脚输出PWM脉冲，驱动电源开关管（场效应管）VT1工作在开关状态，通过VT1的S极-D极-R_7接地端。此时开关变压器T1的8-9绕组产生感应电压，经VD6、R_2为IC1的7脚提供稳定的工作电压，4脚外接振荡电阻R_{10}和振荡电容C_7决定IC1的振荡频率，IC2（TL431）为精密基准压源，IC4（光耦合器4N35）配合用来稳定充电电压，调整RP1（510Ω半可调电位器）可以细调充电器的电压，LED1是电源指示灯，接通电源后该指示灯就会发出红色的光。VT1开始工作后，变压器的次级6-5绕组输出的电压经快速恢复二极管VD60整流，C_{18}滤波得到稳定的电压（约53V）。此电压一路经二极管VD70

（该二极管起防止电池的电流倒灌给充电器的作用）给电池充电，另一路经限流电阻R_{38}、稳压二极管VZD1、滤波电容C_{60}，为比较器IC3（LM358）提供12V工作电源，VD12为IC3提供基准电压，经R_{25}、R_{26}、R_{27}分压后送到IC3的2脚和5脚。

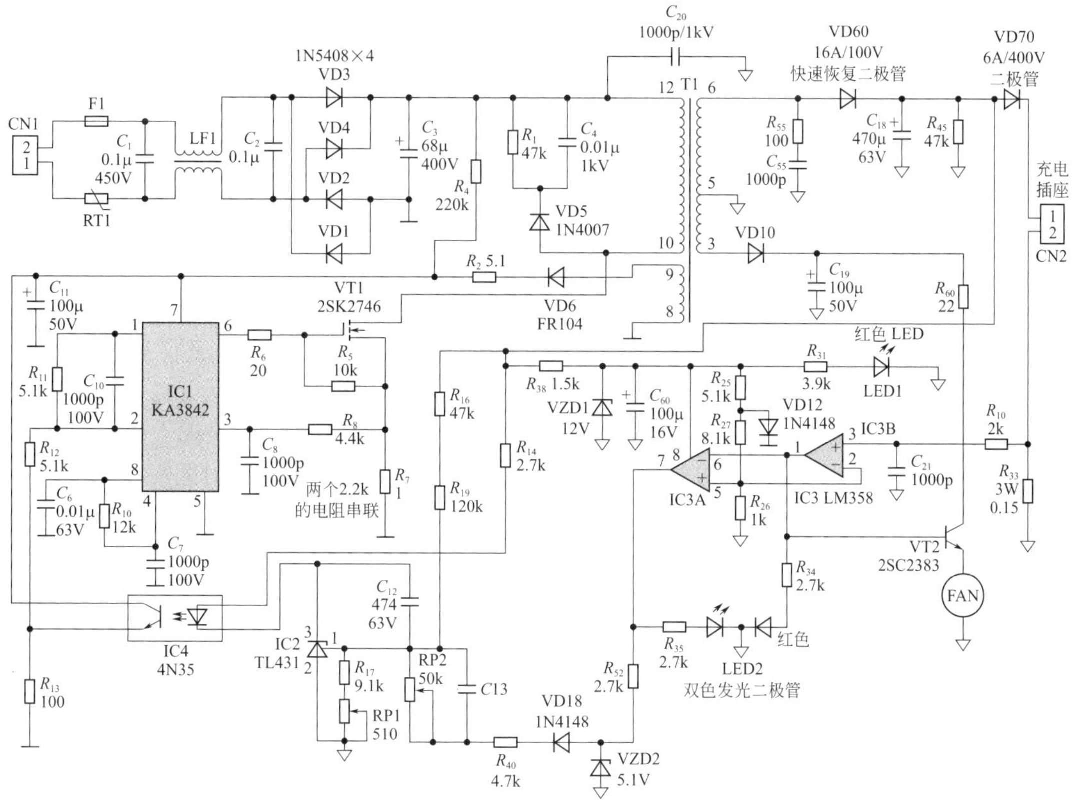

图2-42　智能充电器电路设计原理图

正常充电时，R_{33}上端有0.18～0.2V的电压，此电压经R_{10}加到IC3的3脚，从1脚输出高电平。1脚输出的高电平信号分三路输出，第一路驱动VT2导通，散热风扇开始工作，第二路经过电阻R_{34}点亮双色二极管LED2中的红色发光二极管，第三路输入到IC3的6脚，此时7脚输出低电平，双色发光二极管LED2中的绿色发光二极管熄灭，充电器进入恒流充电阶段。当电池电压升到44.2V左右时，充电器进入恒压充电阶段，电流逐渐减小。当充电电流减小到200～300mA时，R_{33}上端的电压下降，IC3的3脚电压低于2脚，1脚输出低电平，双色发光二极管LED2中的红色发光二极管熄灭，三极管VT2截止，风扇停止运转，同时IC3的7脚输出高电平，此高电平一路经过电阻R_{35}点亮双色发光二极管LED2中的绿色发光二极管（指示电已经充满，此时并没有真正充满，实际上还得一两小时才能真正充满），另一路经R_{52}、VD18、R_{40}、RP2到达IC2的1脚，使输出电压降低，充电器进入200～300mA的涓流充电阶段（浮充），改变RP2的电阻值，可以调整充电器由恒流充电状态转到涓流充电状态的转折电流（200～300mA）。

例2-6 蓄电池容量测量仪设计

（1）蓄电池容量测量仪设计基本要求　人们往往通过电动车能骑行多少里程来衡量蓄电池的容量大小，这种方法虽然比较直观，但只能作一个粗略的估算，要精确测量蓄电池的容量，可以让蓄电池恒流放电，测量出电池电压达到终止放电电压时的放电时间，用放电时间乘以放电电流就可以算出蓄电池的容量。

这里设计的蓄电池容量测量仪就可以用来测量电动车蓄电池的容量，结果用4位数码管显示，同时可以测量电池的电压。

（2）系统实现功能及技术指标

① 设计实现功能　现在市场上的电动车蓄电池每个单元为12V，由6个电池单格串联而成。电动车的蓄电池组一般由3个单元或4个单元串联组成，电压分别为36V和48V。测量蓄电池容量首先要考虑的一个问题是选多大的电压来测，因为电池通过假负载放电时会产生很大的热量，选择电压要综合考虑，如用48V直接测，放电电流取3A，则功耗为144W，必须用大的散热板，并且要加风扇散热。这里选择对一个单元12V电池测容量，以放电电流为3A计算，功耗为36W，这样制作就比较简单了。如果我们要对多个电池同时测量，可以采用并联的方法测量，这时功耗不增加，只是测量的时间变长了。

② 设计技术指标

- 可测电池指标：蓄电池容量及寿命。
- 蓄电池电压：12V。
- 放电电流：3A恒流。
- 放电终止电压：10.5V。
- 蓄电池容量测试范围：0.00～150A·h。
- 测量仪由待检测蓄电池供电。

（3）设计电路原理思路　电路设计原理如图2-43所示，由单片机电路、恒流放电电路、电压测量电路、显示电路和蜂鸣器报警电路等部分组成（注意：在这里采用ATmega8、R_1、C_1等组成单片机电路是目前主流设计，具有实用性和代表性，为了提高测量的计时精度，单片机使用外部晶体振荡器提供时钟信号，时钟频率取8MHz）。

电路设计原理：电路利用ATmega8内部的模/数转换通道测量蓄电池电压，转换精度为10位。因为12V蓄电池充电后最高电压可达16.2V（ADC端电压限制），因此要用R_8、R_9组成的分压电路分压后才能测量。

测量结果由ATmega8的PD口输出7段字型码和小数点位到4位数码显示，ATmega8的PC1～PC4输出位驱动码，作动态扫描驱动输出。单片机的工作电源由被测蓄电池经78L05稳压后得到。

达林顿三极管VT、RP、R_3～R_6等组成恒流放电电路。VT的工作状态受ATmega8的PB2脚的控制，当PB2输出高电平时VT导通，调节RP可改变VT的基极电位，从而调节VT的工作电流。由于VT的发射极接有直流负反馈电阻R_4，因此当蓄电池在一定范围内变化时VT的工作电流能基本保持不变，从而起到恒流的作用，蓄电池的放电回路主要为R_4、VT、R_5和R_6组成，R_4～R_6上的功耗较大，故采用了大功率电阻，VT上的功率也比较大，故也加了散热片。S2是电压显示按钮，平时数码管显示的是蓄电池已放电的容量，

按一下S2，则数码管显示电池电压1s。

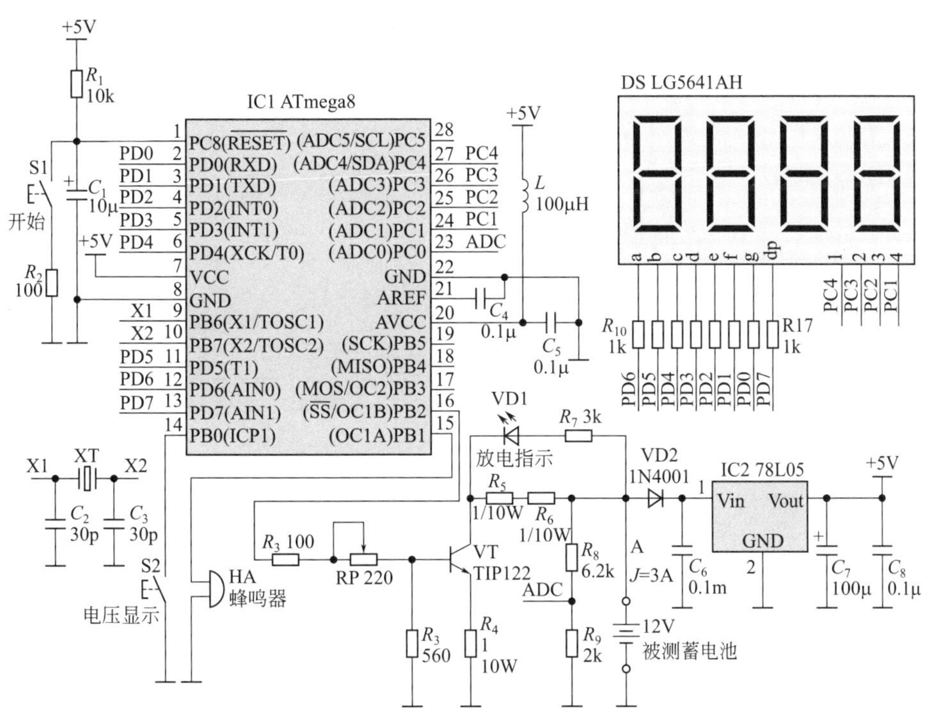

图2-43　蓄电池容量测量仪电路设计原理图

（注：图中电容单位为F，如图中C_6为0.1m，表示C_6电容值为0.1mF，电容单位F、mF、μF、nF、pF为1000进制）

测量仪接上被测的蓄电池后，电路即开始对电池容量开始测量，实际上就是开始计时，显示在数码管上的数值是放电电流和计时值的积。放电过程中发光二极管VD1发光指示。蓄电池放电后电压会逐渐下降，当电压低于10.5V时，PB2输出低电平，VT1截止，蓄电池停止放电，此时数码管显示的电池容量不再改变，该数值即所测电池的容量。与此同时，PB1输出周期为1s的脉冲信号，使蜂鸣器HA发出间隔的报警，告知蓄电池容量已测试完毕。

接上蓄电池开始测量的瞬间，如果单片机没有能正常上电复位，只要按一下S1即可开始测试。测量结果显示到小数点后面2位。

例2-7　红外线遥控电源插座设计

（1）红外线遥控电源插座设计基本要求　红外线遥控电源插座，由红外线发射器和红外线控制插座两部分组成，其中红外线控制插座包括机箱、输出指示灯、红外线接收窗口、输出电源插座、电源开关、电源线、熔丝及内藏的红外线接收控制装置；红外线发射器包括外壳、按钮及内藏的红外线发射装置。

（2）红外线遥控电源插座系统总体的设计原理

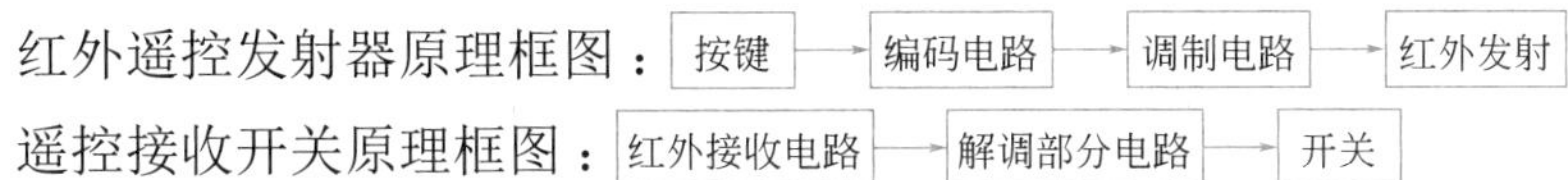
红外遥控发射器原理框图：

遥控接收开关原理框图：

红外遥控系统结构主要分为调制、发射和接收三部分，如图2-44所示。

调制红外遥控发射数据时采用调制的方式，即把数据和一定频率的载波进行“与”操作，这样可以提高发射效率和降低电源功耗。调制载波频率一般在30～60kHz，大多数使用的是38kHz、占空比1/3的方波，如图2-45所示，这是由发射端所使用的455kHz晶振决定的。在发射端要对晶振进行整数分频，分频系数一般取12，所以455kHz÷12≈37.9kHz≈38kHz。

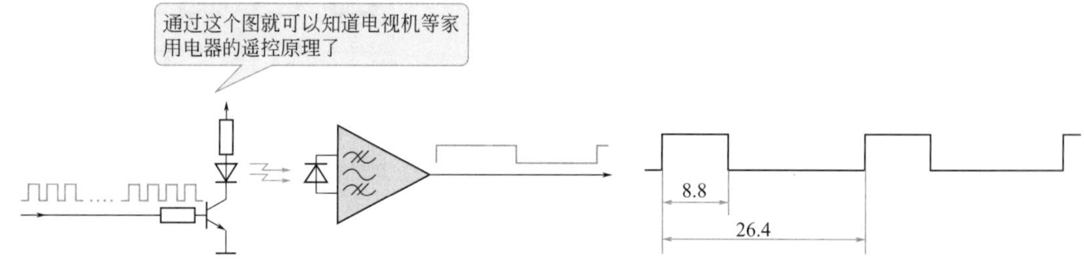

图2-44　红外遥控系统　　　　图2-45　载波波形

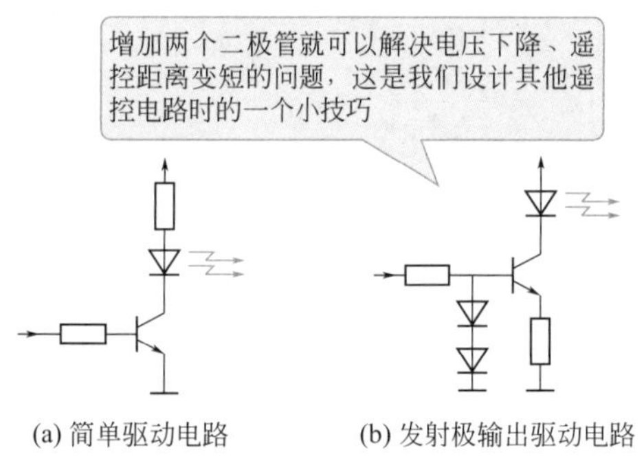

(a) 简单驱动电路　　(b) 发射极输出驱动电路

图2-46　红外发光LED的驱动电路

发射系统目前有很多种芯片可以实现红外发射，可以根据选择发出不同种类的编码。由于发射系统一般用电池供电，这就要求芯片的功耗要很低，芯片大多设计成可以处于休眠状态，当有按键按下时才工作，这样可以降低功耗。芯片所用的晶振应该有足够的耐物理撞击能力，不能选用普通的石英晶体，一般是选用陶瓷共鸣器，陶瓷共鸣器准确性没有石英晶体高，但通常一点误差可以忽略不计。红外线通过红外发光二极管（LED）发射出去，红外发光二极管内部材料和普通发光二极管不同，在其两端施加一定电压时，它发出的是红外线而不是可见光。

图2-46是LED的驱动电路，图（a）是最简单电路，选用元件时要注意三极管的开关速度要快，还要考虑到LED的正向电流和反向漏电流，一般流过LED的最大正向电流为100mA，电流越大，其发射的波形强度越大。图（a）电路有一点缺陷，当电池电压下降时，流过LED的电流会降低，发射波形强度降低，遥控距离就会变小。图（b）所示的发射极输出电路可以解决这个问题，两个二极管把三极管基极电压钳位在1.2V左右，因此三极管发射极电压固定在0.6V左右，发射极电流IE基本不变，根据IE≈IC，所以流过LED的电流也基本不变，这样保证了当电池电压降低时还可以保证一定的遥控距离。

（3）红外线遥控电源插座系统的实用硬件设计

① 发射电路设计原理　T9148是通用红外线遥控发射集成电路（我们在遥控电源插座电路里只使用了它的开关机键，这纯粹是前面讲的“拿来主义”，因为在实际使用中批量产品成本是很低的）。内部电路由键盘输入电路、振荡电路、分频电路、单拍/连续指令控制电路、时钟信号发生电路、指令数据控制电路和调制电路等组成。

T9148引脚符号及功能如表2-1所示。

表2-1　T9148引脚符号及功能

引脚号	符号	功能	引脚号	符号	功能
1	GND	接地	9	K6	键盘输入端
2	XT	接振荡电路	10	T1	时序输出端
3	Non-XT	接振荡电路	11	T2	时序输出端
4	K1	键盘输入端	12	T3	时序输出端
5	K2	键盘输入端	13	CODE	用户码设定
6	K3	键盘输入端	14	Non-TEST	测试端
7	K4	键盘输入端	15	TxOUT	信号输出端
8	K5	键盘输入端	16	VDD	外接电源正端

XT和Non-XT端外接陶瓷振荡器或LC串联谐振回路构成振荡器。集成电路内有CMOS反相器和自偏置电阻。反相器是一个双端输入的与非门，其中一端作为振荡控制端。当未按下按键时，该控制端为低电平，振荡器停止工作，故功耗极低。只有当按下按键时，控制端变成高电平，与非门才能产生振荡。

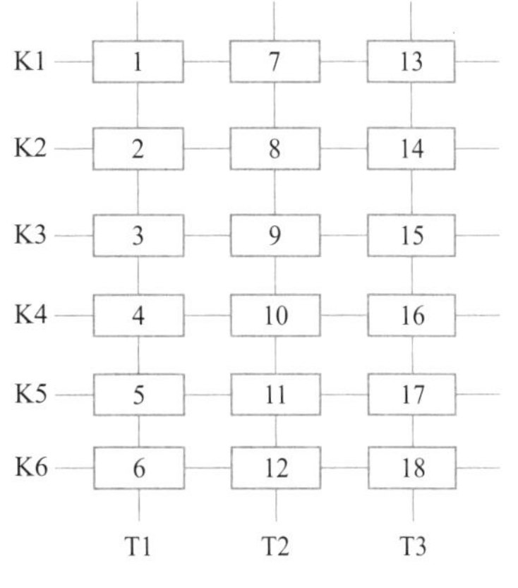

图2-47　键盘矩阵

键盘输入端K1～K6和时序输出端T1～T3构成6×3矩阵，参见图2-47。T1列的6键（1～6）可以任意组合，共有63种状态。当有键按下时，输出端TxOUT产生连续输出脉冲直至松开键为止。T2和T3两列的12个键（7～18）只能单件使用，每按一次键且无论按下多长时间，TxOUT端只发射一组脉冲（两个周期）。

同一行上的键（例如1、7、13）无多键功能。若同时按下数键，则只有一个键起作用，其优先次序为1、7、13。T2和T3列上的键（例如7～12）也无多键功能。若同时按下数键，则只有一个键起作用，其优先次序为7～12。

Non-TEST端平时不用，应该悬空。当该端接低电平时，TxOUT端将滤除38kHz高频调制信号供调试用。TxOUT端将连续输出，无论是“0”还是“1”，脉冲都调制在占空比为1/3、频率为38kHz的载波上发射出去。

发射器整体电路设计如图2-48所示。

② 接收器电路设计原理　红外线遥控插座接收器电路主要由电源、红外线接收及插座电源通断控制三部分构成。

如图2-49所示，在接通市电后，交流市电经C_1限流，VD1、VD2整流，C_2滤波，VD3稳压后获得10V直流电压。该电压一路经R_9加至红色发光二极管VD4正极，另一路经R_3进一步降压，C_3再滤波后得到约5V工作电压。该电压一路经电感L滤除高频干扰后加至红外线接收IC（μPC1373HA）电源端3脚；另一路直接送往双D触发器TC4013BP电源端14脚和9脚（2D）。当按下遥控器控制按键时，遥控器所发射的红外线被红外线接收二极管D5接收后转变成电信号，由IC1的7脚送入IC内部，经整形、放大及译码后从1脚输出一组负脉冲信号，于是VT1 c极输出一组正脉冲，其触发信号加至IC2（TC4013BP）触发端11脚（2CP）。因8脚（2SD）为低电平，10脚（2RD）、9脚（2D）接的是高电平。TC4013BP其输出端13脚（2Q）应输出低电平，即触发器I触发端3脚（1CP）输入低电平，因2脚（1Q）与5脚（1D）相连为低电平，4脚（1RD）、6脚（1SD）为低电平，触发器1的1脚（1Q）输出高电平，于是控制管VT2导通，双向可控硅VT3导通，使插座CZ上的用电器得电，同时发光二极管VD4点亮，并维持此状态不变。如果再按一次遥控器控制按键，触发器翻转，1脚就会输出低电平，可控硅关断，VD4同时熄灭，插座上的

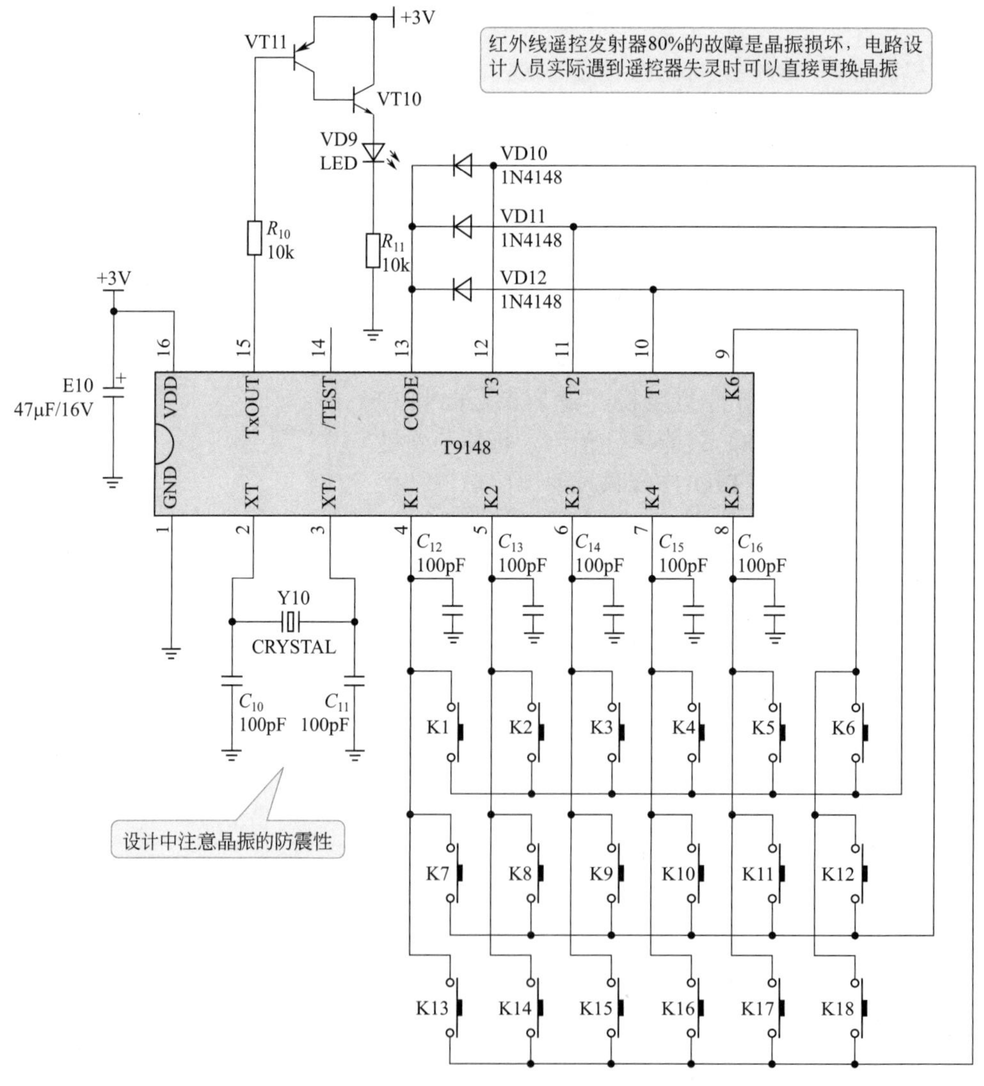

图2-48　发射器整体电路设计

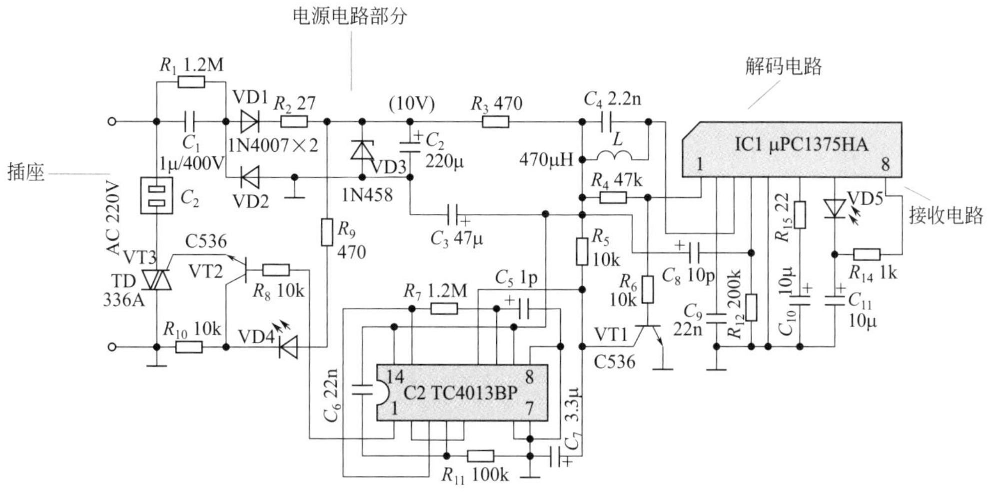

图2-49　红外线遥控插座接收器电路

用电器停止工作。顺便说明：图中R_7、C_5及R_{11}、C_6是“上电复零”电路元件，对控制有一定的延时作用，故又称它们为控制延时元件。

例 2-8　便携式太阳能手机充电器设计

（1）设计思路　太阳能手机充电器的设计思路是：在不充电时，太阳能电池板在阳光下通过光伏效应将光能转换为电能并储存到内置蓄电池内，在对手机充电时将存储在太阳能电池板蓄电池内的电能通过设计的稳压保护、振荡电路、限压电路为手机的内置电池充电。也可以直接把光能产生的电能和存储在蓄电池内的电能同时对手机或其他电子数码产品充电。

（2）总体设计原理　太阳能手机充电器设计是利用光能转换成电能，其电能通过稳压器可直接给手机电池充电，也可将电能储存于蓄电池，在无太阳光时对手机充电。其基本框图如图2-50所示。

（3）太阳能电池的结构和原理　如图2-51所示。太阳光照在半导体p-n结上，形成新的空穴-电子对，在p-n结电场的作用下，空穴由n区流向p区，电子由p区流向n区，接通电路后就形成电流。这就是光电效应太阳能电池的工作原理。在阳光下，通过光能转

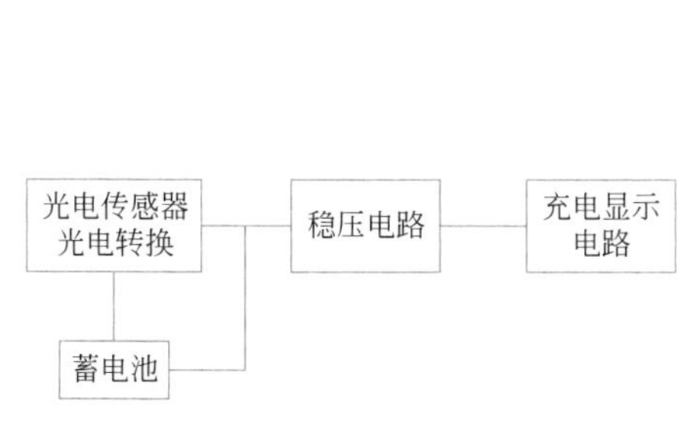

图2-50　太阳能手机充电器设计框图

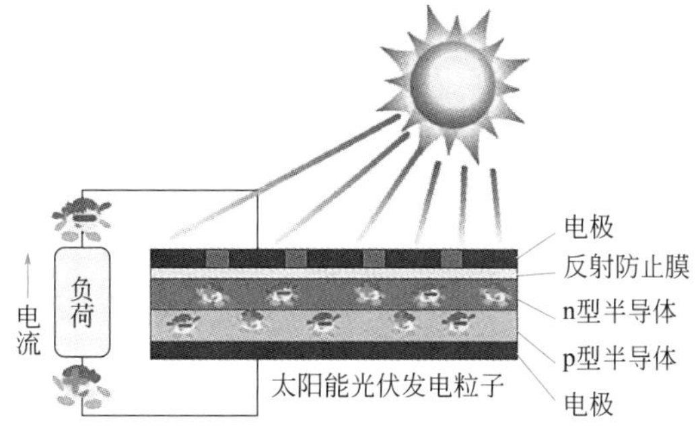

图2-51　太阳能电池的结构和发电原理

换为电能并通过控制电路储存到内置蓄电池，也可以直接把光能产生的电能对手机或其他电子数码产品充电，但必须依据太阳光的光度而定，在没有太阳光的情况下，可以通过交流电转化为直流电并通过控制电路储存到内置电池。

（4）电路设计原理 设计原理图如图2-52所示。

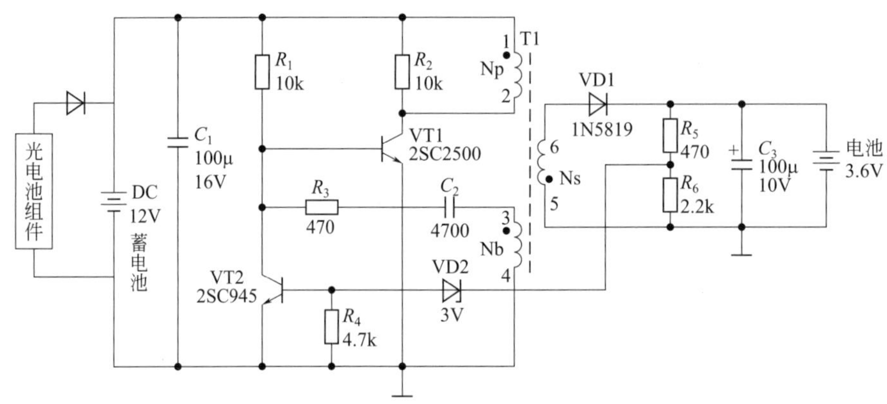

图2-52 便携式太阳能手机充电器设计电路

便携式太阳能电池在使用时由于太阳光的变化较大，其内阻又比较高，因此输出电压不稳定，输出电流也小，这就需要用一个直流变换电路变换电压后供手机电池充电。单管直流变换电路采用单端反励式变换器电路的形式。当开关管VT1导通时，高频变压器T1初级线圈Np的感应电压为1正2负，次级线圈Ns为5正6负，整流二极管VD1处于截止状态，这时高频变压器T1通过初级线圈Np储存能量；当开关管VT1截止时，次级线圈Ns为5负6正，高频变压器T1中存储的能量通过VD1整流和电容C_3滤波后向负载输出。安装完成后，接上太阳能电池板，并将其放在阳光下，电路工作电流跟太阳光的强弱有关。

三极管VT1为开关电源管，它和T1、R_1、R_3、C_2等组成自励式振荡电路。加上输入电源后，电流经启动电阻R_1流向VT1的基极，使VT1导通。

VT1导通后，变压器初级线圈Np就加上输入直流电压，其集电极电流在Np中线性增长，反馈线圈Nb产生3正4负的感应电压，使VT1得到基极为正、发射极为负的正反馈电压，此电压经C_2、R_3向VT1注入基极电流使VT1的集电极电流进一步增大，正反馈产生雪崩过程，使VT1饱和导通。在VT1饱和导通期间，T1通过初级线圈Np储存磁能。与此同时，感应电压给C_2充电，随着C_2充电电压的增高，VT1基极电位逐渐变低，当VT1的基极电流变化不能满足其继续饱和时，VT1 退出饱和区进入放大区。VT1进入放大状态后，其集电极电流由放大状态前的最大值下降，在反馈线圈Nb产生3负4正的感应电压，使VT1基极电流减小，其集电极电流随之减小，正反馈再一次出现雪崩过程，VT1迅速截止。

VT1截止后，变压器T1储存的能量提供给负载，次级线圈Ns产生的5负6正的电压经二极管VD1整流滤波后，在C_3上得到直流电压给手机电池充电。在VT1截止时，直流供电输入电压和Nb感应的3负4正的电压又经R_1、R_3给C_2反向充电，逐渐提高VT1基极电位，使其重新导通，再次翻转达到饱和状态，电路就这样重复振荡下去。

过压、过流保护电路主要由三极管VT2、二极管VD2、电容C_2、电阻R_5、电阻R_6、变压器T1组成。

R_5、R_6、VD2、VT2等组成限压电路，以保护电池不被过充电，当输出电压升高时，在变压器T1的Ns反馈绕组端感应的电压就会升高，则电容C_3所充电压升高。当电容C_3两端电压超过稳压二极管VD2的稳压值时，稳压二极管VD2击穿导通，三极管VT2的基极电压拉低，使其导通时间缩短或迅速截止，经开关变压器T1耦合后，使次级输出电压降低。反之，使输出电压升高，从而确保输出电压稳定。这里以3.6V手机电池为例，其充电限制电压为4.2V。在电池的充电过程中，电池电压逐渐上升，当充电电压大于4.2V时，经R_5、R_6分压后稳压二极管VD2开始导通，使VT2导通，VT2的分流作用减小了VT1的基极电流，从而减小了VT1的集电极电流，起到了限制输出电压的作用。这时电路停止了对电池的大电流充电，用小电流将电池的电压维持在4.2V。

2.5.2　振荡器电路设计

振荡器是用来产生重复电子信号（一般是正弦波或方波）的电子电路。振荡器种类很多，按振荡激励方式可分为自励振荡器、他励振荡器；按电路结构可分为LC振荡器、多谐振荡器、晶体振荡器等；按输出波形可分为正弦波、方波、锯齿波等振荡器。振荡器在电子行业中应用十分广泛。本节主要介绍常见的自励振荡器。

自励振荡器是指在没有外加输入信号的情况下，依靠自身电路的自励振荡而产生所需要的重复电子信号的电路。一个电路要自励振荡，必须满足两个条件：一是幅值条件（放大器的反馈信号必须具有一定的幅度，满足$AF\geqslant 1$）；二是相位条件（放大器的反馈信号必须与输入信号同相位，满足$\varphi=2n\pi$）。自励振荡器是带有正反馈网络的放大电路，一般包括以下三部分。

（1）放大电路　其作用是满足自励振荡的幅值条件，保证电路能够起振到稳定，得到一定幅度的输出值。

（2）正反馈网络　其作用是满足自励振荡的相位条件。

（3）选频网络　决定电路的振荡频率，使电路产生所需要频率的电子信号。

一般在实用电路中，将正反馈网络和选频网络合二为一。

2.5.2.1　典型的晶体管振荡器电路

（1）多谐振荡器　自励多谐振荡器无需外加触发信号，就能周期性地自动翻转，产生幅值和宽度一定的矩形脉冲，因而又称为无稳态电路。它可由分立元件、集成运放以及门电路组成。分立元件组成的多谐振荡器如图2-53所示。两只三极管的集电极各有一只电容分别接到另一管子的基极，起到交流耦合作用，形成正反馈电路。当接通电源的瞬间，某只管子先通，另一只管子截止，这时，导通管子的集电集有输出，集电极的电容将脉冲信号耦合到另一只管子的基极使另一只管子导通。这时原来导通的管子截止，这样两只管子轮流导通和截止，就产生了振荡电流。

由于器件不可能参数完全一致，因此在上电的瞬间两只三极管的状态就发生了变化，这个变化由于正反馈的作用越来越强烈，导致到达一个暂稳态。暂稳态期间另一个三极管经电容逐步充电后导通或者截止，状态发生翻转，到达另一个暂稳态，这样周而复始形成振荡。振荡周期$T=T_1+T_2=0.7(R_{b2}C_1+R_{b1}C_2)=1.4R_bC$；振荡频率$F=1/T=0.7/(R_bC)$。

（2）电感三点式振荡器

① 电路组成　图2-54所示为电感三点式振荡电路的原理图。由图可见，这种LC并联谐振电路中的电感有首端、中间抽头和尾端三个端点，其交流通路分别与放大电路的集电极、发射极（地）和基极相连，反馈信号取自电感L_2上的电压，因此，习惯上将图2-54所示电路称为电感三点式LC振荡电路，或电感反馈式振荡电路。

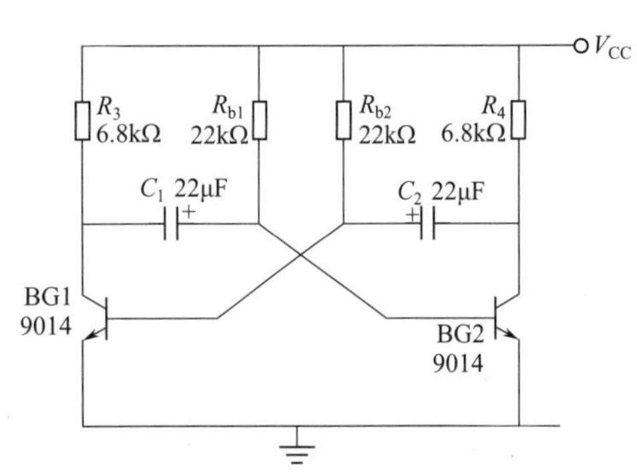

图2-53　自励多谐振荡器

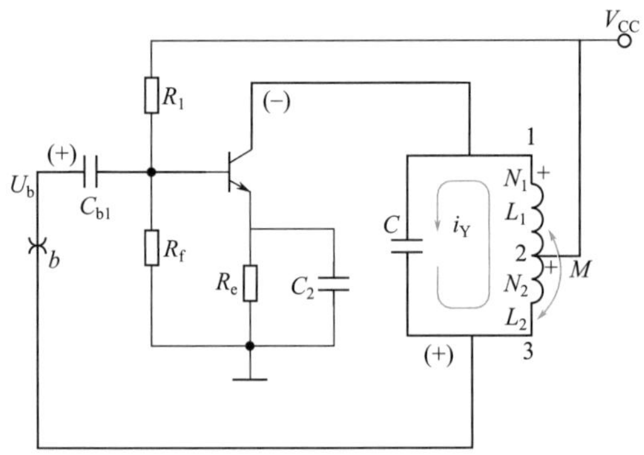

图2-54　电感三点式LC振荡电路

上述讨论并联谐振回路时已得出结论：谐振时，回路电流远比外电路电流大，1、3两端近似呈现纯电阻特性。因此，当L_1和L_2的对应端如图2-54所示，则当选取中间抽头2为参考电位（交流地电位）点时，首1尾3两端的电位极性相反。

② 振荡条件分析

• 相位平衡条件。现在采用瞬时极性法分析图2-54所示的相位条件。设从反馈线的点b处断开，同时输入U_b为（+）极性的信号，由于在纯电阻负载的条件下，共射电路具有倒相作用，因而其集电极电位瞬时极性为（–），又因2端交流接地，因此3端的瞬时电位极性为（+），即反馈信号U_f与输入信号U_b同相，满足相位平衡条件。

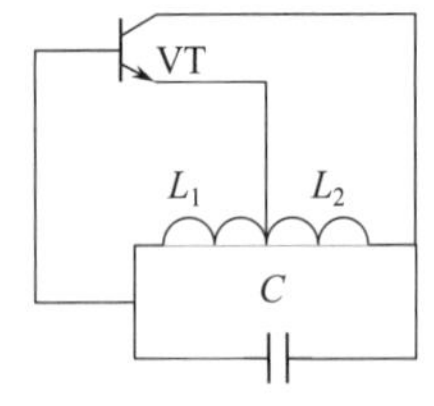

图2-55　交流等效电路

根据“射同基反”的原则，也可以判别三点式振荡电路的相位平衡条件，方法是先画出交流等效电路，如图2-55所示，显然该电路符合“射同基反”的原则，因此满足相位平衡条件。

• 幅度平衡条件：

$$-A_U\frac{L_2}{L_1}>1$$

由于A_U较大，只要适当选取L_2/L_1的比值，就可实现起振。当加大L_2（或减小L_1）时，有利于起振。

③ 振荡频率　考虑L_1、L_2间的互感，电路的振荡频率可近似表示为

$$f_0\approx\frac{1}{2\pi\sqrt{LC}}=\frac{1}{2\pi\sqrt{(L_1+L_2+2M)C}}$$

• 工作频率范围为几百千赫到几兆赫。

• 反馈信号取自于L_2，其对f_0的高次谐波的阻抗较大，因而引起振荡回路的谐波分量增大，使输出波形不理想。

（3）电容三点式振荡器　电容三点式振荡器的分析方法类似于电感三点式振荡器，具体内容如下。

① 电路组成　如图2-56所示。

② 振荡条件分析

• 相位平衡条件：射同基反（瞬时极性法）

$$-A_U\frac{C_1}{C_2}>1$$

• 幅度平衡条件：

$$f_0\approx\frac{1}{2\pi\sqrt{LC}}=\frac{1}{2\pi\sqrt{L\frac{C_1C_2}{C_1+C_2}}}$$

③ 振荡频率　如图2-57所示。

a. 工作频率范围为几百千赫到几百兆赫。

b. 反馈信号取自于C_2，其对f_0的高次谐波的阻抗很小，可以滤除高次谐波，所以输出波形好。

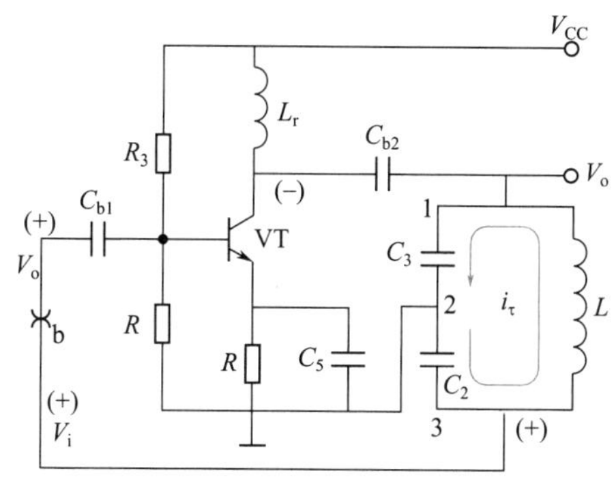

图2-56　电容三点式振荡器

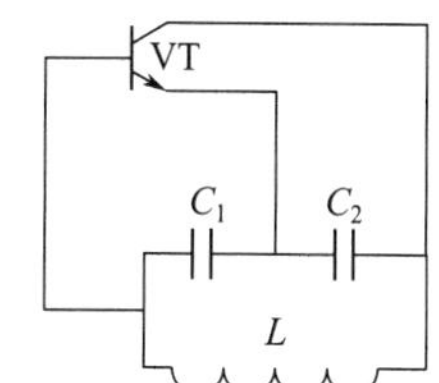

图2-57　振荡频率电路

（4）石英晶体振荡器　石英晶体振荡器是高精度和高稳定度的振荡器，被广泛应用于彩电、计算机、遥控器等各类振荡电路中以及通信系统中作为频率发生器，为数据处理设备产生时钟信号并为特定系统提供基准信号。

图2-58所示为一种金属外壳封装的石英晶体结构示意图。

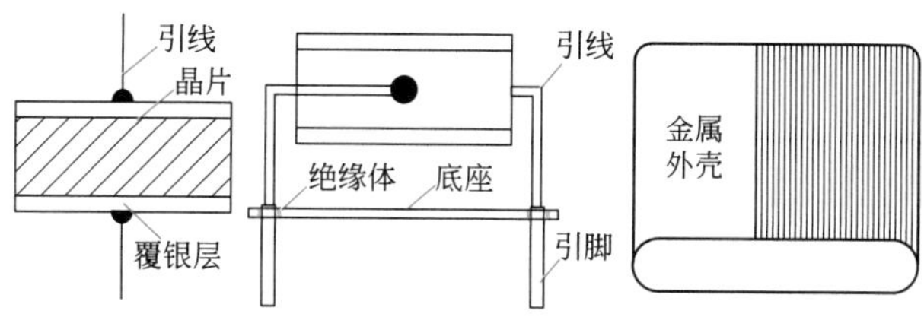

图2-58　石英晶体结构示意图

石英晶体谐振器的符号和等效电路如图2-59所示。当晶体不振动时，可把它看成一个平板电容器，称为静电电容C_0，它的大小与晶片的几何尺寸、电极面积有关，一般约几皮法到几十皮法。当晶体振荡时，机械振动的惯性可用电感L来等效。一般L的值为几十毫亨到几百毫亨。晶片的弹性可用电容C来等效，C的值很小，一般只有0.0002～0.1pF。晶片振动时因摩擦而造成的损耗用R来等效，它的数值约为100Ω。由于晶片的等效电感很大，而C很小，R也小，因此回路的品质因数Q很大，可达1000～10000。加上晶片本身的谐振频率基本上只与晶片的切割方式、几何形状、尺寸有关，而且可以做得精确，因此利用石英谐振器组成的振荡电路可获得很高的频率稳定度。

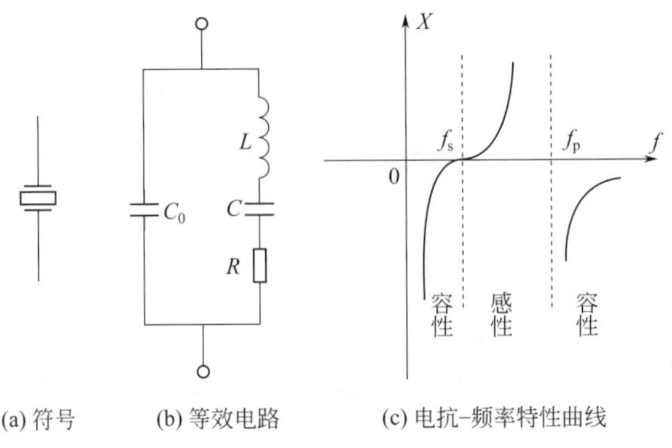

(a) 符号　(b) 等效电路　(c) 电抗-频率特性曲线

图2-59　石英晶体谐振器的符号和等效电路

从石英晶体谐振器的等效电路可知，它有两个谐振频率，即当L、C、R支路发生串联谐振时，它的等效阻抗最小（等于R），串联谐振频率用f_s表示，石英晶体对于串联谐振频率f_s呈纯阻性；当频率高于f_s时，L、C、R支路呈感性，可与电容C_0发生并联谐振，其并联频率用f_d表示。

根据石英晶体的等效电路，可定性画出它的电抗-频率特性曲线，如图2-59（c）所示，可见当频率低于串联谐振频率f_s或者频率高于并联谐振频率f_d时，石英晶体呈容性。仅在$f_s<f<f_d$极窄的范围内，石英晶体呈感性。

① 石英晶体振荡器的主要参数　晶振的主要参数有标称频率、负载电容、频率精度、频率稳定度等。不同的晶振标称频率不同，标称频率大都标明在晶振外壳上。常用普通晶振标称频率有48kHz、500kHz、503.5kHz、1～40.5MHz等，对于特殊要求的晶振频率可达到1000MHz以上，也有的没有标称频率，如CRB、ZTB、Ja等系列。负载电容是指晶振的两条引线连接IC块内部及外部所有有效电容之和，可看作晶振片在电路中串接电容。负载频率不同决定振荡器的振荡频率不同。标称频率相同的晶振，负载电容不一定相同。因为石英晶体振荡器有两个谐振频率，一个是串联谐振晶振的低负载电容晶振，另一个为并联谐振晶振的高负载电容晶振，所以，标称频率相同的晶振互换时还必须要求负载电容一致，不能贸然互换，否则会造成电器工作不正常。由于普通晶振的性能基本都能达到一般电器的要求，对于高档设备还需要有一定的频率精度和频率稳定度。频率精度为10^{-4}～10^{-10}量级不等，稳定度为±（1～100）×10^{-6}不等。这要根据具体的设备需要而选择合适的晶振，如通信网络，无线数据传输等系统就需要更高要求的石英晶

体振荡器。因此，晶振的参数决定了晶振的品质和性能。在实际应用中要根据具体要求选择适当的晶振。

② 石英晶体振荡电路　石英晶振作为选频元件所组成的正弦波振荡电路称为石英晶体振荡器。石英晶体振荡器的电路形式有两类：一类为并联型石英晶体振荡器；另一类为串联型石英晶体振荡器。

• 并联型石英晶体振荡器　该振荡器的实物接线如图2-60（a）所示，图2-60（b）为交流等效电路。选频回路由C_1、C_2和石英晶振组成，石英晶振在回路中相当于一个电感，显然这相当于一个电容三点式电路。

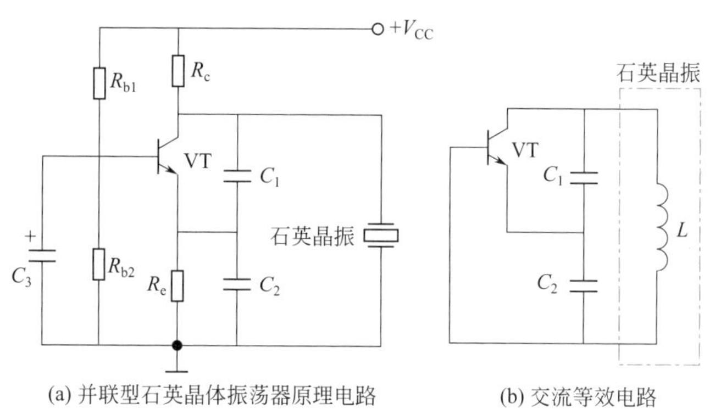

(a) 并联型石英晶体振荡器原理电路　(b) 交流等效电路

图2-60　并联型石英晶体振荡器电路

• 串联型石英晶体振荡器　串联型石英晶体振荡器如图2-61所示。石英晶振接在三极管VT1、VT2组成的两级放大器的正反馈网络中，起到了选频和正反馈的作用。

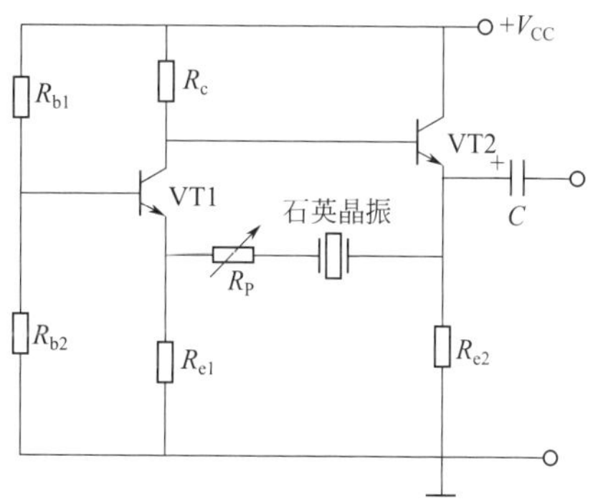

图2-61　串联型石英晶体振荡器电路

2.5.2.2　实用的振荡器电路

例2-9　闪烁的彩灯

① 闪光灯电路　如图2-62所示，当电源开关接通后，电源通过电阻R_1向电容C_1充电，于是C_1上的电压就会逐渐升高，当高到一个值时，三极管VT1就导通了，于是发光二极管LED点亮。三极管BG1导通，电源流过VT1的C、E极，通过R_3向电容C_2充电，C_2上的电压逐渐升高，当高到一个值时，三极管VT2导通，很快将C_1中的电压全放掉了，电压下降，三极管开关VT1就截止（关断）了，发光二极管LED熄灭，同时不再向C_2充电，于是C_2通过R_4向地放电，电压降低，三极管VT2也截止，电路恢复到最初的状态，这样的过程周而复始。

电路中，VD1和VD2的作用有两个：一是将VT1的发射极电压抬高到2.1V，使得C_1达到2.8V，使三极管导通，可以延长灯灭的时间；二是使C_2在充电后期，不至于因为充电电流减小而使LED亮度降低，如果电源的电压再高一些，还可以使用三只二极管或使用稳压管。

② 双灯电路　如图2-63所示。

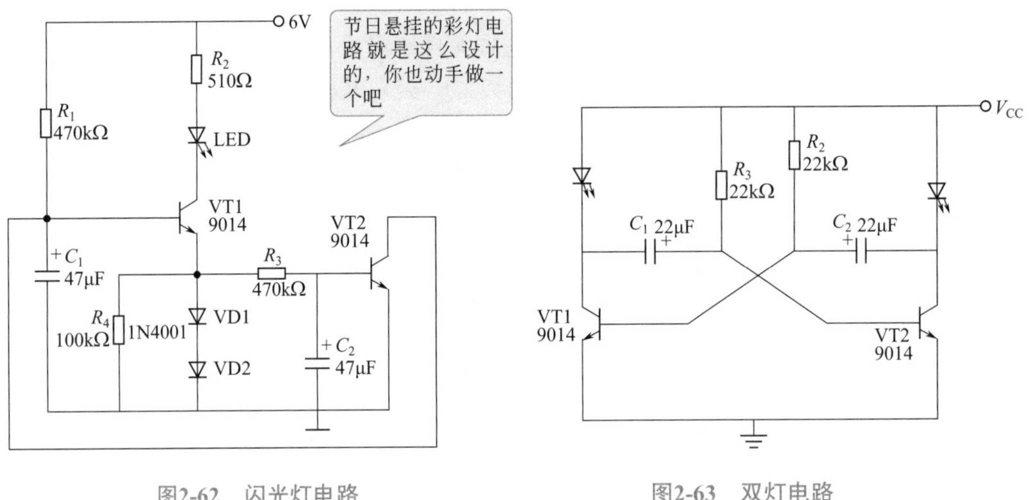

图2-62　闪光灯电路　　　图2-63　双灯电路

例 2-10　警笛声响电路

（1）声音的产生　在电路中，如果将电阻和电容的值取得足够小，就可以让电路产生频率比较高的脉冲信号，再将这个信号稍加放大，就可以推动一只喇叭发出声音了，如图2-64所示。

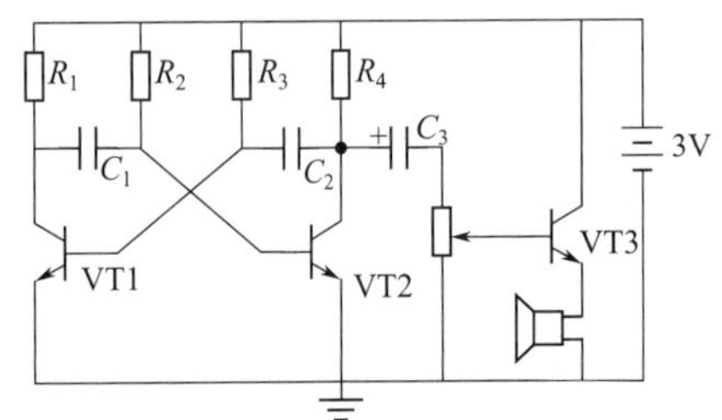

图2-64　声音的产生和放大电路

这个电路发出的声音的音调是非常单调的，因为它的频率是不变的，而警笛声的音调是要变化的，要做一个警笛声响电路，就需要在发声的同时改变电路中电容的充放电时间。

（2）声音变调的实现　改变充放电时间的办法只能是改变电压、电流。仔细分析一下电容的充电时间可以发现，如果需要充入的电压高，充电时间就会比较长，反之就会比较短，也就是说，如果能在电路工作时改变电容的充电电压，就可以使脉冲的频率产生变化，如图2-65所示的电路。

电路中，电源$+V$在通过R_2对电容C充电时，如果提高B点的电压，$+V$就会被抵消掉一些，加在电容C上的电压就少一些，充电时间也会相应短一些，也就是说，可以通过改变B点的电压来改变电路产生的脉冲的频率，为了能形成警笛的声音，需要在A点加入一个逐渐上升的电压，以便让音调越来越高，这样就需要一个锯齿状的信号，即锯齿波。

（3）锯齿波电压形成电路　锯齿波是一种脉冲信号，它的形成电路也是一种多谐振荡器。锯齿波有一个电压逐渐上升的过程，这个逐渐上升的电压与充电时电容上的电压很相似，可以设想，利用一个电容充电电路，当电容上的电压充到一个高度时用一个开关将它上面的电压释放掉，然后再充电，充到足够高时再放电，这样不断循环，就可以得到一个锯齿波的电压了。

在图2-66所示的电路中，电容上的电压一定要上升到比稳压二极管VD2的稳压值再加上VT1的发射极压降更高才能使三极管VT1导通，VT1导通后会在发射极产生大电流，这个电流可以给C_1充到足够高的电压，由它维持VT2导通，当电容C_2中的电压被放掉后，电路又会回到最初的状态，开始产生第二个锯齿波。

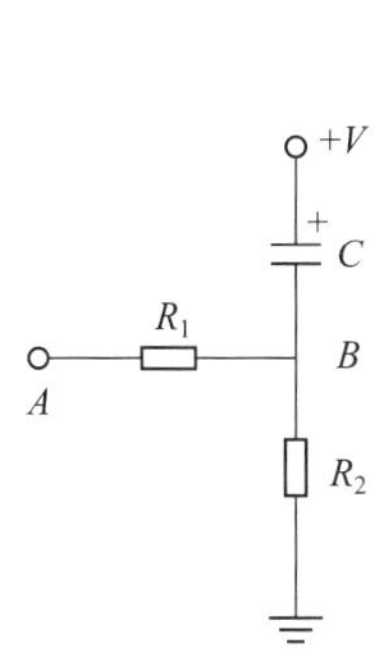

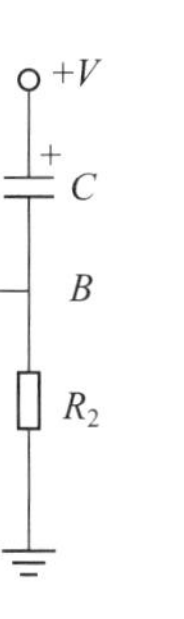

图2-65　取得逐渐上升的电压

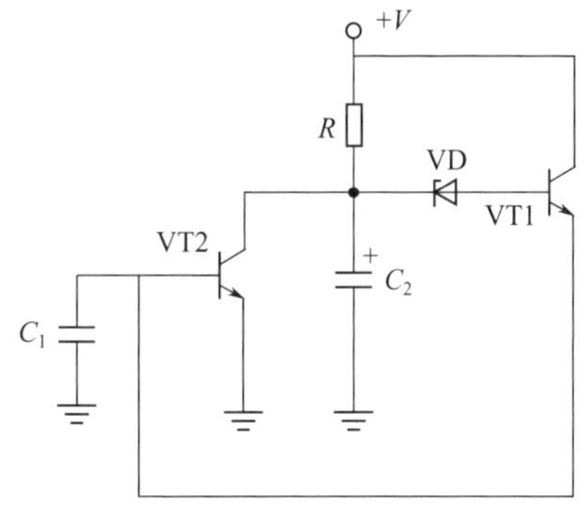

图2-66　自动的锯齿波电压形成电路

例2-11　石英晶体正弦波振荡器设计

（1）电路的选择　晶体振荡电路中，与一般LC振荡器的振荡原理相同，只是把晶体置于反馈网络的振荡电路之中，作为一感性元件，与其他回路元件一起按照三端电路的基本准则组成三端振荡器。实际常用的两种类型为电感三点式和电容三点式。常用电路简单结构如图2-67和图2-68所示。由于石英晶体存在感性和容性之分，且在感性容性之间有一条极陡峭的感抗曲线，而振荡器又被限定在此频率范围内工作。该电抗曲线对频率有极大的变化速度，亦即石英晶体在这频率范围内具有极陡峭的相频特性曲线，所以具有很高的稳频能力，或者说具有很高的电感补偿能力。因此，选用c-b型皮尔斯电路进行制作。石英晶体的检测可扫二维码学习。

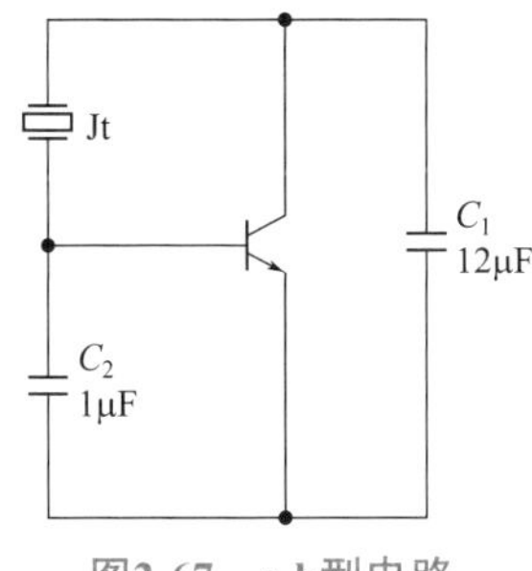

图2-67　c-b型电路

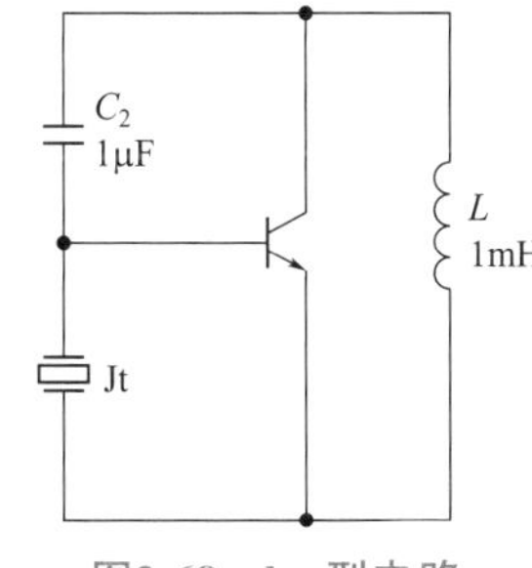

图2-68　b-e型电路

石英晶体的检测

（2）石英晶体振荡器设计

① 主要技术指标如下：

振荡频率：f_o=12MHz

短期稳定度：$\Delta f_o/f_o$优于$\pm 15\times 10^{-6}$

工作环境温度范围：–40 ～ +85℃

电源电压：+12V

② 设计说明

• 选择电路形式：选用12MHz皮尔斯c-b型电路如图2-69所示。

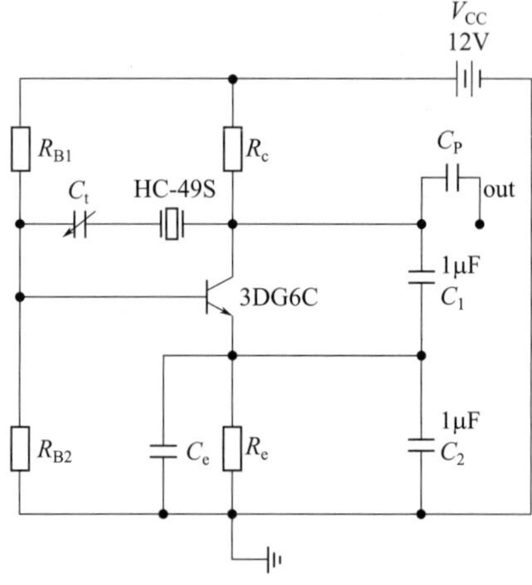

图2-69 12MHz 皮尔斯c-b型电路

• 选择晶体管和石英晶体。

根据设计要求，按公式 $f_{max}=\sqrt{\dfrac{f_T}{8\pi r(bb')C(b'c)}}$

$f_T \geqslant 2 \sim 10f_H$=24 ～ 120MHz

选择高频管3DG6C型晶体管作为振荡管。查手册其参数如下：f_T=250MHz；$\beta \geqslant 40$，取β=50；NPN型通用；额压20V；I_{cm}=20mA；P_o= 0.1W；$f_\beta \approx f_T/\beta$=5MHz。

石英谐振器可选用HC-49S系列，其性能参数如下：

标称频率f_o=12MHz；工作温度为−40 ～ +85℃；25℃时频率偏差为±3×10^{-6}；串联谐振电阻为60Ω；负载电容C_L=10pF，激励功率为0.01 ～ 0.1mW。

• 确定直流工作点并计算偏置电路元件参数

根据3DG6C的静态特性曲线选取工作点：

I_E=2mA，$U_{ce}=0.6V_{CC}$=0.6×12V=7.2V

取$U_c=0.8V_{CC}$=0.8×12V=9.6V；$U_e=0.2V_{CC}$=0.2×12V=2.4V

则有$R_c=(V_{CC}-U_c)/I_E$=(12−9.6)V/0.002A=1.2kΩ

$R_e= U_e/I_E$=2.4V/0.002A=1.2kΩ

取$R_{B2}=5R_e$=6kΩ

$R_{B1}=(V_{CC}-U_e)/U_e \times R_{B2}$=24kΩ

根据实际的标称电阻值，R_c、R_e、R_{B1}、R_{B2}取精度为1%的金属膜电阻：

$R_c=R_e$=1.2kΩ；R_{B1}=24kΩ，R_{B2}=6.2kΩ

• 求$C_1/C_2/C_t$的电容值。在计算时，由下式计算$r(b'e)$的值：

$r(b'e)=26\beta/I_E$=650Ω

根据 $C_1 \times C_2=\dfrac{\beta}{r(b'e)w^2\,\mathrm{Re}\left[1+\left(\dfrac{f}{f_\beta}\right)^2\right]^2}$

$=50/\{(2\pi\times12\times10^6)\times650\times1200[1+(f/f_\beta)^2]^{½}\}$= 4341.3（pF）^{2}

根据负载电容的定义，对于图2-70所示的电路可以得出

$$C_L=1/［（1/C_{1,2}）+1/C_t］$$

式中：$C_{1,2}$为C_1与C_2相串联的电容值，由上式可得

$$C_{1,2}= C_tC_L/（C_t-C_L）$$

若取C_t=30pF（一般C_t应略大于负载电容值），则

$C_{1,2}= C_tC_L//（C_t-C_L）=（30\times10）/（30-10）=15pF$

由反馈系数$F=C_1/C_2$和$C_{1,2}=C_1C_2/C_1-C_2$两式联立解，并取F=1/2，则

$C_1=C_{1,2}（1+F）=22.5pF$

$C_2=C_{1,2}（1+1/F）=45pF$

根据电容量的标称值，取C_1、C_2为聚苯乙烯电容，C_1=20pF，C_2=40pF，$C_1\times C_2$=20×40=800（pF）^{2}≤4341.3（pF）^{2}

可见该值远小于由$C_1\times C_2$乘积的极限值，故该电路满足起振条件。

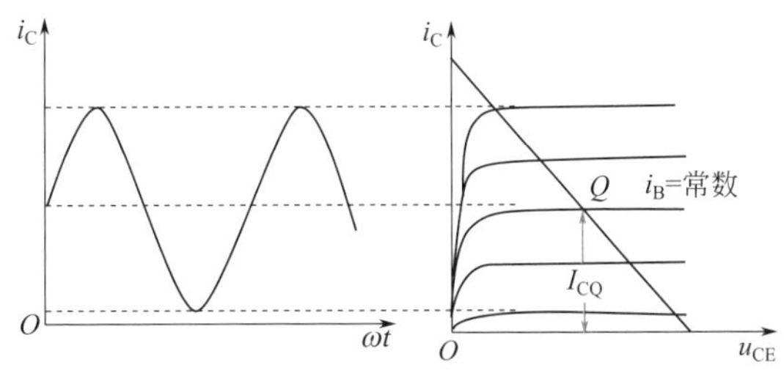

图2-70　甲类功率放大器的工作点Q及波形

2.5.3　音频功率放大器设计

2.5.3.1　功率放大电路的特点和类型

（1）甲类功率放大器

① 特点

a. 工作点Q处于放大区，基本在负载线的中间。

b. 在输入信号的整个周期内，三极管都有电流通过。

c. 导通角为360°。

② 缺点

a. 效率较低，即使在理想情况下，效率也只能达到50%。

b. 由于有I_{CQ}的存在，无论有没有信号，电源始终不断地输送功率。当没有信号输入时，这些功率全部消耗在晶体管和电阻上，并转化为热量形式耗散出去；当有信号输入时，其中一部分转化为有用的输出功率。

③ 作用　通常用于音频小信号前置电压放大器，也可以用于小功率的功率放大器。

（2）乙类功率放大器

① 特点

a. 工作点Q处于截止区。

b. 半个周期内有电流流过三极管，导通角为180°。

c. 由于I_{CQ}=0，使得没有信号时，管耗很小，从而效率得以提高。

② 缺点　波形被切掉一半，严重失真，如图2-71所示。

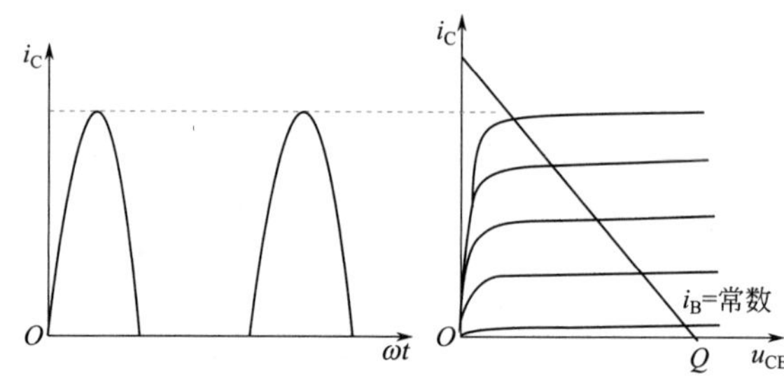

图2-71　乙类功率放大器的工作点Q及波形

③ 作用　用于大功率放大。

（3）甲乙类功率放大器

① 特点

a. 工作点Q处于放大区偏下。

b. 大半个周期内有电流流过三极管，导通角大于180°而小于360°。

c. 由于存在较小的I_{CQ}，所以效率较乙类低，较甲类高。

② 缺点　波形被切掉一部分，严重失真，如图2-72所示。

③ 作用　用于大功率放大。

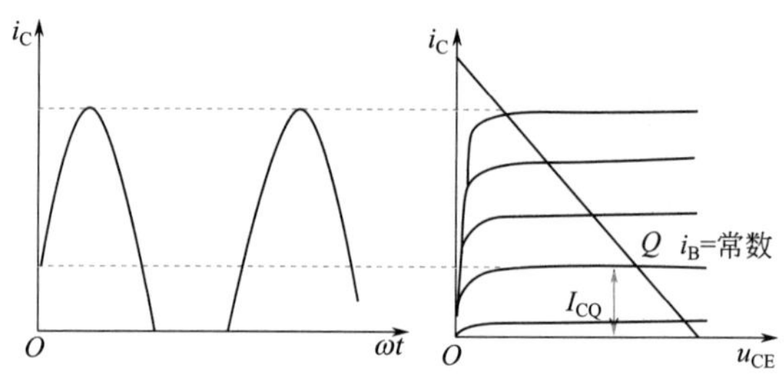

图2-72　甲乙类功率放大器的工作点Q及波形

2.5.3.2　常见功放管的连接方式

在图2-73所示电路中，两晶体管分别为NPN管和PNP管，由于它们的特性相近，故称为互补对称管。

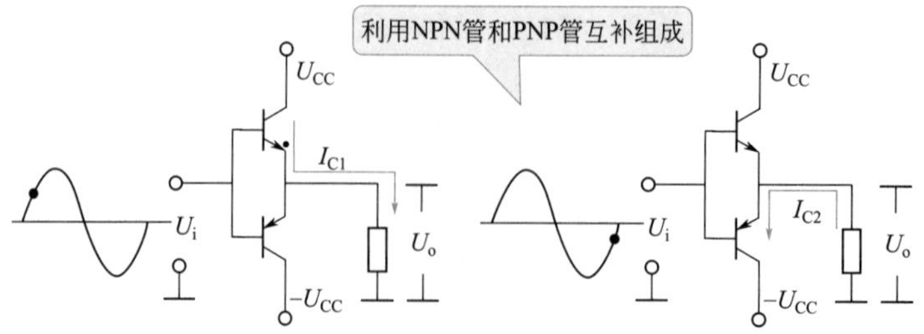

图2-73　互补对称管电路

静态时，两管的I_{CQ}=0；有输入信号时，两管轮流导通，相互补充。既避免了输出波形的严重失真，又提高了电路的效率。由于两管互补对方的不足，工作性能对称，所以

这种电路通常称为互补对称电路。图2-74（a）所示为是最常见的功放管的连接方式。

图2-74（a）所示电路具有电路简单、效率高等特点。但由于三极管的$I_{CQ}=0$，因此在输入信号幅度较小时，不可避免地要产生非线性失真，即交越失真，如图2-74（b）所示，不能直接应用于音频功率放大器。

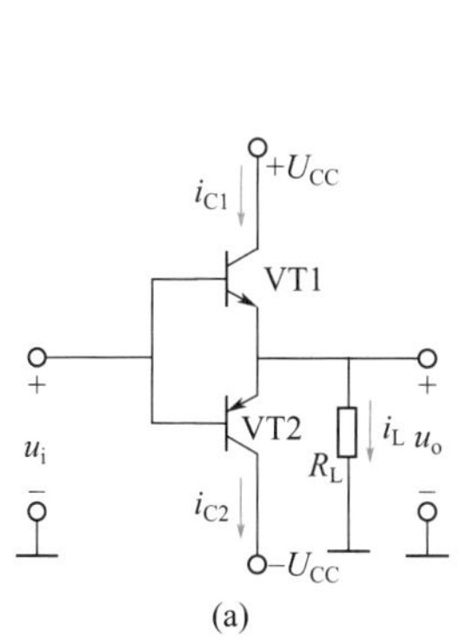

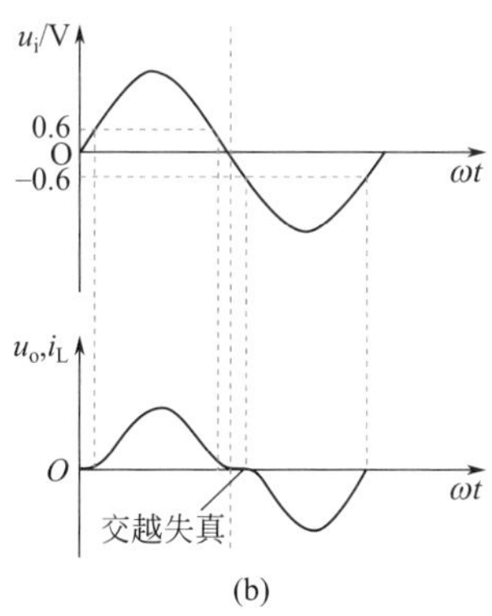

图2-74　最常见的功放管的连接方式和交越失真

产生交越失真的原因：功率三极管处于零偏置状态，即$U_{BE1}+U_{BE2}=0$。

解决办法：为消除交越失真，可以给每个三极管一个很小的静态电流，这样既能减少交越失真，又不至于使功率和效率有太大影响，即让功率三极管在甲乙类状态下工作，增大$U_{BE1}+U_{BE2}$。

2.5.3.3　OTL功放电路设计

OTL是英文Output Transformer Less的缩写，意思是没有输出变压器的功放电路。

（1）基本电路　图2-75是采用一个电源的互补对称电路，图中由VT3组成前置放大级，VT1和VT2组成互补对称电路输出级。静态时，一般只要R_1、R_2有适当的数值，就可使VT3的集电极电流I_{C3}、VT1的基极电压U_{B1}和VT2的基极电压U_{B2}达到所需大小，给VT1和VT2提供一个合适的偏置，从而使K点电位$U_K=U_{CC}/2$。

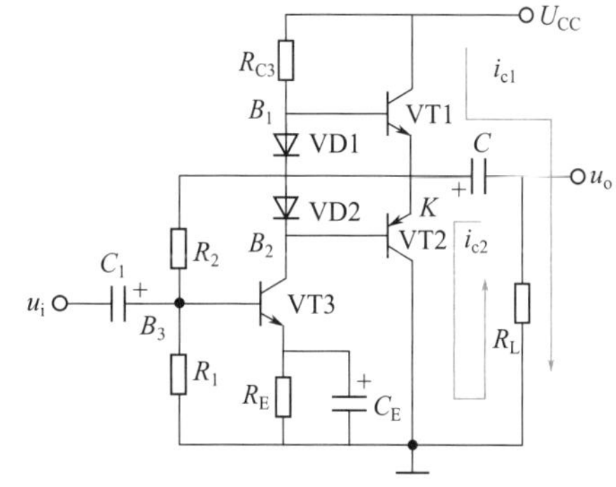

图2-75　单电源的互补对称电路

当有信号u_i时，在信号的负半周，VT1导电，有电流通过负载R_L，同时向C充电；在信号的正半周，VT2导电，则已充电的电容C起着电源$-U_{CC}$的作用，通过负载R_L放电，如图2-75所示。只要选择时间常数R_LC足够大（比信号的最长周期还大得多），就可以认为用电容C和一个电源U_{CC}可代替原来的$+U_{CC}$和$-U_{CC}$两个电源的作用。

（2）电路特点

① 静态时R_L上无电流。

② VD1、VD2供给VT1、VT2两管一定的正偏压，使两管处于微导通状态，即工作

于甲乙类状态。

③ R_{C3}是VT3的集电极负载电阻，B_1、B_2两点的直流电位差始终为1.4V左右，但交流电压的变化量相等。

④ 仅需使用单电源，但增加了电容器C，C的选择要满足时间常数R_LC足够大（比u_i的最大周期还要大得多），使U_C=0.5U_{CC}。

⑤ VT3的偏置电压取自K点，具有自动稳定Q点的作用，调节R_2可以调整U_K。

$$U_K\uparrow\rightarrow U_{B3}\uparrow\rightarrow I_{C3}\uparrow\rightarrow U_{B1}\downarrow\ U_{B2}\downarrow\rightarrow\begin{Bmatrix}\mathrm{VT_1}\ RC_E\uparrow\\ \mathrm{VT_2}\ R_EC\downarrow\end{Bmatrix}\rightarrow U_K\downarrow$$

（3）静态工作点的调整 电路如图2-76所示。

① U_C=0.5U_{CC}的调整 用电压表测量K点对地的电压，调整R_2使U_K=0.5U_{CC}。

② 静态电流I_{C1}、I_{C2}的调整 首先将R_W的阻值调到最小，接通电源后，在输入端加入正弦信号，用示波器测量负载R_L两端的电压波形，然后调整R_W，到输出波形的交越失真刚好消失为止。

（4）存在的问题及解决办法

① 存在问题 上述情况是理想的。实际上，静态工作点的调整电路中的输出电压幅值达不到U_{om}=U_{CC}/2，这是因为当u_i为负半周时，VT1导电，因而i_{B1}增加，由于R_{C3}上的压降和U_{BE1}的存在，当K点电位向+U_{CC}接近时，VT1的基流将受限制而不能增加很多，因而也就限制了VT1输向负载的电流，使R_L两端得不到足够的电压变化量，致使U_{om}明显小于U_{CC}/2。

② 改进办法 如果把图中D点电位升高，使U_D>+U_{CC}，例如将图中D点与+U_{CC}的连线切断，U_D由另一电源供给，问题即可以得到解决。通常的办法是在电路中引入R_{C3}等元件组成的自举电路，如图2-77所示。

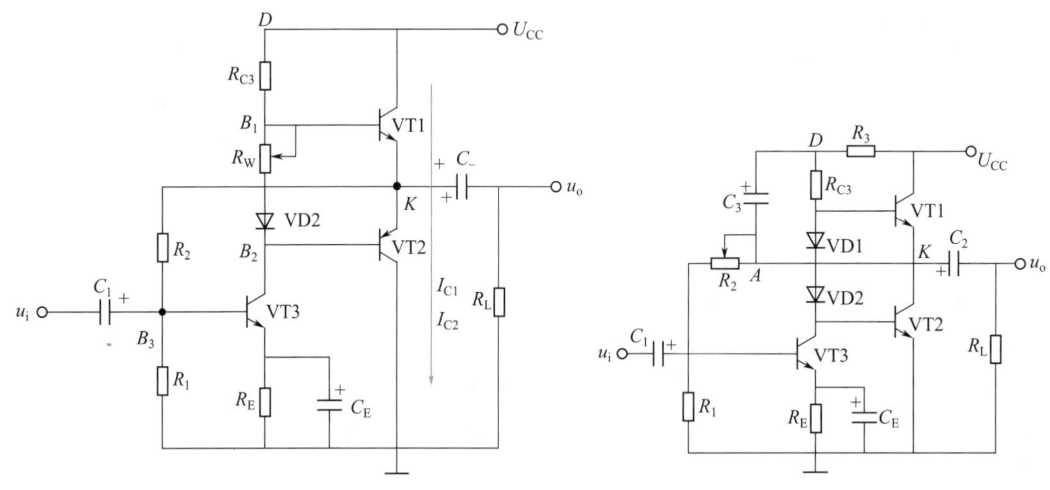

图2-76 静态工作点的调整电路

图2-77 引入自举电路

（5）几点说明

① 由于互补对称电路中的晶体管都采用共集电极的接法，所以输入电压必须稍大于

输出电压。为此，输入信号需经1～2级电压放大后，再用来驱动互补对称功率放大器。

② 应采取复合管解决功率互补管的配对问题。异型管的大功率配对比同型管的大功率配对困难。为此，常用一对同型号的大功率管和一对异型号的互补的小功率管来构成一对复合管取代互补对称管。复合管的连接形式如图2-78所示。

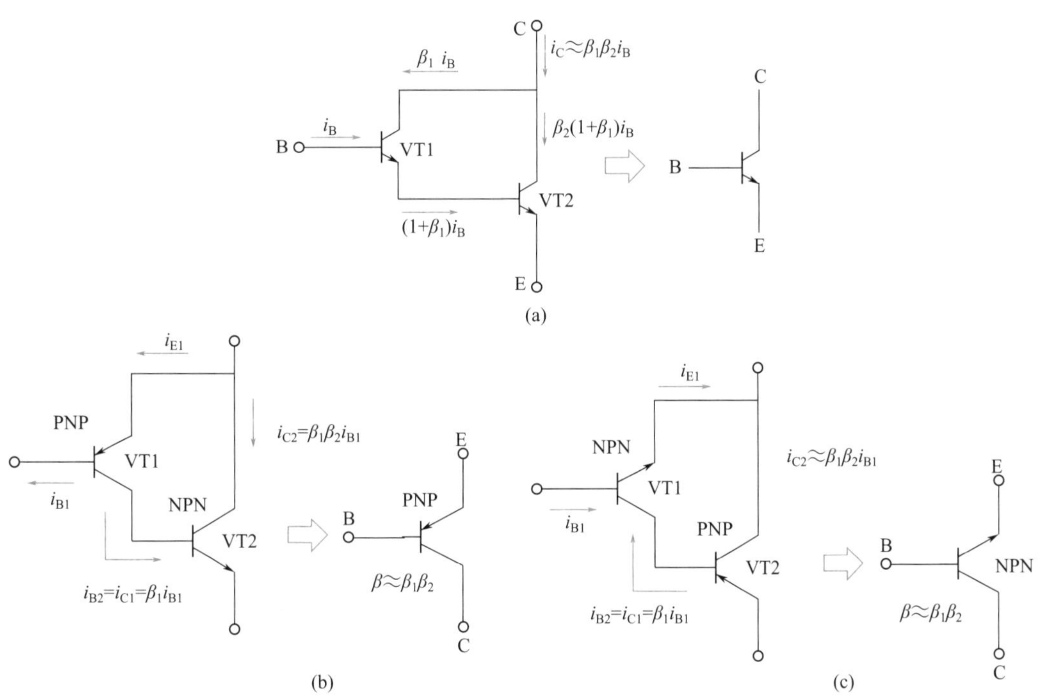

图2-78　复合管的连接形式

其等效电流放大系数和输入阻抗可以表示为

$$\beta=\frac{i_{C2}}{i_{B1}}=\frac{\beta_2(1+\beta_1)\ i_{B1}}{i_{B1}}\approx\beta_1\beta_2$$

$$r_{BE}=r_{BE1}+（1+\beta_2）r_{BE2}$$

③ 必要时注意增加功率管保护电路。

2.5.3.4　OCL功放电路设计

OCL是英文Output Capacitor Less的缩写，意思是“没有输出电容器”的功放电路。OCL电路是一种互补对称输出的单端推挽电路，为甲乙类电路工作方式，是由OTL（无输出变压器）电路改进设计而成的。它的特点是：前置、推动、功放及负载扬声器全部是直流耦合的，既省略了匹配用的输入、输出变压器，也省略了输出电容器，克服了低频时电容器容抗使扬声器低频输出下跌，低频相移的不足以及浪涌电流对扬声器的冲击，避免了扬声器对电源不对称使正负半周幅度不同而产生的失真，成为当今大功率放音设备的主流电路。

图2-79所示是用NPN管驱动的OCL电路，其特点如下。

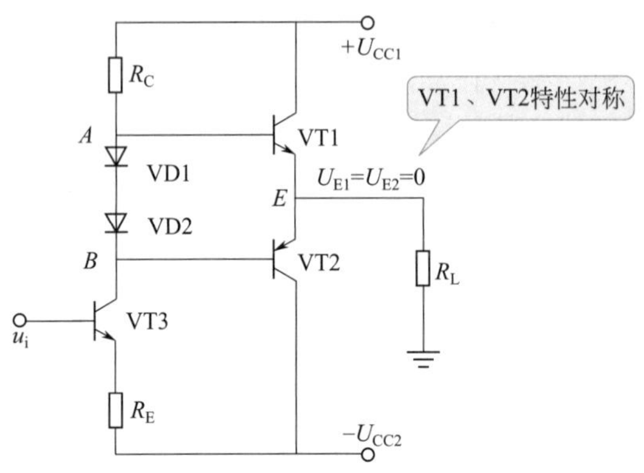

图2-79　NPN管驱动的OCL电路

① 静态时R_L上无电流。

② VD1、VD2供给VT1、VT2两管一定的正偏压，使两管处于微导通状态。

③ R_C是VT3的集电极负载电阻，*A*、*B*两点的直流电位差始终为1.4V左右，但交流电压的变化量相等。

④ 电路要求VT1、VT2的特性对称。

⑤ 需要使用对称的双电源。

2.5.3.5　集成功率放大器电路设计

集成功率放大器的型号有很多，像TDA系列、LA系列、LM系列等。由于用集成功率放大器制成的功放电路简单，自制方便，所以应用广泛。

（1）TDA2822　TDA2822集成功放电路常用于随身听、便携式的DVD等音频放音，且有电路简单、音质好、电压范围宽等特点，是业余制作小功放的较佳选择。电路如图2-80所示。用一块TDA2822M功放集成电路接成BTL方式（单声道使用，立体声时要两片），外围元件只有一只电阻和两只电容，不用装散热器，放音效果也很好。

集成电路TDA2822M为8脚双列直插式封装，如果没有，可用TDA2822代替，TDA2822的封装与TDA2822M相同，它们的区别在于：TDA2822M在3～15V均可工作，而TDA2822的最高工作电压只有8V。使用TDA2822必须把电压降到8V以下。R_1的数值要求不拘，一般选用10kΩ的碳膜电阻。C_1可选用0.1μF的涤纶电容，C_2为100μF/16V的电解电容。

使用时应注意：由于本功放为直接耦合，所以输入信号不能带直流成分。如果输入信号有直流成分则必须在输入端串接一只4.7～10μF的电容隔开，否则将有很大的直流电流流过扬声器，使之发热烧毁。在实践中，若对图2-80再进行适当的改制则效果更为理想，改进后的电路如图2-81所示。如果TDA2822M发热烫手，可以给TDA2822M加散热器。散热器可以自己动手用铝片制作。

（2）TDA1521A　用高保真功放IC TDA1521A制作功放电路，具有外围元件少、不用调试、一装就响的特点。适合自制，用于随身听功率接续，或用于改造低档电脑有源音箱。

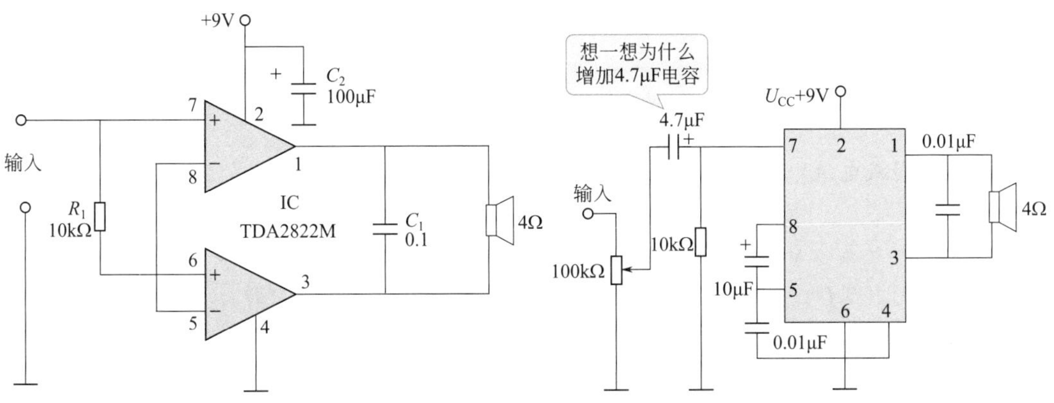

图2-80　集成功放电路　　　　图2-81　改进后的集成功放电路

TDA1521A采用九脚单列直插式塑料封装，具有输出功率大、两声道增益差小、开关机扬声器无冲击声及过热过载短路保护可靠等特点。TDA1521A既可用正负电源供电，也可用单电源供电，电路原理如图2-82（a）、（b）所示。双电源供电时，可省去两个音频输出电容，高低音音质更佳。单电源供电时，电源滤波电容应尽量靠近集成电路的电源端，以避免电路内部自励。制作时一定要给集成块装上散热片才能通电试音，否则容易损坏集成块。散热板不能小于200mm×100mm×2mm。

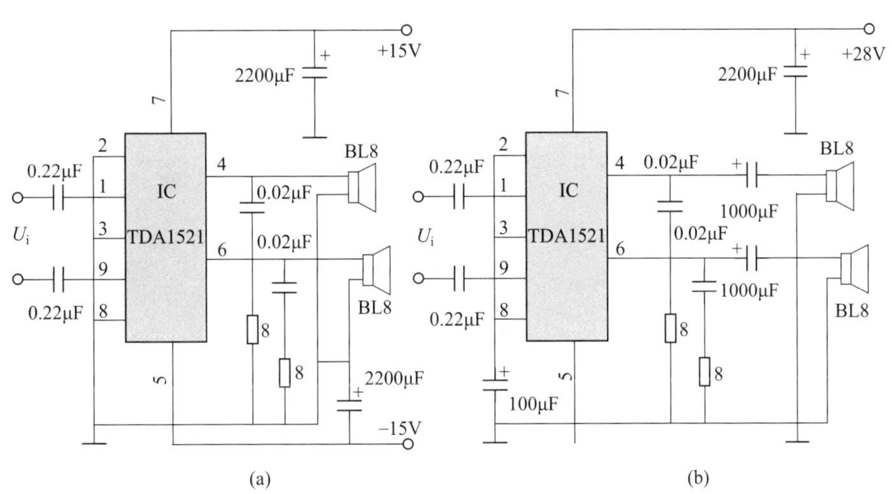

图2-82　TDA1521A制作功放电路

（3）设计原则　分立元件组成的功放，如果电路选择得好，参数选择恰当，元件性能优良，设计和调试得好，则性能也很优良。许多优质功放均是分立功放。但只要其中一个环节出现问题，则性能会低于一般集成功放。且为了不致过载、过流、过热等损坏元件，需要加以复杂的保护电路。在分立元件组成功放中由三极管、二极管、电阻、电容等器件组成的核心电路，提供了自由调整的余地。

分立元件功率放大器设计原则如下。

① 设计指标的给出　确定输出功率P_o和负载电阻R_L。

② 设计步骤

• 决定电源电压E_C。根据输出功率和负载的设计要求，已知P_{om}、R_L，所以

$$E_C=\sqrt{8P_{om}R_L}$$

• 选取射极电流电阻R_E。R_E主要用来稳定静态工作点，一般取

$$R_E=(0.05\sim0.1)R_L$$

• 选择大功率管VT1和VT2。选取大功率管只要考虑三个参数，即晶体管CE极间承受的最大反向电压$U_{(BR)CEO}$、集电极最大电流I_{CM}和集电极最大功耗P_{CM}。

a. 当电源电压E_C确定之后，VT1和VT2承受的最大反压为

$$U_{CEMAX}=E_C$$

b. 若忽略管压降，每管最大集电极电流为

$$I_{C1MAX}=[E_C/(R_L+R_E)]/2$$

因为VT1和VT2的射极电阻R_E选得过小，复合管稳定性差，过大又会损耗较多的输出功率，所以一般取R_E=（0.05 ～ 0.1）R_L。

c. 单管最大集电极功耗：

$$P_{CM}\geqslant P_{om}$$

集成功放电路成熟，低频性能好，内部设计具有复合保护电路，可以增加其工作的可靠性，尤其集成厚膜器件参数稳定，无需调整，信噪比较小，而且电路布局合理，外围电路简单，保护功能齐全，还可外加散热片解决散热问题。

（4）LM1875组成的高品质功放电路设计 如图2-83所示，LM1875采用TO-220封装结构，形如一只中功率管，体积小巧，外围电路简单，且输出功率较大。该集成电路内部设有过载过热及感性负载反向电势安全工作保护。

LM1875主要参数：

电压范围：16～60V
静态电流：50mA
输出功率：25W
谐波失真：＜0.02%，当f=1kHz，R_L=8Ω，P_0=20W时
额定增益：26dB，当f=1kHz时
工作电压：±25V
转换速率：18V/μs

图2-83 LM1875外形

LM1875极限参数：

电源电压（Vs）：60V
输入电压（Vin）：-VEE-VCC V
工作结温（Tj）：+150℃
存储结温（Tstg）：-65-+150℃

LM1875功率较TDA2030及TDA2009都大，电压范围为16 ～ 60V。不失真功率为20W（THD=0.08%），THD=1%时，功率可达40W（人耳对THD<10%的失真没有明显的感觉），保护功能完善。LM1875是美国国家半导体器件公司生产的音频功放电路，采用V

型5脚单列直插式塑料封装结构。如图2-83所示，该集成电路在±25V电源电压、R_L=4Ω时可获得20W的输出功率，在±30V电源、8Ω负载获得30W的功率，内置多种保护电路，广泛应用于汽车立体声高品质的中功率音响设备，具有体积小、输出功率大、失真小等特点。

① LM1875典型应用电路　音频功率放大器的典型应用电路分为两种：一种为单电源供电，另一种为双电源供电。两种典型应用电路如图2-84所示。

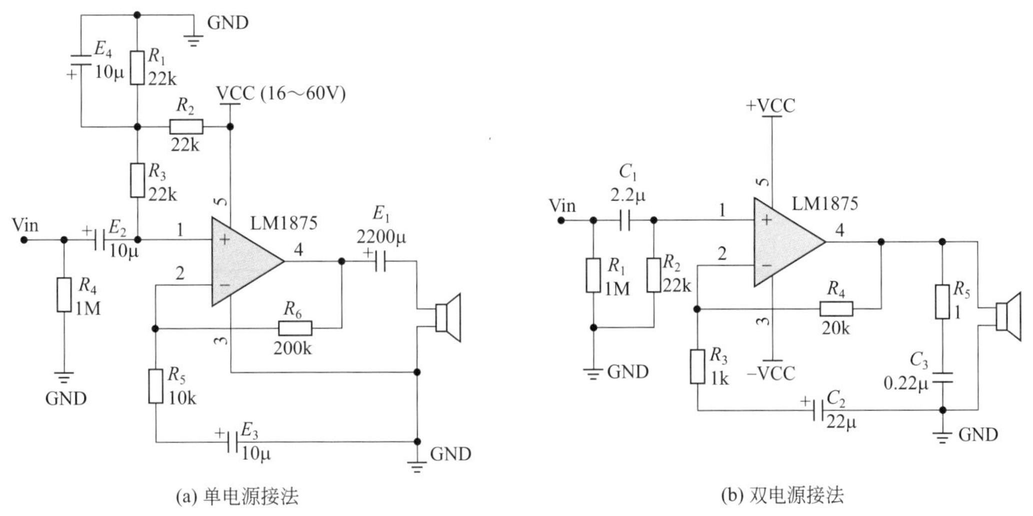

图2-84　LM1875典型应用电路

LM1875单电源供电与双电源供电的基本工作原理相同，不同之处在于：单电源供电时，采用R_1、R_2分压，取1/2VCC作为偏置电压经过R_3加到1脚，使输出电压以1/2VCC为基准上下变化，因此可以获得最大的动态范围。但在这里我们希望能对音频放大器的音量和音频进行调节，即得到更理想更直观的设计，在此次设计中采用双电源供电的方法。

② 电源LM1875音频功率放大器设计　按照上面介绍，利用Protel 99软件画出双电源音频功率放大器原理图，如图2-85所示。

其设计原理如下：LM1875功放板由一个高低音分别控制的衰减式音调控制电路和LM1875放大电路以及电源供电电路三大部分组成，音调部分采用的是高低音分别控制的衰减式音调电路，其中的R02、R03、C02、C01、W02组成低音控制电路；C03、C04、W03组成高音控制电路；R04为隔离电阻；W01为音量控制器，用于调节放大器的音量大小；C05为隔直电容，防止后级的LM1875直流电位对前级音调电路造成影响。放大电路主要采用LM1875，由1875、R08、R09、C06等组成，电路的放大倍数由R08与R09的比值决定，C06用于稳定LM1875的第4脚直流零电位的漂移，但是对音质有一定的影响，C07，R10的作用是防止放大器产生低频自励。本放大器的负载阻抗为4～16Ω。

为了保证功放板的音质，电源变压器的输出功率不得低于80W，输出电压为2×25V，滤波电容采用2个2200μF/25V电解电容并联，正负电源共用4个2200μF/25V的电容，两个104的独石电容是高频滤波电容，有利于放大器的音质。

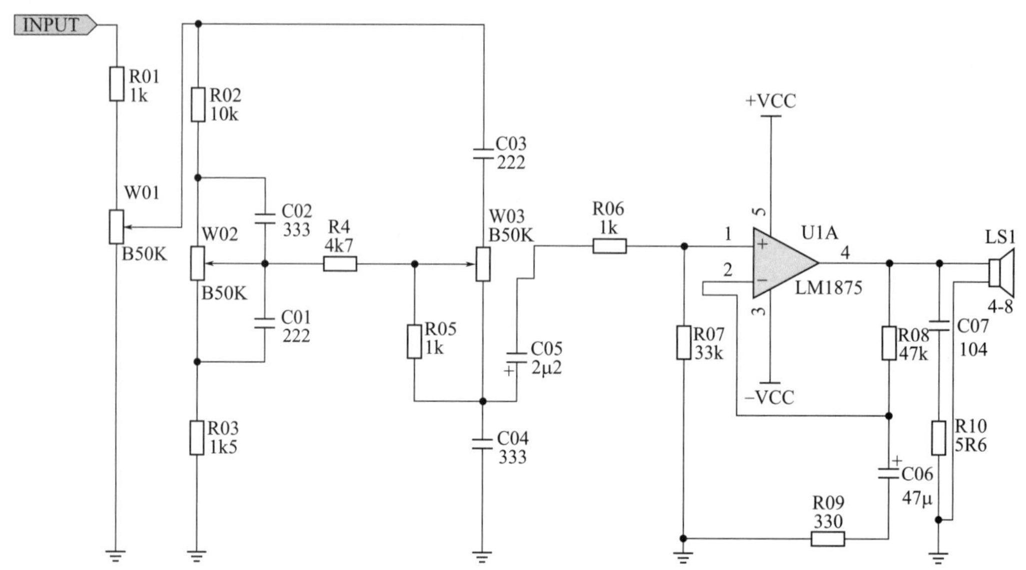

图2-85　双电源音频功率放大器原理图

③ **LM1875功放电路组成的功放板双电源音频功率放大器PCB图**　在电路原理图的基础上，绘制PCB图如图2-86所示。

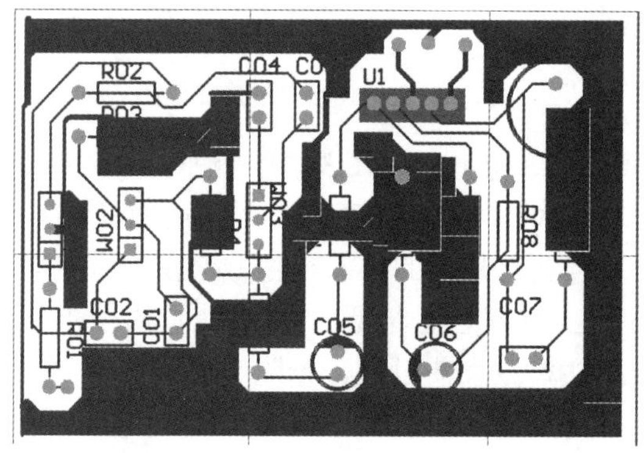

图2-86　双电源音频功率放大器PCB图

2.5.4　有源滤波器的设计

2.5.4.1　滤波器的组成及特性

滤波器（Filter）是一种能从信号中选出有用频率信号、衰减无用频率信号的电路，它在无线电通信、自动控制和各种测量系统中都有着重要的应用。滤波器有无源滤波器和有源滤波器之分，本节主要通过介绍有源滤波器的基本应用电路，为读者在设计时提供参考。

无源滤波器主要采用无源元件L、C组成，称为LC滤波器。LC滤波器在高频领域应用中有无可置疑的优点，一直使用至今，但在低频工作时，为了获得良好的选择性，电感和电容都必须做得很大，以致设备的体积、重量、价格等都超出实际应用的范围。自

20世纪60年代以来，由于集成运放的迅速发展，由*RC*和集成运放组成的有源滤波器获得了发展。有源滤波器的主要优点是：不用电感，因而体积小、重量轻，便于集成化；因集成运放具有高增益、高输入阻抗、低输出阻抗，所以构成的有源滤波器有一定的电压增益和良好的隔离性能，便于级联。有源滤波器的主要缺点是受集成运放带宽的限制，其工作频率较低，所以仅适用于低频工作范围。

滤波器通常按它所能传输信号的频率范围来分类，可分为低通、高通、带通、带阻四大类。低通滤波器（Low-Pass Filter，LPF）是指能让低频信号通过而高频信号不能通过的滤波器；高通滤波器（High-Pass Filter，HPF）的性能则与之相反；带通滤波器（Band-Pass Filter，BPF）是指能让某一个频率范围的信号通过而在此之外的信号不能通过的滤波器；带阻滤波器（Band-Elimination Filter，BEF）的性能则与之相反。这四种类型滤波器的理想特性如图2-87所示。

图2-87中ω_c为截止角频率（Cut-off Frequency），它是指传输函数的幅值由最大值下降3dB时所对应的角频率。ω_0为带通或带阻的中心角频率（Center Frequency），它们都是滤波器的重要指标。

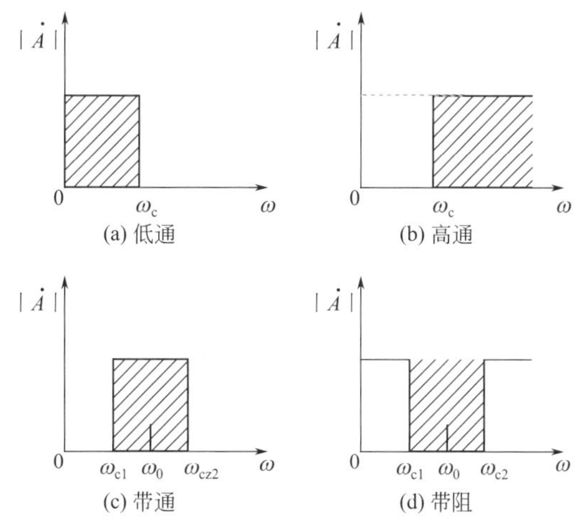

图2-87　各种类型滤波器的理想特性

2.5.4.2　二阶有源低通滤波器

理想幅频特性的滤波器是很难实现的，只能用实际的滤波器的幅频特性去逼近理想的滤波器。一般来说，滤波器的阶数*n*越高，幅频特性衰减的速率越快，越接近理想的滤波器，但*RC*网络的阶数越多，元件参数计算越烦琐，电路调试越困难。所以这里主要介绍具有巴特沃斯（Butterworth）响应的二阶有源滤波器的基本设计方法。

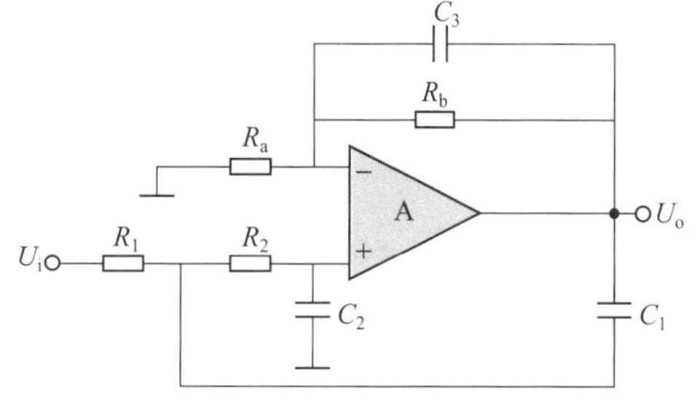

图2-88　二阶有源低通滤波器

（1）基本原理　典型二阶有源低通滤波器如图2-88所示，为防止自励和抑制尖峰脉冲，在负反馈回路可增加电容C_3，C_3的容量一般为22～51pF。该滤波器每节RC电路衰减–20dB/10倍频程，每级滤波器衰减–40dB/10倍频程。

① 传递函数的关系式为

$$A(s)=\frac{A_{\mathrm{Uf}}\omega_n^2}{s^2+\frac{\omega_n}{Q}s+\omega_n^2}$$

式中，A_{Uf}、ω_{n}、Q分别表示如下：

通带增益：$A_{\mathrm{Uf}}=1+\frac{R_{\mathrm{b}}}{R_{\mathrm{a}}}$

固有角频率：$\omega_{\mathrm{n}}=\frac{1}{\sqrt{R_1R_2C_1C_2}}$

品质因数：$Q=\frac{\sqrt{R_1R_2C_1C_2}}{C_2(R_1+R_2)+(1-A_{\mathrm{Uf}})R_1C_1}$

② 设计二阶有源LPF时选用R、C的两种方法。

方法一：设$A_{\mathrm{Uf}}=1$，$R_1=R_2$，则$R_{\mathrm{a}}=\infty$，以及

$Q=\frac{1}{2}\sqrt{\frac{C_1}{C_2}}$，$f_{\mathrm{n}}=\frac{1}{2\pi R\sqrt{C_1C_2}}$，$C_1=\frac{2Q}{\omega_{\mathrm{n}}R}$，$C_2=\frac{1}{2Q\omega_{\mathrm{n}}R}$，$n=\frac{C_1}{C_2}=4Q^2$

方法二：$R_1=R_2=R$，$C_1=C_2=C$，则

$Q=\frac{1}{3-A_{\mathrm{Uf}}}$，$f_{\mathrm{n}}=\frac{1}{2\pi RC}$

由上式得知f_{n}、Q可分别由R、C值和运放增益A_{Uf}的变化来单独调整，相互影响不大，因此该设计法对要求特性保持一定f_{n}而在较宽范围内变化的情况比较适用，但必须使用精度和稳定性均较高的元件。

（2）设计实例 要求设计如图2-88所示的具有巴特沃斯特性（$Q\approx0.71$）的二阶有源LPF，f_{n}=1kHz。

按方法一和方法二两种设计方法分别进行计算，可得如下两种结果。

方法一：取$A_{\mathrm{Uf}}=1$，$Q\approx0.71$，选取$R_1=R_2=R=160\mathrm{k\Omega}$，可得

$\frac{C_1}{C_2}\approx2$，$C_1=\frac{2Q}{\omega_{\mathrm{n}}R}=1400\mathrm{pF}$，$C_2=\frac{C_1}{2}=700\mathrm{pF}$

方法二：取$R_1=R_2=R=160\mathrm{k\Omega}$，$Q=0.71$，可得

$C_1=C_2=\frac{1}{2\pi f_{\mathrm{n}}R}=0.001\mu\mathrm{F}$

2.5.4.3 二阶有源HPF

（1）基本原理 HPF与LPF几乎具有完全的对偶性，把图2-88中的R_1、R_2和C_1、C_2位置互换就构成二阶有源HPF。两者的参数表达式与特性也有对偶性。

① 二阶HPF的传递函数为

$$A(s)=\frac{A_{\mathrm{Uf}}\omega_{\mathrm{n}}^{2}}{s^{2}+\frac{\omega_{\mathrm{n}}}{Q}s+\omega_{\mathrm{n}}^{2}}$$

式中：

$$A_{\mathrm{Uf}}=1+\frac{R_{\mathrm{b}}}{R_{\mathrm{a}}},\ \omega_{\mathrm{n}}=\frac{1}{\sqrt{R_1R_2C_1C_2}},\ Q=\frac{1/\omega_{\mathrm{n}}}{R_2(C_1+C_2)+(1-A_{\mathrm{Uf}})R_2C_2}$$

② HPF中R、C参数的设计方法也与LPF相似，有两种。

方法一：设Q=1，取$C_1=C_2=C$，根据所要求的Q、f_{n}（ω_{n}）、A_{Uf}可得

$$R_1=\frac{2Q}{\omega_{\mathrm{n}}C},\ R_2=\frac{1}{2Q\omega_{\mathrm{n}}C},\ n=\frac{R_1}{R_2}=4Q^2$$

方法二：设$C_1=C_2=C$，$R_1=R_2=R$，根据所要求的Q、ω_{n}，有

$$A_{\mathrm{Uf}}=3-\frac{1}{Q},\ R=\frac{1}{\omega_{\mathrm{n}}C}$$

有关这两种方法的应用特点与LPF情况完全相同。

（2）设计实例　设计如图2-89所示的具有巴特沃斯特性的二阶有源HPF（Q≈0.71），已知f_{n}=1kHz，计算R、C的参数。

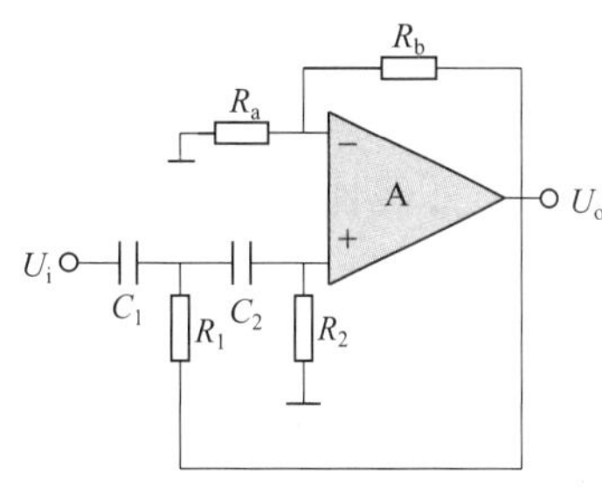

图2-89　二阶有源HPF

若按方法一：设A_{Uf}=1，选取$C_1=C_2=C$=1000pF，求得R_1=226kΩ，R_2=112kΩ，各选用220kΩ与110kΩ标称值即可。

若按方法二：选取$R_1=R_2=R$=160kΩ，求得A_{Uf}=1.59，$C_1=C_2=C$=1000pF。

2.5.4.4　二阶有源带通滤波器

（1）基本原理　带通滤波器（BPF）能通过规定范围的频率，这个频率范围就是电路的带宽BW，滤波器的最大输出电压峰值出现在中心频率f_0的频率点上。带通滤波器的带宽越窄，选择性越好，也就是电路的品质因数Q越高。电路的Q值可用公式求出：

$$Q=\frac{f_0}{BW}$$

可见，高Q值滤波器有窄的带宽、大的输出电压；反之，低Q值滤波器有较宽的带宽，势必输出电压较小。

（2）参考电路　BPF的电路形式较多，图2-90为宽带滤波器的示例。在满足LPF的通带截止频率高于HPF的通带截止频率的条件下，把相同元件压控电压源滤波器的LPF和HPF串接起来，可以实现巴特沃斯通带响应，如图2-90所示。

用该方法构成的带通滤波器的通带较宽，通带截止频率易于调整，因此多用作测量信号噪声比（S/N）的音频带通滤波器。如在电话系统中，采用图2-90所示滤波器，能抑制低于300Hz和高于3000Hz的信号，整个通带增益为8dB。

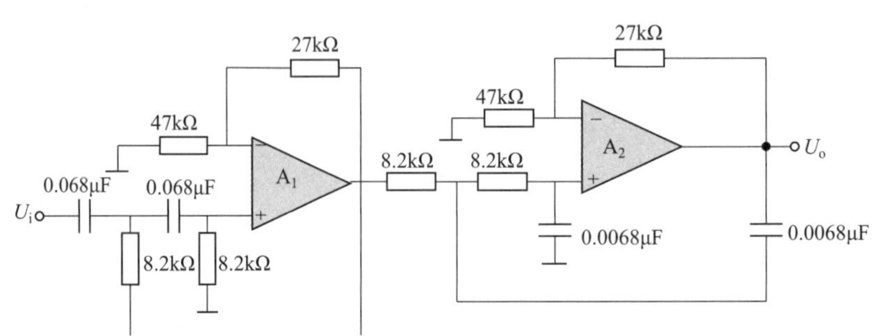

图2-90　宽带滤波器

2.5.5　扩音机电路设计

（1）设计任务的要求　采用运算放大集成电路和音频功率放大集成电路设计一个对话筒输出信号具有放大能力的扩声电路。其要求如下。

① 最大输出功率为8W。

② 负载阻抗为8Ω。

③ 非线性失真系数不大于3%（在通频带内、满功率下）。

④ 具有音调控制功能，即用两只电位器分别调节高音和低音。当输入信号为1kHz时，输出为0dB；当输入信号为100Hz正弦波时，调节低音电位器可以使输出功率变化±12dB；当输入信号为10kHz正弦波时，调节高音电位器也可以使输出功率变化± 12dB。

⑤ 输出功率的大小连续可调，即用电位器可调节音量的大小。

⑥ 频率响应：当高、低音调电位器处于不提升也不衰减的位置时，–3dB的频带范围是80Hz ～ 6kHz，即BW=6kHz。

⑦ 输入阻抗不小于50kΩ。

⑧ 输入端短路时，噪声输出电压的有效值不超过10mV，直流输出电压不超过50mV，静态电源电流不超过100mA。

（2）基本原理　扩声电路实际上是一个典型的多级放大器，其原理如图2-91所示。前置放大主要完成对小信号的放大，一般要求输入阻抗高，输出阻抗低，频带要宽，噪声要小；音调控制主要实现对输入信号高、低音的提升和衰减；功率放大器决定了整机的输出功率、非线性失真系数等指标，要求效率高、失真尽可能小、输出功率大。设计时首先根据技术指标要求，对整机电路做出适当安排，确定各级的增益分配，然后对各级电路进行具体的设计。

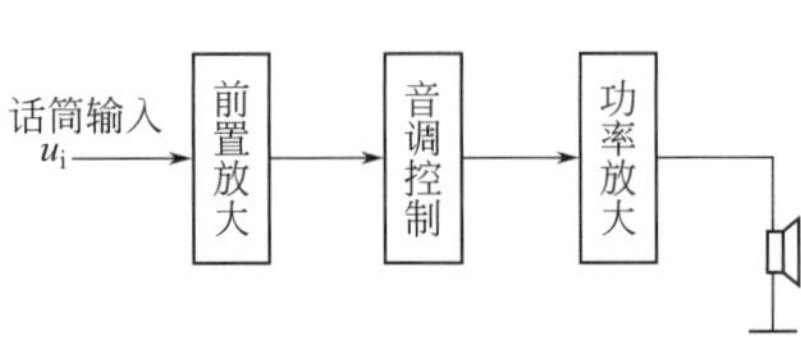

图2-91　扩声电路原理框图

因为P_{omax}=8W，所以此时的输出电压$U_o=\sqrt{P_{omax}R_L}$ =8V。要使输入为5mV的信号放大到输出的8V，所需的总放大倍数为

$$A_U=\frac{U_o}{U_i}=\frac{8V}{5mV}=1600$$

扩声机中各增益的分配如下：前置级电压放大倍数为80；音调控制级中频电压放大倍数为1；功率放大级电压放大倍数为20。

（3）设计过程

① 前置放大器的设计　由于话筒提供的信号非常微弱，故一般在音调控制器前面要加一个前置放大器。该前置放大器的下限频率要小于音调控制器的低音转折频率，上限频率要大于音调控制器的高音转折频率。考虑到所设计电路对频率响应及零输入（即输入短路）时的噪声、电流、电压的要求，前置放大器选用集成运算放大器LF353。它是一种双路运算放大器，属于高输入阻抗低噪声集成器件。其输入阻抗高达10^4MΩ，输入偏置电流仅有50×10^{-12}A，单位增益频率为4MHz，转换速度为13V/μs，用作音频前置放大器十分理想。其外引线图如图2-92所示。

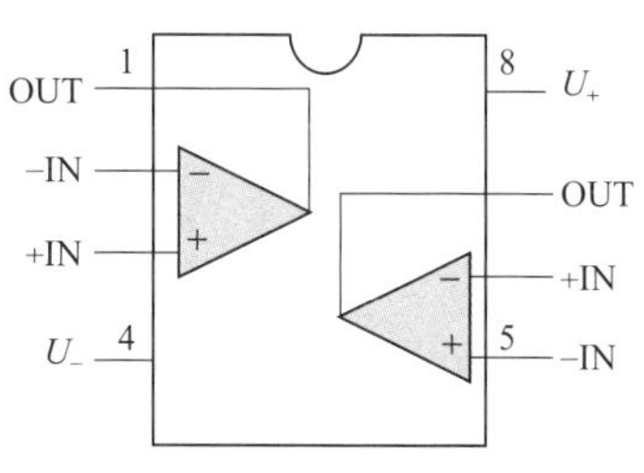

图2-92　LF353外引线图

前置放大电路由LF353组成的两级放大电路完成，如图2-93所示。第1级放大电路的A_{U1}=10，即$1+R_3/R_2=10$，取R_2=10kΩ，R_3=100kΩ。取A_{U2}=10（考虑增益余量），同样R_5=10kΩ，R_6=100kΩ。电阻R_1、R_4为放大电路偏置电阻，取$R_1=R_4$=100kΩ。耦合电容C_1与C_2取10μF，C_4与C_{11}取100μF，以保证扩声电路的低频响应。

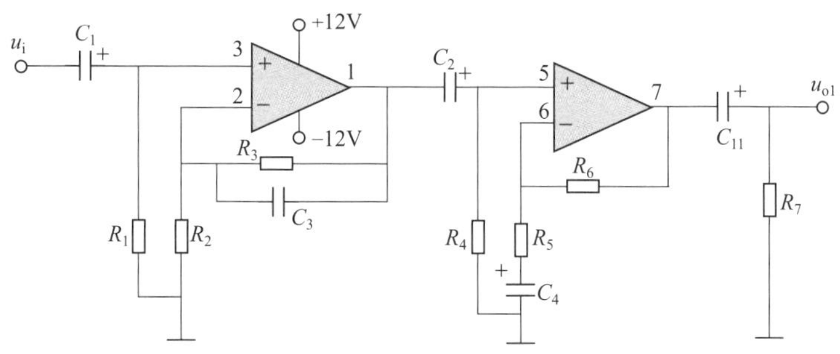

图2-93　前置放大电路

其他元器件的参数选择为C_3=100pF，R_7=22kΩ。电路电源为±12V。

② 音调控制器的设计　音调控制器的功能是：根据需要按一定的规律控制、调节音响放大器的频率响应，更好地满足人耳的听觉特性。一般音调控制器只对低音和高音信号的增益进行提升或衰减，而中音信号的增益不变。音调控制器的电路结构有多种形式，常用的典型电路结构如图2-94所示。

该电路的音调控制曲线（即频率响应）如图2-95所示。音调控制曲线中给出了相应的转折频率：f_{L1}表示低音转折频率，f_{L2}表示中音下限频率，f_0表示中音频率（即中心频率），要求电路对此频率信号没有衰减和提升作用，f_{H1}表示中音上限频率，f_{H2}表示高音转折频率。

音调控制器的设计主要是根据转折频率的不同来选择电位器、电阻及电容参数的。

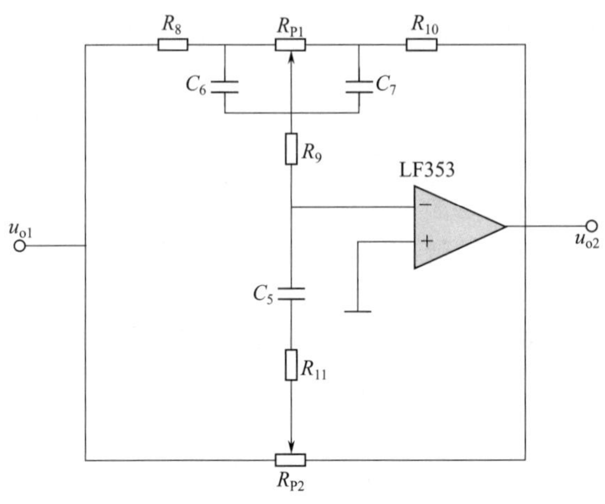

图2-94 音调控制器电路

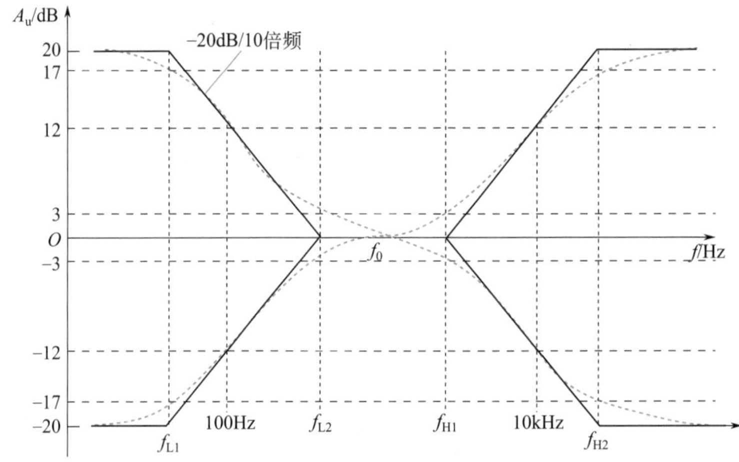

图2-95 音调控制器频率响应曲线

• 低频工作时元器件参数的计算。音调控制器工作在低音频时，由于电容$C_5 \leqslant C_6 = C_7$，故在低频时C_5可看成开路，音调控制电路此时可简化为图2-96所示电路。图2-96（a）所示

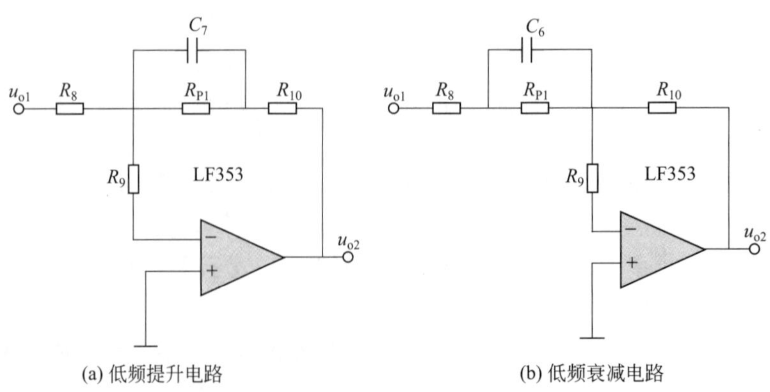

图2-96 音调控制电路在低频段时的简化等效电路

为电位器R_{P1}中间抽头处在最左端，对应于低频提升最大的情况。图2-96（b）所示为电位器R_{P1}中间抽头处在最右端，对应于低频衰减最大的情况。下面分别进行讨论。

a.低频提升。由图2-96（a）可求出低频提升电路的频率响应函数为

$$A\text{（j}\omega\text{）}=\frac{U_o}{U_i}=-\frac{R_{10}+R_{P1}}{R_8}\times\frac{1+\dfrac{j\omega}{\omega_{L2}}}{1+\dfrac{j\omega}{\omega_{L1}}}$$

其中：$\omega_{L1}=\dfrac{1}{C_7R_{P1}}$，$\omega_{L2}=\dfrac{R_{P1}+R_{10}}{C_7R_{P1}R_{10}}$。

当频率f远远小于f_{L1}时，电容C_7近似开路，此时的增益为

$$A_L=\frac{R_{P1}+R_{10}}{R_8}$$

当频率升高时，C_7的容抗减小，当频率f远远大于f_{L2}时，C_7近似短路，此时的增益为

$$A_0=\frac{R_{10}}{R_8}$$

在$f_{L1}<f<f_{L2}$的频率范围内，电压增益衰减率为–20dB/10倍频，即–6dB/倍频（若40Hz对应的增益是20dB，则2×40Hz=80Hz时所对应的增益是14dB）。

本设计要求中频增益为A_0=1（0dB），且在100Hz处有±12dB的调节范围。故当增益为0dB时，对应的转折频率为400Hz（因为从12～0dB对应两个倍频程，所以对应频率是2×2×100Hz=400Hz），该频率即中音下限频率f_{L2}=400Hz。最大提升增益一般为10倍，因此音调控制器的低音转折频率$f_{L1}=f_{L2}/10$=40Hz。

电阻R_8、R_{10}及R_{P1}的取值范围一般为几千欧到数百千欧。若取值过大，则运算放大器的漏电流的影响变大；若取值过小，则流入运算放大器的电流将超过其最大输出能力。这里取R_{P1}=470kΩ。由于A_0=1，故$R_8=R_{10}$。又因为ω_{L2}/ω_{L1}=（$R_{P1}+R_{10}$）/R_{10}=10，所以$R_8=R_{10}=R_{P1}$/（10–1）=52kΩ，取$R_9=R_8=R_{10}$=51kΩ。电容C_7满足$C_7=\dfrac{1}{2\pi f_{L1}R_{P1}}$，求得$C_7$=0.0085μF，取$C_7$=0.01μF。

b.低频衰减。在低频衰减电路中，如图2-96（b）所示，若取电容$C_6=C_7$，则当工作频率f远小于f_{L1}时，电容C_6近似开路，此时电路增益

$$A_L=\frac{R_{10}}{R_8+R_{P1}}$$

当频率f远大于f_{L2}时，电容C_6近似短路，此时电路增益

$$A_0=\frac{R_{10}}{R_8}$$

可见，低频端最大衰减倍数为1/10（即–20dB）。

• 高频工作时元器件的参数计算。音调控制器在高频段工作时，电容C_6、C_7近似短路，此时音调控制电路可简化成图2-97所示电路，为便于分析，将星形连接的电阻R_8、

R_9、R_{10}转换成三角形连接，转换后的电路如图2-98所示。

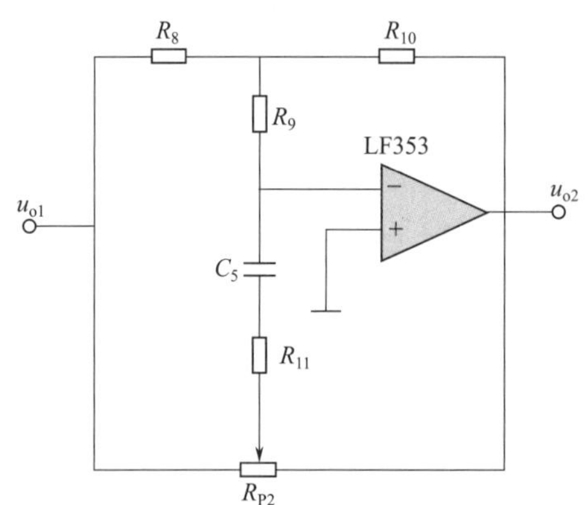

图2-97　音调控制电路在高频段时的简化等效电路

图2-98　音调控制电路高频段简化电路的等效变换电路

当R_{P2}中间抽头处于最左端时，高频提升最大，等效电路如图2-99（a）所示；当R_{P2}中间抽头处于最右端时，高频衰减最大，等效电路如图2-99（b）所示。

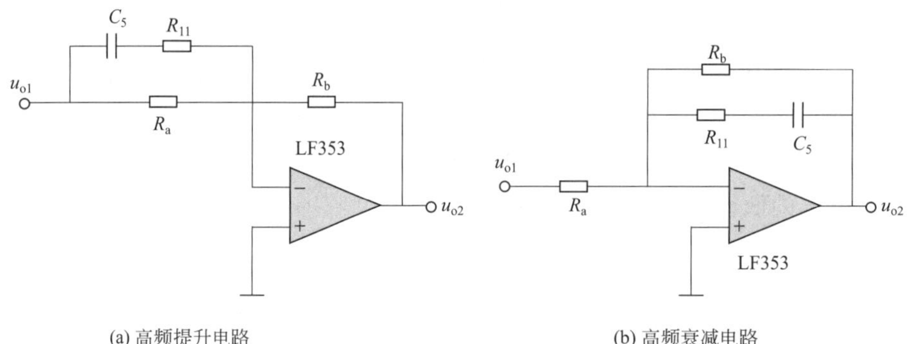

(a) 高频提升电路　　(b) 高频衰减电路

图2-99　音调控制器的高频等效电路

a. 高频提升。由图2-99（a）可知，该电路是一个典型的高通滤波器，其增益函数为

$$A（j\omega）=\frac{u_o}{u_i}=-\frac{R_b}{R_a}\times\frac{1+\dfrac{j\omega}{\omega_{H1}}}{1+\dfrac{j\omega}{\omega_{H2}}}$$

式中：$\omega_{H1}=\dfrac{1}{(R_a+R_{11})C_5}$，$\omega_{H2}=\dfrac{1}{R_{11}C_5}$

当f远小于f_{H1}时，电容C_5可近似开路，此时的增益为

$$A_0=\frac{R_b}{R_a}=1\text{（中频增益）}$$

当f远大于f_{H2}时，电容C_5近似为短路，此时的电压增益为

$$A_H=\frac{R_b}{R_a//R_{11}}$$

当$f_{H1}\leqslant f\leqslant f_{H2}$时，电压增益按20dB/10倍频的斜率增加。

由于设计任务中要求中频增益A_0=1，在10kHz处有±12dB的调节范围，所以求得f_{H1}=2.5kHz。又因为ω_{H1}/ω_{H2}=（$R_{11}+R_a$）/$R_{11}=A_H$，高频最大提升量A_H一般也取10倍，所以$f_{H2}=A_Hf_{H1}$=25kHz。

b.高频衰减。在高频衰减等效电路中，由于$R_a=R_b$，其余元器件值也相同，所以高频衰减的转折频率与高频提升的转折频率相同。高频最大衰减为1/10（即–20dB）。

③ 功率输出级的设计　功率输出级电路结构有许多种形式，选择由分立元器件组成的功率放大器或单片集成功率放大器均可。为了巩固在电子电路课程中所学的理论知识，这里选用集成运算放大器组成的典型OCL功率放大器，其电路如图2-100所示。其中由运算放大器组成输入电压放大驱动级，由晶体管VT1、VT2、VT3、VT4组成的复合管为功率输出级。三极管VT1与VT2都为NPN管，仍组成NPN型的复合管。VT3与VT4为不同类型的晶体管，所组成的复合管导电极性由第一只管决定，为PNP型复合管。

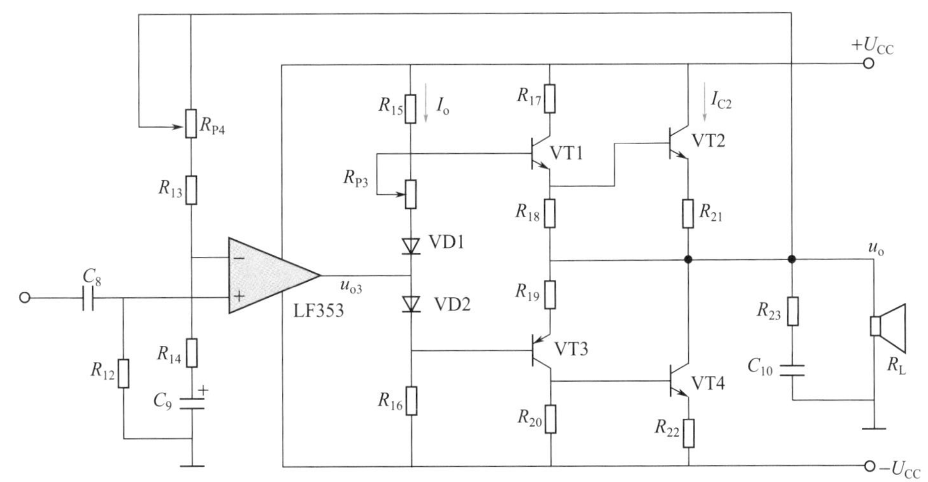

图2-100　功率放大电路

• 确定电源电压U_{CC}。功率放大器的设计要求是最大输出功率P_{omax}=8W。由式$P_{o\max}=\frac{1}{2}\times\frac{U_{om}^2}{R_L}$可得$U_{om}=\sqrt{2P_{omax}R_L}$。考虑到输出功率管VT2与VT4的饱和压降和发射极R_{21}与R_{22}的压降，电源电压常取U_{CC}=（1.2～1.5）U_{om}，将已知参数代入上式，电源电压选取±12V。

• 功率输出级设计。

a.输出晶体管的选择。输出功率管VT2与VT4选择同类型的NPN型大功率管。其可以承受的最大反向电压为$U_{CEmax}=2U_{CC}$。每只晶体管的最大集电极电流$I_{Cmax}=\frac{U_{CC}}{R_L}$=1.5A；每只晶体管的最大集电极功耗为$P_{Cmax}=0.2P_{omax}$=1.6W。所以，在选择功率三极管时，除应使两管的β值尽量对称外。其极限参数还应满足下列关系：$U_{(BR)CEO}>2U_{CC}$，$I_{CM}>I_{Cmax}$，$P_{CM}>P_{Cmax}$。根据上式关系，选择功率三极管为3DD01。

b. 复合管的选择。VT1与VT3分别和VT2与VT4组成复合管，它们承受的最大电压均为$2U_{CC}$，考虑到R_{18}与R_{20}的分流作用和晶体管的损耗，晶体管VT1与VT3的集电极功耗为$P_{C\max}$=（1.1～1.5）$\dfrac{P_{C2\max}}{\beta_2}$，而实际选择VT1、VT3的参数要大于其最大值。另外为了复合出互补类型的三极管，一定要使VT1、VT3互补，且要求尽可能对称性好。可选用VT1为9013，VT3选用9015。

c. 电阻R_{17}～R_{22}的估算，R_{18}与R_{20}用来减小复合管的穿透电流，其值太小会影响复合管的稳定性，太大又会影响输出功率，一般取$R_{18}=R_{20}$=（5～10）r_{i2}。r_{i2}为VT2管的输入端等效电阻，其大小可用公式$r_{i2}=r_{BE2}$+（$1+\beta_2$）R_{21}来计算，大功率管的r_{BE}约为10Ω，β为20倍。

输出功率管的发射极电阻R_{21}与R_{22}起到电流的负反馈作用，使电路的工作更加稳定，从而减少非线性失真。一般取$R_{21}=R_{22}$=（0.05～0.1）R_L。

由于VT1与VT3管的类型不同，接法也不一样，因此两只管子的输入阻抗不一样，这样加到VT1与VT3管基极输入端的信号将不对称。为此，增加R_{17}与R_{19}作为平衡电阻，使两只管子的输入阻抗相等。一般选择$R_{17}=R_{19}=R_{18}//r_{i2}$。

根据以上条件，选择电路元器件值为

$$R_{21}=R_{22}=1\Omega，R_{18}=R_{20}=270\Omega，R_{17}=R_{19}=30\Omega$$

d. 确定静态偏置电路。为了克服交越失真，由R_{15}、R_{16}、R_{P3}和二极管VD1、VD2共同组成两对复合管的偏置电路，使输出级工作于甲乙类状态。R_{15}与R_{16}的阻值要根据输出级输出信号的幅度和前级运算放大器的最大允许输出电流来考虑。静态时功率放大器的输出端对地的电位应为0（VT1与VT3应处于微导通状态），即u_o=0V。运算放大器的输出电位u_{o3}=0V，若取电流I_o=1mA，R_{P3}=0（R_{P3}用于调整复合管的微导通状态，其调节范围不能太大，可采用1kΩ左右的精密电位器，其初始位置应调在零阻值，当调整输出级静态工作电流或者输出波形的交越失真时再逐渐增大阻值），则

$$I_o=\frac{U_{CC}-U_D}{R_{15}+R_{P3}}=\frac{U_{CC}-U_D}{R_{15}}=\frac{12-0.7}{R_{15}}$$

所以R_{15}=11.3kW，取R_{15}=11kΩ。为了保证对称，电阻R_{16}=11kΩ。取R_{P3}=1kΩ。电路中的VD1与VD2选择1N4148。

e. 反馈电阻R_{13}与R_{14}的确定。在这里，运算放大器选用LF353，功率放大器的电压增益可表示为Au=1+($R_{13}+R_{P4}$)/R_{14}=20，取R_{14}=1kΩ，则$R_{13}+R_{P4}$=19kΩ。为了使功率放大器增益可调，取R_{13}=15kΩ，R_{P4}=4.7kΩ。电阻R_{12}是运算放大器的偏置电阻，电容C_8是输入耦合电容，其容量大小决定了扩声电路的下限频率。取R_{12}=100kΩ，C_8=100μF。并联在扬声器两端的R_{23}与C_{10}消振网络，可以改善扬声器的高频响应，这里取R_{23}=27Ω，C_{10}=0.1μF。一般取C_9=4.7μF。

扩声电路总体原理如图2-101所示。

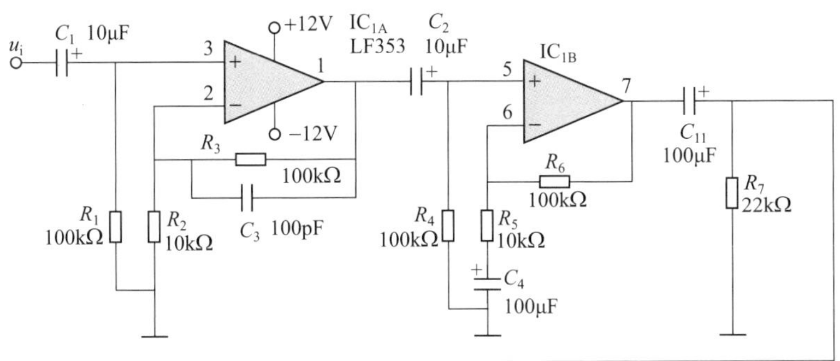

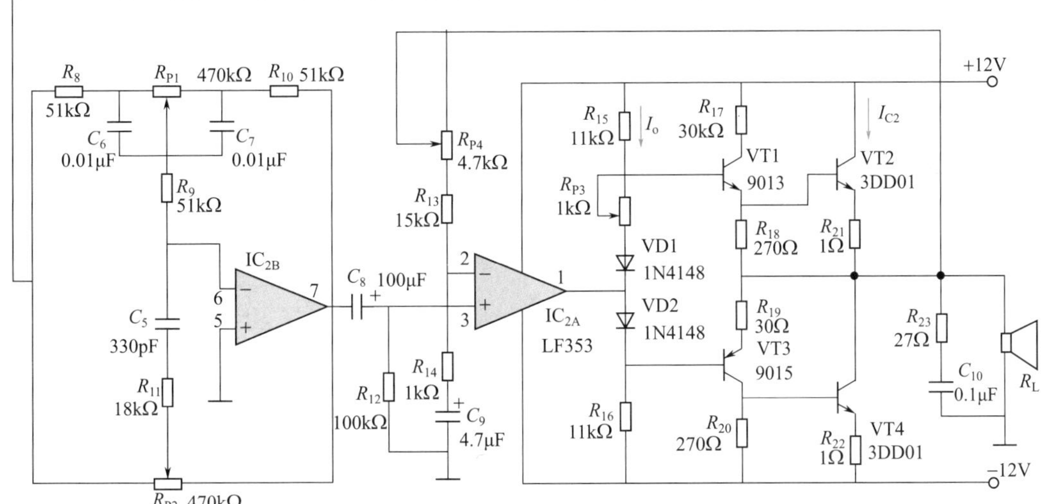

图2-101　扩声电路总体原理图

（4）调试要点　图2-102所示为扩声电路PCB图。在调试安装前，首先将所选用的电子元器件测试一遍，以确保元器件完好，在进行元器件安装时，布局要合理，连线应尽可能短而直，所用的测量仪器也要准备好。

① 前置级调试　当无输入交流信号时，用万用表分别测量LF353的输出电位，正常时应在0V附近。

输入端加入u_i=5mV，f=1000Hz的交流信号，用示波器观察有无输出波形。如有自励振荡，应首先消除（例如通过在电源对地端并接滤波电容等措施）。当工作正常后，用交流毫伏表测量放大器的输出，并求其电压放大倍数。

输入信号幅值保持不变，改变其频率，测量幅频特性，并画出幅频特性曲线。

② 音调控制器调试

• 静态测试同上。

• 动态调试：用低频信号发生器在音调控制器输入400mV的正弦信号，保持幅值不变。将低音控制电位器调到最大提升，同时将高音控制电位器调到最大衰减，分别测量其幅频特性曲线；然后将两个电位器的位置调到相反状态，重新测试其幅频特性曲线。若不符合要求，应检查电路的连接、元器件值、输入输出耦合电容是否正确、完好。

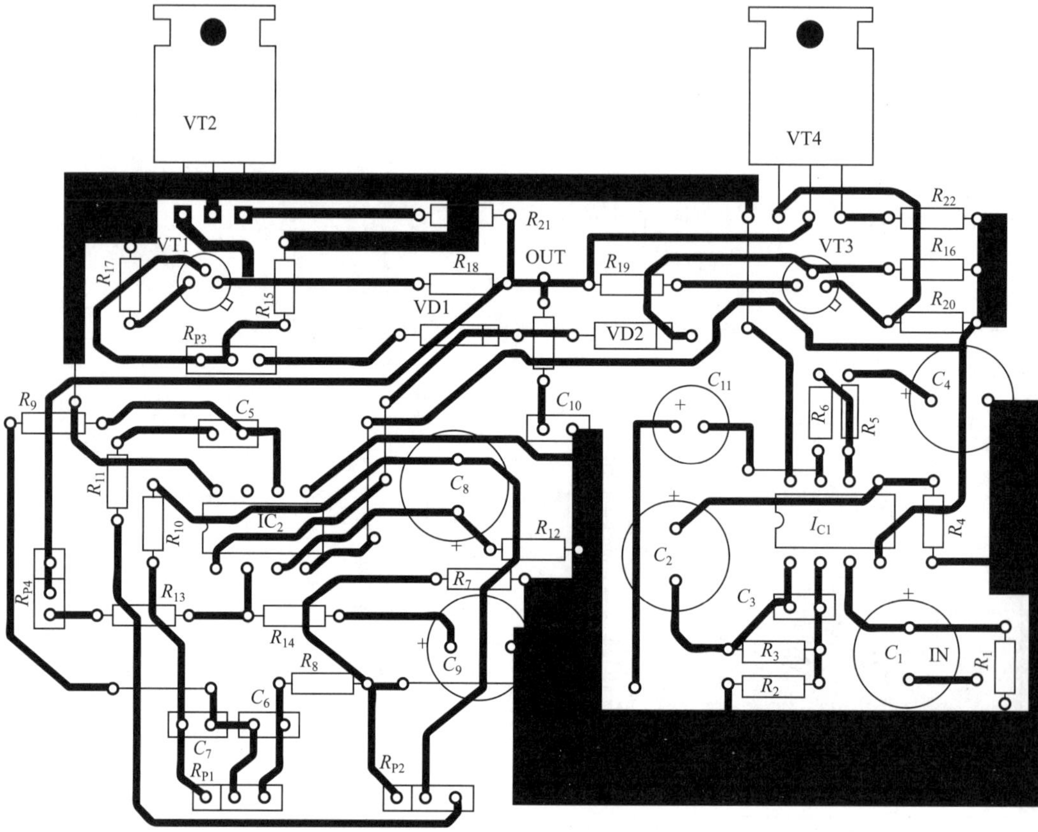

图2-102　扩声电路PCB图

③ 功率放大器调试

• 静态调试：首先将输入电容C_8输入端对地短路，然后接通电源，用万用表测试u_o，调节电位器R_{P3}，使输出的电位近似为零。

• 动态调试：在输入端接入400mV/1000Hz的正弦信号，用示波器观察输出波形的失真情况，调整电位器R_{P3}使输出波形交越失真最小。调节电位器R_{P4}使输出电压的峰值不小于11V，以满足输出功率的要求。

④ 整机调试　将三级电路连接起来，在输入端连接一个话筒，此时，调节音量控制电位器R_{P4}应能改变音量的大小。调节高、低音控制电位器，应能明显听出高、低音调的变化。敲击电路板应无声音间断和自励现象。

2.5.6　多媒体音箱电路设计

（1）多媒体音箱基本结构组成和我们需要设计的思路　多媒体音箱通常由前置放大电路、效果处理电路、功率放大电路、扬声器系统和电源电路五个部分组成，如图2-103所示。

图2-103中，音源指为音箱提供声音电信号的设备，如电脑的声卡、手机等。在实际中音源虽然不是音箱的一部分，但是其对音箱输出的效果有着决定性的作用，假如音源

输出的声音信号很差，再好的音箱也无法放出美妙的声音来。

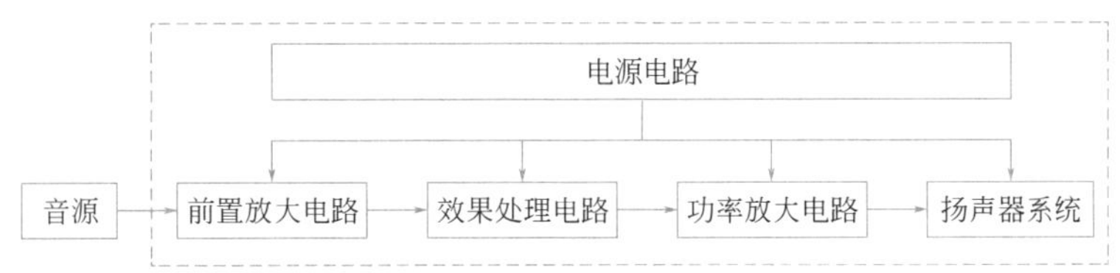

图2-103　多媒体音箱基本结构

在多媒体音箱电路中，音源产生的声音电信号进入音箱后首先要进行前置放大的处理，这是因为音源输出的信号幅度通常较小，无法直接对其进行效果处理和功率放大。

经过前置放大后的声音电信号则可满足要求。为了追求放大作用，前置放大电路不会提高音箱的音质，相反其可能造成信号变差，要避免前置放大电路对信号的影响，应当使用低噪声的器件来完成前置放大的任务。

效果处理电路用于对放大的音频信号进行高中低音的分离、声音的均衡处理等。效果处理电路可以使最终音箱输出的声音品质有质的提升，通过效果处理后的声音播放出来就能让我们对音乐有一种美的感受。

功率放大电路决定了音箱最后能够输出多大的声音。一对高功率的音箱输出的声音大而饱满，能带给我们震撼的感觉；相反，小功率的信箱只能播放出较小的声音，不适合进行高品质声音的演绎。

扬声器系统负责完成最后的电声转换，输出声音。扬声器系统也是影响音箱品质的重要一环，好的扬声器可以输出的声音细节丰富、层次感分明、清澈悦耳，品质较差的扬声器输出的声音则会混成一团、难以分辨。

多媒体音箱的电源电路保证了音箱的各个部件有稳定、纯净的直流电供应，是整个音箱正常工作的基础。同时，质量好的电源电路可以避免在声音电信号中引入的50Hz的交流噪声，进一步提升音箱的品质。

（2）多媒体音箱电气元器件选择和各部分电路设计

① 音箱用扬声器　扬声器是多媒体音箱必备元器件，外形和图形符号如图2-104所示。

图2-104　扬声器外形和电路图形符号

扬声器是利用电流改变时产生的磁场带动振膜运动来发声的，因此在多媒体音箱中必不可少。

选用扬声器时要注意考虑扬声器的频率响应范围、信噪比、阻抗和功率。频率响应范围是指扬声器能够播放出的声音的频率范围，通常来说频率响应范围只要能够覆盖正常人听觉对声音的频率响应范围（20Hz ～ 20kHz）即可；信噪比是指扬声器输出的正常声音信号与无信号时噪声信号功率的比值，单位为dB，信噪比越高意味着扬声器的品质越好，高品质的扬声器信噪比通常在90dB以上；阻抗指的是扬声器接入音响电路后的等效阻抗，其会随频率发生变化，扬声器的阻抗标准值为8Ω，为低阻抗电声器件；功率决定了扬声器输出声音的大小，功率不直接决定音质，却影响扬声器最终的效果，过小的声音是无法给人的听觉带来震撼的，当然，扬声器的功率也不是越大越好，一般来说家用100W的输出功率完全满足要求。

② 多媒体音箱中的电源电路元器件选择　通常多媒体音箱需要使用家用220V/50Hz的交流电作为供电电源，而多媒体音箱中的元件大多需要稳定的直流电才能工作，常用的集成电路（例如后面讲到的运算放大器）还需要正负双电源的直流电供电，这都需要多媒体音箱中的电源电路来提供。

- 电源电路中的变压器　常用变压器外形和电路符号如图2-105所示。

变压器1、2端之间的线圈为初级线圈，3、4端之间的线圈为次级线圈。根据理想变压器的结论，如果初级线圈与次级线圈的匝数比为20∶1，当1、2之间输入220V交流电时，在3、4之间就得到了电压为11V的交流电。

上面提到的元件需要使用正负双电源供电，这就需要在变压器端提供大小相同、相位相反的两路交流电，使用二绕组变压器便可以完成这个任务。配合桥式整流电路，得到双电源供电电路如图2-106所示。

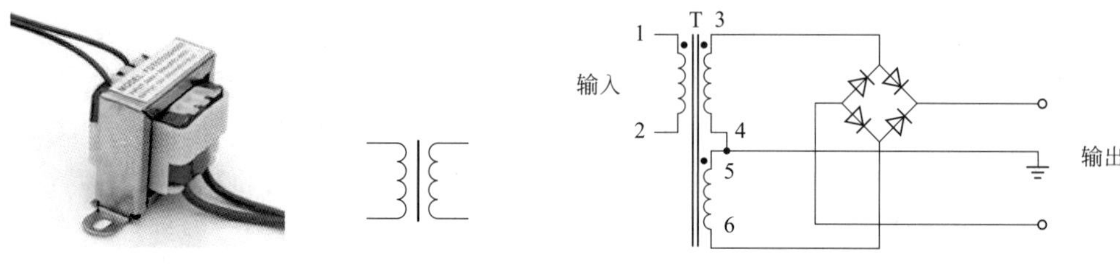

图2-105　变压器外形和符号　　图2-106　变压器双电源供电电路

图2-106中T是二绕组变压器，这里要求T的两个次级线圈匝数相同。我们将两个次级线圈的4端和5端连接，作为输出的参考零电位，3端和6端接入二极管整流电路中，在输出端就得到了正负双电源。

- 多媒体音箱电源滤波电路　电源电路中的滤波和稳压：220V正弦交流电经过变压、整流之后就变为单向的全波波形了。在进行稳压之前，需要对全波波形进行滤波。多媒体音箱电路中如果窜入频率为50Hz的噪声，会严重影响音箱的品质。

大家知道使用一个电容器就可以实现简单的滤波，但是在设计多媒体音箱时滤波就需要使用多组不同容值的电容器来实现了。在比较高档的音箱中会使用最大容值为10000μF的高品质电容器来实现滤波，并且每隔一段距离安置小一个数量级的电容，以保证最大限度地滤除电源中的噪波。图2-107为一种常见的滤波电容安排方式。

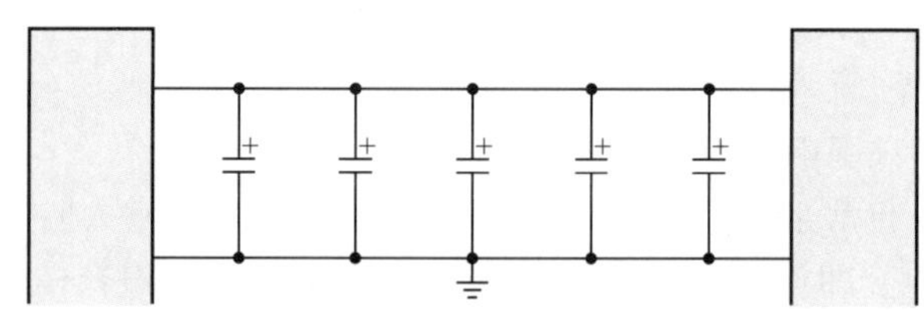

图2-107　一种常见的滤波电容安排方式

③ 多媒体音箱前置放大电路元器件选择

前置放大电路的作用是对音源输入的声音电信号进行放大，使其满足后续处理的要求。在我们学过的元件中，三极管可以完成信号放大的要求，但由于其存在设计复杂、

放大精度不易控制、放大增益较小等缺点，无法满足音箱设计中低噪声、高放大精度、高放大增益的要求，因此在实际的多媒体音箱中，现在全部采用运算放大器来担任前置放大的任务。

运算放大器是一种很常见的集成电路，其将若干个三极管、电阻、电容等元件集成到一个很小的芯片中，以特定的电路形式来完成放大任务。运算放大器是集成电路，因此其同样具有了集成电路的优点，即放大精度高、增益大、噪声低、设计简单。

图2-108是常用NE5532N运算放大器的外形和电路符号，图中U_o端称为运算放大器的输出端，U_-端称为运算放大器的反相输入端，U_+端称为运算放大器的同相输入端。

图2-108　NE5532N运算放大器的外形和电路符号

多媒体音箱中的运算放大器必须要有低噪声、高精度、高增益的特点，常用于前置放大的运算放大器有LM324、LM358、NE5534和NE5532等，其中LM324和LM358常用于低端的音箱中，而NE5534和NE5532N凭借其出色的低噪声性能广泛应用于中高端的音箱中。图2-109是NE5532运算放大器的封装图。

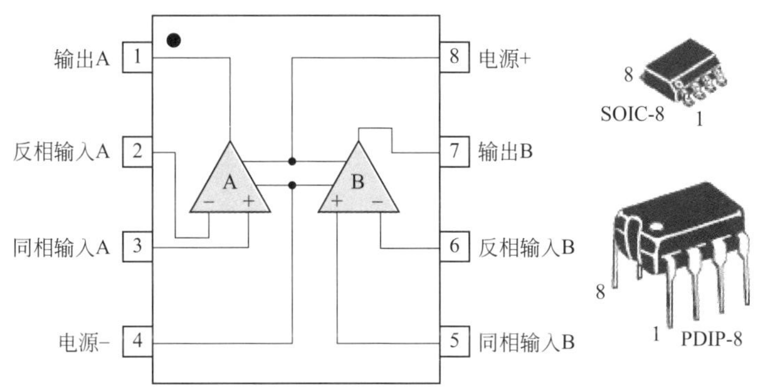

图2-109　NE5532运算放大器的封装图

与其他集成电路一样，要使用NE5532，我们首先要知道其引脚的作用。NE5532的引脚图如图2-110所示。由NE5532为单片双运算放大器集成电路，NE5532的1、2、3引脚分别为运算放大器A的输出端、反相输入端、同相输入端，其7、6、5引脚分别为运算放大器B的输出端、反相输入端、同相输入端。引脚8向两个运算放大器提供正电源，引脚4向两个运算放大器提供负电源。

根据NE5532的引脚图，就可以连接由NE5532组成的前置放大电路了。图2-111给出了一个由NE5532构成的单运算放大器前置放大电路，由NE5532运算放大器、配合三只电阻器和两只电解电容完成运算放大基本电路。其中运算放大器采用$+V_{CC}$和$-V_{CC}$双电源供电，NE5532V_{CC}的供电大小根据手册查询，通常要求介于5V和22V之间，这也是NE5532的工作电压范围。在这里两只电解电容器的作用是隔直流，即去掉音源信号中的直流分量，避免在输出时产生直流噪声，其并不参与实际的信号放大，信号放大由电阻器和运算放大器来完成。

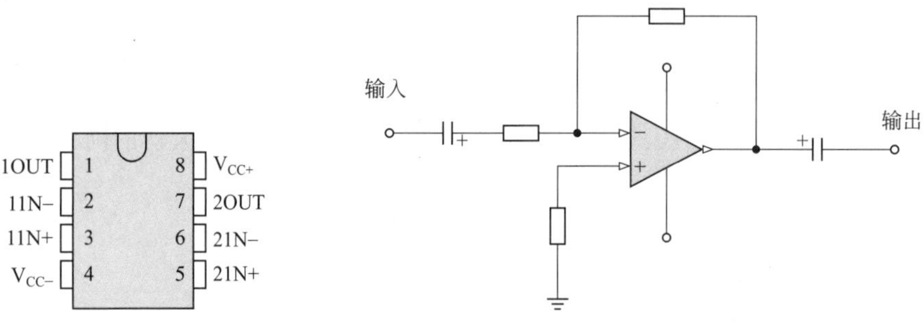

图2-110　NE5532的引脚图　　图2-111　单运算放大器前置放大电路

NE5532电路仿真如图2-112所示。按照图2-112搭建仿真电路，NE5532使用±12V双电源供电，信号源输出频率1kHz、峰-峰值为200mV的正弦信号。

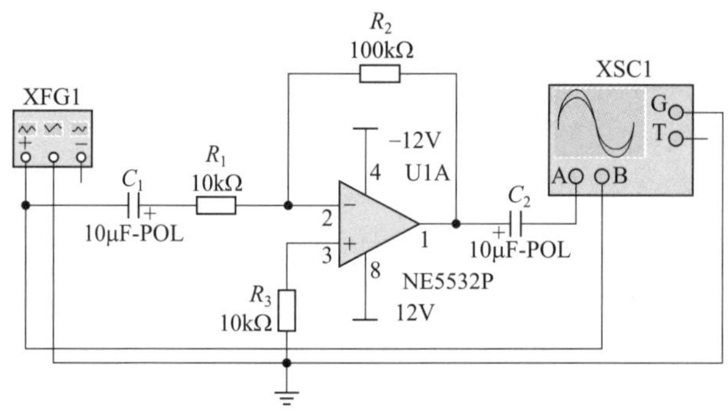

图2-112　前置放大器仿真电路

观察仿真结果见图2-113。根据图2-113的仿真结果可知，放大输出为峰-峰值2V的正弦信号，即信号被放大了10倍。根据仿真结果R_2的阻值与放大倍数之间可能存在着正比关系。仿真中放大倍数和电阻器R_1、R_2的阻值，三者之间恰好存在着如下关系：

$$放大倍数=\frac{R_2}{R_1}$$

同样，可以将运算放大器NE5532换成其他型号的运算放大器，比如LM358，观察其对放大倍数的影响。最后得出结论，前置放大电路中的放大倍数仅由电阻器R_1和电阻器R_2决定，其遵循上式，与电阻器R_3和运算放大器本身无关。可见，由运算放大器搭建的放大电路从设计上要比三极管简单得多，并且精度很高。

需要注意的是，在上面介绍的仿真结果中可以看到输入波形和输出波形虽然频率相同，但是二者是颠倒的，这里称其为反相，这也是这种放大电路被称为反相放大电路的原因。

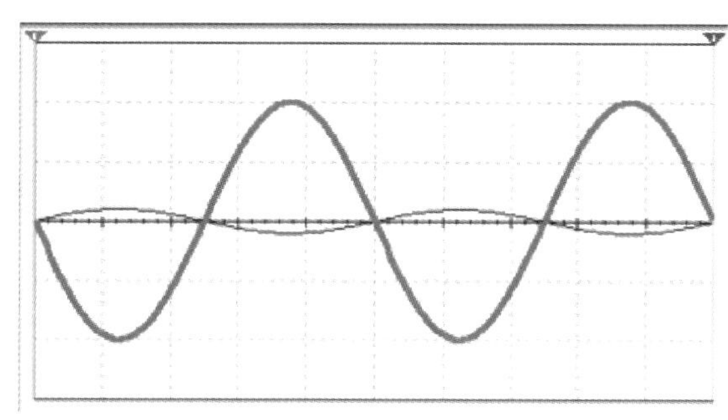

图2-113　前置放大器仿真结果

除了NE5532，常见的运算放大器还有LM324、LM358、NE5534、μA741、OP07等，这些运算放大器的用途不同，因此性能指标上差异也很大。在选择运算放大器时要根据需要查阅运算放大器的数据手册，以确定所需的运算放大器种类。

④ 多媒体音箱的分频电路　在多媒体音箱中除了传统的左右音箱外，2.1音箱还附带一个专门进行低音播放的低音炮。为了实现左右音频和重低音效果，要借助分频器。

• 分频电路　分频器的任务是将音源信号中的低音和高音成分分离，然后分别送到不同的功放进行输出。我们知道，声音中的低音成分对应音源信号中的低频信号，而高音成分则对应音源信号中的高频信号，因此所谓分频器实际上是分别对应于高频和低频的滤波器，在需要低频信号的支路上加入低通滤波器，在需要高频信号的支路上加入高通滤波器，这样就完成了分频的任务。这里根据前面的知识，设计分频器如图2-114所示。

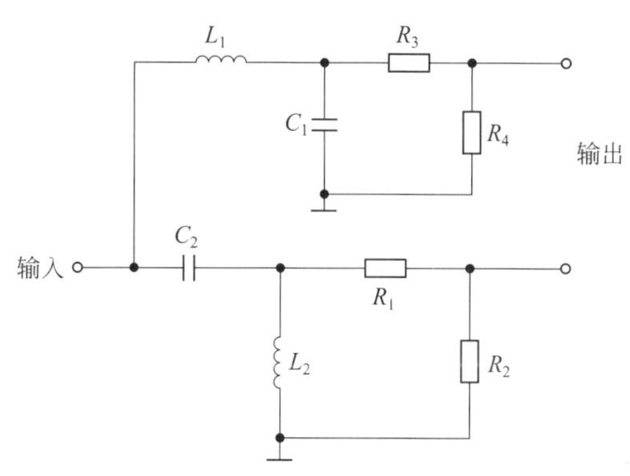

图2-114　分频器

图2-114所示的分频器中，输入的信号通过分频后分别输送到高音和低音的功放单元。其中，电感器L_1和电容器C_1组成低通滤波器，电感器L_2和电容器C_2组成高通滤波器；电阻器R_3和R_4是为了防止L_1和C_1产生自激振荡，以免给输入信号带来失真；R_1和R_2的作用同R_3、R_4。此外，两路滤波器的中心频率点并不相同，这是为了避免在高低音分界处的信号衰减过大，造成信号频率损失，因此高低音两路滤波器在通频带上有少部分重叠。

可以对图2-114的电路进行仿真，观察不同频率下分频器通过信号的效果，仿真电路如图2-115所示。

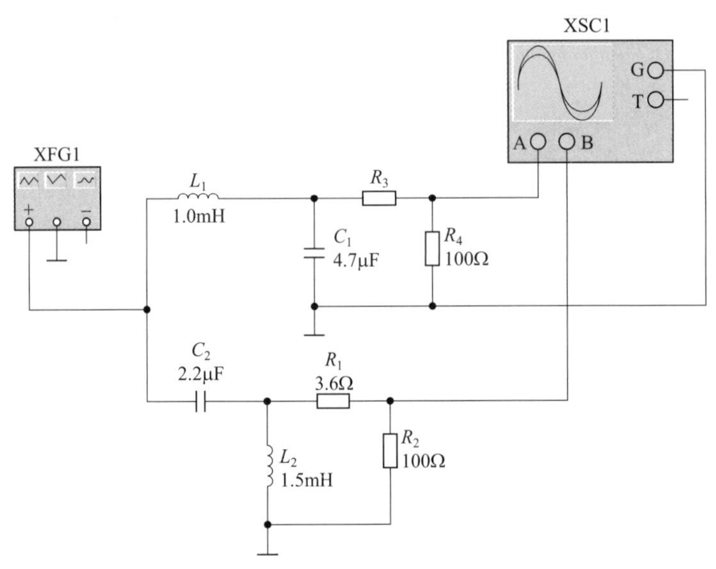

图2-115　分频器仿真电路

下面的仿真信号频率是1～8kHz。由图2-116仿真结果可以看出，两路滤波器分别对高低音进行了抑制，但不彻底。

- 均衡器　均衡器是在一些组合音箱中常见的音效增强设备，可以对高、中、低音分别进行调节，以补偿音源信号的不足，使输出的音质更加完美。均衡器的设计思想与分频器相同。

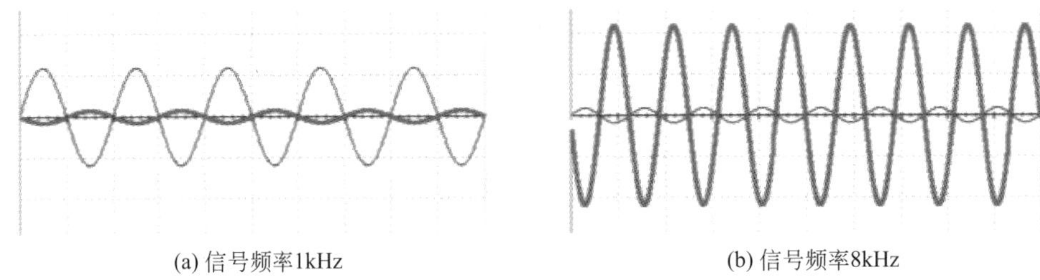

(a) 信号频率1kHz　　(b) 信号频率8kHz

图2-116　分频器仿真结果

均衡器的设计也就是不同频段的多组滤波器的设计。下面以LA3600为例，介绍使用专用的均衡器集成电路来完成均衡器的设计。LA3600为5段均衡器，可以对5个频率点的声音信号进行均衡，也就是说其包含5个滤波器，其滤波器中心频点是通过外围接入相应容值的电容器来确定的。图2-117是LA3600数据手册中给出的参考电路，其可以实现108Hz、343Hz、1.08kHz、3.43kHz、10.8kHz五个频点的均衡。

图2-117所示的均衡器电路使用R_1～R_5五个电位器对不同的频点进行均衡，每个中心频点都使用两个电容器来确定，如108Hz频点使用C_1、C_2来确定，而1.08kHz使用C_5、C_6来确定。在实际使用中直接查阅LA3600数据手册就可以了，这也能为我们的设计节约很多时间。

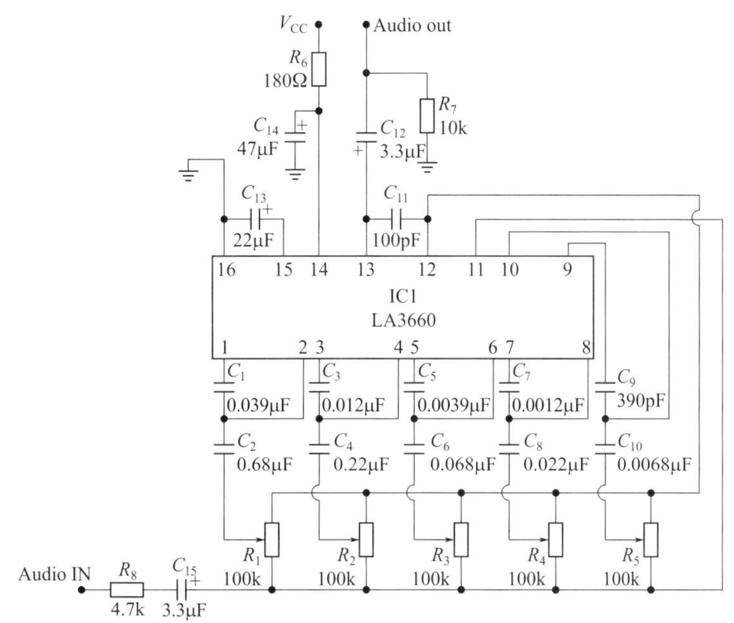

图2-117　LA3600均衡器电路

⑤ 多媒体音箱功率放大器中的设计　功率放大是多媒体音箱重要的一环，为了保证多媒体音箱最后输出的声音足够大，功率放大电路需要向扬声器单元输送足够大的频率。功率放大目前基本上使用集成功率放大器来完成，在一些比较高端的音响设备中也使用传统的电子管进行放大，但比较少见，因此集成功率放大器的性能从一定程度上决定着功率放大的结果。在某些场合，甚至可以通过集成功率放大器的型号来判定一款音箱品质的好坏。下面将介绍功率放大的基本知识，并了解集成功率放大器TDA1521的使用。

图2-118是TDA1521功率放大器的实物图。其主要技术指标如下：输出功率为2×12W；频率响应为50Hz～20kHz；失真度≤0.5%。

• 电路设计　本例利用集成功放TDA1521设计和制作一个低频功率放大器。TDA1521是一块优质功放集成电路，采用九脚单列直插式塑料封装，具有输出功率大、两声道增益差小、开关机扬声器无冲击声及过热过载短路保护可靠等特点。TDA1521A既可用正负电源供电，也可用单电源供电。双电源供电时，可省去两个音频输出电容，高低音音质更佳。单电源供电时，电源滤波电容应尽量靠近集成电路的电源端，以避免电路内部自励。制作时一定要给集成块装上散热片才能通电试音，否则容易损坏集成块。散热板不能小于200mm×100mm×2mm。

图2-118　TDA1521功率放大器的实物图

在使用TDA1521进行设计之前，同样需要知道其引脚功能，但首先要知道引脚的顺序。通常来说，一个单列直插的集成电路如果正面面向使用者时，其最左边的引脚为1脚，向右依次递增。此外，芯片制造商通常也会在1脚所在的方向做标记，以便使用者辨别，如图2-119中，在TDA1521的最左侧有一个条状标记。

TDA1521引脚功能：

TDA1521A		
PIN	用途	接法
1	左输入	输入
2	左负反馈	接地
3	接地	接地
4	左输出	输出
5	负电源	负电源
6	右输出	空
7	正电源	正电源
8	右负反馈	接地
9	右输入	空

(a)

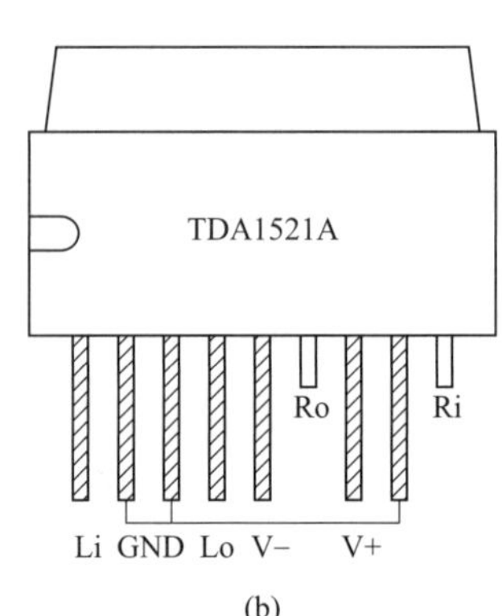

(b)

图2-119　TDA1521引脚功能

依据TDA1521手册查询功率放大器电路图，我们在电路设计中可以直接采用。该电路是厂家设计的成熟产品，所以不需要仿真。

TDA1521内包含两个功率放大器，分别用于两个声道的功率放大。其中1、2、4引脚分别为一个功率放大器的同相输入端、反相输入端、输出端；9、8、6引脚分别为另一个功率放大器的同相输入端、反相输入端、输出端。引脚7为芯片提供正电源，引脚8为芯片提供负电源，引脚3为接地点。

图2-120所示的TDA1521应用电路中，V_i是信号的输入端，两个V_i分别接左右两个

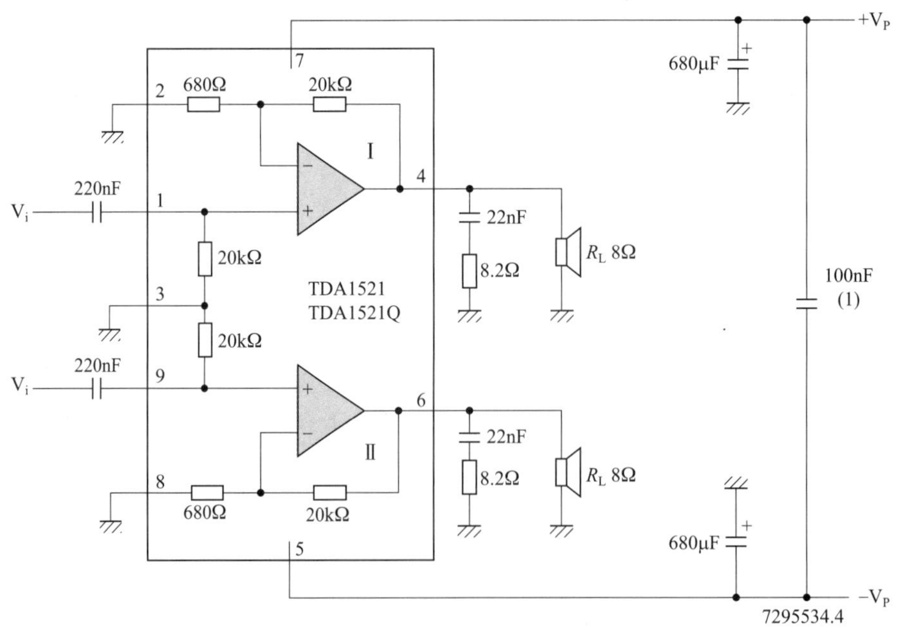

图2-120　TDA1521应用电路

声道的两路信号。左侧方框内为TDA1521芯片的内部原理结构。整个功率放大电路的外接元件仅为两个电阻和几个电容，可见，使用TDA1521搭建功率放大电路是非常简单的。TDA1521功率放大器电路采用双电源供电。焊接电路时注意：

a.TDA1521电源一定不要接反，否则将烧毁电路。

b.散热片要足够大，不小于200mm×100mm×2mm。

c.喇叭不要焊在电路中，组装时输出端接输出端子。

d.为减少噪声，功放电路与前置放大器焊在同一块电路板上，且尽量靠近前置放大器的输出端。

- **电路的调试**　将功放电路与前置放大器连接，两个通道输入端输入相同的交流小信号（U_i=10mV，f=1kHz）测量两个输出端电压，观察输出电压变化范围；调节双联电位器。测量电路输出的最大不失真电压；测量电路的通频带。

2.6　模拟电路典型制作——超外差调幅收音机制作

（1）电路原理图及印制电路板图　低压3V电源袖珍超外差式晶体管收音机电路原理图如图2-121所示，印制电路板图如图2-122所示。详细制作及维修、调试过程可扫二维码学习。

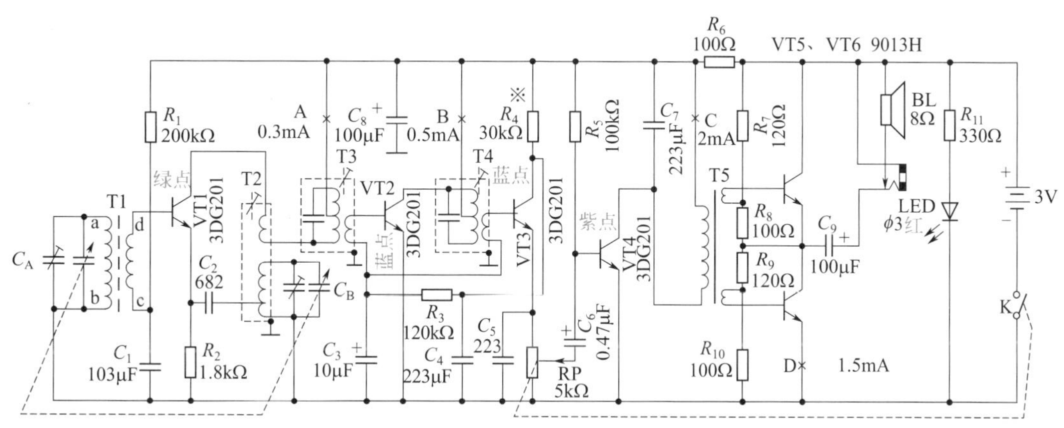

图2-121　袖珍收音机实验套件电路原理图

注：调试时请注意连接集电极回路A、B、C、D（测集电极电流用）；中放增益低时，可改变R4的阻值，声音会提高

（2）电路分析

- C_A、C_B为双联，改变其电容量可选出所需电台。
- T1为天线线圈，其作用是接收空中电磁波，并将信号送入VT1基极。
- R_1、R_2为VT1偏置电阻。
- C_1为旁路电容。
- VT1为变频管，一管两用，即混频和振荡。
- T2为本振线圈。

收音机工作过程与原理

收音机调试维修

收音机组装过程

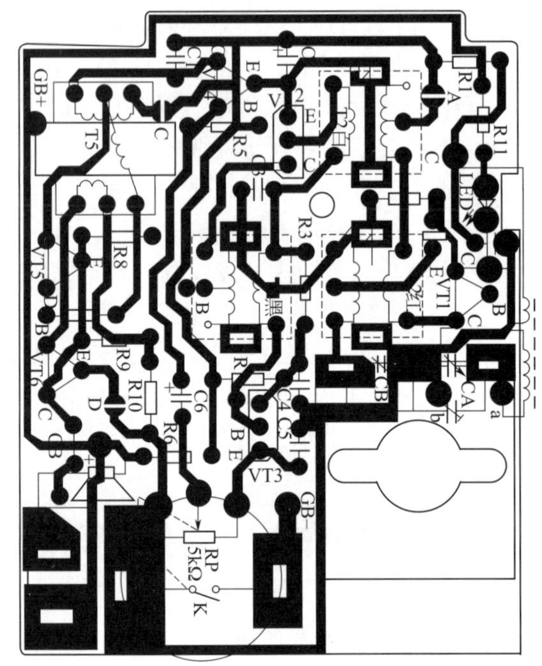

图2-122 袖珍收音机实验套件印制电路板图

- C_2为本振信号耦合电容。
- T3为第一中周。
- VT2为中放管。
- T4为第二中周。
- VT3为检波管，R_4、RP及R_3等为其提供微偏置。
- R_4、R_3、C_4、C_3等为AGC电路，可自动控制中放输出增益。
- RP为音量电位器，改变中点位置可改变音量，RP与K同调，为带开关型电位器。
- C_6为耦合电容。
- R_5、VT4为偏置电阻。
- VT4为低频放大管。
- T5为输入变压器。
- C_7为高频吸收电容。
- R_6、C_8为前级RC供电元件，给中放变频检波级供电。
- VT5、VT6为功率放大管。
- R_7、R_8、R_9、R_{10}为基极偏置。
- C_9为输出耦合电容。
- BL为扬声器，常用阻抗为8Ω。
- T有输出插座。
- R_{11}、LED构成开机指示电路。
- GB为3V供电电源。

（3）电路基本工作过程　由T1接收空中电磁波，经CA与T1初级选出所需电台，经次级耦合送入VT1的b极；VT1与T2产生振荡，形成比外来信号高一个固定中频的频率信号，经C_2耦合送入VT1的e极；两信号在VT1中混频，在c极输出差频、和频及多次谐波，送入T3选频，选出固定中频465kHz信号，送中放级VT2；VT2在AGC的控制下，输出稳定信号送T4再次选频后，送入检波级VT3检波，取出音频信号，经RP改变音量后，送VT4放大，使其有一定功率推动VT5、VT6两只功放管，再经VT5、VT6功放管放大后，使其有足够功率，推动扬声器发出声音。

（4）元器件检测

① 磁性天线测量　磁性天线由线圈和磁棒组成，线圈有一、二次两组，可用万用表$R\times1\Omega$挡测量电阻值，测得一次线圈阻值应为6Ω左右，二次线圈阻值应为0.6Ω左右。

② 振荡线圈及中频变压器的测量　中频变压器俗称“中周”，它是中频放大级的耦合元件，通常使用的是单调谐封闭磁心型结构，它的一、二次绕组在一个磁芯上，外面套着一个磁帽，最外层还有一个铁外壳，既作紧固之用又作屏蔽之用，靠调节磁帽和磁芯的间隙来调节线圈的电感值。

红色部分为振荡线圈，黄色（白色、黑色）部分为中频变压器（内置谐振电容）。用万用表$R\times1\Omega$挡测量中频变压器和振荡线圈的阻值在零点几欧至几欧，若万用表指针向为∞，说明中频变压器内部开路。

③ 输入变压器的测量　用万用表的$R\times1\Omega$挡测量其各个绕组的阻值在零点几欧至几欧，若万用表指针向为∞，说明输入变压器内部开路重复。

④ 扬声器的测量　用万用表的$R\times1\Omega$挡测量，所测阻值比标称阻值略小为正常。同时，测量时，扬声器应发出“咔咔”声。

其他阻容元件、二极管和三极管的测量用万用表按常规进行。

（5）元器件的安装与焊接

① 检查PCB有无毛刺、缺损，检查焊点是否氧化。

② 对照原理图及PCB图，确定每个组件在PCB上的位置。

③ 安装顺序：电阻、瓷片电容、二极管、三极管、电解电容、振荡线圈、中频变压器和输入输出变压器、可调电容（双联）和可调电位器、磁性天线、连线。

④ 安装方式：电阻、电容和二极管等为立式安装，不宜过高；有极性的元器件注意不要装错，输入、输出变压器不能互换等。

第 3 章 传感器及电路设计

3.1 传感器基础——从汽车传感器开始

传感器是人类通过仪器探知自然界的触角，它的作用与人的感官相类似。如果将计算机视为识别和处理信息的“大脑”，将通信系统比作传递信息的“神经系统”，将执行器比作人的肌体的话，那么传感器就相当于人的五官。

传感器包含两个必不可少的概念：一是检测信号；二是能把检测的信息变换成一种与被测量有确定函数关系，而且便于传输和处理的量。例如，传声器（话筒）就是这种传感器，它感受声音的强弱并将其转换成相应的电信号；又如，电感式位移传感器能感受位移量的变化，并把它转换成相应的电信号。传感器作用如图3-1所示。传感器的组成如图3-2所示。

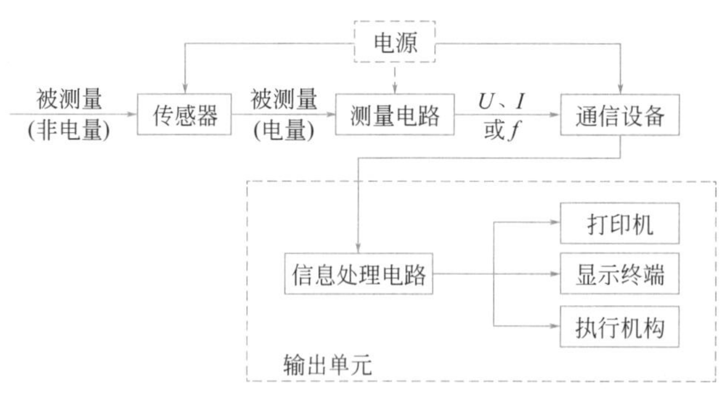

图3-1 传感器作用

传感器有如下基本特性。

（1）传感器的静态特性 静态特性是指输入的被测量不随时间变化或随时间缓慢变化时表现的特性。表征传感器静态特性的主要参数有线性度、灵敏度、分辨力和迟滞、重复性。

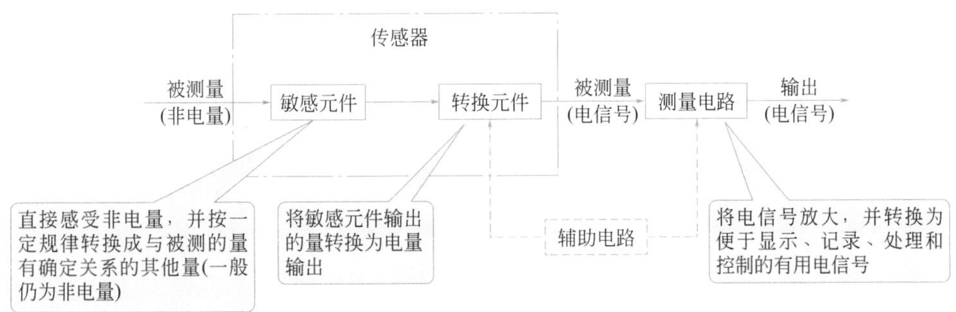

图3-2　传感器的组成

（2）传感器的灵敏度　灵敏度是指传感器在稳态下的输出变化量DX与输入变化量DY之比，用*S*来表示。

（3）传感器的分辨力　分辨力是指传感器在规定测量的范围内能检出被测的量的最小变化量的能力。当被测的量的变化小于分辨力时，传感器对输入量的变化无任何反应；只有当输入量的变化超过了分辨力的量值时，输出才有可能准确表现出来，因而，传感器就存在分辨力的问题。

分辨力越小，表明传感器检测非电量的能力越强，分辨力的高低从某个侧面反映了传感器的精度。

（4）传感器迟滞　迟滞反映传感器正向特性与反向特性不一致的程度。产生这种现象的原因是传感器的机械部分不可避免地存在间隙、摩擦及松动。

（5）传感器的动态特性　传感器要检测的输入信号是随时间而变化的。传感器应能跟踪输入信号的变化，这样才能获得正确的输出信号；如果输入信号变化太快，传感器就可能跟踪不上，这种跟踪输入信号的特性就是传感器的响应特性，即动态特性。表征传感器动态特性的主要参数有响应速度、频率响应。

（6）传感器响应速度　响应速度是反映传感器动态特性的一项重要参数，是传感器在阶跃信号作用下的输出特性。它主要包括上升时间、峰值时间及响应时间等，反映了传感器的稳定输出信号（在规定误差范围内）随输入信号变化的快慢。

3.2　认识常用传感器及辅助器件

3.2.1　压力传感器

压力传感器是能感受压力信号，并能按照一定的规律将压力信号转换成可用的输出的电信号的器件或装置。压力传感器通常由压力敏感元件和信号处理单元组成。

（1）半导体压力传感器　由半导体压力敏感元件构成的传感器。对压力、应变等机械量进行信息处理的必要条件是把机械量转换成电学量，这种机-电变换装置就是压力传感器。

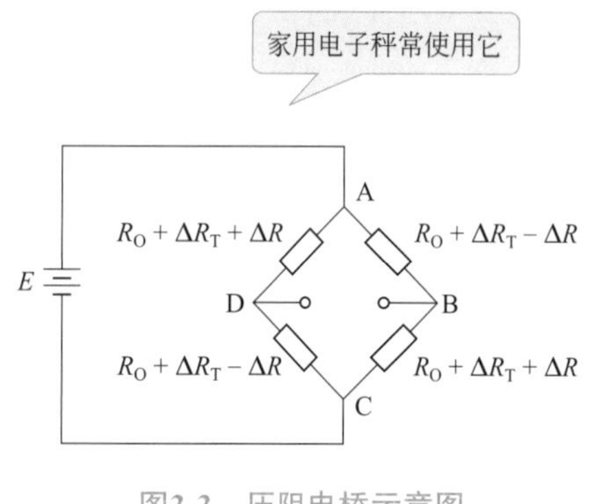

图3-3　压阻电桥示意图

半导体压力传感器可分为两类。一类是根据半导体PN结在应力作用下，*I-υ*特性发生变化的原理制成的各种压敏二极管或晶体管。这种压力敏感元件的性能很不稳定，未得到很大的发展。另一类是根据半导体压阻效应构成的传感器，这是半导体压力传感器的主要品种。

半导体具有一种与外力有关的特性，即电阻率（以符号ρ表示）随所承受的应力而改变，称为压阻效应。常用的半导体压力传感器选用N型硅片作为基片。先把硅片制成一定几何形状的弹性受力部件，在此硅片的受力部位，沿不同的晶向制作四个P型扩散电阻，然后用这四个电阻构成四臂惠斯登电桥，在外力作用下电阻值的变化就变成电信号输出。这个具有压力效应的惠斯登电桥是压力传感器的心脏，通常称作压阻电桥，如图3-3所示。

图3-3中压阻电桥的特点是：

① 电桥四臂的电阻值相等（均为R_0）；

② 电桥相邻臂的压阻效应数值相等、符号相反；

③ 电桥四臂的电阻温度系数相同，又始终处于同一温度下。

压阻式压力传感器实物图和结构简图如图3-4所示。

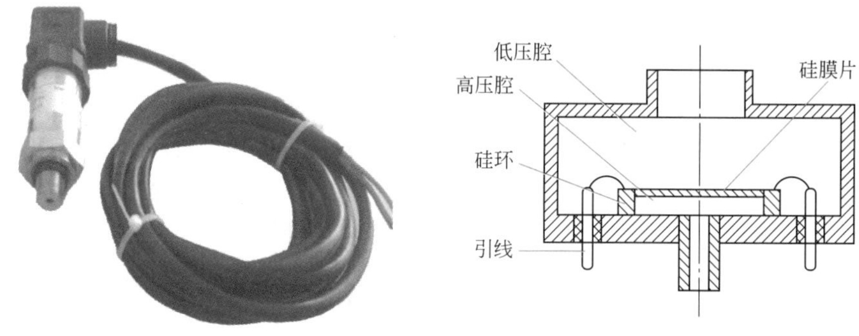

图3-4　压阻式压力传感器实物图和结构简图

（2）电容式压力传感器　它一般采用圆形金属薄膜或镀金属薄膜作为电容器的一个电极，当薄膜感受压力而变形时，薄膜与固定电极之间形成的电容量发生变化，通过测量电路即可输出与电压成一定关系的电信号。

电容式压力传感器属于极距变化型电容式传感器，可分为单电容式压力传感器和差动电容式压力传感器。

① 单电容式压力传感器　它由圆形薄膜与固定电极构成。薄膜在压力的作用下变形，从而改变电容器的容量，其灵敏度大致与薄膜的面积和压力成正比，而与薄膜的张力和薄膜到固定电极的距离成反比。另一种形式的固定电极取凹形球面状，膜片为周边固定的张紧平面，膜片可用塑料镀金属层的方法制成。这种形式适于测量低压，并有较高过载能力。还可以采用带活塞动极膜片制成测量高压的单电容式压力传感器。这种形式可

减小膜片的直接受压面积，以便采用较薄的膜片提高灵敏度。它还与各种补偿和保护部以及放大电路整体封装在一起，以便提高抗干扰能力。这种传感器适于测量动态高压和对飞行器进行遥测。其结构简图和实物如图3-5所示。

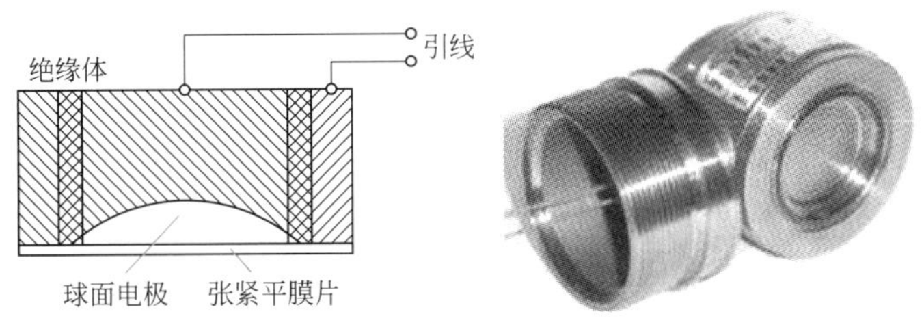

图3-5 单电容式压力传感器结构简图和实物图

② 差动电容式压力传感器 它的受压膜片电极位于两个固定电极之间，构成两个电容器。在压力的作用下一个电容器的容量增大而另一个则相应减小，测量结果由差动式电路输出。它的固定电极是在凹曲的玻璃表面上镀金属层而制成。过载时膜片受到凹面的保护而不致破裂。差动电容式压力传感器比单电容式的灵敏度高、线性度好，但加工较困难（特别是难以保证对称性），而且不能实现对被测气体或液体的隔离，因此不宜工作在有腐蚀性或杂质的流体中。其结构简图和实物如图3-6所示。

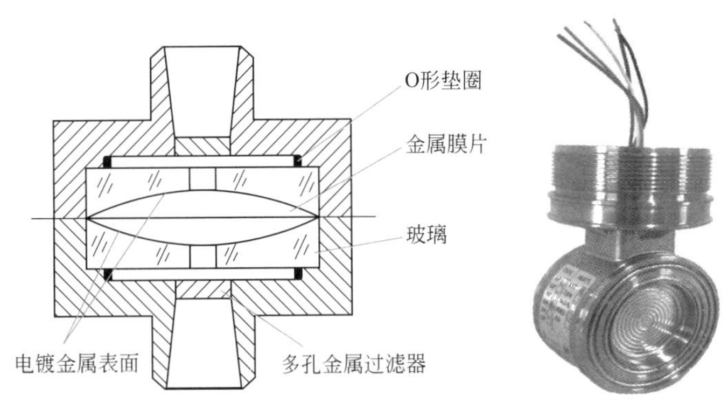

图3-6 差动电容式压力传感器结构简图和实物图

3.2.2 热释红外线传感器

热释电红外传感器是一种能检测人体发射的红外线而输出电信号的传感器，它能组成防入侵报警器或各种自动化节能装置，能以非接触形式检测出人体辐射的红外线能量的变化，并将其转换成电压信号输出。将这个电压信号加以放大，便可驱动各种控制电路。

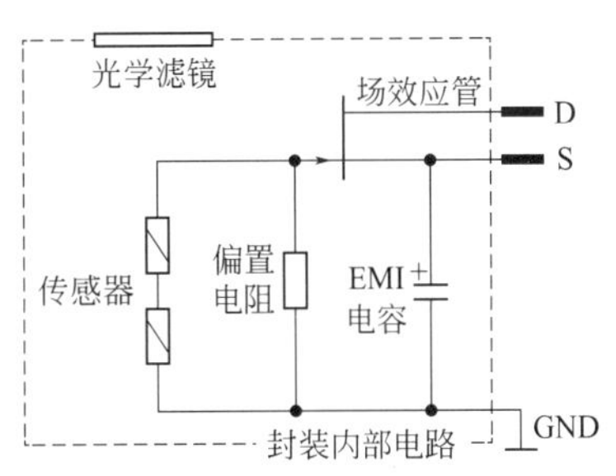

图3-7 热释电红外传感器的内部电路框图

图3-7为热释电红外传感器的内部电路框图。热释电红外传感器的结构和实物如图3-8所示。敏

感元件是用热释电人体红外材料（通常是锆钛酸铅）制成的，先把热释电材料制成很小的薄片，再在薄片两面镀上电极，构成两个串联的有极性的小电容器。将极性相反的两个敏感元做在同一晶片上，是为了抑制由于环境与自身温度变化而产生热释电信号的干扰。

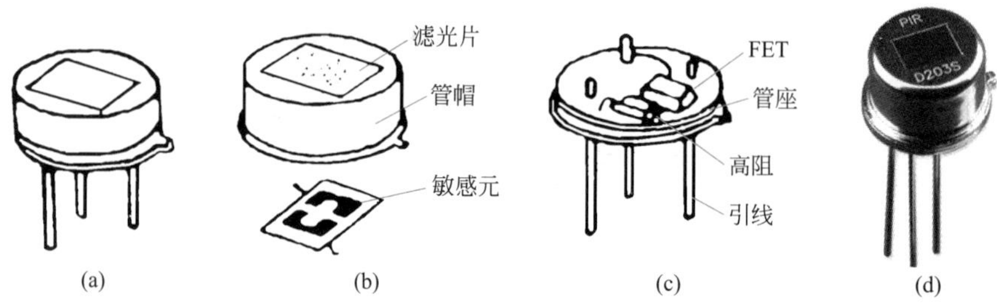

图3-8　热释电红外传感器的结构和实物

热释电红外传感器在实际使用时，前面要安装透镜，通过透镜的外来红外辐射会聚在一个敏感元上，以增强接收信号。热释电红外传感器的特点是它只在由于外界的辐射而引起它本身的温度变化时，才给出一个相应的电信号，当温度的变化趋于稳定后就再没有信号输出，所以说热释电信号与它本身的温度的变化率成正比，或者说热释电红外传感器只对运动的人体敏感，应用于当今探测人体移动报警电路中。

3.2.3　温度传感器

温度传感器是指能感受温度并转换成可用输出信号的传感器，按测量方式可分为接触式和非接触式两大类。

（1）接触式温度传感器　其检测部分与被测对象有良好的接触，又称温度计。温度计通过传导或对流达到热平衡，从而使温度计的示值能直接表示被测对象的温度。

常用汽车水温表温度传感器外形和结构如图3-9所示。

接触式温度传感器对于运动体、小目标或热容量很小的对象则会产生较大的测量误差。常用的温度计有双金属温度计、玻璃液体温度计、压力式温度计、电阻温度计、热敏电阻和温差电偶等。它们广泛应用于工业、农业、商业等部门。

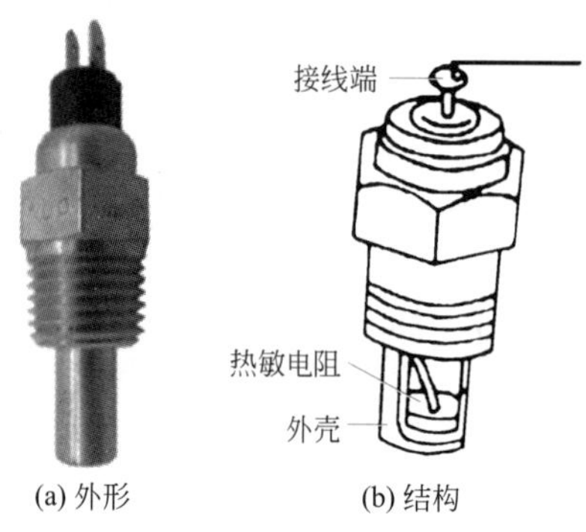

图3-9　汽车水温表温度传感器外形和结构

（2）非接触式温度传感器　它的敏感元件与被测对象互不接触，又称非接触式测温仪表。这种仪表可用来测量运动物体、小目标和热容量小或温度变化迅速（瞬变）对象的表面温度，也可用于测量温度场的温度分布。

最常用的非接触式测温仪表基于黑体辐射的基本定律，称为辐射测温仪表。以WFT-202辐射高温计为例，其结构和实物图如图3-10所示。

WFT-202辐射高温计的工作原理是：被测物体的

热辐射能量被物镜聚集在热电堆（由一组微细的热电偶串联而成）上并转换成热电势输出，其值与被测物体的表面温度成正比，用显示仪表进行指示记录。

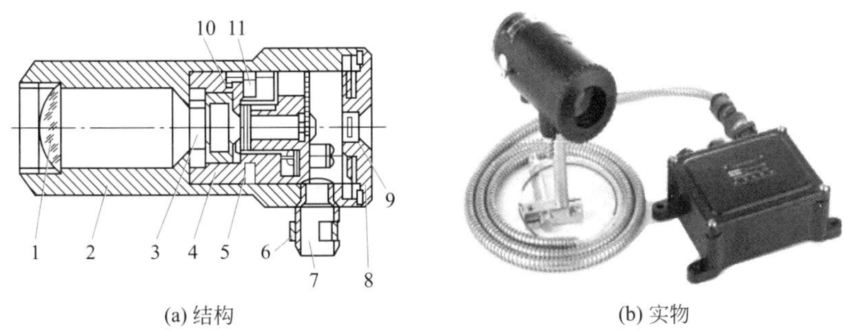

(a) 结构 (b) 实物

图3-10 WFT-202辐射高温计结构和实物图

1—物镜；2—外壳；3—补偿光阑；4—座架；5—热电堆；6—接线柱；7—穿线套；8—盖；9—目镜；10—校正片；11—小齿轴

辐射测温法包括亮度法（见光学高温计）、辐射法（见辐射高温计）和比色法（见比色温度计）。各类辐射测温方法只能测出对应的光度温度、辐射温度或比色温度。只有对黑体（吸收全部辐射并不反射光的物体）所测温度才是真实温度。如欲测定物体的真实温度，则必须进行材料表面发射率的修正。而材料表面发射率不仅取决于温度和波长，还与表面状态、涂膜和微观组织等有关，因此很难精确测量。在自动化生产中往往需要利用辐射测温法来测量或控制某些物体的表面温度，如冶金中的钢带轧制温度、轧辊温度、锻件温度和各种熔融金属在冶炼炉或坩埚中的温度。

（3）按照传感器材料及电子元件特性分类 热电偶由两个不同材料的金属线组成，在末端焊接在一起。再测出不加热部位的环境温度，就可以准确知道加热点的温度。由于它必须有两种不同材质的导体，所以称为热电偶。不同材质做出的热电偶用于不同的温度范围，它们的灵敏度也各不相同。热电偶的灵敏度是指加热点温度变化1℃时，输出电位差的变化量。对于大多数金属材料支撑的热电偶而言，这个数值大约在5～40μV/℃。

由于热电偶温度传感器的灵敏度与材料的粗细无关，用非常细的材料也能够做成温度传感器。也由于制作热电偶的金属材料具有很好的延展性，这种细微的测温元件有极高的响应速度，可以测量快速变化的过程。

如果要进行可靠的温度测量，首先就需要选择正确的温度仪表，也就是温度传感器。其中热电偶、热敏电阻、铂电阻（RTD）和温度IC都是测试中最常用的温度传感器，如图3-11所示。

① 热电偶 热电偶是温度测量中最常用的温度传感器。其主要好处是宽温度范围和适应各种大气环境，而且结实、价低，无需供电，也是最便宜的。热电偶由在一端连接的两条不同金属线（金属A和金属B）构成，当热电偶一端受热时，热电偶电路中就有电势差。可用测量的电势差来计算温度。

不过，电压和温度间是非线性关系，因此需要为参考温度（Tref）作第二次测量，并利用测试设备软件或硬件在仪器内部处理电压-温度变换，以最终获得热偶温度（Tx）。

简而言之，热电偶是最简单和最通用的温度传感器，但热电偶并不适合高精度的测量和应用。

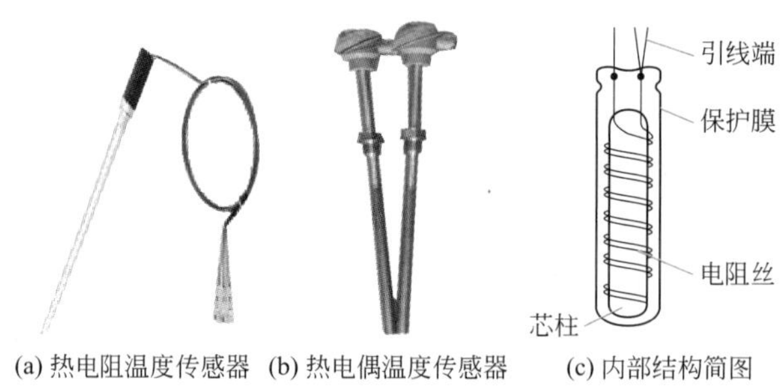

(a) 热电阻温度传感器 (b) 热电偶温度传感器 (c) 内部结构简图

图3-11 热电阻、热电偶和其内部简图

② 热敏电阻 热电阻是用半导体材料制成，大多具有负温度系数特性，即阻值随温度增加而降低。温度变化会造成大的阻值改变，因此它是最灵敏的温度传感器。但热敏电阻的线性度极差，并且与生产工艺有很大关系。

热敏电阻体积非常小，对温度变化的响应也快。但热敏电阻需要使用电流源，小尺寸也使它对自热误差极为敏感。

热敏电阻在两条线上测量的是绝对温度，有较好的精度，但它比热电偶贵，可测温度范围也小于热电偶。一种常用热敏电阻在25℃时的阻值为5kΩ，每1℃的温度改变造成200Ω的电阻变化。注意10Ω的引线电阻仅造成可忽略的0.05℃误差。它非常适合需要进行快速和灵敏温度测量的电流控制应用。尺寸小对于有空间要求的应用是有利的，但必须注意防止自热误差。

热敏电阻还有其自身的测量技巧。热敏电阻体积小是优点，它能很快稳定，不会造成热负载。不过也因此很不结实，大电流会造成自热。由于热敏电阻是一种电阻性器件，任何电流源都会在其上因功率而造成发热。功率等于电流平方与电阻的积，因此要使用小的电流源。热敏电阻暴露在高热中将导致永久性的损坏。

3.2.4 霍尔元件传感器

霍尔元件是一种基于霍尔效应的磁传感器。用它们可以检测磁场及其变化，可在各种与磁场有关的场合中使用。

霍尔元件具有许多优点，它们的结构牢固，体积小，重量轻，寿命长，安装方便，功耗小，频率高（可达1MHz），耐震动，不怕灰尘、油污、水汽及盐雾等的污染或腐蚀。A44E集成开关型霍尔传感器外形和引脚如图3-12所示（A44E属于小功率集成电路，2kΩ电阻集成在内部可以减少1个引脚数量，便于电路设计）。

如图3-12所示，霍尔元件具有与树脂封闭型晶体管、集成电路等相同的构造，即多半呈现在大小5mm见方、厚3mm以下的角形或长方形板状组件上附设三根导线的构造。导线系由金属薄片所形成，各个金属薄片上均附有半导体结晶片（通常为硅芯片），而在结晶体中利用集成电路技术形成有霍尔组件及信号处理电路。为防止整个组件性能的劣化，通常利用树脂加以封闭，另外为了使磁场的施加容易，其厚度也尽量减小。

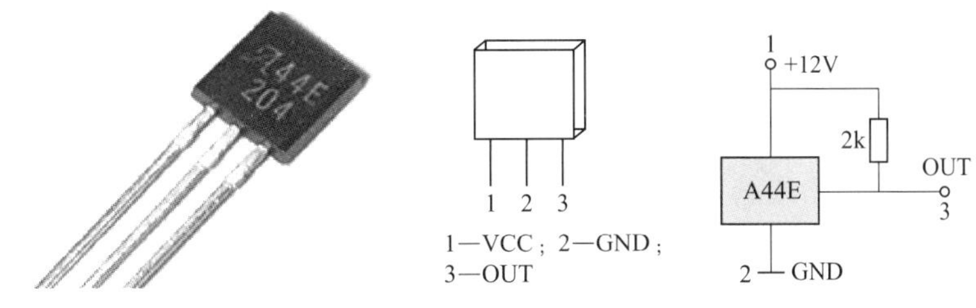

图3-12　A44E集成开关型霍尔传感器外形和引脚图（电动车转向和电机转向都是用霍尔元件）

如果把霍尔元件集成的开关按预定位置有规律地布置在物体上，当装在运动物体上的永磁体经过它时，可以从测量电路上测得脉冲信号。根据脉冲信号列可以传感出该运动物体的位移。若测出单位时间内发出的脉冲数，则可以确定其运动速度。图3-13是利用霍尔元件的典型电路。

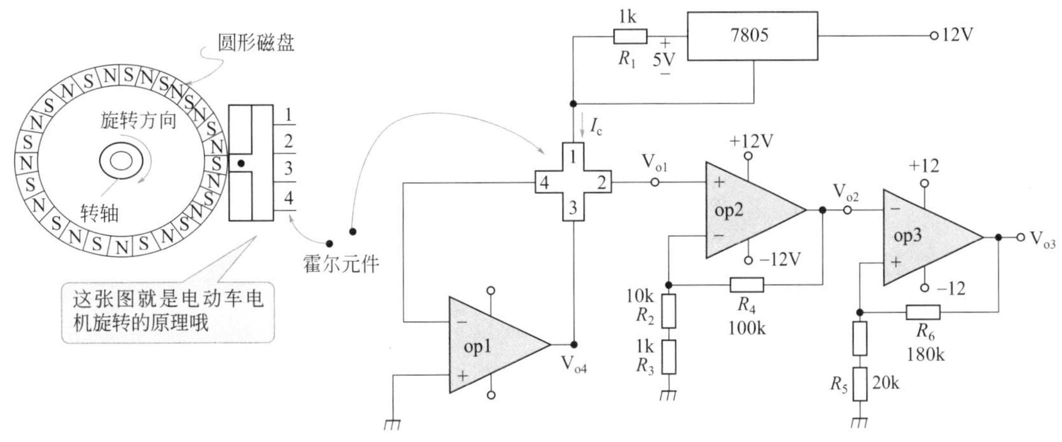

图3-13　霍尔元件应用实例电路

3.2.5　磁电传感器

磁电传感器是利用电磁感应原理，将输入的运动速度转换成线圈中的感应电势输出。它直接将被测物体的机械能量转换成电信号输出，工作不需要外加电源，是一种典型的有源传感器。由于这种传感器输出功率较大，因而大大地简化了配用的二次仪表电路。

磁电传感器适用于振动、转速、扭矩等测量。这种传感器的尺寸和重量都较大。磁电式传感器有时也称作电动式或感应式传感器，它只适合进行动态测量。由于它有较大的输出功率，故配用电路较简单，零位及性能稳定。

（1）磁电传感器两种形式

① 变磁通式　线圈与磁铁之间没有相对运动，由运动着的被测物体（导磁材料）改变磁路的磁阻，引起磁通量变化从而在线圈中产生感应电势。

图3-14为变磁通式磁电传感器结构示意图，被测转轴带动椭圆形测量齿轮在磁场气隙中等速转动，使气隙平均长度周期性变化，因而磁路磁阻也周期性变化，磁通同样周期性变化，则在线圈中产生感应电动势，其频率f与测量齿轮转速n（r/min）成正比，即

f=n/60。

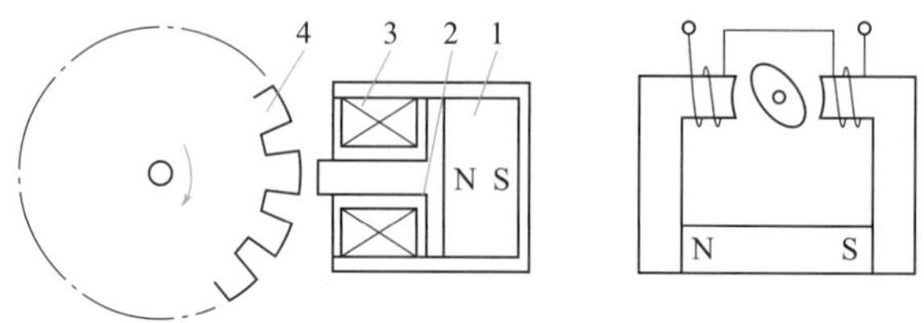

图3-14　变磁通式磁电传感器结构示意图（用于某些品牌汽车转速测量）

1—永久磁铁；2—软铁；3—感应线圈；4—齿轮

变磁通式传感器对环境条件要求不高，能在−150～+90℃的温度下工作，也能在油、水雾、灰尘等条件下工作。但它的工作频率下限较高，约为50Hz，上限可达100Hz。

② 恒定磁通式　恒定的直流磁场，磁场中的工作气隙固定不变，因而气隙中的磁通也是恒定不变的。线圈与磁铁间存在相对运动，线圈切割磁力线产生与相对速度v成比例的感应电势e。恒定磁通式磁电传感器结构原理如图3-15所示。

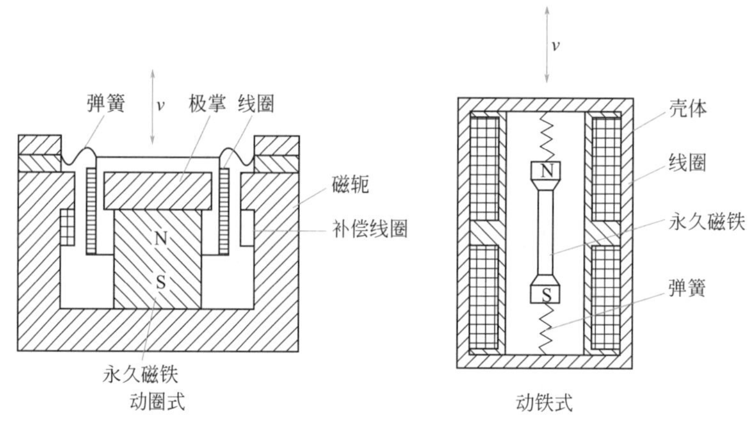

图3-15　恒定磁通式磁电传感器结构原理

工作原理：当壳体随被测振动体一起振动时，使永久磁铁与线圈产生相对运动，切割磁力线，相对运动速度接近于振动体振动速度。切割磁力线产生感应电势e：当传感器结构确定后，电势e只与速度v有关。常见磁电传感器外形如图3-16所示。

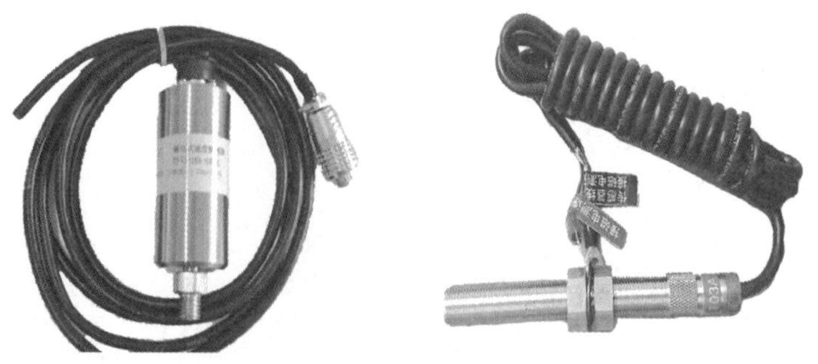

图3-16　常见磁电传感器外形

（2）磁电传感器测量电路毁　磁电传感器直接输出感应电势，且传感器通常具有较高的灵敏度，所以一般不需要高增益放大器。但磁电传感器是速度传感器，若要获取被测位移或加速度信号，则需要配用积分或微分电路，如图3-17所示。

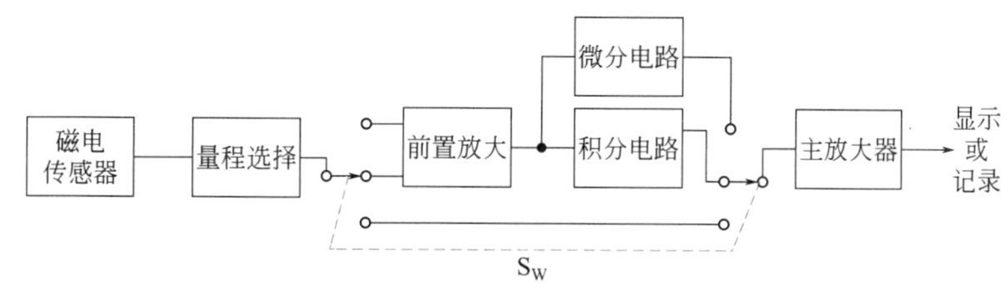

图3-17　磁电传感器测量电路方框图

（3）磁电传感器设计原则　磁电传感器由两个基本元件组成：一个是产生恒定直流磁场的磁路系统，为了减小传感器体积，一般采用永久磁铁；另一个是线圈，由它与磁场中的磁通交链产生感应电动势。

感应电动势与磁通变化率或者线圈与磁场相对运动速度成正比，因此必须使它们之间有一个相对运动。作为运动部件，可以是线圈，也可以是永久磁铁。所以，必须合理地选择它们的结构形式、材料和结构尺寸以满足传感器的基本性能要求。

对于惯性式传感器，具体计算时，一般是先根据使用场合、使用对象确定结构形式和体积大小（即轮廓尺寸），然后根据结构大小初步确定磁路系统，计算磁路以便决定磁感应强度B。这样，由技术指标给定的灵敏度S值以及确定的B值。从提高灵敏度的角度来看，B值大，S值也大，因此磁路结构尺寸应大些。只要结构尺寸允许，磁铁可尽量大些，并选择B值大的永磁材料，匝数N也可取得大些。当然具体计算时导线的增加也是受其他条件制约的，各参数的选择要统一考虑，尽量从优。

3.2.6　光耦器件

光耦器件全称光电耦合器，它是以光为媒介把输入端信号耦合到输出端，来传输电信号的器件。通常把发光器与受光器封装在同一管壳内，将它们的光路耦合在一起，当输入端加电信号时发光器发出光线，受光器接受光线之后就产生光电流，从输出端流出，从而实现了“电—光—电”转换。它具有体积小、寿命长、无触点、抗干扰能力强、输出和输入之间绝缘、单向传输信号、传输信号频率高等优点，在电路上获得了广泛的应用。

（1）光耦器件结构　光电耦合器以光为媒介传输电信号。它对输入、输出电信号有良好的隔离作用，所以，它在各种电路中得到广泛的应用。目前它已成为种类最多、用途最广的光电器件之一。光电耦合器一般由三部分组成：光的发射、光的接收及信号放大。输入的电信号驱动发光二极管（LED），使之发出一定波长的光，被光探测器接收而产生光电流，再经过进一步放大后输出。这就完成了电—光—电的转换，从而起到输入、输出、隔离的作用。光电耦合器由于输入输出间互相隔离，电信号传输具有单向性等特点，因而具有良好的电绝缘能力和抗干扰能力。所以，它在长线传输信息中作为终端隔离元件可以大大提高信噪比。在计算机数字通信及实时控制中作为信号隔离的接口器件，可以大大提高计算机工作的可靠性。

光电耦合器的输入端属于电流型工作的低阻元件，因而具有很强的共模抑制能力，其结构电路和外形如图3-18所示。光电耦合器的检测可扫二维码学习。

光电耦合器的检测

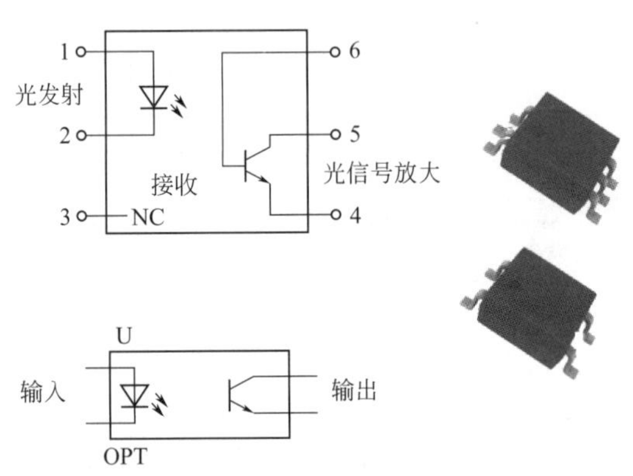

图3-18　光电耦合器结构电路和外形

（2）光耦器件原理　如图3-18所示，光电耦合器由一个光控三极管耦合一个砷化镓红外发光二极管组成。左边1和2脚是发光二极管，当外加电压后，驱动发光二极管，使之发出一定波长的光，以此来触发光控三极管。光控三极管若用一定波长的光照射，则由断态转入通态。

当1和2脚加上5V以上电压后，就能使发光管发光，驱动光控三极管进入导通，此时5和4脚构成一个电阻，阻值大约在10kΩ以内。当1和2不加电压时，则4和5可以看成一个无穷大的电阻。

（3）光耦电路设计使用原则

① 光电耦合器的电流传输比（CTR）的允许范围是50%～200%。这是因为当CTR<50%时，光耦中的LED就需要较大的工作电流（IF>5.0mA），才能正常控制单片开关电源IC的占空比，这会增大光耦的功耗。若CTR>200%，在启动电路或者当负载发生突变时，有可能将单片开关电源误触发，影响正常输出。

② 若用放大器电路去驱动光电耦合器，必须精心设计，保证它能够补偿耦合器的温度不稳定性和漂移。

③ 推荐采用线性光电耦合器，其特点是CTR值能够在一定范围内做线性调整。

上述使用的光电耦合器工作在线性方式下，在光电耦合器的输入端加控制电压，在输出端会成比例地产生一个用于进一步控制下一级电路的电压，使单片机进行闭环调节控制，对电源输出起到稳压的作用。

为了彻底阻断干扰信号进入系统，不仅信号通路要隔离，而且输入或输出电路与系统的电源也要隔离，即这些电路分别使用相互独立的隔离电源。对于共模干扰，采用隔离技术，即利用变压器或线性光电耦合器，将输入地与输出地断开，使干扰没有回路而被抑制。在开关电源中，光电耦合器是一个非常重要的外围器件，设计者可以充分利用它的输入输出隔离作用对单片机进行抗干扰设计，并对变换器进行闭环稳压调节。

（4）光耦设计实例　设计光耦电路时一定要保证电流I_c足够大，或者负载电阻足够大，才能使光耦输出可靠的高电平或者低电平。图3-19是一个光耦器件设计实例电路图。

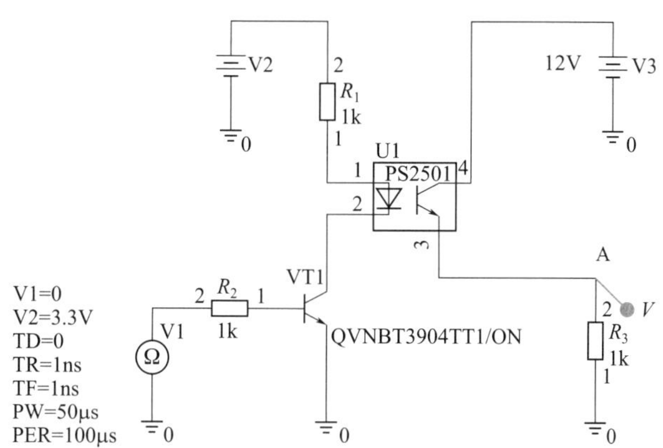

图3-19　光耦器件设计实例电路图

电路按照图3-19中的参数来配置，当光耦导通时，则I_f大约是2.2mA，I_c大约是6.3mA，A点的电压大约是6.3V，达不到高电平的标准（电源电压是12V）。

要想使用光耦时，既可以满足输出电压的要求，又要响应时间足够快，最好的办法是增大I_f，并且在满足输出电压的情况下，尽可能减小负载电阻。

在光耦电路设计中，有两个参数常常被人忽视，需要格外注意：

a. 一个是反向电压V_r，是指原边发光二极管所能承受的最大反向电压，超过此反向电压，可能会损坏LED。而一般光耦中，这个参数只有5V左右，在存在反压或振荡的条件下使用时，要特别注意不要超过反向电压。如，在使用交流脉冲驱动LED时，需要增加保护电路。

b. 另一个是光耦的CTR，是指在直流工作条件下，光耦的输出电流与输入电流之间的比值。光耦的CTR类似于三极管的电流放大倍数，是光耦的一个极为重要的参数，它取决于光耦的输入电流和输出电流值及电耦的电源电压值，这几个参数共同决定了光耦工作在放大状态还是开关状态，其计算方法与三极管工作状态计算方法类似。若输入电流、输出电流、CTR设计搭配不合理，可能导致电路不能工作在预想的状态。

3.3　传感器电路设计实例

例 3-1　蔬菜大棚温度、湿度超限报警器电路设计

（1）蔬菜大棚温度、湿度超限报警器设计思路　我国北方用于蔬菜种植的塑料蔬菜大棚温室的温度、湿度超限报警器，它能在蔬菜大棚内的温度和湿度偏离设定温度时，及时发出声光报警信号，提醒大棚种植人员注意控制棚内的温度与湿度，从而提高产量。

（2）蔬菜大棚温度、湿度超限报警器系统　设计框图如图3-20所示。

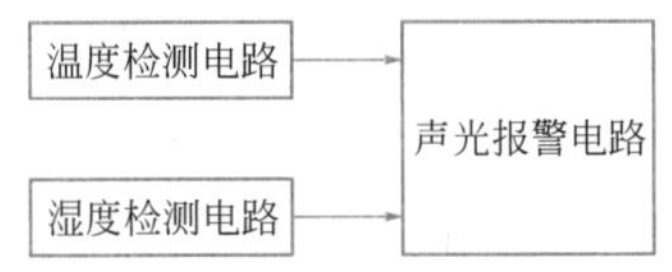

图3-20　蔬菜大棚温度、湿度超限报警器系统设计框图

（3）蔬菜大棚温度、湿度超限报警器电路图设计　如图3-21所示。

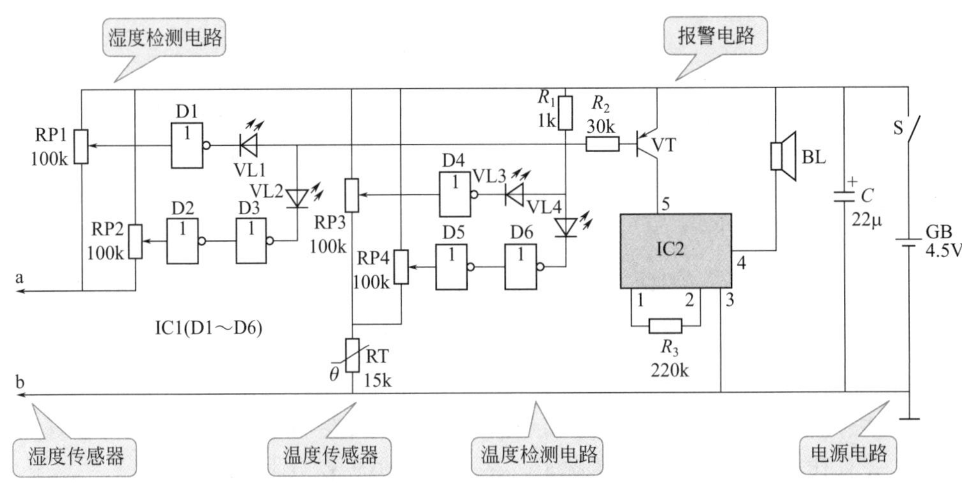

图3-21　蔬菜大棚温度、湿度超限报警器电路图

（4）温度、湿度超限报警器电路设计思路和工作原理　该温度、湿度超限报警器电路由温度检测电路、湿度检测电路、报警电路、电源电路组成。

① 温度检测电路由热敏电阻器RT（作为温度传感器）、电位器RP3、RP4和非门集成电路IC1（D1～D6）内部的D4～D6组成。

② 湿度检测电路由湿度检测电极a、b（作为湿度传感器），电位器RP1、RP2、IC1内部的D1～D3组成。

③ 报警电路由发光二极管VL1～VL4、电阻器R_1～R_3、晶体管V、音效集成电路IC2和扬声器BL组成。

其中RP1用来设定湿度下限值，RP2用来设定湿度上限值，RP3用来设定温度下限值，RP4用来设定温度上限值。

当蔬菜棚内的土壤湿度在设定的湿度范围内时，Dl和D3均输出高电平，VL1和VL2均处于截止状态，PNP型三极管VT不导通，声音驱动电路IC2不工作，BL不发声。

④ 湿度报警：当棚内的土壤湿度超过设定湿度的上限值时，电极a、b之间的阻值变小，使RP2的中点电位低于2.7V，D2输出高电平，D3输出低电平，VL2发光，指示棚内湿度过大；同时VT导通，IC2通电工作，BL发出报警声。

当棚内的土壤湿度低于设定湿度的下限值时，电极a、b之间的阻值变大，使RP1中点电位高于2.7V，Dl输出低电平，VL1点亮，指示棚内湿度偏小；同时VT导通，IC2通电工作，BL发出报警声。

⑤ 温度报警：当蔬菜棚内的温度在设定的温度范围内时，D4和D6均输出高电平，VL3和VL4均处于截止状态，VT不导通，IC2不工作，BL不发声。

当棚内温度超过设定温度的上限值时，RT的阻值减小，使RP4中点电位低于2.7V，D5输出高电平，D6输出低电平，VL4点亮，指示棚内温度偏高；同时VT导通，IC2通电工作，BL发出报警声。

当棚内的温度低于设定温度的下限值时，RT的阻值增大，使RP3中点电位高于2.7V，D4输出低电平，VL3点亮，指示棚内温度偏低：同时VT导通，IC2通电工作，BL发出报警声。

⑥ 电路设计元器件选择

> R_1～R_3选用1/4W金属膜电阻器或碳膜电阻器。
> RP1～RP4均选用有机实心电位器。
> RT选用MF51型负温度系数热敏电阻器温度传感器。
> C选用耐压值为10V的铝电解电容器。
> VL1～VL4均选用ϕ5mm的发光二极管。
> VT选用S8550或C8550、3CG8550型硅PNP晶体管。
> ICl选用CD4069或CC4069、MC14069型六非门集成电路；IC2选用LC179型三声模拟音效集成电路。
> BL选用0.25W、8Ω的电动式扬声器。
> S选用小型单极拨动式开关。
> CB使用3节5号干电池。
> 电极a、b用铜丝或不锈钢丝制作，两电极间距为10～12cm。

例3-2　压力传感器在全自动洗衣机中的应用电路设计

（1）设计思路　压力传感器在全自动洗衣机中的应用实例如图3-22所示，其主要是利用气室，将在不同水位情况下水压的变化，作为空气压力的变化检测出来，从而让我们在设定的水位上自动停止向洗衣机注水。

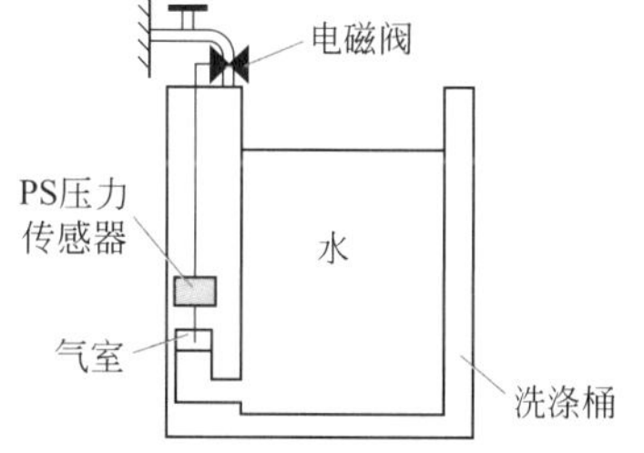

图3-22　压力传感器在全自动洗衣机中的应用设计思路

在压力传感器半导体硅片上安装压电电阻，如果对这一电阻体施加压力，由于压电电阻效应，其电阻值将发生变化。如图3-23所示，当向空腔部分加上一定的压力时，膜片受到一定程度的拉伸或收缩而产生形变。压电电阻的排列方法如图3-23（c）所示，受到拉伸的电阻R_2和R_4的阻值增加，受到压缩的电阻R_1和R_3阻值减小。

由于各压电电阻组成桥路结构，如果将它们连接到恒流源上，则由于压力的增减，将在输出端获得输出电压ΔV，当压力为零时的ΔV等于偏置电压，实际上在生成扩散电阻体时，由于所形成的扩散电阻体尺寸大小的不同和存在杂质浓度的微小差异，因此总是有某个电压值存在。压力为零时，R_1=R_2=R_3=R_4=R，我们把加上一定压力时R_1、R_2电阻的变化部分记作ΔR；相应R_3、R_4电阻的变化部分记作$-\Delta R$，于是ΔV=ΔR_1。这个ΔV相对压力呈现几乎完全线性的特性，只是随着温度的变化而有所改变。

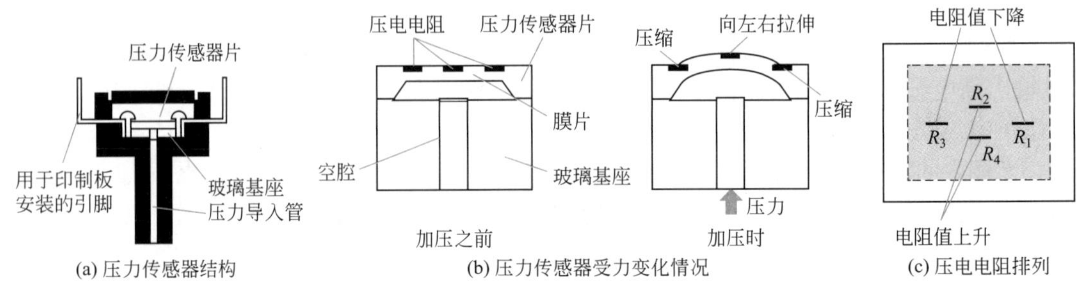

图3-23　压力传感器结构、受压电阻变化示意图

（2）洗衣机压力传感器系统设计　如图3-24所示。

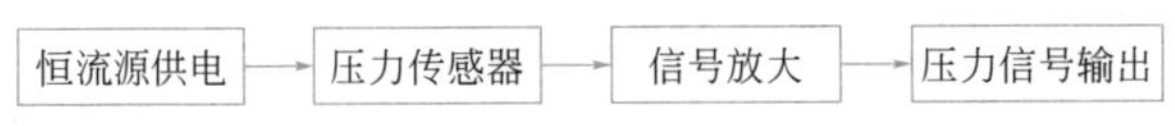

图3-24　洗衣机压力传感器系统设计框图

（3）洗衣机压力传感器电路设计思路和工作原理　图3-25是洗衣机压力传感器的外围电路设计实例，图中用恒流源来驱动压力传感器。

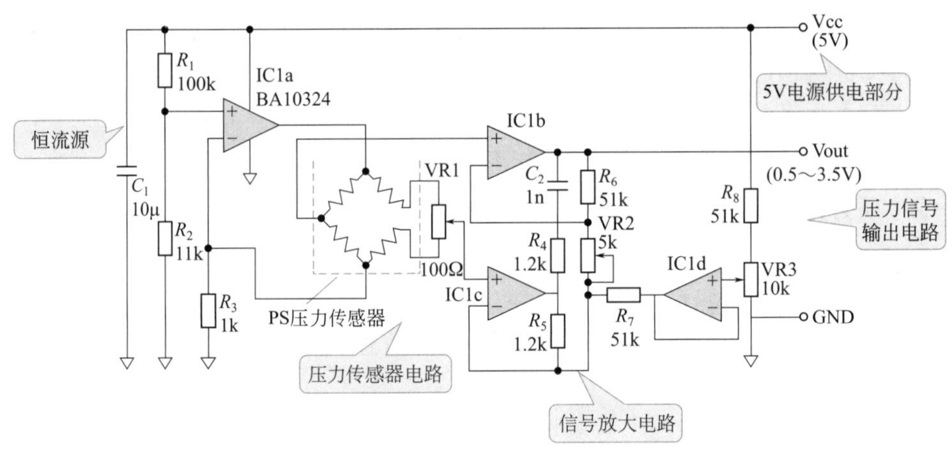

图3-25　压力传感器设计电路

① 恒流源电路：5V电压经过电容C_1去除噪声和干扰信号，经过电阻R_1、R_2分压到达IC1a的+端和R_3组成分压电路为压力传感器提供恒流源，这样保证压力传感器输出信号稳定。

② 压力传感器电路：压力为零时，$R_1=R_2=R_3=R_4=R$，我们把加上一定压力时R_1、R_2电阻的变化部分和相应R_3、R_4电阻的变化部分记作产生一个电压力差，这个电压信号反映的就是水压变化值。

③ 信号放大电路：由于桥路失衡时的输出电压比较小，所以必须用运放IC1b和IC1c来进行放大。图中VR1为偏置调整，VR2为压力灵敏度调整，VR3为没有加压时输出电

压调整，C_1、C_2用于去除噪声。另外，如果电源电压波动，将引起输出电压的变化，所以我们设计了上述的恒流源电路，给电路提供一个稳定的电源。

④ 压力信号输出电路：在电路中VR3为没有加压时输出电压调整电阻，通过电阻值调整，使得输出电压信号幅度正好触发单片机电路中的水压电磁阀动作，从而控制洗衣机水压。

例3-3 温度传感器在汽车发动机散热器冷却风扇控制系统中的应用设计

（1）设计思路 热敏铁氧体温度传感器常用于控制汽车散热器的冷却风扇，其结构和实物如图3-26所示。该传感器由永久磁铁、热敏铁氧体和舌簧开关组成。把它安装在散热器冷却水的循环通路上，如图3-27所示。当冷却水温低于规定值时，热敏铁氧体温度传感器舌簧开关断开，风扇继电器触点打开，风扇停止运转；当水温高于规定值时，热敏开关闭合，风扇继电器触点闭合，风扇开始运转。

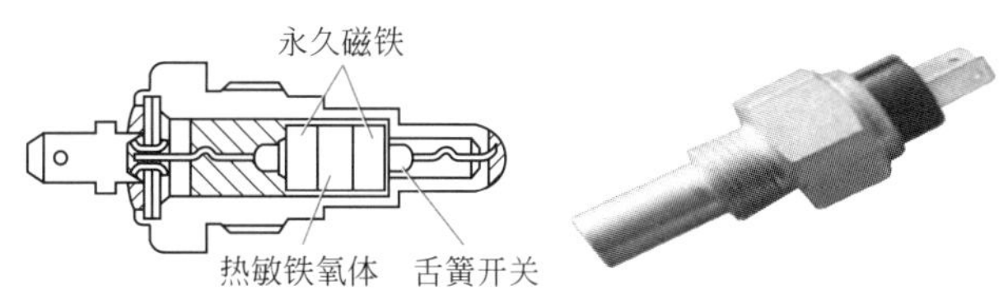

图3-26 热敏铁氧体温度传感器结构和外形

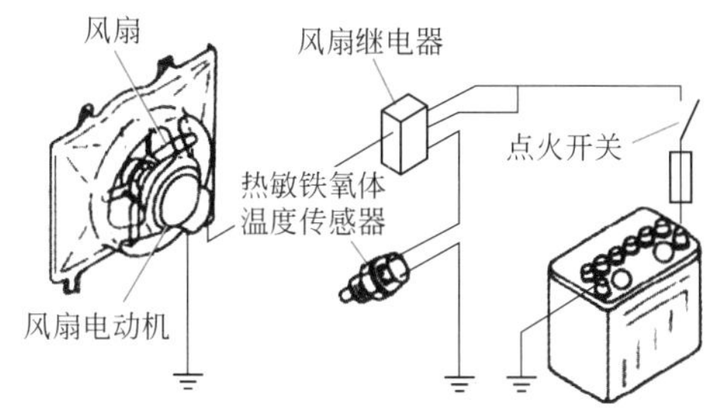

图3-27 热敏铁氧体温度传感器在散热器冷却风扇系统中的安装情况

（2）热敏铁氧体温度传感器在汽车散热器冷却风扇系统设计 如图3-28所示。

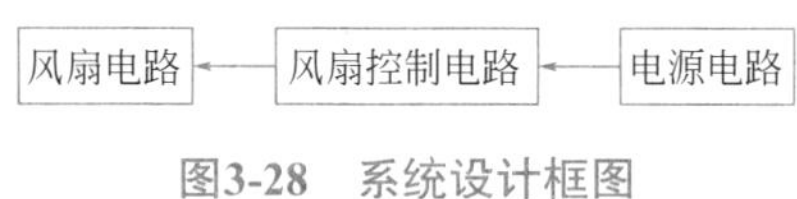

图3-28 系统设计框图

（3）热敏铁氧体温度传感器在汽车散热器冷却风扇电路设计图和电路工作原理 如图3-29所示。设计原理：

① 当发动机的冷却水温高于规定时，热敏电阻温度传感器闭合，电源经点火开关到风扇继电器线圈到热敏电阻温度传感器到地，风扇继电器常开触点闭合，电源经点火开关到风扇继电器常开点到风扇到地，冷却风扇运转，如图3-30所示。

② 当发动机的冷却水温低于规定时，热敏电阻温度传感器断开，电源经点火开关到风扇继电器线圈到热敏电阻温度传感器到地的电路断开，风扇继电器常开触点断开，电

源经点火开关到风扇继电器常开点到风扇到地电路断开，散热器冷却风扇停止运转，如图3-30所示。

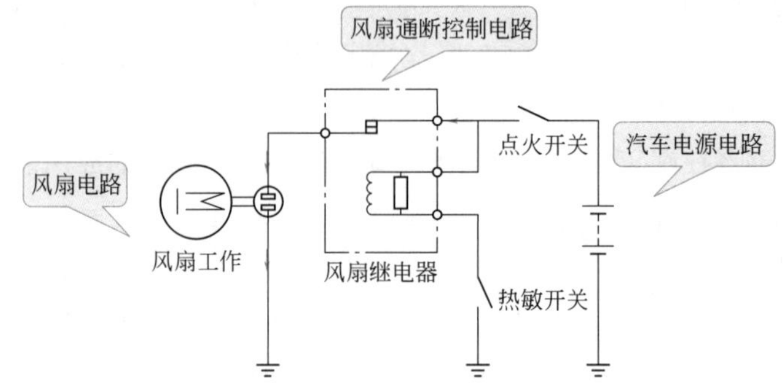

图3-29　散热器冷却风扇工作电路设计图

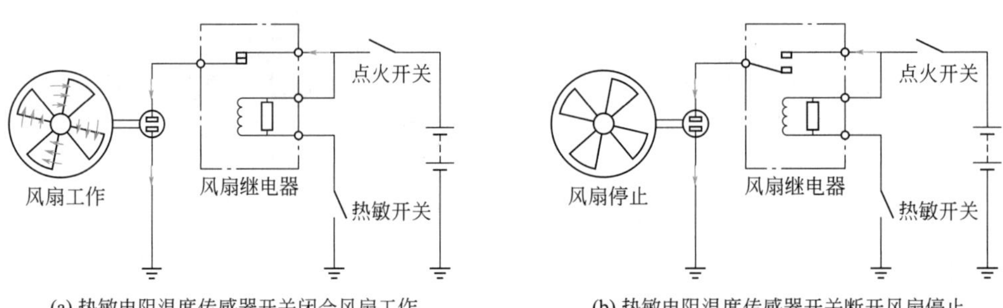

图3-30　散热器冷却风扇工作电路设计原理

第 4 章
数字电路设计

4.1 基本逻辑门电路

在数字电路中，基本的逻辑关系有三种，即与逻辑、或逻辑和非逻辑。对应于这三种基本逻辑关系有三种基本逻辑门电路，即与门、或门和非门。

4.1.1 与门

（1）与逻辑关系　与逻辑关系可用图4-1表示。图中只有当两个开关A、B都闭合时，灯泡Y才亮。只要有一个开关断开，灯泡Y就不亮了，即当决定某一事件（灯亮）的所有条件（开关A、B闭合）都成立，这个事件（灯亮）就发生，否则这个事件就不发生。这样的逻辑关系称为与逻辑。

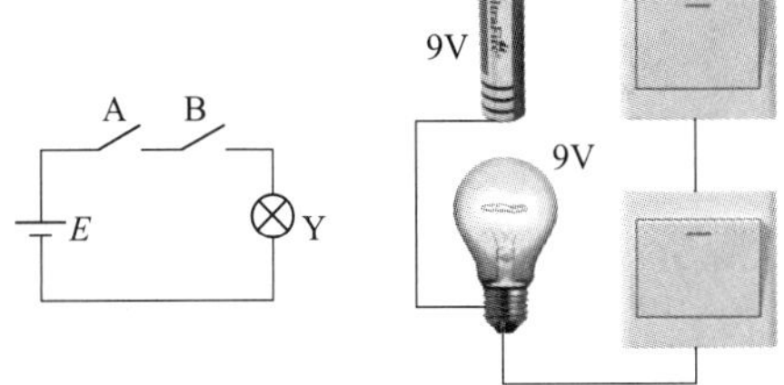

图4-1　用串联开关说明与逻辑关系

（2）与逻辑的函数式及运算规则　在逻辑代数呈与逻辑时可写成如下逻辑函数式：

$$Y=A\cdot B$$

式中：“·”符号叫做逻辑乘（又叫做与运算），它不是普通代数中的乘号；Y是输入变量A、B逻辑乘的结果，又叫做逻辑积，它不是普通代数中的乘积。

根据与逻辑的定义，其函数表达式可推广到多输入变量的一般形式：

$$Y=A\cdot B\cdot C\cdot D\cdots$$

为书写方便，式中符号“·”可不写，简写为

$$Y=ABCD\cdots$$

与运算规则：

$$0\cdot 0=0，0\cdot 1=0，1\cdot 0=0，1\cdot 1=1$$

（3）与门电路及其工作原理　能实现“与”逻辑运算的电路称为“与”门，它是数字电路中最基本的一种逻辑门。

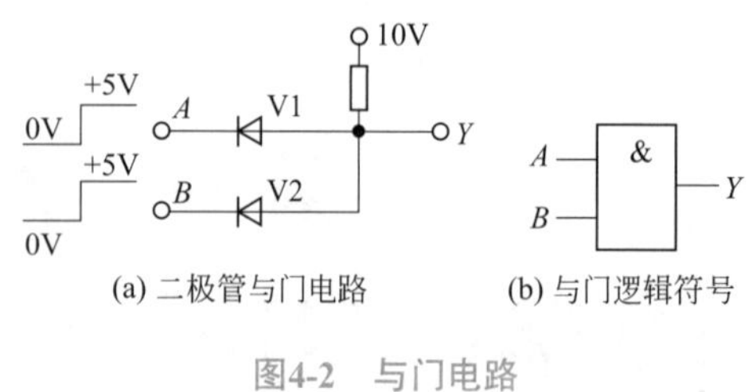

(a) 二极管与门电路　　(b) 与门逻辑符号

图4-2　与门电路

图4-2（a）所示为一个由二极管构成的“与”门电路。图4-2（b）为其逻辑符号。A、B为与门的输入端，Y为输出端。

当输入端有一个或一个以上为0（即低电平，图中设输入电压低电平时电压值为0V），假定A为0，B为1（即A端为0V，B端为+5V）；此时，二极管V1导通，忽略二极管正向压降，输出端为低电平（即0V），是逻辑0，即“有0出0”；当输入端全为1（即高电平，图中设输入电压高电平时电压值为+5V，通常此值应小于电源电压值），则V1、V2截止，忽略二极管正向压降，则输出端也为高电平（即+5V），是逻辑1，即“全1出1”。

与门逻辑关系除可用逻辑函数式表示外，还可用真值表表示。真值表是一种表明逻辑门电路输入端状态和输出端状态逻辑对应关系的表。它包括了全部可能的输入值组合及对应的输出值。表4-1是与门真值表。

表4-1　与门真值表

A	B	Y	A	B	Y
0	0	0	1	0	0
0	1	0	1	1	1

4.1.2　或门

（1）或逻辑关系　或逻辑关系可用图4-3表示。图中两个开关A、B只要有一个闭合，灯泡Y就亮，即决定某一事件（灯亮）的条件（A、B闭合），只要有一个或一个以上成立，这件事（灯亮）就发生，否则就不发生。这样的逻辑关系称为或逻辑关系。

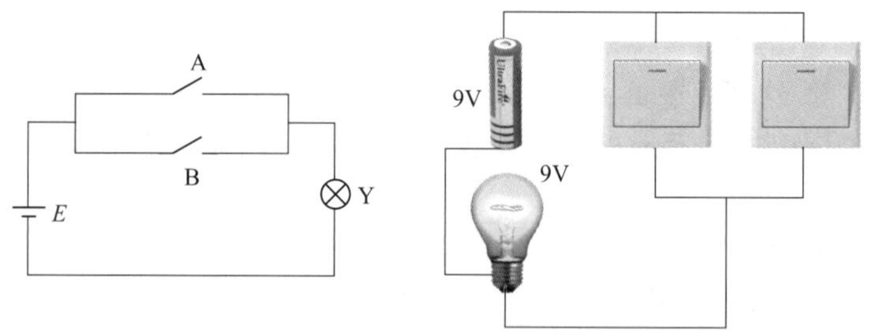

图4-3　用并联开关说明或逻辑关系

（2）或逻辑的函数式及运算规则　在逻辑代数中，或逻辑可写成如下逻辑函数式：

$$Y=A+B$$

式中：符号“+”叫做逻辑加（又叫或运算），它不是普通代数中的加号；Y是A、B逻辑加的结果，不是代数和。

逻辑加的表达式可推广到多输入变量的一般形式：

$$Y=A+B+C+D+\cdots$$

或运算规则：

0+0=0，0+1=1，1+0=1，1+1=1

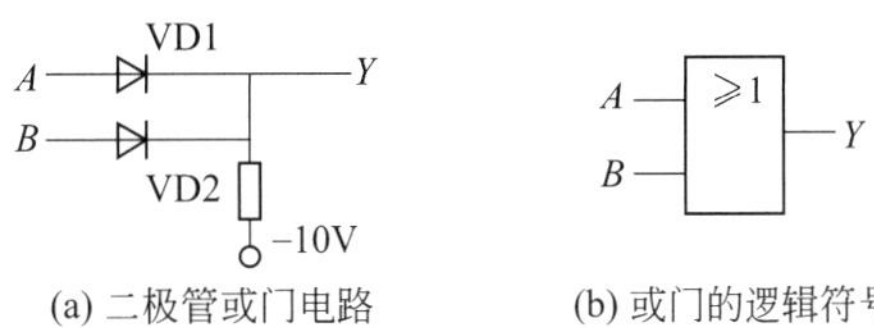

(a) 二极管或门电路　　(b) 或门的逻辑符号

图4-4　或门电路

（3）或门电路及其工作原理　能实现或逻辑运算的电路叫做“或门”。图4-4（a）所示为二输入端二极管或门电路，图4-4（b）所示为或门的逻辑符号，*A*、*B*为或门的输入端，*Y*为输出端。

只要有一个输入端为1（即高电平，图中设输入电压高电平为+5V），则与该输入端相连的二极管就导通，忽略二极管正向压降，输出端为高电平（即+5V），是逻辑1，即“有1出1”，当输入端全为0（即低电平，图中设输入电压低电平时电压值为0V），VD1、VD2截止，忽略二极管正向压降，则输出端也为低电平（即0V），是逻辑0，即“全0出0”。

或门逻辑关系也可用表4-2表示。

表4-2　或门真值表

A	*B*	*Y*	*A*	*B*	*Y*
0	0	0	1	0	1
0	1	1	1	1	1

4.1.3　非门

（1）非逻辑关系　非逻辑关系可用图4-5表示。图中开关A闭合，灯Y就熄灭；开关A断开，灯Y就亮。设开关闭合为逻辑1，断开为逻辑0，灯亮为1，灯灭为0，也就是说，某件事（灯亮）的发生取决于某个条件（开关A）的否定，即该条件成立（A闭合），这件事不发生（即灯灭）；而该条件不成立（A断开），这件事发生（即灯亮）。这种关系称为非逻辑关系。

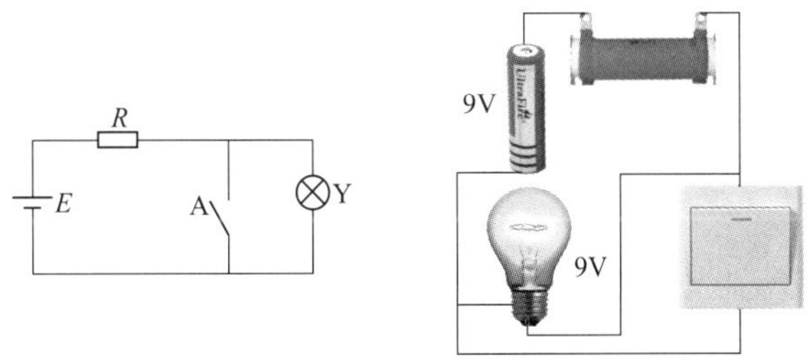

图4-5　非逻辑关系

（2）非逻辑的函数式及运算规则　非逻辑的函数式：$Y=\overline{A}$，读作*Y*等于*A*非。

非运算规则：

$$\overline{0}=1，\overline{1}=0$$

（3）非门电路及其工作原理　能实现非逻辑运算的电路称为非门，图4-6（a）所示为非门电路图，图4-6（b）所示为非门的逻辑符号。

输入信号*A*若为0.3V，则NPN型三极管V发射结正偏，但小于门槛电压，所以三极管处于截止状态，*Y*输出为高电平；输入信号*A*若为6V，应保证三极管VT工作在深度饱和状态。又因为V_{CES}=0.3V，所以Y输出为低电平。非门的逻辑功能为“有0出1，有1出0”。

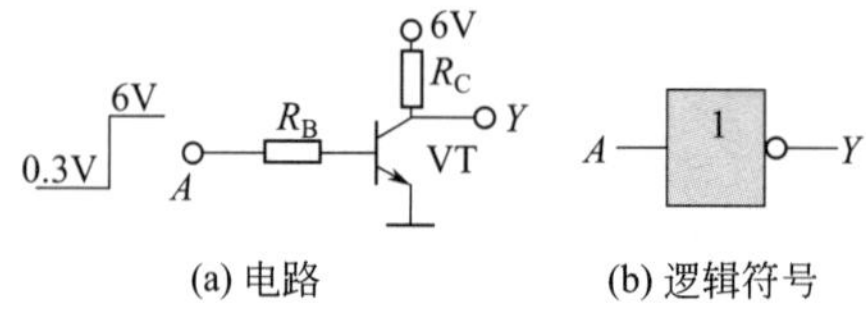

(a) 电路　　(b) 逻辑符号

图4-6　非门电路

非门逻辑关系也可用表4-3表示。

表4-3　非门真值表

A	Y
0	1
1	0

4.2 TTL门电路与MOS门电路

4.2.1 TTL门电路

TTL门电路因输入级和输出级都采用晶体管而得名，即晶体管-晶体管逻辑门电路。TTL门电路具有功耗小、速度快、成本低等优点，是一种使用较为广泛的电路。

（1）TTL与非门　如图4-7所示是TTL与非门的典型电路图，由以下三部分组成。

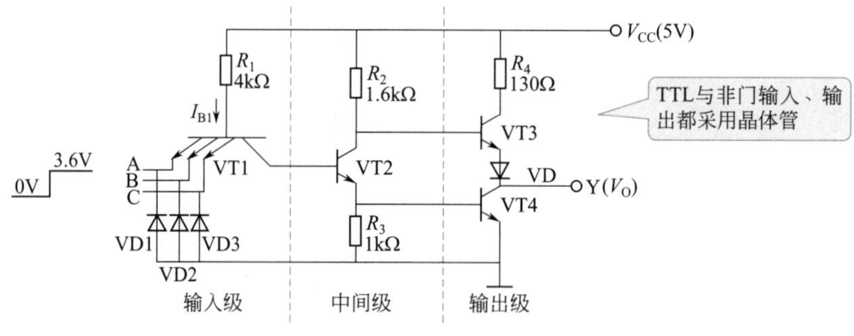

图4-7　TTL与非门

① 输入级　由多发射极三极管VT1，电阻R_1，二极管VD1、VD2、VD3构成。VT1有两个作用：实现逻辑与的功能；使电路工作速度有较大提高。VD1、VD2、VD3是输入端保护二极管，是为抑制输入电压负向过冲而设置的。

② 中间级　由三极管VT2，电阻R_2、R_3组成。VT2的集电极和发射极输出倒相电压，即VT_2集电极输出驱动VT3，发射极输出驱动VT4，以满足输出级互补工作的要求。

③ 输出级　由三极管VT3、二极管VD、三极管VT4构成推拉式输出电路。VT4饱和导通时，VT3和VD截止；VT4截止时，VT3、VD导通，使整个电路输出阻抗降低，工

作速度提高。

（2）工作原理

① 定性分析

a. 输入全接高电平3.6V时，VT1倒置使用，即发射极和集电极颠倒。I_B流入VT2基极，使VT2饱和导通，进而使VT4饱和导通，而VT3和VD截止，输出低电平$V_O=V_{CE3}=0.3V$。

b. 输入端有的接低电平0.3V，则接低电平输入信号的发射结导通，VT1处于特殊深饱和，基极电流I_{B1}流入发射极，因此$I_{B2}=0$，VT2截止，导致VT4截止，而VT3和VD导通，输出高电平$V_O=3.6V$。

② 定量估算

a. $V_I=3.6V$时，电源V_{CC}通过R_1、VT1集电结向VT2、VT4提供基极电流，在参数设计上使VT2和VT3能饱和导通，因此VT2集电极电位V_{C2}为

$$V_{C2}=V_{BE4}+V_{CE4}=0.7V+0.3V=1V$$

b. 输入端中有的接低电平0.3V，VT1接低电平输入信号的发射结导通。

则
$$I_{B1}=\frac{V_{CC}-V_{B1}}{R_1}=\frac{V_{CC}-(0.3V+V_{BE1})}{R_1}=\frac{5V-(0.3V+0.7V)}{4k\Omega}=1mA$$

而$I_{C1}=0$，因此

$$I_{B1}\gg I_{BS1}\left(I_{BS1}=\frac{I_{CS1}}{\beta}\approx 0\right)$$

VT1管处于特殊深饱和，$V_{CE1}=V_{CES}=0.1V$。

因此VT2、VT4必然截止，VT3、VD导通，VT3工作在射极输出状态，V_{CC}通过R_4向VT3提供基极电流。由于VT4截止，只有很小的穿透电流I_{CEO}流过，因而I_{B3}很小，故$V_{B3}=V_{CC}-I_{B3}R_2=V_{CC}=5V$。

$$V_O=V_{CC}-V_{BE3}-V_D=5V-0.7V-0.7V=3.6V$$

由上述分析可得表4-4所示的输入、输出电压关系，按正逻辑规定，可得表4-5所示的真值表。由表4-5可得此TTL电路输入、输出之间的逻辑关系："全1出0，有0出1"。

表4-4　TTL与非门输入、输出电压关系

输入（V_A、V_B、V_C）	输出V_O
全为高（V_H=3.6V）	出低（V_L=0.3V）
有低（V_L=0.3V）有高（V_H=3.6V）	出高（V_H=3.6V）
全低（V_L=0.3V）	出高（V_H=3.6V）

表4-5　与非门真值表

A	B	C	Y
0	0	0	1
0	0	1	1
0	1	0	1

续表

A	B	C	Y
0	1	1	1
1	0	0	1
1	0	1	1
1	1	0	1
1	1	1	0

（3）电气特性　反映输出电压随输入电压变化的关系曲线，叫做电压传输特性曲线，简称为电压传输特性，如图4-8所示。

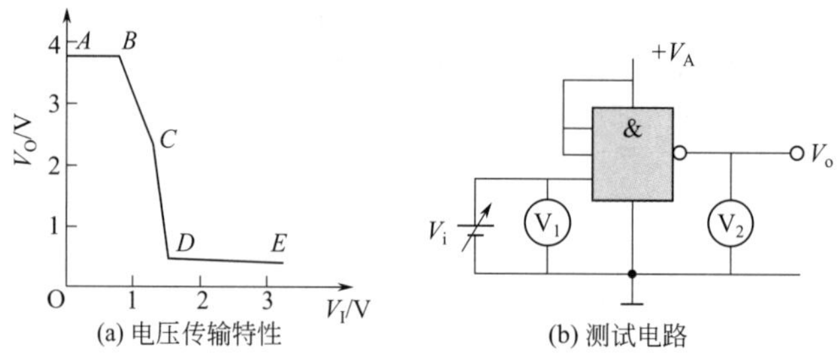

(a) 电压传输特性　(b) 测试电路

图4-8　TTL与非门测试电路及电压传输特性

① 曲线分析　AB段：V_I<0.6V，V_{B1}<1.3V，VT2和VT4截止，VT3导通，输出电压V_O保持高电平V_{OH}，V_O不随V_I的变化而变化。此段称为截止区。

BC段：0.7V<V_I<1.3V，VT2导通，但VT4仍然截止。VT2导通工作在放大区，V_O随V_I的增加而线性减小，此段称为线性区。

CD段：当V_I增加到接近1.4V并继续增加时，VT4也开始导通，V_O急剧降低至V_{O2}，此段称为转折区。转折区中点对应的输入电压称为阈值电压或门槛电压，用V_{TH}表示。

DE段：此时V_I>1.4V，VT2、VT4均饱和导通，VT3、VD截止，V_O保持在低电平V_{O2}，不随V_I变化，这一段为饱和区。

② 输入端噪声容限　在TTL门电路中，标准低电平值是0.3V，标准高电平值是3.6V。从电压传输特性上可以看到，当输入信号偏离正常的低电平（0.3V）而上升时，输出的高电平并不立刻改变。同样，输入信号偏离正常的高电平（3.6V）而降低时，输出的低电平也不会立刻改变。因此允许输入的高、低电平信号各有一个波动范围。在保证输出高、低电平基本不变（或者说变化的大小不超过允许限度）的条件下，输入电平的允许波动范围称为噪声容限。噪声容限愈大，其抗干扰能力愈强。

图4-9所示为输入端噪声容限示意图。为了正确区分1和0这两个逻辑状态，首先规定了输出高电平的下限V_{OHmin}和输出低电平上限V_{OLmax}。同时，又根据V_{OHmin}从电压传输特性上定出输入低电平的上限V_{ILmax}，且根据V_{OLmax}定出输入高电平的下限V_{IHmin}。在将许多门电路组成数字门电路时，前一级门电路的输出，就是后一级门电路的输入。G2输入高

电平信号的最小值，就是G1输出高电平信号的最小值，即V_{OHmin}，因此G2输入为高电平时，噪声容限

$$V_{NH}=V_{OHmin}-V_{IHmin}$$

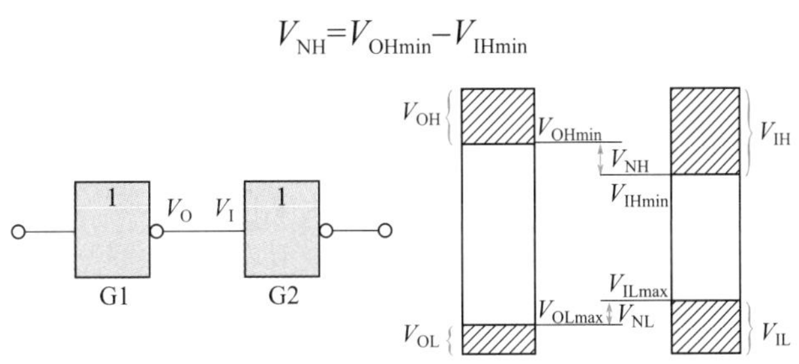

图4-9　输入端噪声容限示意图

同理，G2输入低电平信号的最大值，就是G1输出低电平信号的最大值，即V_{OLmax}，因此，G2输入为低电平时，噪声容限

$$V_{NL}=V_{ILmax}-V_{OLmax}$$

对于TTL系列门电路来说，V_{OHmin}=2.4V，V_{OLmax}=0.4V，V_{IHmin}=2V，V_{ILmax}=0.8V，所以$V_{NH}=V_{NL}$=0.4V。

（4）其他类型的TTL门电路　TTL门电路除与非门外，还有与门、或门、非门、或非门、集电极开路门和三态门等多种电路形式。与门、或门等是在与非门电路的基础上，在电路内部稍作改动而得到的，在此不再赘述。下面介绍两种计算机中用得较多的特殊电路：集电极开路门（OC门）及三态门（TS门）。

① 集电极开路门（OC门）　虽然推拉式输出电路结构具有输出电阻很低的优点，但使用时有一定的局限性。

首先，其输出端是不允许长久接地或与电源短接的。如图4-10（a）所示，TTL门的推拉输出级接地，若电路使VT3导通，VT4截止，则会有一个大电流长时间流过VT3、VD，使它们过流烧毁。如图4-10（b）所示，TTL的推拉输出级接电源，若电路输入使VT3、VD截止，VT4饱和导通，也会长时间有大电流流过VT4，使它烧毁。

其次，推拉式输出电路的输出端不能并联使用，如图4-11所示，如果门1输入使其VT3、VD导通，VT4截止，门2输入使其VT3、VD截止，VT4导通饱和，就会有一个大电流从门1的R_4、VT3、VD经Y_1流入Y_2及门2的VT4到地。这个电流值远远超过正常的工作电流，可使门电路损坏。

再次，在采用推拉式输出级的门电路中，电源一经确定，输出的高电平也就确定了，无法满足对不同输出高低电平的需要。此外，推拉式电路结构也不能满足驱动较大电流、较大电压负载的要求。

为了克服上述局限性，把输出级改为集电极开路的三极管结构，做成集电极开路的门电路，简称OC门。

图4-12给出了OC门的电路结构和符号。输出管VT4集电极开路，相当于TTL与非门中VT3、VD、R_4去掉了，此电路也具有与非逻辑功能“全高出低，有低出高”，只是输出端须外接上拉电阻R_P及电源E_P。

OC门实现“线与”逻辑：线与，即用导线将两个或两个以上的OC门输出端连接在一起，其总输出为各个OC门输出的逻辑与。

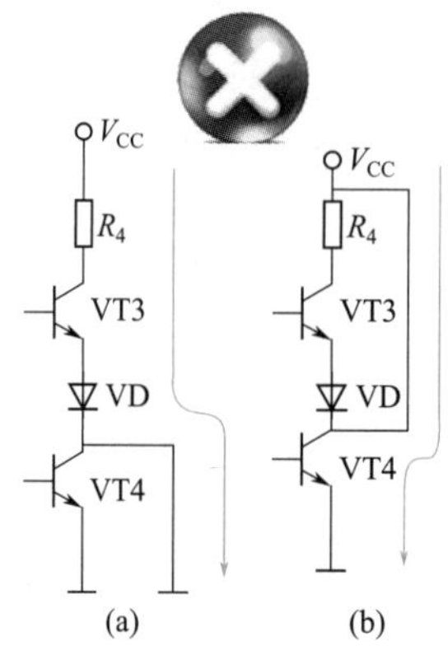

图4-10　TTL输出端的错误连接

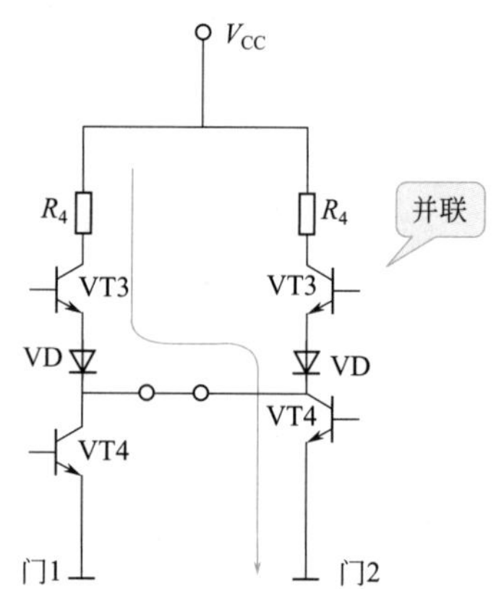

图4-11　TTL门输出端并联

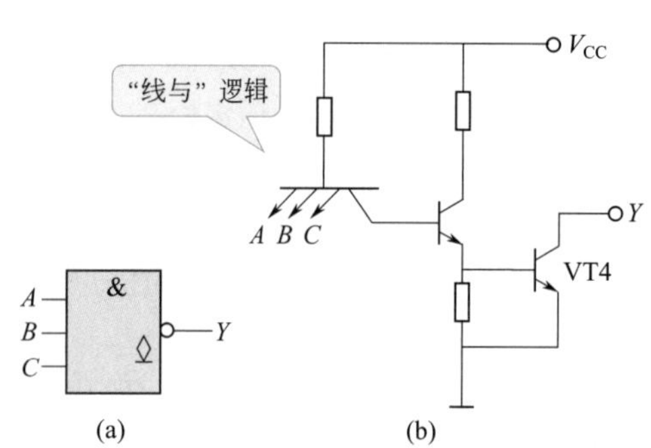

图4-12　OC门电路结构和符号

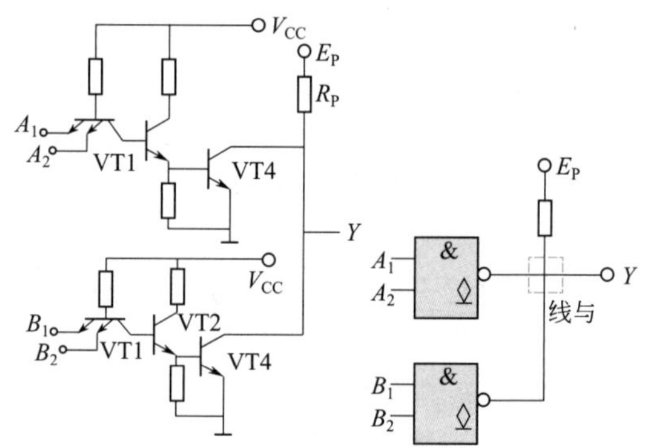

图4-13　OC门输出并联的接法及逻辑图

如图4-13所示，只有A_1、A_2同时为高电平时VT4才导通，Y_1输出低电平，因此$Y_1=\overline{A_1A_2}$；同理，$Y_2=\overline{B_1B_2}$，Y_1、Y_2有一个是低电平，Y就为低电平；只有Y_1、Y_2同为高电平时，Y才是高电平，即$Y=Y_1 \cdot Y_2$。

因为

$$Y=Y_1 \cdot Y_2=\overline{A_1A_2} \cdot \overline{B_1B_2}$$
$$=\overline{A_1A_2+B_1B_2}$$

所以两个OC结构的与非门线与连接可得到与或非的逻辑功能。

② 三态门（TS门）　三态门，是在普通门的基础上，加上使能控制信号和控制电路构成的。

三态输出门有三种状态：高电平V_{OH}、低电平V_{OL}（工作态）以及高阻抗状态（禁止态）。

- 电路组成及工作原理。如图4-14（a）所示，控制端E/D=0时，VT6截止，VT5、VT6、VD1构成的电路对原TTL与非门不产生影响，因此$Y=\overline{AB}$，即此电路处于工作态。
- 控制端E/D=1时，VT6饱和导通，VD1也导通，则$V_{C1}=V_{CE6}+V_{D1}$=0.3V+0.7V=1V，而

基本与非门一个输入端连在VT6集电极上，相当于基本与非门输入低电平，使VT2、VT4截止。因为V_{C2}=1V，VT3、VD2不能导通，也处于截止状态。此时Y处于高阻悬浮状态，即禁止态。

图4-14表示三态门在E/D=0时为工作态，E/D=1时为禁止态。但图4-15与图4-14有所不同，此三态门表示在E/D=1时为工作态，E/D=0时为禁止态。

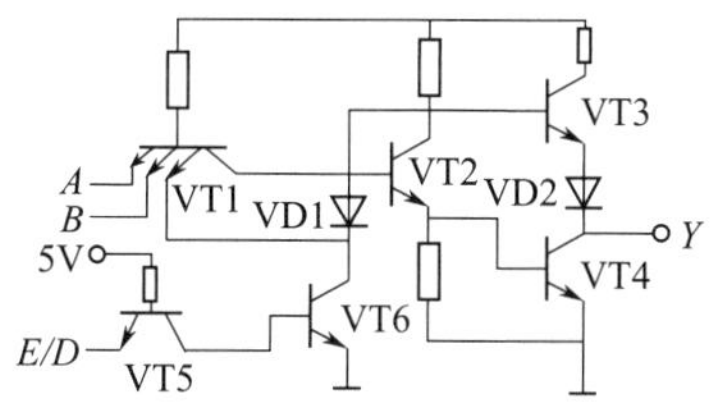

图4-14　三态门电路及符号

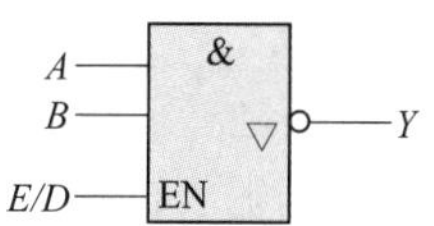

图4-15　三态门符号

注意：在三态门逻辑符号中，控制端有小圆圈的为低电平有效，即在控制端加高电平信号时为禁止态，加低电平时为工作态；控制端无小圆圈的则为高电平有效，即控制端加高电平信号时为工作态，加低电平信号时为禁止态。

- 应用举例。

a.用作多路开关。如图4-16（a）所示，将两个三态门并联起来，E/D是整个电路的使能端。当E/D=0时，G1工作，G2禁止，$Y=\overline{A_1}$；当E/D=1时，G1禁止，G2工作，$Y=\overline{A_2}$。G1、G2构成两个开关，根据需要将A_1或A_2反相后送到输出端。

b.用于构成单向数据总线。如图4-16（b）所示在任何时刻，n个三态门中仅允许其中一个E/D为0，而其他门的控制输入端都为1，即输入为0的三态门处于工作态，其他门都处于高阻态，此门相应的数据A_i就被反相后送上总线传送出去。

c.用于构成双向数据总线。如图4-16（c）所示，当控制端E/D=1时，G1处于工作态，G2处于禁止态，将数据输入信号A_1反相后送到数据总线BUS；当E/D=0时，G1处于禁止态，G2处于工作态，就将数据总线的BUS上的信号A_1反相后送到A_2。这样就可以通过改变控制信号E/D状态，实现分时地进行数据双向传送。

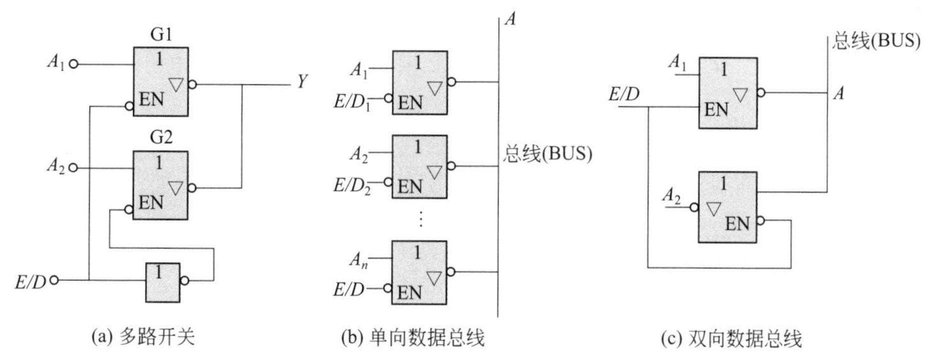

图4-16　三态门应用举例

4.2.2 MOS门电路

MOS门电路是采用半导体场效应管作为开关元件的数字集成电路，根据电路中选用MOS管的不同，可分为PMOS、NMOS、CMOS三种类型。PMOS电路是早期产品，其结构简单，易于制造，但其开关速度低，且采用负电源，不便于与TTL电路连接，所以其应用受到限制；NMOS电路工作速度高，集成度高，且采用正电源，便于和TTL电路连接，NMOS工艺较适用于大规模集成电路，但不适宜制成逻辑门；CMOS电路是用P沟道增强型MOS管和N沟道增强型MOS管按照互补对称形式连接起来构成的，且这种电路具有电压控制、功耗极小、连接方便等优点，特别适用于通用逻辑电路设计，是目前应用最为广泛的集成电路之一。下面着重讨论CMOS门电路。

（1）CMOS反相器 CMOS反相器电路如图4-17所示。它是由两只增强型MOS管组成的，其中VT1为NMOS管，VT2为PMOS管。

NMOS管的栅源开启电压V_{TN}为正值，PMOS管的栅源开启电压V_{TP}为负值。

当$V_I=V_{II}=0V$时，$V_{GS1}=0$，因此VT1截止，而$|V_{GS2}|>|V_{TP}|$，因此VT2导通，且导通内阻很低，$V_O=V_{OH}=V_{DD}$，输出为高电平。

当$V_I=V_{II}=V_{DD}$时，$V_{GS1}=V_{DD}>V_{TN}$，VT1导通，而$V_{GS2}=0<|V_{TP}|$，所以VT2截止，此时$V_O=V_{O2}=0$，输出为低电平。

由上述分析可知，CMOS反相器实现了逻辑非的功能。

CMOS反相器的电压传输特性　如图4-18所示，该特性曲线大致分为三段。

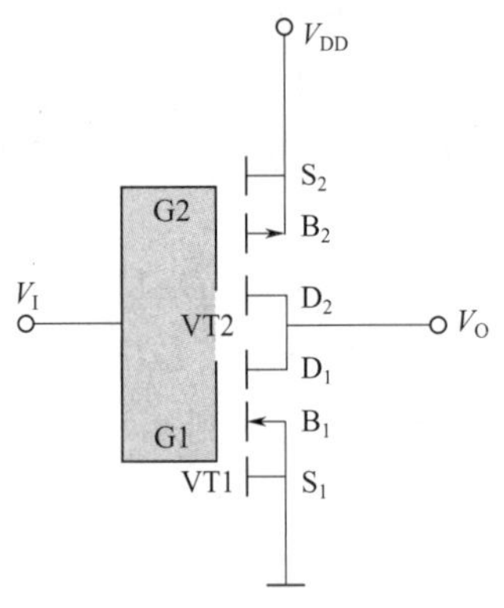

图4-17　CMOS反相器

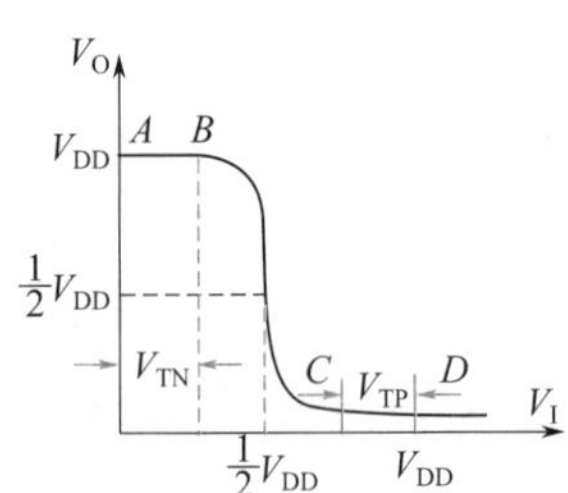

图4-18　CMOS反相器电压传输特性

*AB*段：由于$V_I<V_{TN}$，而$|V_{GS2}|>|V_{TP}|$，所以VT1截止，VT2导通，$V_O=V_{OH}=V_{DD}$。

*CD*段：由于$V_I>V_{DD}-|V_{TP}|$，使$|V_{GS2}|<|V_{TP}|$，所以VT2截止，而$V_{GS1}>V_{TN}$，VT1导通，$V_O=V_{O2}=0$。

*BC*段：$V_{TN}<V_I<V_{DD}-|V_{TP}|$，由于$V_{GS1}>V_{TN}$，$|V_{GS2}|>|V_{TP}|$，VT1、VT2同时导通，若VT1、VT2的参数完全对称，则$V_I=1/2V_{DD}$时两管导通内阻相等，$V_D=1/2V_{DD}$，即工作电压传输特性转折区的中点，因此阈值电压$V_{TH}=1/2V_{DD}$。

（2）CMOS逻辑门 以CMOS反相器为基础，可以构成各种CMOS逻辑门。下面着重介绍与非门和或非门。

① 与非门　图4-19所示为CMOS与非门电路，由两只PMOS管和两只NMOS管构成。PMOS管VT3和VT4并联作为负载管组，NMOS管VT1和VT2串接作为工作管组。$A=B=0$时，VT1和VT2截止，VT3和VT4导通，$Y=1$；$A=1$，$B=0$或$A=0$，$B=1$时，VT2与VT1中有一个截止，VT3和VT4中有一个导通，$Y=1$；$A=B=1$时，VT1与VT2导通，VT3和VT4截止，$Y=0$。

综合以上分析可知，该电路具有与非逻辑功能，逻辑表达式为$Y=\overline{AB}$。

② 或非门　图4-20为CMOS或非门，两只NMOS管并接，两只PMOS管串接，$A=B=0$时，VT1、VT2截止，VT3、VT4导通，$Y=1$；$A=1$，$B=0$或$A=0$，$B=1$时，VT1、VT2中有一个导通，VT3和VT4中有一个截止，$Y=0$；$A=B=1$时，VT1、VT2导通，VT3和VT4截止，$Y=0$。

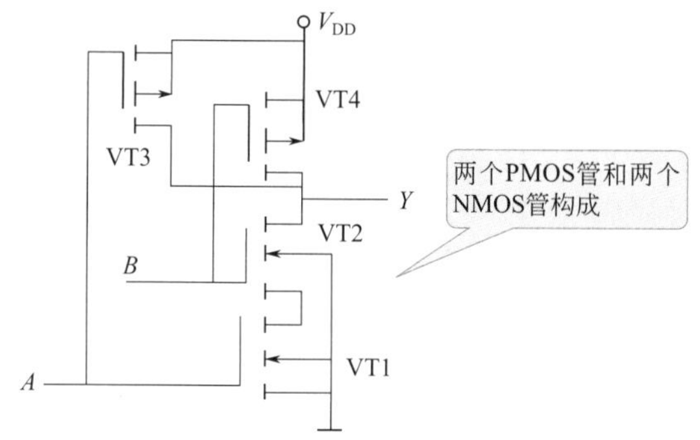

图4-19　CMOS与非门

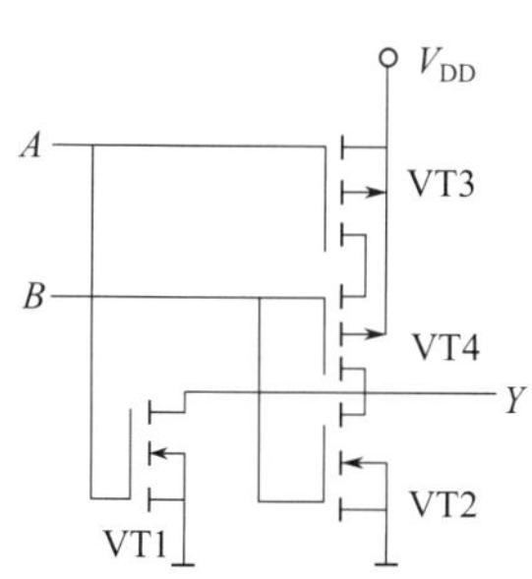

图4-20　CMOS或非门

综合以上分析可知，该电路具有或非功能，逻辑表达式$Y=\overline{A+B}$。

（3）CMOS传输门　如图4-21（a）所示是CMOS传输门的电路图，它由一只NMOS管和一只PMOS管并联而成，两管的源极和漏极分别相连作为传输门的输入端和输出端。由于MOS管结构对称，所以信号可双向传输，CP、$\overline{CP}$是控制信号。

当$CP=1$，$\overline{CP}=0$，CP端为高电压V_{DD}，$\overline{CP}$端为低电平0V时，VT_P、VT_N均导通，传输门开通，$V_O=V_I$，V_I为0V到V_{DD}的任意电压。

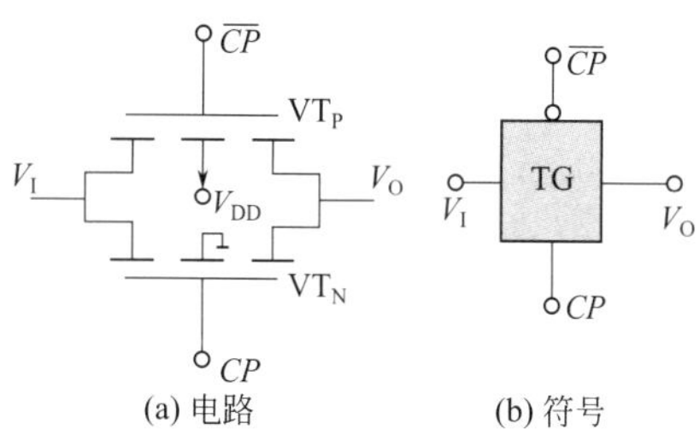

图4-21　CMOS传输门电路和符号

当$CP=0$，$\overline{CP}=1$即CP端为0V，$\overline{CP}$端为高电平V_{DD}时，VT_P、VT_N均截止，传输门截止，V_I不能通过此传输门送至V_O，输入和输出之间断开。

（4）CMOS三态门　从逻辑功能和应用角度来说，三态输出的CMOS门电路和TTL电路中的三态输出门电路没有什么区别，但在电路结构上，CMOS的三态输出门电路要简单得多，如图4-22所示为CMOS三态门的电路和逻辑符号。

$\overline{EN}=1$，即高电平V_{DD}时，VT_{P2}、VT_{N2}同时截止，输出呈高阻状态。

$\overline{EN}=0$，即低电平0V时，VT_{P2}、VT_{N2}同时导通，VT_{P1}、VT_{N1}构成反相器，$Y=A$。$A=1$时$Y=0$；$A=0$时$Y=1$。

综上分析可知，图4-22（a）所示电路其输出端Y有低电平、高电平、高阻三种状态。图4-22（b）为其逻辑符号。

注意：CMOS三态门逻辑符号与TTL三态门逻辑符号约定是相同的，控制端有小圆圈为低电平有效，也就是在控制端加高电平信号时为禁止态，加低电平信号时为工作态；控制端无小圆圈则为高电平有效，也就是在控制端加高电平信号时为工作态，加低电平信号时为禁止态。

（5）CMOS漏极开路门（OD门） 如图4-23所示为OD门的电路和符号，OD门主要有以下特点。

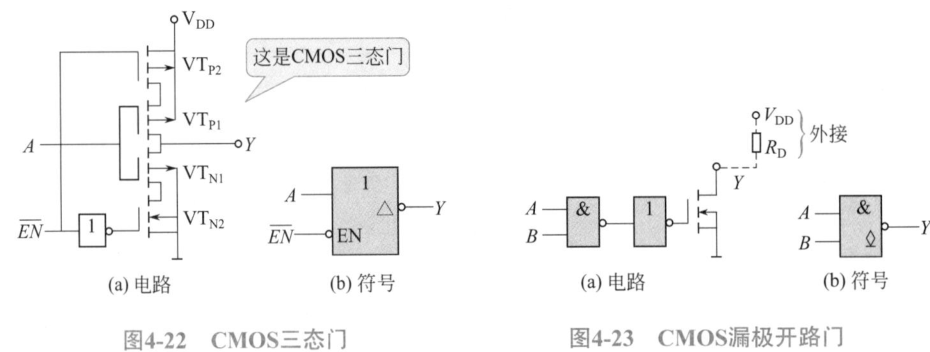

图4-22 CMOS三态门

图4-23 CMOS漏极开路门

① 输出MOS管的漏极是开路的，工作时必须外接V_{DD}和R_D电路才能工作，实现$Y=\overline{AB}$，否则不能工作。

② 可以实现多与，即把几个OD门的输出端直接连接在一起实现与运算，与OC门相似。

③ 可以用在输出缓冲/驱动器或用于输出电平的转换。

（6）CMOS电路使用注意事项 尽管CMOS和大多数MOS电路输入有保护电路，但这些电路吸收瞬变能量有限，太大的瞬变信号会破坏保护电路，甚至破坏电路的工作。为防止这种现象发生，应注意以下几点。

① 焊接时，电烙铁外壳应接地。

② 器件插入或拔出插座时，所有电压均需除去。

③ 不用的输入端应根据逻辑要求的不同接高电平或低电平。

④ 输出级所接电容负载不能大于500pF，否则会因输出功率过大而损坏电路。

4.3 常用数字集成电路

数字集成电路是将元器件和连线集成于同一半导体芯片上而制成的数字逻辑电路或系统。根据数字集成电路中包含的门电路或元、器件数量，可将数字集成电路分为小规模集成（SSI）电路、中规模集成（MSI）电路、大规模集成（LSI）电路、超大规模集成（VLSI）电路和特大规模集成（ULSI）电路。小规模集成电路包含的门电路在10个以内，

或元器件数不超过100个；中规模集成电路包含的门电路在10～100个，或元器件数在100～1000个；大规模集成电路包含的门电路在100个以上，或元器件数在10^3～10^5个；超大规模集成电路包含的门电路在1万个以上，或元器件数在10^5～10^6；特大规模集成电路的元器件数在10^6～10^7。

4.3.1　门电路构成的多谐振荡器的基本原理

非门作为一个开关倒相器件，可用以构成各种脉冲波形的产生电路。电路的基本工作原理是利用电容器的充放电，当输入电压达到与非门的阈值电压V_T时，门的输出状态即发生变化。因此，电路输出的脉冲波形参数直接取决于电路中阻容元件的数值。

（1）不对称多谐振荡器　非对称型多谐振荡器的输出波形是不对称的，当用TTL与非门组成时，输出脉冲宽度$t_{w1}=RC$，$t_{w2}=1.2RC$，$T=2.2RC$。

调节R和C值，可改变输出信号的振荡频率，通常用改变C实现输出频率的粗调，改变电位器R实现输出频率的细调，如图4-24所示。

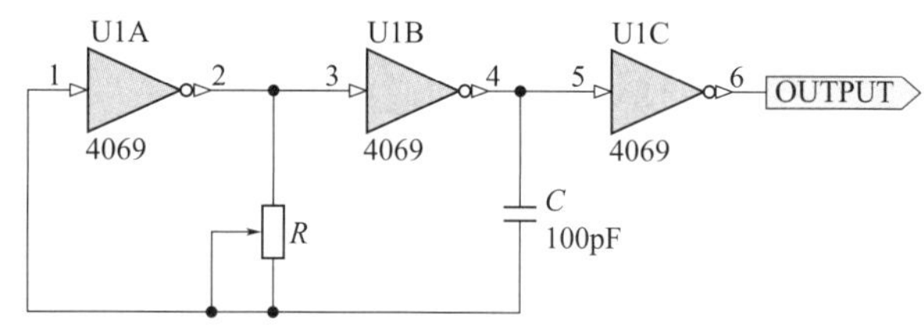

图4-24　不对称多谐振荡器

（2）对称多谐振荡器　电路完全对称，电容器的充放电时间常数相同，故输出为对称的方波。改变R和C的值，可以改变输出振荡频率。非门3用于输出波形整形。

一般取$R\leqslant 1\text{k}\Omega$，当$R_1=R_2=1\text{k}\Omega$，$C_1=C_2=100\text{pf}$～$100\mu\text{f}$时，$f$可在Hz～MHz级变化。脉冲宽度$t_{w1}=t_{w2}=0.7RC$，$T=1.4RC$，如图4-25所示。

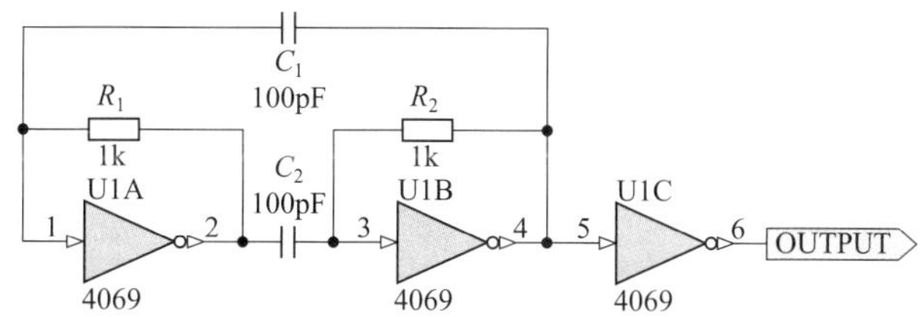

图4-25　对称多谐振荡器

（3）CD4069反相器及工作原理　CD4069是六反相器电路，由六个COS/MOS反相器电路组成。此器件主要用作通用反相器、即用于不需要中功率TTL驱动和逻辑电平转换的电路中（非门，1输入、1输出），主要用于数字电路中反相。其外形如图4-26所示，引脚图和内部结构如图4-27所示。

反相器是逻辑电路的一种芯片，输入高电平输出低电平，输入低电平输出高电平。

图4-26　CD4069外形

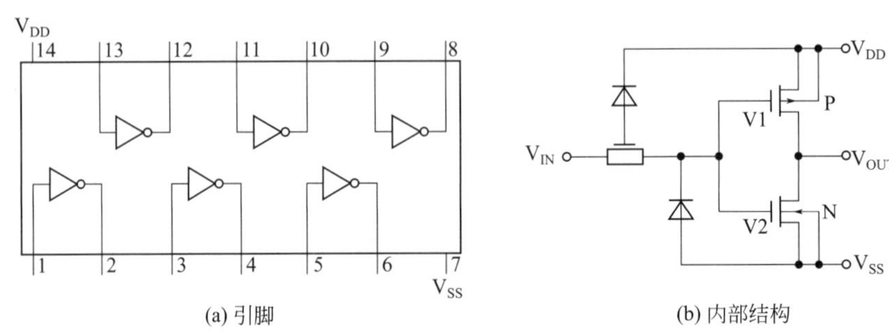

(a) 引脚　　(b) 内部结构

图4-27　CD4069引脚图与内部结构图

① 反相器可以将输入信号的相位反转180°，这种电路应用在模拟电路，如音频放大、时钟振荡器等。在电子线路设计中，经常要用到反相器。

② CD4069中CMOS反相器由两个增强型MOS场效应管组成，其中V1为NMOS管，称驱动管，V2为PMOS管，称负载管。NMOS管的栅源开启电压U_{TN}为正值，PMOS管的栅源开启电压是负值，其数值范围在2～5V。为了使电路能正常工作，要求电源电压U_{DD}>>（U_{TN}+|U_{TP}|）。U_{DD}可在3～18V工作，其适用范围较宽。

4.3.2　555定时器构成的多谐振荡器

（1）555定时器　555定时器由电阻分压器、电压比较器、基本RS触发器、输出缓冲反相器、集电极开路输出三极管组成，其结构和外形如图4-28所示。检测与制作、应用可扫二维码学习。

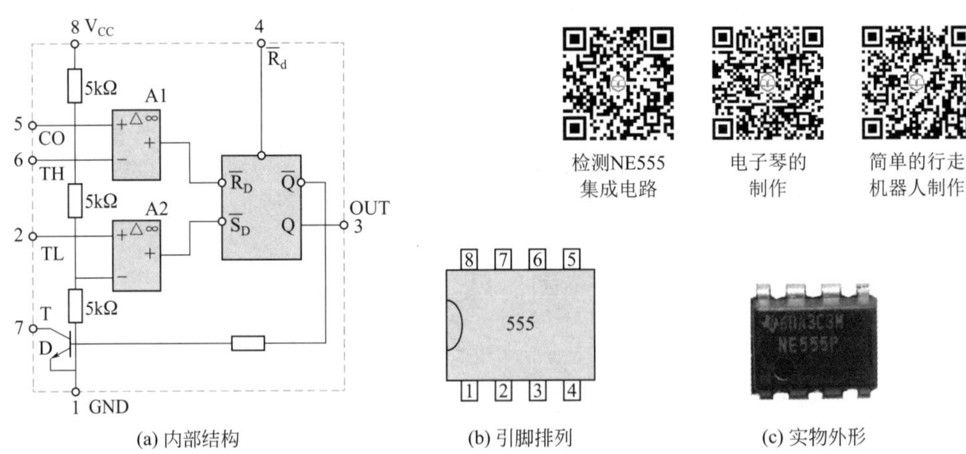

(a) 内部结构　　(b) 引脚排列　　(c) 实物外形

图4-28　555定时器结构和外形图

（2）用555定时器组成多谐振荡器　工作原理如图4-29所示。

① 电路第一暂态，输出为1。电容充电，电路转换到第二暂态，输出为0。

② 电路第二暂稳态，电容放电，电路转换到第一暂态。

③ 555定时器组成多谐振荡器，工作波形与振荡频率计算：

$$t_{PL}=R_2C\ln 2\approx 0.7R_2C$$

$$t_{pH}=(R_1+R_2)C\ln 2\approx 0.7(R_1+R_2)C$$

$$f=\frac{1}{t_{PL}+t_{PH}}\approx\frac{1.43}{(R_1+2R_2)C}$$

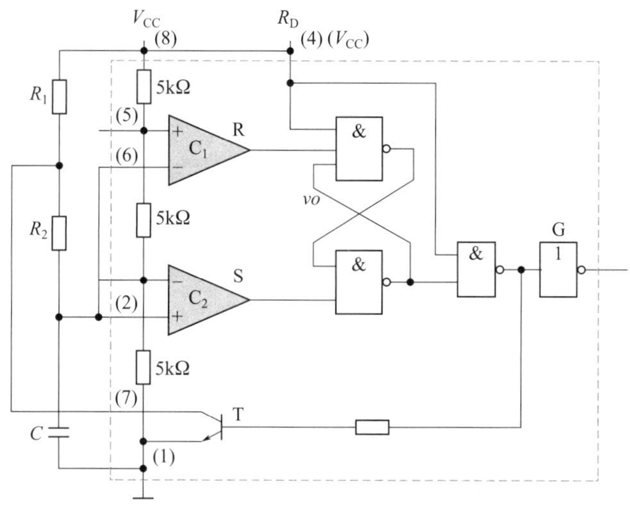

图4-29　用555定时器组成多谐振荡器的原理图

其波形如图4-30所示。

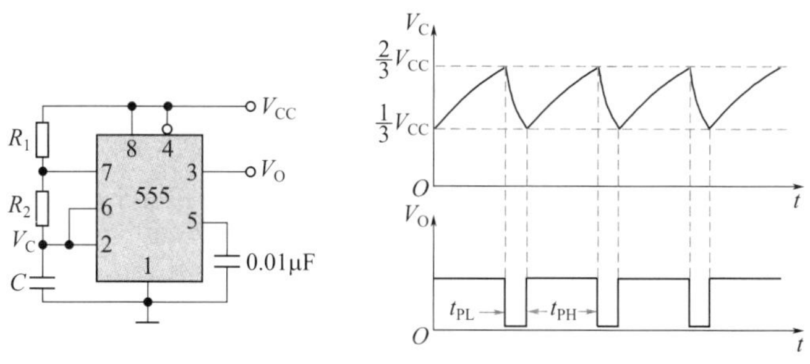

图4-30　555定时器组成多谐振荡器的振荡波形

4.3.3　74LS147组成优先编码器

当有两个或两个以上的信号同时输入编码电路，电路只能对其中一个优先级别高的信号进行编码，即允许几个信号同时有效，但电路只对其中优先级别高的信号进行编码，而对其他优先级别低的信号不予理睬。以74LS147为例介绍8421BCD码优先编码器的功能。

10线-4线8421BCD码优先编码器74LS147的功能表见表4-6。74LS147的引脚和实物图如图4-31所示，其中第9脚为空。74LS147优先编码器有9个输入端和4个输出端。某个输入端为0，代表输入某一个十进制数。当9个输入端全为1时，代表输入的是十进制数0。4个输出端反映输入十进制数的BCD码编码输出。

表4-6　74LS147的功能表

输入（低电平有效）									输出（8421反码）			
$\overline{I_9}$	$\overline{I_8}$	$\overline{I_7}$	$\overline{I_6}$	$\overline{I_5}$	$\overline{I_4}$	$\overline{I_3}$	$\overline{I_2}$	$\overline{I_1}$	$\overline{Y_3}$	$\overline{Y_2}$	$\overline{Y_1}$	$\overline{Y_0}$
1	1	1	1	1	1	1	1	1	1	1	1	1
0	×	×	×	×	×	×	×	×	0	1	1	0
1	0	×	×	×	×	×	×	×	0	1	1	1
1	1	0	×	×	×	×	×	×	1	0	0	0
1	1	1	0	×	×	×	×	×	1	0	0	1
1	1	1	1	0	×	×	×	×	1	0	1	0
1	1	1	1	1	0	×	×	×	1	0	1	1
1	1	1	1	1	1	0	×	×	1	1	0	0
1	1	1	1	1	1	1	0	×	1	1	0	1
1	1	1	1	1	1	1	1	0	1	1	1	0

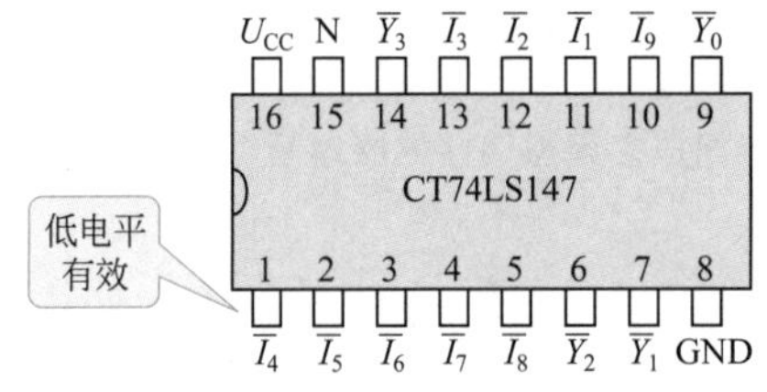

图4-31　74LS147引脚和实物图

74LS147优先编码器的输入端和输出端都是低电平有效，即当某一个输入端低电平0时，4个输出端就以低电平0输出其对应的8421BCD编码。当9个输入全为1时，4个输入出也全为1，代表输入十进制数0的8421BCD编码输出。

4.3.4　译码器电路

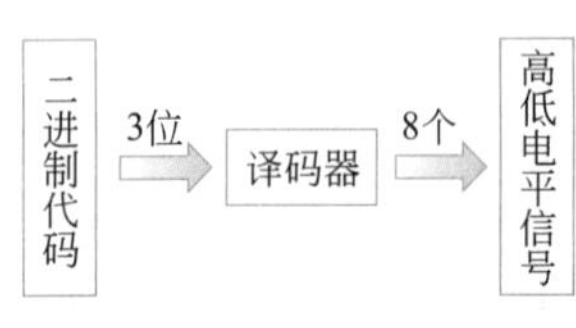

图4-32　二进制译码器

译码是编码的反过程，它是将代码的组合译成一个特定的输出信号。二进制译码器如图4-32所示。数字电路中的译码器的逻辑功能就是将输入的二进制代码转译成各路高、低电平信号输出。三位二进制译码器有3个输入信号，可以用三位二进制代码组成8种不同的状态，三位二进制译码器的功能是将每个输入代码转译成8条输出线上不同的高、低电平信号，因此有时也称这种译码器为3线-8线译码器，如图4-33所示。

这里以74LS139为例介绍。74LS139是双2/4线译码器，A_0、A_1是输入端，Y_0 ~ Y_3是输出端，S是使能端，当S=0时译码器工作，输出低电平有效，其引脚排列和实物如图4-34所示。其真值表和逻辑图如图4-35所示。

输入			输出							
A	B	C	Y_0	Y_1	Y_2	Y_3	Y_4	Y_5	Y_6	Y_7
0	0	0	1	0	0	0	0	0	0	0
0	0	1	0	1	0	0	0	0	0	0
0	1	0	0	0	1	0	0	0	0	0
0	1	1	0	0	0	1	0	0	0	0
1	0	0	0	0	0	0	1	0	0	0
1	0	1	0	0	0	0	0	1	0	0
1	1	0	0	0	0	0	0	0	1	0
1	1	1	0	0	0	0	0	0	0	1

图4-33　三位二进制译码器状态表

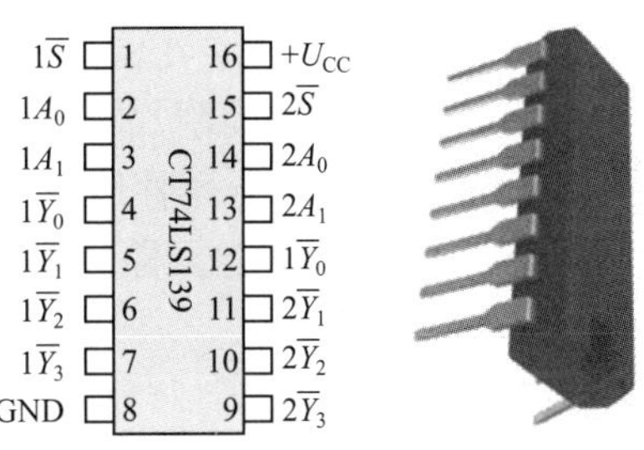

图4-34　74LS139引脚排列

输入			输出			
$\overline{S}$	A_1	A_0	$\overline{Y}_3$	$\overline{Y}_2$	$\overline{Y}_1$	$\overline{Y}_0$
1	×	×	1	1	1	1
0	0	0	1	1	1	0
0	0	1	1	1	0	1
0	1	0	1	0	1	1
0	1	1	0	1	1	1

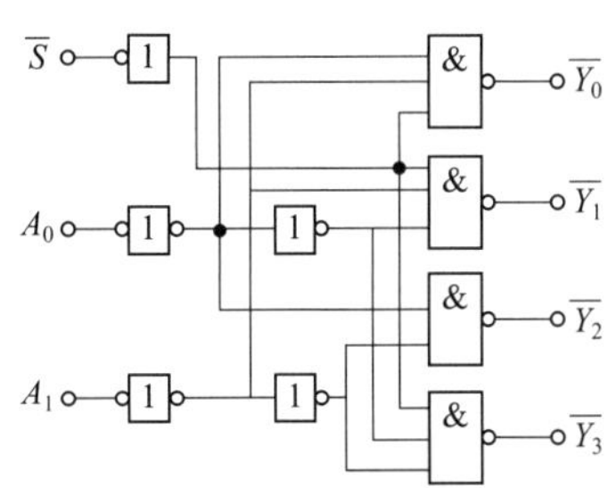

图4-35　74LS139真值表和逻辑图

4.3.5　同步计数器

（1）同步计数器特点　同步计数器：计数脉冲同时接到各位触发器，各触发器状态的变换与计数脉冲同步。同步计数器由于各触发器同步翻转，因此工作速度快。但接线较复杂。

（2）同步计数器组成原则　根据翻转条件，确定触发器级间连接方式。找出J、K输入端的连接方式。表4-7为二进制加法计数器状态表。

以三位同步二进制加法计数器为例，从状态表可看出：最低位触发器F0每来一个脉冲就翻转一次；F1当Q_0=1时，再来一个脉冲则翻转一次；F2当Q_0=Q_1=1时，再来一个脉冲则翻转一次。其电路图如图4-36所示。

在计数脉冲同时加到各位触发器上时，当每个到来后触发器状态是否改变要看J、K

表4-7　二进制加法计数器状态表

脉冲数 (C)	二进制数		
	Q_2	Q_1	Q_0
0	0	0	0
1	0	0	1
2	0	1	0
3	0	1	1
4	1	0	0
5	1	0	1
6	1	1	0
7	1	1	1
8	0	0	0

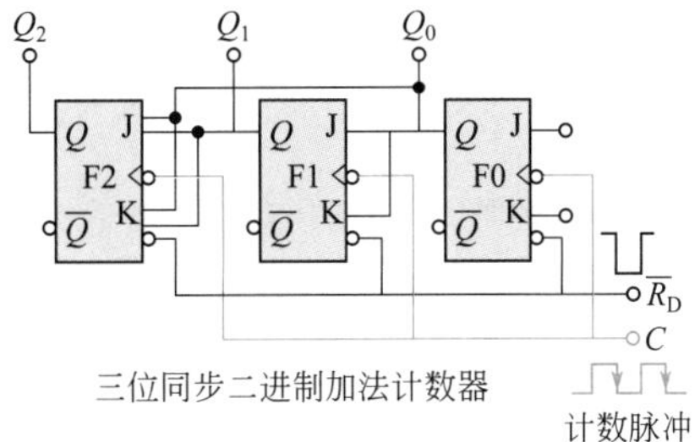

图4-36　三位同步二进制加法计数器电路图

的状态。

（3）实际集成电路芯片74LS161同步计数器　74LS161的核心功能是二进制计数器，由四个JK触发器组成。它的附加功能是可以同步置数、异步清零，另外还有两个计数控制端。异步清零：CR=0，无条件地在任何情况下使所有输出端Q为0。

同步置数：LD=0，不能立即置数，必须加一个条件，在时钟CP的上升沿，才能将D_0～D_3的数据置入Q_0～Q_3。

计数控制端CTT、CTP全为1时才能计数，否则保持。

CTT与CTP有区别，CTT对溢出端CO有影响，在多个74LS161级联使用时非常有用。

CO= $Q_0^n Q_1^n Q_2^n Q_3^n$

① 74LS161引脚功能　74LS161是常用的四位二进制可预置的同步加法计数器，可以灵活运用在各种数字电路及单片机系统中实现分频器等很多重要的功能，其引脚及实物如图4-37所示。

时钟CP和四个数据输入端P_0～P_3清零/MR使能CEP，CET置数PE数据输出端Q_0～Q_3。

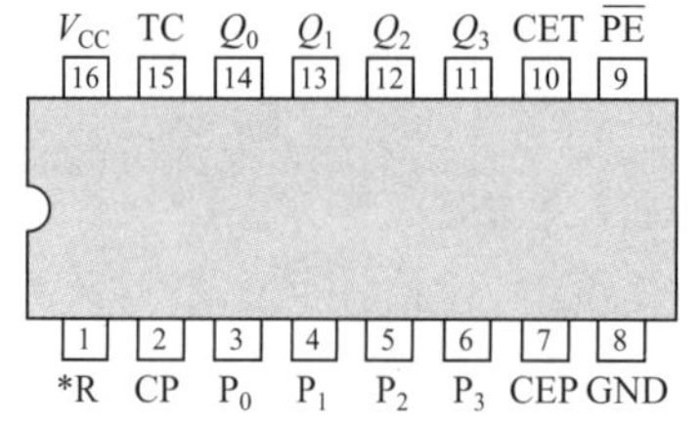

图4-37　74LS161引脚外形

② 74LS161真值表　如表4-8所示，其功能如下所述。

表4-8　74LS161真值表

输入									输出			
$\overline{CR}$	$\overline{LD}$	CTr	CTP	CP	D_0	D_1	D_2	D_3	Q_0	Q_1	Q_2	Q_3
0	×	×	×	×	×	×	×	×	0	0	0	0
1	0	×	×	↑	d0	d1	d2	d3	d0	d1	d2	d3
1	1	1	1	↑	×	×	×	×	计　数			
1	1	0	×	×	×	×	×	×	计　数			
1	1	×	0	×	×	×	×	×	计　数			

注：Q_{CC}=CTr · Q_1 · Q_2 · Q_3 · Q_4

从74LS161真值表中可以知道，当清零端CR=“0”，计数器输出Q_3、Q_2、Q_1、Q_0立即为全“0”，这个时候为异步复位功能。当CR=“1”且LD=“0”时，在CP信号上升沿作用后，74LS161输出端Q_3、Q_2、Q_1、Q_0的状态分别与并行数据输入端D_3、D_2、D_1、D_0的状态一样，为同步置数功能。而只有当CR=LD=EP=ET=“1”、CP脉冲上升沿作用后，计数器加1。74LS161还有一个进位输出端CO，其逻辑关系是CO=Q_0 · Q_1 · Q_2 · Q_3 · CET。

合理应用计数器的清零功能和置数功能，一片74LS161可以组成16进制以下的任意进制分频器。

4.3.6 异步计数器

异步计数器电路的特点是结构简单，速度慢。异步计数器的各个触发器的时钟端不是相连的，也就是说，各个触发器使用不同的时钟、在不同的时刻改变状态。因此异步电路的分析比同步电路要复杂一些。

（1）异步计数器组成原则　必须满足二进制加法原则：逢二进一（1+1=10，即Q由1加1→0时有进位）。

各触发器应满足两个条件：

- 每当CP有效触发沿到来时，触发器翻转一次，即用T′触发器。
- 控制触发器的CP端，只有当低位触发器Q由1→0（下降沿）时，应向高位CP端输出一个进位信号（有效触发沿），高位触发器翻转，计数加1。

由JK触发器组成四位异步二进制加法计数器电路如图4-38所示。

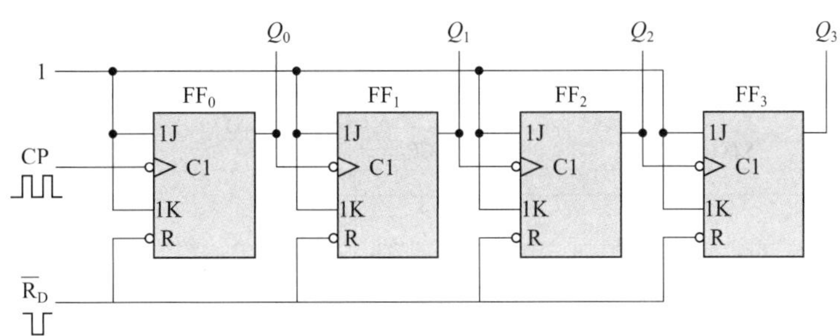

图4-38　二进制加法计数器

工作原理：异步置0端上加负脉冲，各触发器都为0状态，即$Q_3Q_2Q_1Q_0 = 0000$状态。在计数过程中，为高电平。只要低位触发器由1状态翻到0状态，相邻高位触发器接收到有效CP触发沿，T′的状态便翻转。

（2）实际集成电路芯片异步计数器74LS90　74LS90是异步二一五一十进制加法计数器，它既可以做二进制加法计数器，又可以做五进制和十进制加法计数器。图4-39是集成电路74LS90引脚排列图和实物图。

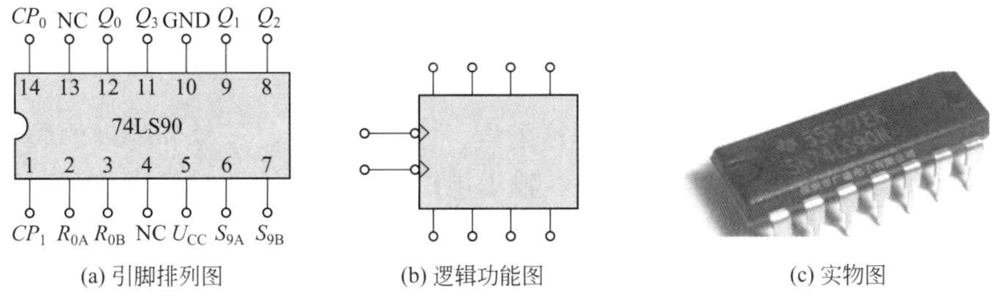

图4-39　集成电路74LS90引脚排列图、逻辑功能图和实物图

通过不同的连接方式，74LS90可以实现四种不同的逻辑功能；而且可借助$R_0(1)$、$R_0(2)$对计数器清零，借助$S_9(1)$、$S_9(2)$将计数器置9。其具体功能详述如下：

① 计数脉冲从CP_1输入，Q_A作为输出端，为二进制计数器。

② 计数脉冲从CP_2输入，$Q_DQ_CQ_B$作为输出端，为异步五进制加法计数器。

③ 若将CP_2和Q_A相连，计数脉冲由CP_1输入，Q_D、Q_C、Q_B、Q_A作为输出端，则构成异步8421码十进制加法计数器。

④ 若将CP_1与Q_D相连，计数脉冲由CP_2输入，Q_A、Q_D、Q_C、Q_B作为输出端，则构成异步5421码十进制加法计数器。

⑤ 清零、置9功能。

- 异步清零：当$R_0(1)$、$R_0(2)$均为“1”；$S_9(1)$、$S_9(2)$中有“0”时，实现异步清零功能，即$Q_DQ_CQ_BQ_A$=0000。
- 置9功能：当$S_9(1)$、$S_9(2)$均为“1”；$R_0(1)$、$R_0(2)$中有“0”时，实现置9功能，即$Q_DQ_CQ_BQ_A$=1001。

74LS90可以实现四种不同的逻辑功能，如表4-9所示。

表4-9　74LS90四种逻辑功能

输入						输出	功能
清零		置9		时钟		$Q_DQ_CQ_BQ_A$	
$R_0(1)$、$R_0(2)$		$S_9(1)$、$S_9(2)$		CP_1	CP_2		
1	1	0 ×	× 0	×	×		清零
0 ×	× 0	1	1	×	×		置9
0 ×	× 0	0 ×	× 0	↓	1	Q_A输出	二进制计数
				1	↓	$Q_DQ_CQ_B$输出	五进制计数
				↓	Q_A	$Q_DQ_CQ_BQ_A$输出8421BCD码	十进制计数
				Q_D	↓	$Q_AQ_DQ_CQ_B$输出5421BCD码	十进制计数
				1	1	不变	保持

4.4 数字电路设计步骤及方法

4.4.1 数字电路的设计步骤

数字电路系统是用来对数字信号进行采集、加工、传送、运算和处理的装置。一个完整的数字电路系统往往包括输入电路、输出电路、控制电路、时基电路和若干子系统五个部分。进行数字电路设计时，首先根据设计任务要求做总体设计，在设计过程中，要反复对设计方案进行论证，以求方案最佳，在整体方案确定后，便可设计单元电路，选择元器件，画出逻辑图、逻辑电路图，实验进行性能测试，最后画总体电路图，撰写实习报告。具体设计步骤如下。

（1）分析设计要求，明确系统功能　系统设计之前，首先要明确系统的任务、技术性能、精度指标、输入输出设备、应用环境以及有哪些特殊要求等，然后查阅相关的各种资料，广开思路，构思出多种总体方案，绘制结构框图。

（2）确定总体方案　明确了系统性能以后，接下来要考虑如何实现这些技术功能和性能指标，即寻找合适的电路来完成它。因为设计的途径不是唯一的，满足要求的方案也不是一个，所以为得到一个满意的设计方案，要对提出的各种方案进行比较，以电路的先进性、结构的繁简程度、成本的高低及制作的困难程度等方面作综合比较，并考虑各种元器件的来源，经过设计—验证—再设计多次反复过程，最后确定一种可行的方案。

（3）设计单元电路　将一个复杂的大系统划分成若干个子系统或单元电路，然后逐个进行设计。整个系统电路设计的实质部分就是单元电路的设计。单元电路的设计步骤大致可分为三步。

① 分析总体方案对单元的要求，明确单元电路的性能指标。注意各单元电路之间的输入输出信号关系，应尽量避免使用电平转换电路。

② 选择设计单元电路的结构形式。通常选择学过的熟悉的电路，或者通过查阅资料选择更合适的更先进的电路，在此基础上进行调试改进，使电路的结构形式达到最佳。

③ 计算主要参数，选择元器件。选择元器件的原则是，在可以实现题目要求的前提下，所选的元器件最少，成本最低，最好采用同一种类型的集成电路，这样可以不去考虑不同类型器件之间的连接匹配问题。

（4）设计控制电路　控制电路是将外部输入信号以及各子系统送来的信号进行综合、分析，发出控制命令去管理输入、输出电路及各个子系统，使整个系统同步协调、有条不紊地工作。控制电路的功能有系统清零、复位、安排各子系统的时序先后及启动停止等，在整个系统中起核心和控制作用。设计时最好画出时序图，根据控制电路的任务和时序关系反复构思电路，选用合适的器件，使其达到功能要求。常用的控制电路有三种：移位型控制器、计数型控制器和微处理器控制器。一般根据完成控制的复杂程度，可灵活选择控制器类型。

（5）综合系统电路，画出系统原理图　各部分子系统设计完成后，应该画出总体电路图。总体电路图是电路设计、安装、调试及生产组装的重要依据，所以电路图画好之后要进行审图，检查设计过程遗漏的问题，及时发现错误，进行修改，保证电路的正确性。画电路图的注意事项如下。

① 画电路图时应该注意流向，通常是从信号源或输入端画起，从左至右、从上至下按信号的流向依次画出各单元电路。电路图的大小位置要适中，不要把电路画成窄长型或瘦高型。

② 尽量把电路图画在一张纸上。如果遇到复杂的电路，一张纸画不下时，首先要把主电路画在一张纸上，然后把相对独立的和比较次要的电路分画在另外的纸张上。必须注意的是，一定要把各张纸上电路之间的信号关系说明清楚。

③ 连线要画成水平线或竖直线，一般不画斜线、少拐弯，电源一般用标值的方法，地线可用地线符号代替。四端互相连接的交叉线应该在交叉处用圆点画出，否则表示跨

越。三端相连的交叉处不用画圆点。

④ 电路图中的集成电路芯片通常用框形表示。在框中标明其型号，框的两侧标明各连线引脚的功能。除了中大规模集成电路外，其余器件应该标准化。

⑤ 如果遇到复杂的电路，可以先画出草图，待调整好布局和连线后，再画出正式电路图。

（6）安装测试，反复修改，逐步完善 在各单元模块和控制电路达到预期要求以后，可把各个部分连接起来，构成整个电路系统，并对系统进行功能测试。测试主要包含三部分的工作：系统故障诊断与排除、系统功能测试、系统性能指标测试。若这三部分的测试有一项不符合要求，则必须修改电路设计。

（7）撰写设计文件 整个系统实验完成后，应整理出包含如下内容的设计文件：完整的电路原理图、详细的程序清单、所用元器件清单、功能与性能测试结果及使用说明书。

4.4.2 数字电路的设计方法

数字电路系统常见的设计方法有自下而上法和自上而下法。

（1）自下而上的设计方法 数字系统自下而上的设计是一种试探法，设计者首先将规模大、功能复杂的数字系统按逻辑功能划分成若干子模块，一直分到这些子模块可以用经典的方法和标准的逻辑功能部件进行设计为止，然后再将子模块按其连接关系分别连接，逐步进行调试，最后将子系统组成在一起，进行整体调试，直到满足要求为止。具体步骤如下。

① 分析系统的设计要求，确定总体方案。

② 划分逻辑单元，确定初始结构，建立总体逻辑图。

③ 选择功能部件组成电路。

④ 将功能部件构成数字系统。

这种方法的特点是：没有明显的规律可循，主要靠设计者的实践经验和熟练的设计技巧，用逐步试探的方法最后设计出一个完整的数字系统。系统的各项性能指标只有在系统构成后才能分析测试。

（2）自上而下的设计方法 自上而下的设计方法是将整个系统从逻辑上划分成控制器和处理器两大部分，采用ASM图或RTL语言来描述控制器和处理器的工作过程。如果控制器和处理器仍比较复杂，可以在控制器和处理器内部多重地进行逻辑划分，然后选用适当的器件以实现各个子系统，最后把它们连接起来，完成数字系统的设计。设计步骤如下。

① 明确所要设计系统的逻辑功能。

② 确定系统方案与逻辑划分，画出系统方框图。

③ 采用某种算法描述系统。

④ 设计控制器和处理器，组成所需要的数字系统。

4.5　数字电路设计与电子仿真软件应用

电子电路设计人员需要虚拟电子实验室，来搭建电路和仿真测量电路，这是学习电子电路设计的捷径，这就是电子仿真软件。有了电子仿真软件，只要有一台计算机和一套电子仿真软件就能实现设计目标。它解决了电子实验室配置昂贵和实验耗材的浪费问题，用户可随时随地的重复实验，对电路的测量直观、智能，是快速学会电子技术的有利工具。

电子仿真软件很多，但比较适合初学者的，就是目前使用较多的Multisim 10电子仿真软件，它有许多版本，这里介绍的是Multisim 10.0教育汉化版本。图4-40是电子电路设计最常用的几种设备实物外形。

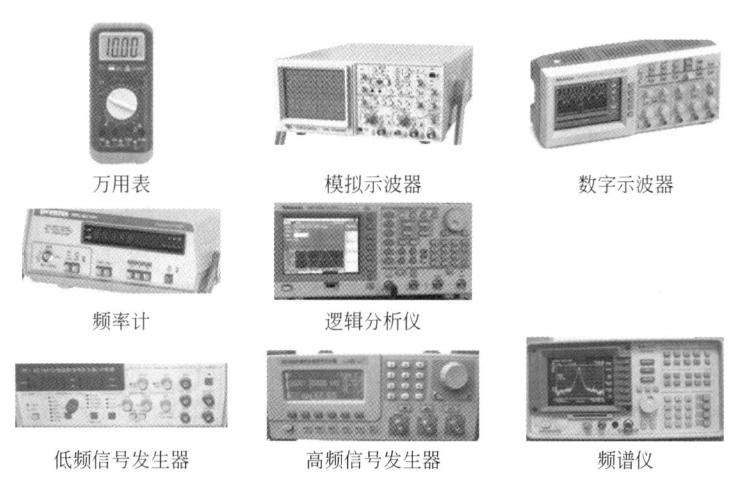

图4-40　电子电路设计最常用的几种设备实物外形

Multisim 10.0和Ultiboard 10.0是交互式SPICE仿真和电路分析软件的最新版本。这个平台将虚拟仪器技术的灵活性扩展到了电子设计者的工作台上，弥补了测试与设计功能之间的缺口。Multisim 10.0提供了21种虚拟仪器，这些虚拟仪器与现实中所使用的仪器一样，可以直接通过仪器观察电路的运行状态。同时，虚拟仪器还充分利用了计算机处理数据速度快的优点，对测量的数据进行加工处理，并产生相应的结果。

Multisim 10.0的使用方法可扫二维码详细学习。

NI Multisim10 的使用

4.6　数字电路设计实例

例 4-1　电子节拍器设计

（1）设计任务和基本要求　设计一个电子节拍器，要求如下：

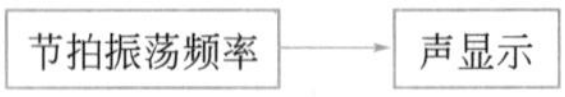

节拍振荡频率 → 声显示

图4-41 电子节拍器组成框图

① 使用555定时器；

② 节拍分挡（1～3挡）；

③ 节拍分明，声音明显。

（2）设计方案 该电子节拍器的组成框图如图4-41所示。只要确定了节拍振荡频率，通过扬声器就可以显示出电子节拍。

这里选用555定时器作为多谐振荡器使用。

555定时器的电路引脚如图4-42所示。

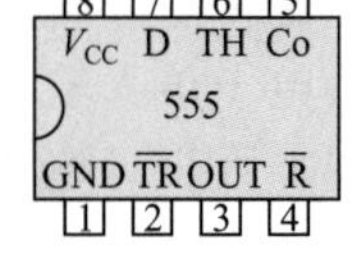

图4-42 555定时器电路引脚

引脚1：外接电源负端V_{SS}或GND。在一般情况下与地相连。

引脚2：触发端或置位端，在此端的电压低于$1/3V_{CC}$时，可使内部触发器处于置位状态，输出高电平“1”。

引脚3：与外部负载相连。

引脚4：强制复位端。此脚所加电压低于0.4V时，定时器不工作。不用时将改接正电源。

引脚5：控制电压端，该端与内部$2/3V_{CC}$分压点相连，如果在此端加入外部电压，就能改变内部两个比较器的比较基准电压，从而控制电路的翻转门限，以改变产生的脉冲宽度或频率。当不用该脚时，应把该端接0.01μF的电容到地。

引脚6：阈值电压端。当该端的电压大于$2/3V_{CC}$时，可使内部触发器复位，即使555定时器的输出为低电平“0”。

引脚7：放电端。该端与内部放电三极管集电极相连，用于定时电容的放电。

引脚8：外接电源正端。双极型555可外接4.5～16V，COMS型的可接3～18V电源。

从图4-43可知，555定时器是由两个电压比较器（C_1和C_2）、三个电阻（5kW）、一个*RS*触发器、一个放电三极管VT及逻辑门电路组成的。其功能表见表4-10。

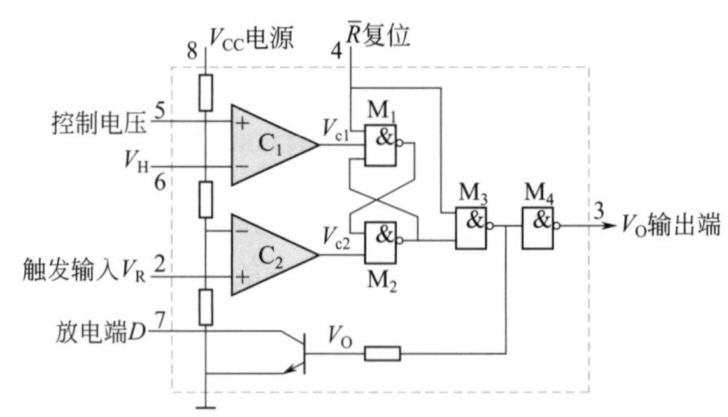

图4-43 555定时器电路结构

由图4-43和表4-10可知，定时器的主要功能取决于比较器，而比较器的输出又控制了*RS*触发器和放电三极管VT的工作状态。当5脚悬空时，比较器C_1和C_2的比较电压分别为$\frac{2}{3}V_{CC}$和$\frac{1}{3}V_{CC}$。

① 当$V_H>\frac{2}{3}V_{CC}$、$V_R>\frac{1}{3}V_{CC}$时，比较器C_1输出低电平（$V_{C1}=0$），比较器C_2输出高电平（$V_{C2}=1$），基础*RS*触发器被置0，放电三极管VT导通，输出端为低电平输出（$V_O=0$）。

表4-10　555定时器功能表

$\overline{TR}$（2脚）触发输入V_R	TH（6脚）阈值输入V_H	$\overline{R}$（4脚）复位	D（7）放电端	OUT（3）输出V_O
$>\frac{1}{3}V_{CC}$	$>\frac{2}{3}V_{CC}$	1	导通	0
$<\frac{1}{3}V_{CC}$	$<\frac{2}{3}V_{CC}$	1	截止	1
$>\frac{1}{3}V_{CC}$	$<\frac{2}{3}V_{CC}$	1	不变	不变
×	×	0	导通	0

② 当$V_H<\frac{2}{3}V_{CC}$、$V_R<\frac{1}{3}V_{CC}$时，比较器C_1输出高电平（V_{C1}=1），比较器C_2输出低电平（v_{C2}=0），基础RS触发器被置1，放电三极管VT截止，输出端为高电平输出（V_O=1）。

③ 当$V_H<\frac{2}{3}V_{CC}$、$V_R>\frac{1}{3}V_{CC}$时，基础RS触发器R=1、S=1，触发器状态不变，输出保持原状态不变。

由555定时器构成的多谐振荡器电路原理图如图4-44（a）所示，其工作波形如图4-44（b）所示。

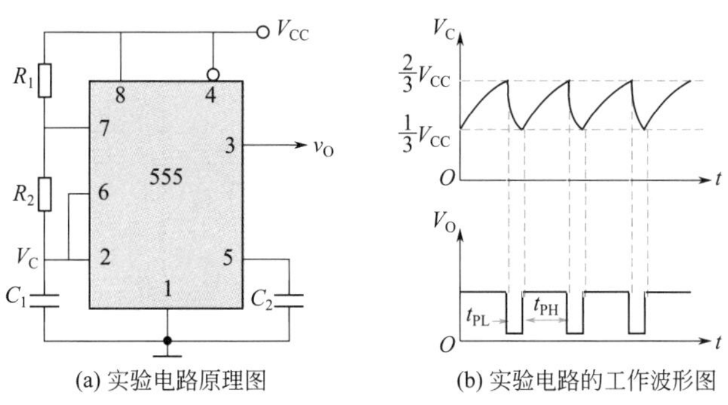

(a) 实验电路原理图　　(b) 实验电路的工作波形图

图4-44　由555定时器构成的多谐振荡器电路原理及波形

电源接通后，V_{CC}通过电阻R_1、R_2向电容C_1充电。当电容电压V_C上升到$\frac{2}{3}V_{CC}$时，比较器C_1翻转，此时输出电压V_O=0，同时三极管VT导通，电容C_1通过R_2放电，使V_C下降，当电容电压V_C下降到$\frac{1}{3}V_{CC}$时，比较器C_2输出0，输出电压V_O=1。三极管VT被截止，C_1放电终止，又重新开始充电，周而复始，形成振荡。其振荡周期与充放电的时间有关：

① 电容器放电所需时间为

$$t_{PL}=R_2C\ln2\approx0.7R_2C_1$$

② 电容器电压V_C由$\frac{1}{3}V_{CC}$上升到$\frac{2}{3}V_{CC}$所需的充电时间为

$$t_{PH}=(R_1+R_2)C_1\ln2\approx0.7(R_1+R_2)C_1$$

③ 多谐振荡器的振荡频率为

$$f=\frac{1}{t_{PL}+t_{PH}}\approx\frac{1.44}{(R_1+2R_2)C_1}$$

④ 多谐振荡器的振荡周期为

$$T=t_{PL}+t_{PH}\approx 0.7（R_1+2R_2）C_1$$

⑤ 多谐振荡器所产生脉冲信号的占空系数为

$$q（\%）=\frac{t_{PH}}{T}\times 100\%=\frac{R_1+R_2}{R_1+2R_2}\times 100\%$$

当$R_2\gg R_1$时，占空系数近似为50%。

（3）设计电路　电路节拍分三挡进行控制，如图4-45所示，振荡频率为

$$f_1=\frac{1.44}{（R_{P1}+2R_2）C_1}$$

$$f_2=\frac{1.44}{（R_{P1}+2R_2）C_2}$$

$$f_3=\frac{1.44}{（R_{P1}+2R_2）C_3}$$

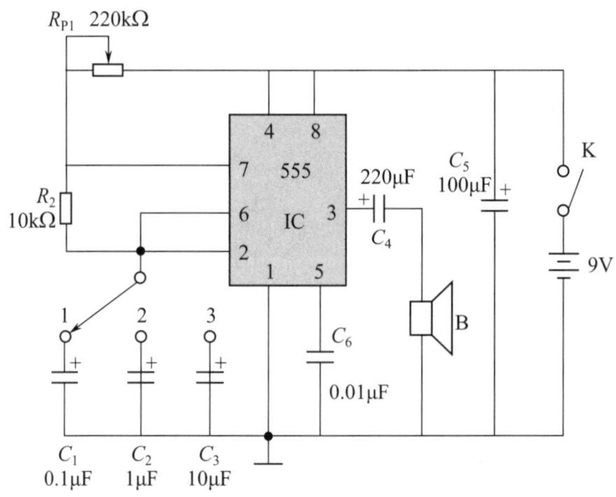

图4-45　多挡电子节拍器

对于电子节拍器可以根据实际情况，自行改变充放电时间常数RC，调节频率或节拍，也可以增减挡数。为使节拍精确、参数稳定，电阻选用金属膜RJ类电阻，电解电容选用漏电小、耐压高的电容。

例4-2　抢答器设计

（1）设计任务和基本要求

① 设计一个竞赛抢答器电路　具体要求如下。

- 抢答器同时供4组选手比赛，分别用4个按钮S_1～S_4表示。
- 设置一个系统清除和抢答控制开关S，该开关由主持人控制。
- 开始抢答后，第一按下抢答键的抢答者抢答有效，其他人再按抢答键均无效。
- 抢答器具有定时抢答功能，且一次抢答的时间由主持人设定（如10s），当主持人启动“开始”键后，定时器进行减计时。

• 每一次抢答成功后，竞赛处于问答状态，显示倒计时时间停止，显示器显示抢答组号。

• 抢答有效时间内无人按抢答键，抢答状态自动停止，只有当主持人再次按复位键后，竞赛重新进入抢答状态。

② 设计方案　根据设计任务和要求，设计抢答器的电路组成框图，如图4-46所示。

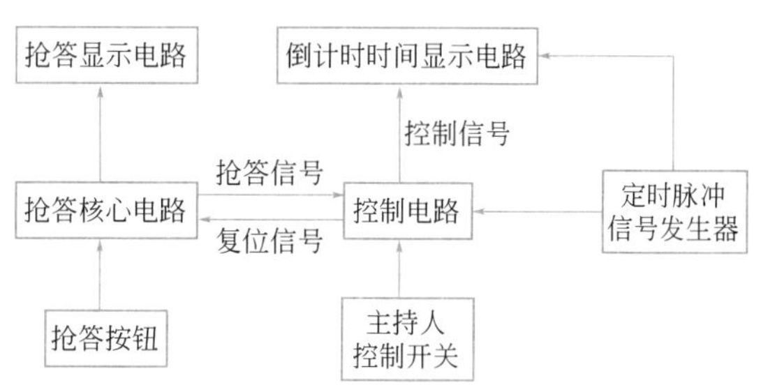

图4-46　数字抢答器电路组成框图

接通电源后，主持人将开关拨到“清除”状态，抢答器处于禁止状态，编号显示器灯灭，定时器显示设定时间；主持人将开关置“开始”状态，宣布“开始”，抢答器工作，定时器倒计时；选手在定时时间内抢答时，抢答器完成优先判断，编号锁存，编号显示，扬声器提示；当一轮抢答之后，定时器停止，禁止二次抢答，定时器显示剩余时间。如果再次抢答，必须由主持人再次操作“清除”和“开始”状态开关。

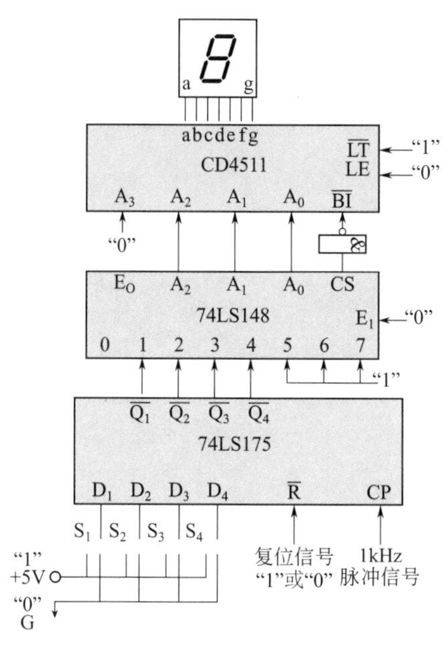

图4-47　抢答、显示电路

③ 电路设计

• 抢答、显示电路（抢答核心部分）　此电路由两部分组成，即抢答核心电路和显示组号电路，如图4-47所示。四组抢答电路由74LS175（四D触发器）芯片构成。D触发器的输入端连接一个控制开关，作为抢答键，由抢答人控制。抢答时按下按键，“1”电平送入触发器的D输入端；否则“0”电平送入。

• 显示电路　由译码器（74LS148）、编码器（CD4511）、共阴极LED数码显示器组成，显示抢答时抢答有效的组号。74LS148、CD4511功能见表4-11。

表 4-11　74LS148、CD4511 功能

编码器 74LS148 功能							译码器 CD4511 功能								
E_1	输入	输出					输入						$\overline{BI}$	输出	数字
	0 1 2 3 4 5 6 7	A_2	A_1	A_0	CS_o	E_o	LE	$\overline{LT}$	A_3	A_2	A_1	A_0		a b c d e f g	
0	× × × × 0 1 1 1	1	0	0	0	1	0	1	0	1	0	0	1	0 1 1 0 0 1 1	4
0	× × × 0 1 1 1 1	0	1	1	0	1	0	1	0	0	1	1	1	1 1 1 1 0 0 1	3
0	× × 0 1 1 1 1 1	0	1	0	0	1	0	1	0	0	1	0	1	1 1 0 1 1 0 1	2
0	× 0 1 1 1 1 1 1	0	0	1	0	1	0	1	0	0	0	1	1	0 1 1 0 0 0 0	1
0	0 1 1 1 1 1 1 1	0	0	0	0	1	0	1	0	0	0	0	1	1 1 1 1 1 1 0	0

④ 倒计时时间显示电路　该电路记录抢答时间，在主持人按下复位键后，抢答进入有效计时时间，本抢答有效时间规定为10s，因此倒计时设计从9s开始，当倒计时从9s计数到0s时，有效抢答时间结束。再按抢答键抢答无效。电路设计由可逆计数器CD4516、译码器CD4511、LED数码显示器组成，如图4-48所示。

主持人控制复位信号，按下开关，抢答开始，发出“1”电平信号，送给可逆计数器CD4516的预置控制端（LD=1），计数器此时将输入端的数据1001预置到输出端，使计数器的初始计数值为9。1Hz脉冲信号作为计数器的时钟信号，使计数周期为10s。因此，计数器从9开始倒计数到0，共计时了10s，CD4516减法计数的功能见表4-12。

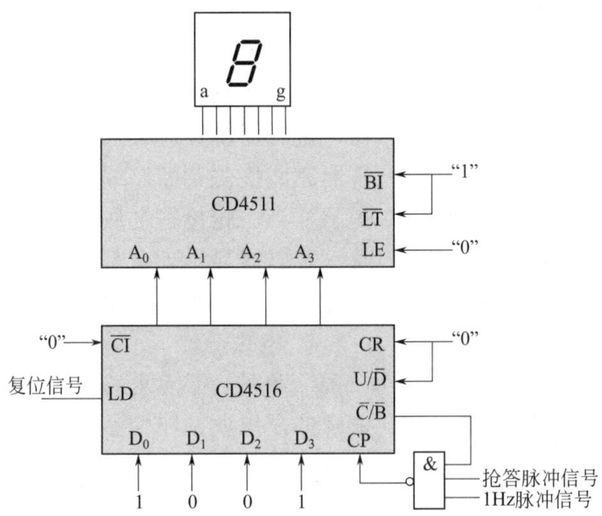

图4-48　倒计时时间显示电路

表4-12　CD4516减法计数的功能

时钟	计数	加/减计数	清零	预置	数据输入				进/借位输出	数据输出				数码显示
CP	$\overline{CI}$	$U/\overline{D}$	CR	LD	D_0	D_1	D_2	D_3	$\overline{C}/\overline{B}$	Q_3	Q_2	Q_1	Q_0	十进制数
×	0	0	0	0	1	0	0	1	1	1	0	0	1	9
↑	0	0	0	0	1	0	0	1	1	1	0	0	0	8
↑	0	0	0	0	1	0	0	1	1	0	1	1	1	7
↑	0	0	0	0	1	0	0	1	1	0	1	1	0	6
↑	0	0	0	0	1	0	0	1	1	0	1	0	1	5
↑	0	0	0	0	1	0	0	1	1	0	1	0	0	4
↑	0	0	0	0	1	0	0	1	1	0	0	1	1	3
↑	0	0	0	0	1	0	0	1	1	0	0	1	0	2
↑	0	0	0	0	1	0	0	1	1	0	0	0	1	1
↑	0	0	0	1	1	0	0	1	0	0	0	0	0	0
×	0	0	0	0	1	0	0	1	1	1	0	0	1	9

（2）控制与复位

① 控制电路与复位电路　如图4-49所示，该电路产生抢答器的控制信号与抢答复位信号。当四个抢答人在规定的有效抢答时间内有人按下抢答键时，本次抢答成功，74LS175所对应的$\overline{Q}$输出端送出低电平，通常把它定义为“抢答信号”，该“抢答信号”将两个时钟脉冲信号封住，使74LS175和CD4516两个芯片停止工作，竞赛处于抢答成功答题阶段。

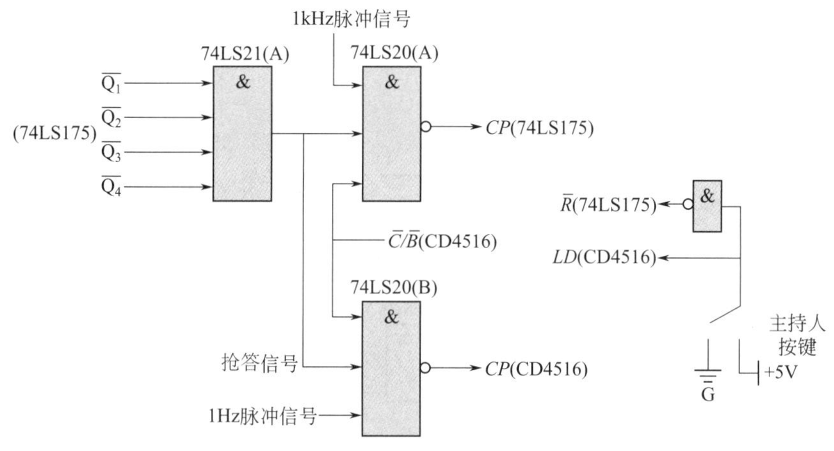

图4-49　控制电路与复位电路

另外，当四个抢答人在规定的有效抢答时间内无人按下抢答键时，倒计时器将完成全部倒计时到0数值时，CD4516的$\overline{C}/\overline{B}$端送出低电平信号，该低电平信号也会将两个时钟脉冲信号封住，使74LS175和CD4516两个芯片停止工作，竞赛处于抢答未成功主持人讲话阶段。

② 定时脉冲信号发生器　本电路采用可以产生1Hz和1kHz时钟脉冲信号的脉冲信号发生器。

③ 总体电路图　总体电路图如图4-50所示。

例4-3　双色三循环方式彩灯控制器的设计

循环彩灯的电路很多，循环方式更是五花八门，而且有专门的可编程彩灯集成电路。绝大多数的彩灯控制电路都是用数字电路来实现的，例如，用中规模集成电路实现的彩灯控制电路主要用计数器、译码器、分配器和移位寄存器等集成。本节介绍的双色循环彩灯控制器就是用计数器和译码器来实现的，其特点是采用双色发光二极管，能发红色和绿色两色光。

（1）设计任务和要求

① 控制器有8路输出，每路用双色发光二极管指示。

② 控制器有3种循环方式。

方式A：单绿左移→单绿右移→单红左移→单红右移；

方式B：单绿左移→全熄延时伴声音；

方式C：单红右移→四灯红闪、四灯绿闪延时。

③ 由单刀三掷开关控制3种方式，每种方式用单色发光二极管指示。

④ 相邻两灯点亮时间在0.2 ～ 0.6s可调，延时时间在1 ～ 6s可调。

⑤ 要求用10V电源设计。

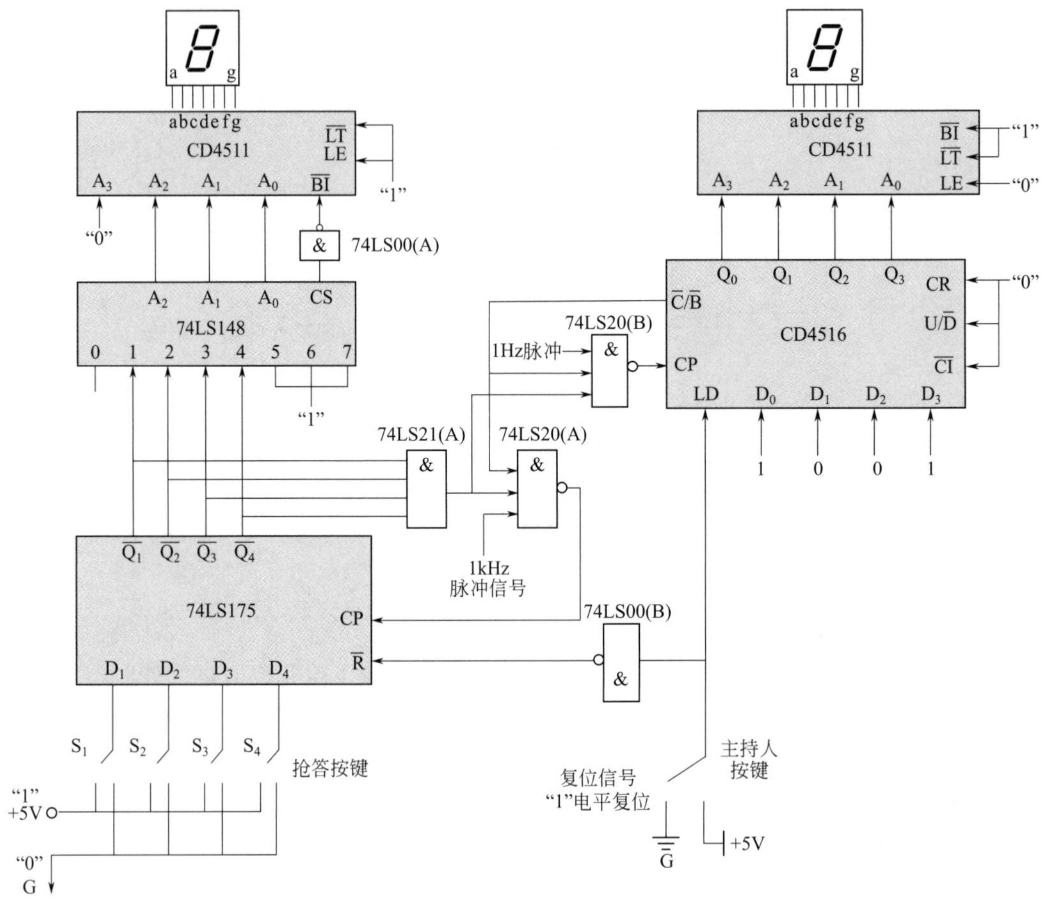

图4-50 竞赛抢答器总体电路

（2）基本原理　设计任务中所要求的3种循环方式并不复杂，用中小规模集成电路就能实现，因此，本例选用中小规模集成电路来设计，以提高学生综合运用数字电路的能力。本控制器应由方式选择、计数器、译码器、LED显示电路、振荡器、控制电路、延时电路、蜂鸣器等组成，其框图如图4-51所示。

（3）计数器和译码器　本控制器的核心元器件为计数器和译码器，分别采用CMOS中规模集成电路CC4516和CC4514。CC4516为16脚双列直插的中规模集成可预置数的4位二进制加/减计数器（单时钟），其引脚如图4-52所示。CC4516有5种功能：置数、清零、不计数、加计数、减计数，具体功能见表4-13。CC4514是4位锁存/4线-16线译码器，其输出为高电平有效。CC4514具有数据锁存、译码和禁止输出3种功能。数据锁存功能由EL端施加电平实现，EL=0时，O_0=O_{15}保持EL置“0”前的电平；禁止端为高电平时，O_0 ～ O_{15}输出全为低电平。因此，CC4514若作为译码器使用时，EL应接高电平，不应接低电平，CC4514的外引脚如图4-52所示。

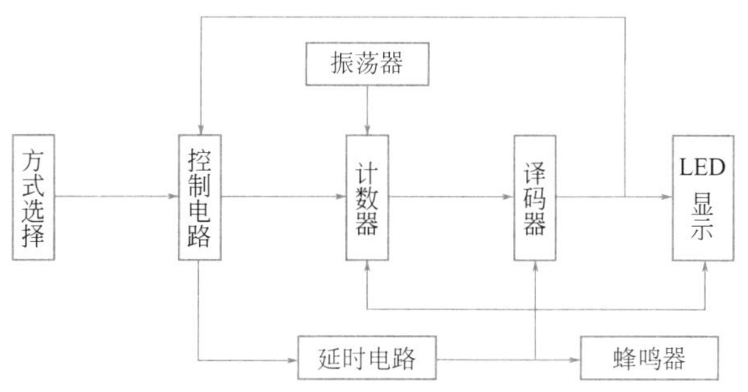

图4-51　双色三循环方式彩灯控制器框图

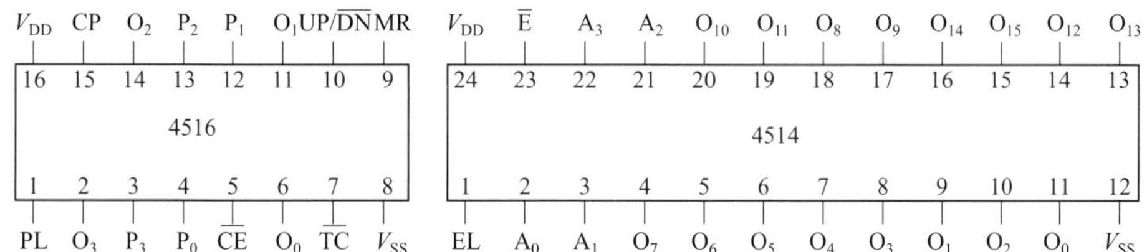

图4-52　CC4516和CC4514引脚图

表4-13　CC4516功能

CP	$\overline{CE}$	$UP/\overline{DN}$	PL	MR	功能
×	×	×	1	0	置数，即把数据$P_3P_2P_1P_0$送入$O_3O_2O_1O_0$中
×	×	×	×	1	清零，即$O_3O_2O_1O_0$全为零
×	1	×	0	0	不计数，即$O_3O_2O_1O_0$保持不变
↑	0	1	0	0	加计数
↑	0	0	0	0	减计数

（4）设计过程及工作原理

① **LED显示电路**　LED显示电路如图4-53所示。

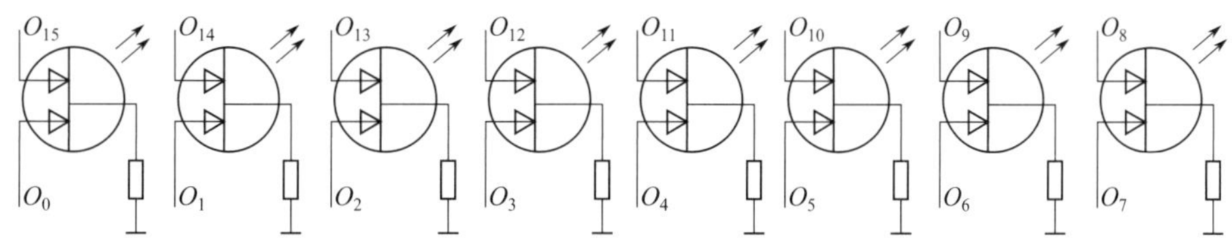

图4-53　LED显示电路

O_0～O_{15}为译码器4514的输出。4514共有16个输出，而双色发光二极管只有8个，因此每两个输出接同一个发光二极管，接法如图4-53所示。发光二极管为双色三极发光二极管，其限流电阻有3种连接方法（16个限流电阻、8个限流电阻和1个限流电阻），本控制器采用8个限流电阻的方法。发光二极管的极限电流一般为20～30mA，发光二极管的压降约为2V，通过发光二极管的电流可取10～15mA，以保证发光二极管有足够的亮度，而且这样不易损坏发光二极管。

② 振荡器　振荡器有多种振荡器电路，图4-54所示的振荡器比较简单常用，其中图4-54（a）为CMOS非门构成的振荡器，图4-54（b）为555定时器构成的振荡器。CMOS非门构成的振荡器的振荡周期T=1.4RC，555定时器构成的振荡器周期T=0.7（R_1+2R_2）C。

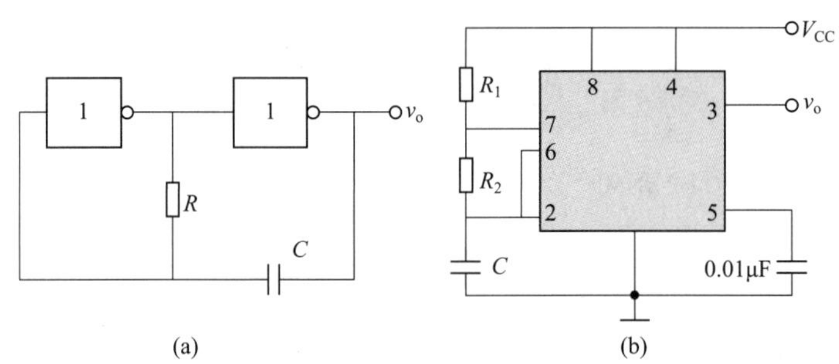

图4-54　振荡器电路

③ 触发器　循环方式A的设计思路如下：

$$\text{起始计数（置“1000”）}\xrightarrow{PL=1}\text{加计数}\xrightarrow{UP/\overline{DN}=1}O_{15}\text{时减计数}\xrightarrow{UP/\overline{DN}=0}O_0\text{时加计数}\xrightarrow{UP/\overline{DN}=1}$$

本循环彩灯控制器方式A的设计难点就是控制电路（循环功能能否实现在于控制电路是否起作用）。要实现循环功能，计数器既要加法计数，也要减法计数，即加法计数到O_{15}时变为减法计数，减法计数到O_0时再变为加法计数，这可用触发器控制计数器的$UP/\overline{DN}$端来实现。

图4-55（a）所示为由D触发器构成的二分频电路，O_{15}和O_0作为时钟信号，一个时钟触发器的状态翻转一次。图4-55（b）利用D触发器的直接置“1”端和直接置“0”端来实现触发器的状态转换。图4-55（c）、（d）是由门电路组成的RS触发器，图4-55（c）中RS输入为高电平有效，因此O_{15}与O_0可直接作为S与R的输入，图4-55（d）中输入为低电平有效，O_{15}、O_0反向作为触发器输入。除以上几种电路外，也可以直接用RS触发器或JK触发器来实现该设计。经实践，图4-55所示的几种电路都能达到控制的作用。

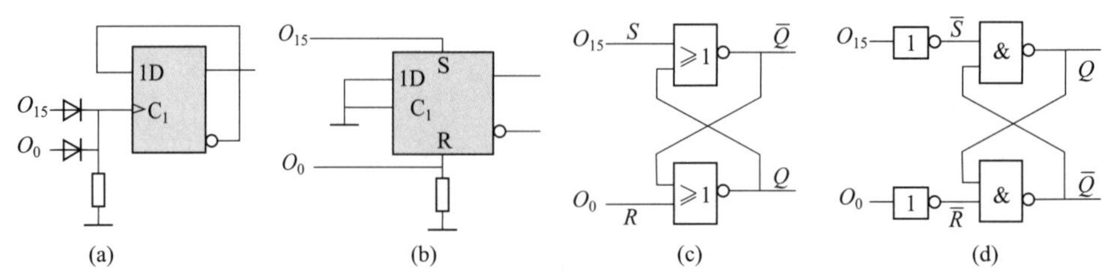

图4-55　触发器控制电路

④ 延时电路　循环方式B的设计思路如下：

$$\text{置数}1000 \xrightarrow{PL=1} \text{加计数} \xrightarrow{UP/\overline{DN}=1} O_{15}\text{时延时} \xrightarrow{\bar{E}=1} (\text{返回置数}1000)$$

延时电路可采用单稳态电路，O_{15}的下降沿作为单稳态电路的触发信号。根据功能要求，可采用微分型单稳态电路、555定时器构成的单稳态电路及分立元器件构成的单稳态电路，而下降沿触发的与非门构成的微分型单稳态电路和555定时器构成的单稳态电路较为理想。

图4-56所示为与非门构成的微分型单稳态电路，其中C_d、R_d为微分电路，当v_i为窄脉冲触发时，C_d与R_d可省略。O_{15}的下降沿作为单稳态电路的触发信号，因此O_{15}要经微分和限幅后再触发单稳态电路。延时时间由RC决定。

555定时器构成的单稳态电路如图4-57所示，C_1R_1和VD起微分限幅作用。因为本电路要求低电平触发，没有触发的时候555定时器的第2脚要为高电平，所以要接R_2，对于R_1和R_2的阻值比要求比较严格，要保证没有触发的时候第2脚电压大于$\frac{1}{3}V_{DD}$，触发的时候电压小于$\frac{1}{3}V_{DD}$。延时时间由RP和C_2决定。

在循环方式C中，要实现单红右移，计数器应从“0000”开始递增，因此应先清零再加法计数。根据计数器和译码器的功能，计数器和译码器本身无法使输出实现四灯红闪、四灯绿闪，因此，可通过延时电路给8个双色发光二极管加上振荡信号来解决。方式C的循环过程可表示为

$$\text{清零} \xrightarrow{MR=1} \text{加计数} \xrightarrow{UP/\overline{DN}=1} O_7\text{时延时} \xrightarrow{\bar{E}=1} (\text{返回清零})$$

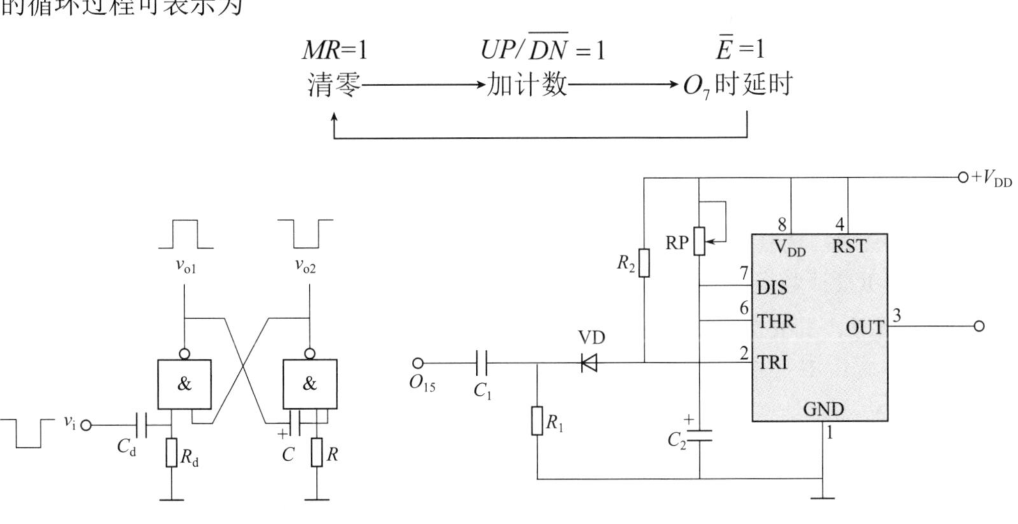

图4-56　微分型单稳态电路　　图4-57　555定时器构成的单稳态电路

在设计时要注意，要求是在同一个电路中通过方式选择来实现3种循环功能，而不是设计3个电路。3种循环方式要相互隔离，如按方式A工作时则不能有方式B现象出现，因此可采用双向模拟开关CC4066进行隔离。

控制器的电路原理图如图4-58所示。

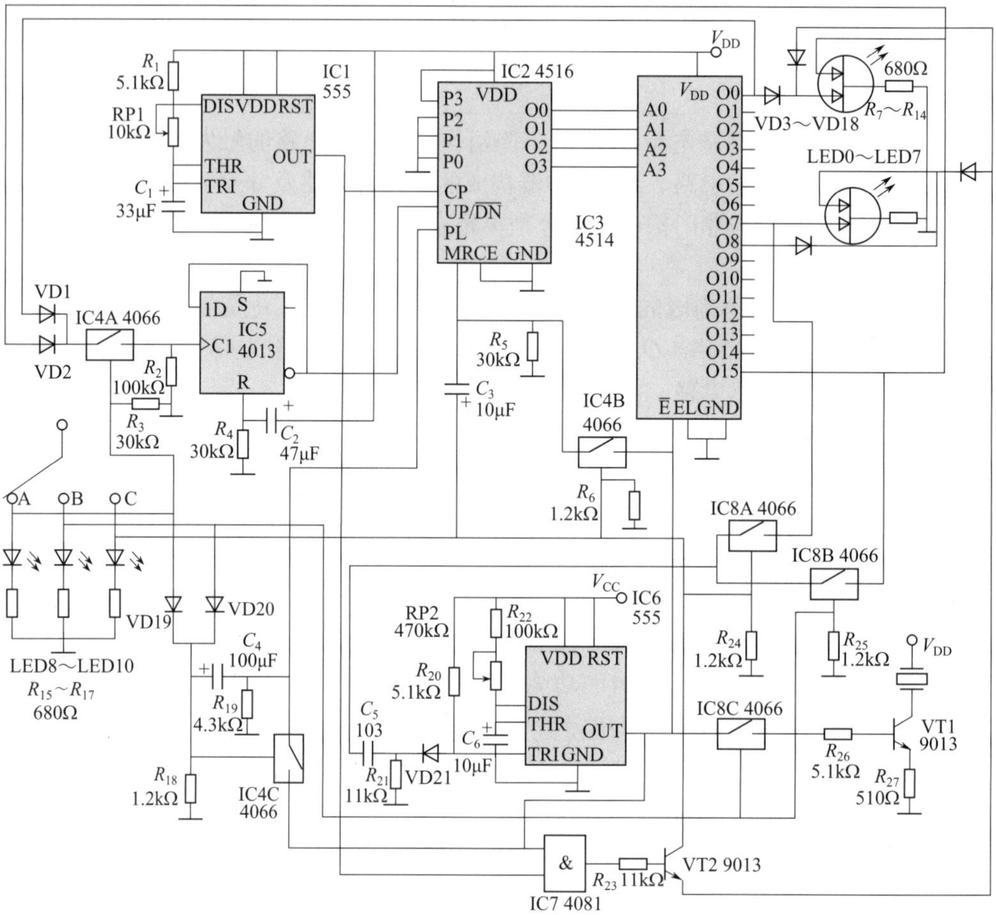

图4-58 双色三循环方式彩灯控制器电路原理图

⑤ 工作原理 选择方式A，指示灯LED8亮，VD19导通，开关刚接通瞬间C_4短路，IC2的PL=1，IC2计数器置数“1000”，电源接通瞬间，C_2短路，触发器直接置零端R=1，触发器直接置零，即IC2的$UP/\overline{DN}$=1，计数器从“1000”开始计数，C_2充电结束后，触发器R=0，不起作用。当计数到“1111”时，O_{15}=1，VD2导通，同时IC4A导通，触发器翻转，$UP/\overline{DN}$=0，计数器递减计数。当计数到“0000”时，O_0=1，VD1导通，D触发器又翻转，$UP/\overline{DN}$=1，计数器又开始递增计数。也就是说，递增计数到“1111”时触发器翻转一次，递减计数到“0000”时触发器又翻转一次。

选择方式B，指示灯LED9亮，VD20导通，开关刚接通瞬间，C_4短路，PL=1，IC2计数器置数“1000”，电源接通瞬间，C_2短路，触发器R=1，触发器直接置零，$UP/\overline{DN}$=1，计数器从“1000”开始计数，IC4A断开，D触发器输出不变，$UP/\overline{DN}$一直为“1”，计数器始终递增计数。当计数到“1111”时，O_{15}=1，IC8B导通，当O_{15}从高电平变为低电平时，触发单稳态电路，IC6输出变为高电平，E=1，灯全部熄灭，IC8C导通，VT1导通，蜂鸣器响。延迟时IC4C导通，PL=1，计数器始终在置数“1000”，延迟结束时，E=0，计数器又从“1000”开始计数。

选择方式C，指示灯LED10亮，开关刚接通瞬间，C_3短路，MR=1，IC2计数器清零，电源接通瞬间，C_2短路，触发器R=1，触发器直接置零，$UP/\overline{DN}$=1，计数器从“0000”开始计数，当计数到“0111”时，O_7=1，因IC8A导通，当O_7从高电平变为低电平时，触发单稳态电路，IC6输出为高电平，E=1，IC3的O_0 ～ O_{15}输出全为低电平，IC4B导通，延迟时计数器清零，IC7与非门输出脉冲信号，VT2发射极输出脉冲信号送到双色发光二极管，使8盏灯四灯红闪、四灯绿闪。延迟结束，计数器又从“0000”开始计数。

（5）仿真分析　对于本控制器的3种循环方式，若全部进行仿真，所画出的仿真电路原理图很复杂，因此这里仅选择方式A进行仿真。

① 控制器（方式A）的仿真电路原理图　从元器件库中调出各种电阻、电容、集成块、发光二极管等元器件。在EWB6.0版本中无双色三极发光二极管，可用两个发光二极管代替，其中一个用红色发光二极管，另一个用绿色发光二极管。在EWB6.0版本中，发光二极管亮时，红色发光二极管的双箭头会由空心变为红色实心，绿色发光二极管则由空心变为绿色实心。元器件调出后，对元器件在平台上的位置做适当调整，使布局比较合理。循环彩灯控制器仿真电路原理图如图4-59所示。

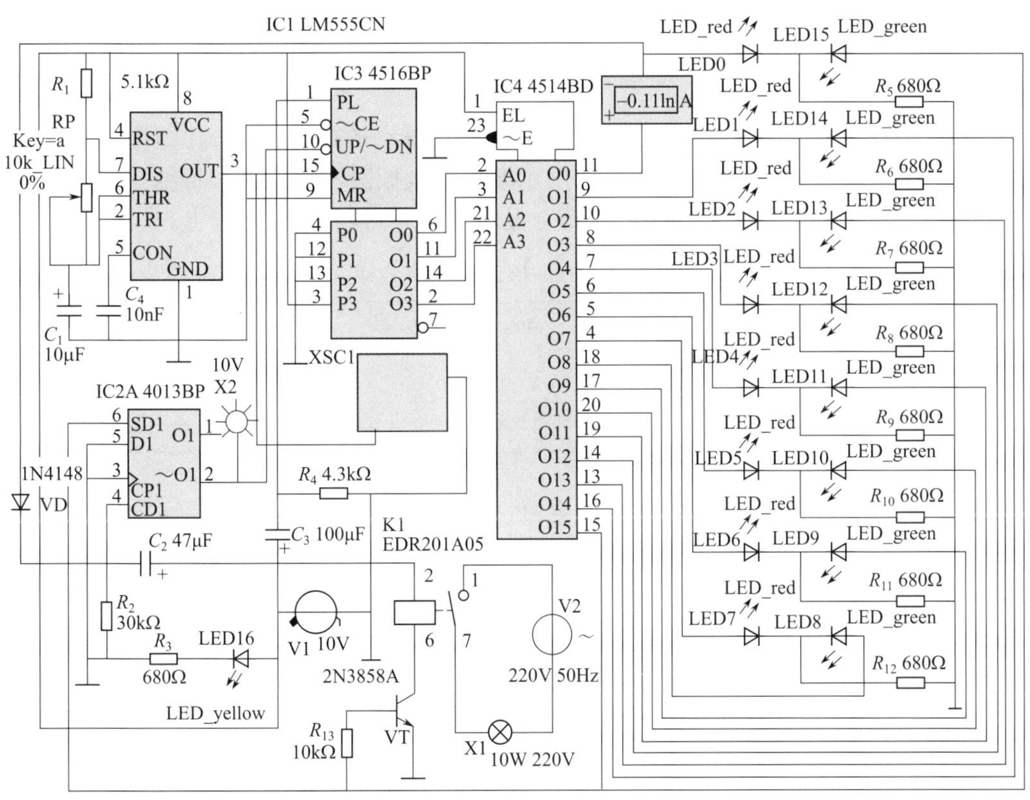

图4-59　循环彩灯控制器仿真电路原理图

将电位器的操作键由空格键改为a键，按a键或A键可改变电位器的阻值。X2为电平指示灯，高电平时指示灯亮，低电平时指示灯不亮。灯泡X1采用虚拟灯泡，双击灯泡将其工作电压设置为220V。继电器K1采用常开触点的继电器，注意继电器的脚号连接要正确。双击交流电源V2，将交流电源的工作电压设置为220V，工作频率设置为50Hz。XSC1为示波器图标。

在画原理图时要注意，由于CMOS集成电路不用的输入端绝对不允许悬空，因此应根据逻辑要求将不用的输入端接高电平或低电平，如4013的*CP*1、*D*1不用，应接地，4516的*MR*、*CE*接地，4514的数据锁存端*EL*接电源、禁止端*E*接地。

② 仿真过程　检查电路原理图无误后，可接通电源以模拟循环过程。由于电源接通瞬间，电容C_2、C_3相当于短路，使*D*触发器直接置零端有效，CC4516的置数端*PL*有效，CC4516置数“1000”，使发光二极管从LED8开始点亮并往上移动。但EWB6.0不能模拟电源接通瞬间电容相当于短路这一过程（在实际电路中是可行的），因此，电源接通后，发光二极管不一定从LED8开始点亮，计数器可能递增计数也可能递减计数，但这种现象只会影响第一个循环周期，对循环过程没有影响。只要绿色灯LED15亮，就会使*D*触发器置“1”，从而使计数器递减计数，发光二极管灯亮顺序按LED15→LED14→…→LED8→LED7→…→LED1→LED0的规律变化，此时指示灯X2不亮。只要红色灯LED0亮，就会使*D*触发器置“0”，从而使计数器递增计数，发光二极管灯亮顺序按LED0→LED1→…→LED7→LED8→…→LED14→LED15规律变化，此时指示灯X2点亮。当LED15亮时，三极管VT导通，继电器K1吸合，灯泡X1亮。说明8只双色发光二极管可以用16只彩灯代替。

按a键或A键，改变电位器的百分比值，观察灯移动的速度。百分比值增大时，灯移动的速度应加快。取不同的百分比值，用示波器测量振荡器的周期，将结果填入表4-14中。示波器扫描时间的设置以示波器屏幕上显示2～3个周期的波形为宜。

表4-14　振荡器周期

RP		0%	10%	30%	50%	70%	90%	100%
周期*T*	计算值							
	测量值							

通过电流表显示通过发光二极管的电流，改变限流电阻的阻值，观察发光二极管亮时毫安表数值的变化。将IC1的第4脚复位端接地，用示波器观察555定时器的第3脚输出端，此时振荡器没有振荡信号产生，LED0～LED15中某个灯亮。将IC1的第4脚复位端接VDD，将4514的第1脚接地，观察发光二极管灯亮的现象，此时LED0～LED15中某个灯亮。若将4514的第23脚禁止端接VDD，此时LED0～LED15全部不亮。

（6）调试要点　本例侧重于对计数器、译码器、振荡器、单稳态电路等数字电路的理解与使用，控制器本身没有实用价值，建议在面包板上搭接电路，不制作印制板。

搭接完毕后先检查是否多线、少线、错线，元器件的位置、极性是否正确，检查正确后再通电调试。三脚双色发光二极管中间的最长脚为公共负极，第二长的脚为红色正极，最短的脚为绿色正极。通电调试主要从以下几个方面进行。

① 检查振荡器是否振荡。如果双色发光二极管灯亮并左右移动，说明振荡器已工作；如果双色发光二极管只有固定的某一盏灯亮，则应检查振荡器是否振荡。可用示波

器检测振荡器的输出，或用指针式万用表直流电压挡测量振荡器输出。如果示波器能检测出振荡波形，或万用表指针左右摆动，则说明振荡器已工作。

② 观察计数器能否置数，若不能置数，检查C_4是否接错或损坏，若置数的时间太久（LED7绿灯亮太久），则应减小C_4的容量或R_{19}的阻值。接循环方式C，检查计数器能否清零，若不能，检查C_3、R_5等元器件。

③ 接循环方式A，检查D触发器在一循环周期内能否翻转两次，若不能翻转，则应先检测D触发器是否损坏，再检查VD1、VD2、R_2、R_3、IC4A等元器件。

④ 接循环方式B，用万用表测量IC6的输出电压，检查当计数器计数到“1111”时，单稳态电路的输出是否从低电平变为高电平。如果单稳态电路的输出一直为低电平，则测量IC6的第2脚电压是否一直为高电平而没有低电平触发信号，然后再检查周围相关的元器件。如果单稳态电路的输出始终为高电平，可能是IC6第2脚电压一直为低电平所致，说明R_{20}与R_{21}的阻值选择不当。

⑤ 接循环方式C，检查能否四灯红闪、四灯绿闪。检查IC4C、IC7、VT2等元器件。

例4-4 数字电子钟电路的设计

数字电子钟是一种用数字电路技术实现时、分、秒计时的装置，与机械式时钟相比具有更高的准确性和直观性，且无机械装置，具有更长使用寿命的优点，因此得到了更广泛的使用，数字电子钟从原理上讲是一种数字电路，其中包括了组合逻辑电路和时序电路。

（1）设计任务和要求

① 采用数字电路实现对“时”“分”“秒”数字显示的计时装置。

② 设计采用LED数码管显示时、分、秒，以24小时计时方式，用100kHz的晶振产生振荡脉冲，采用74LS90集成电路设计分频器和定时计数器。

③ 电路既有显示时间的其本功能,还可以实现对时间的调整。

（2）基本原理框图　设计任务所要求的显示方式，使用74LS90集成电路完成分频器和计数器来设计，从而提高应用数字电路能力。

本逻辑电路由脉冲信号发生器电路、分频器电路、计数器电路、译码显示电路以及校时电路五部分组成，如图4-60所示。

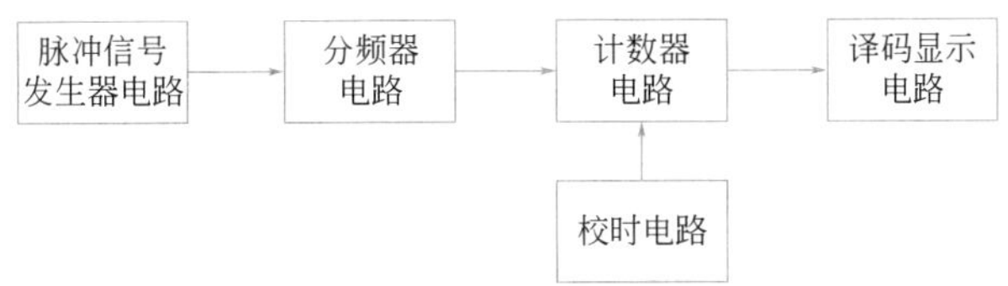

图4-60　数字电子钟设计任务基本原理框图

（3）设计过程和各部分工作原理

① 脉冲信号发生器　石英晶体振荡器的振荡频率最稳定，其产生的信号频率为100kHz，通过整形缓冲级G3输出矩形波信号，如图4-61所示。

石英晶体谐振器当晶体不振动时，可看成一个平板电容器，称为静电电容C，它的大小与晶片的几何尺寸、电极面积有关，一般约几个pF到几十pF。当晶体振荡时，机械振动的惯性可用电感L来等效。一般L的值为几十mH到几百mH。晶片的弹性可用电容C来等效，C的值很小，一般只有0.0002～0.1pF。晶片振动时因摩擦而造成的损耗用R来等效，它的数值约为100Ω。由于晶片的等效电感很大，而C很小，R也小，因此回路的品质因数Q很大，可达1000～10000。加上晶片本身的谐振频率基本上只与晶片的切割方式、几何形状、尺寸有关，而且可以做得精确，因此利用石英谐振器组成的振荡电路可获得很高的频率稳定性。

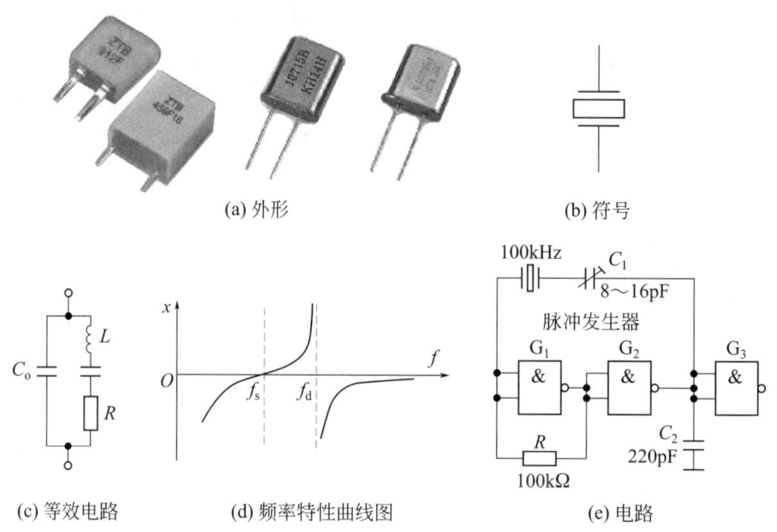

图4-61 石英晶体振荡器

② 分频器电路

• 石英晶体振荡器产生的信号频率为100kHz，要得到1Hz的秒脉冲信号，则需要分频，图4-62中采用5个中规模计数器74LS90，将其串接起来组成分频器。每块74LS90的输出脉冲信号为输入信号的十分频，则100kHz的输入脉冲信号通过五级分频正好获得秒脉冲信号，秒信号送到计数器的时钟脉冲GP端进行计数。首先，将74LS90连成十进制计数器共需5块，再把第一级的GP1接脉冲发生器的输出端。第一级的QD端接第二级GP1的，第二级的QD端接第三级的GP1，……，第五级的输出QD就是秒脉冲信号。

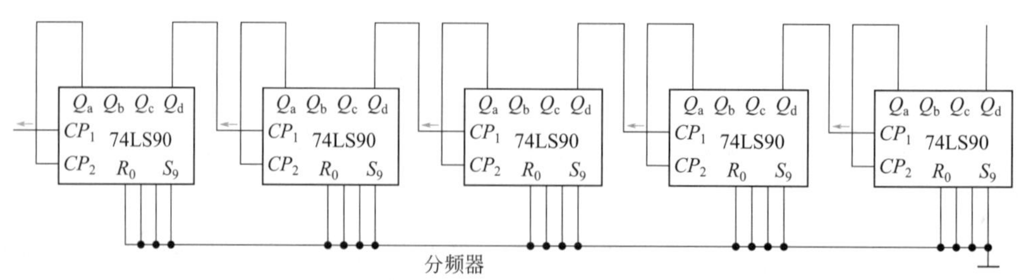

图4-62 74LS90组成的分频器

74LS90是二－五－十进制异步计数器，要做八进制的就先把7490接成十进制的（CP1与Q0接，以CP0做输入、Q3做输出就是十进制的），然后用异步置数跳过一个状态达到八进制计数。

以从000计到111为例，先接成加法计数状态，在输出为1000时（即Q4为高电平时）把Q4输出接到R01和R02脚上（即异步置0），此时当计数到1000时则立刻置0，重新从0开始计数。1000的状态为瞬态。

状态转化图中，0000到0111是有效状态，1000是瞬态，跳转从这个状态跳回到0000状态。

- 74LS90引脚图及引脚功能

74LS90计数器是一种中规模二－五进制计数器，引脚和实物图如图4-63所示，功能表如表4-15所示。表4-15中，将输出QA与输入B相接，构成8421BCD码计数器；将输出QD与输入A相接，构成5421BCD码计数器；H为高电平，L为低电平。

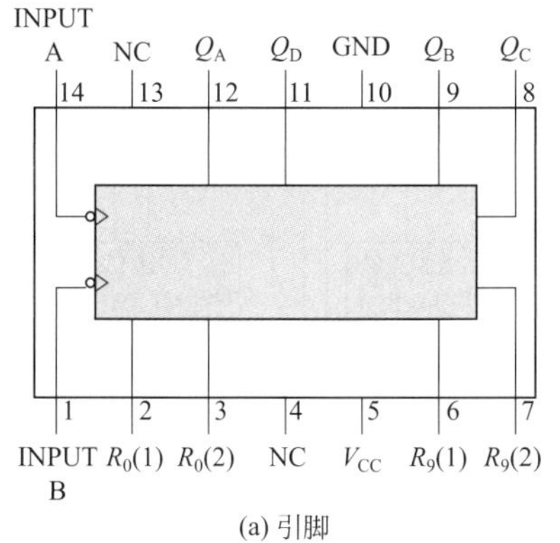

(a) 引脚

(b) 实物

图4-63 74LS90引脚图和实物图

74LS90逻辑电路图如图4-64所示。它由四个主从JK触发器和一些附加门电路组成，整个电路可分两部分，其中FA触发器构成一位二进制计数器，FD、FC、FB构成异步五进制计数器。在74LS90计数器电路中，设有专用置“0”端R_1、R_2和置位（置“9”）端S1、S2。

表4-15 74LS90功能表

复位输入				输出			
R_1	R_2	S_1	S_2	Q_D	Q_C	Q_B	Q_A
H	H	L	×	L	L	L	L
H	H	×	L	L	L	L	L
×	×	H	H	H	L	L	H
×	L	×	L	计数			
L	×	L	×	计数			
L	×	×	L	计数			
×	L	L	×	计数			

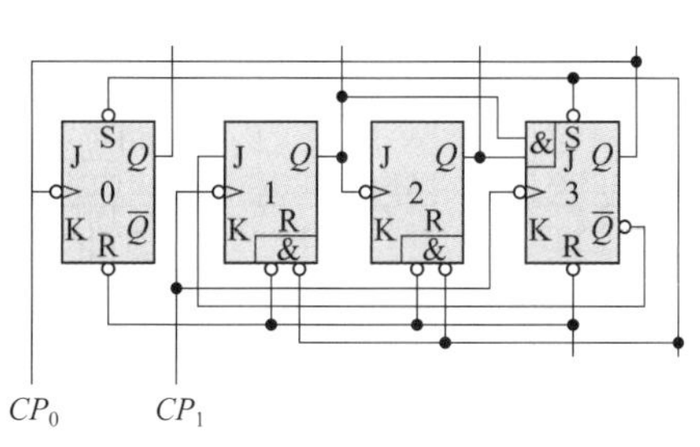

图4-64 74LS90逻辑电路图

本电路由4个主从触发器和用作除2计数器及计数周期长度为除5的五位二进制计数器所用的附加选通所组成。有选通的零复位和置9输入。

为了利用本计数器的最大计数长度（十进制），可将B输入同QA输出连接，输入计数脉冲可加到输入A上，此时输出就如相应的功能表上所要求的那样。74LS90可以获得对称的十分频计数，办法是将QD输出接到A输入端，并把输入计数脉冲加到B输入端，在QA输出端产生对称的十分频方波。

③ 计数器电路　秒计数器采用两块74LS90接成六十进制计数器，分计数器也是采用两块74LS90接成六十进制计数器。时计数器则采用两块74LS90接成二十四进制计数器，秒脉冲信号经秒计数器累计，达到“60”时秒计数器复位归零并向分计数器送出一个分脉冲信号，分脉冲信号再经分计数器累计，达到“60”时分计数器复位归零并向时计数器送出一个时脉冲信号，时脉冲信号再经时计数器累计，达到“24”时复位归零，如图4-65所示。

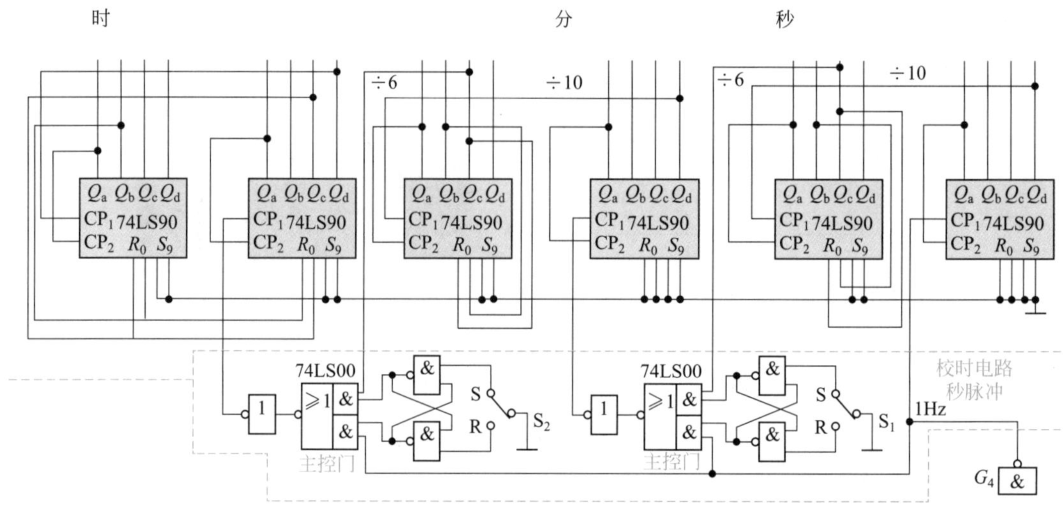

图4-65　计数器电路

④ 译码显示电路　时、分、秒计数器的个位与十位分别通过每位对应一块七段显示译码器GG4511和半导体数码管，随时显示出时、分、秒的数值如图4-66所示。

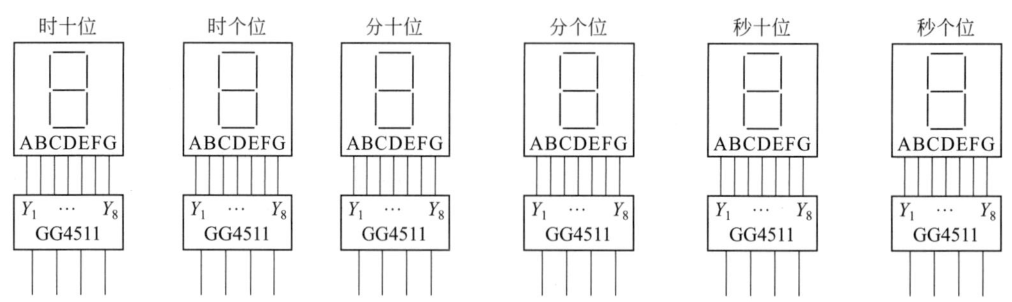

图4-66　译码显示电路

CD4511是一个用于驱动共阴极LED（数码管）显示器的BCD码-七段码译码器，具有BCD转换、消隐和锁存控制、七段译码及驱动功能的CMOS电路能提供较大的拉电流。可直接驱动LED显示器。CD4511引脚排列如图4-67所示。其中a～d为BCD码输入，a为最低位。LT为灯测试端，加高电平时，显示器正常显示，加低电平时，显示器一直显示数码“8”，各笔段都被点亮，以检查显示器是否有故障。BI为消隐功能端，低电平时使所有笔段均消隐，正常显示时，BI端应加高电平。另外CD4511有拒绝伪码的特点，当输入数据越过十进制数9(1001)时，显示字形也自行消隐。LE是锁存控制端，高电平时锁存，低电平时传输数据。a～g是7段输出，可驱动共阴LED数码管。另外，CD4511显示数“6”时，a段消隐；显示数“9”时，d段消隐，所以显示6、9这两个数时，字形不太美观。若要多位计数，只需将计数器级联，每级输出接一只CD4511和LED数码管即可。所谓共阴LED数码管是指7段LED的阴极是连在一起的，在应用中应接地。限流电阻要根据电源电压来选取，电源电压为5V时可使用300Ω的限流电阻。

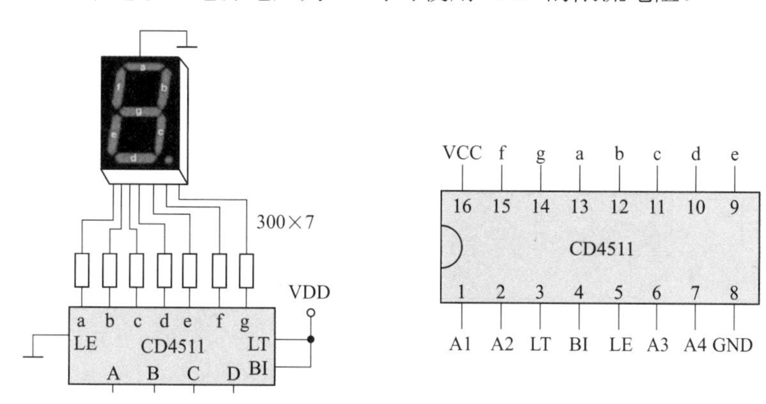

图4-67　CD4511引脚和驱动电路

⑤ 校时电路　设有两个快速校时电路，它是由基本*RS*触发器74LS00和与或非门组成的控制电路，电子钟正常工作时，开关S1、S2合到S端，将基本*RS*触发器置“1”，分、时脉冲信号可以通过控制门电路。当开关S1、S2合到R端时，将基本*RS*触发器置“0”，封锁了控制门电路，使正常的计时信号不能通过控制门电路，而秒脉冲信号则可以通过控制门电路，使分、时计数器变成了秒计数器，实现了快速校准，如图4-68所示。

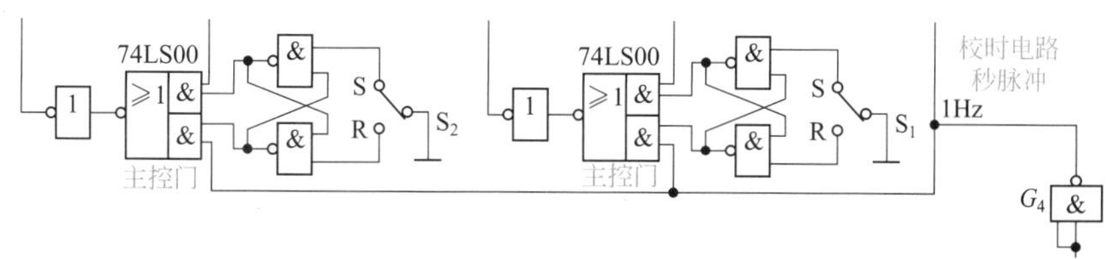

图4-68　校时电路

（4）实际数字逻辑电子钟整体电路　如图4-69所示。

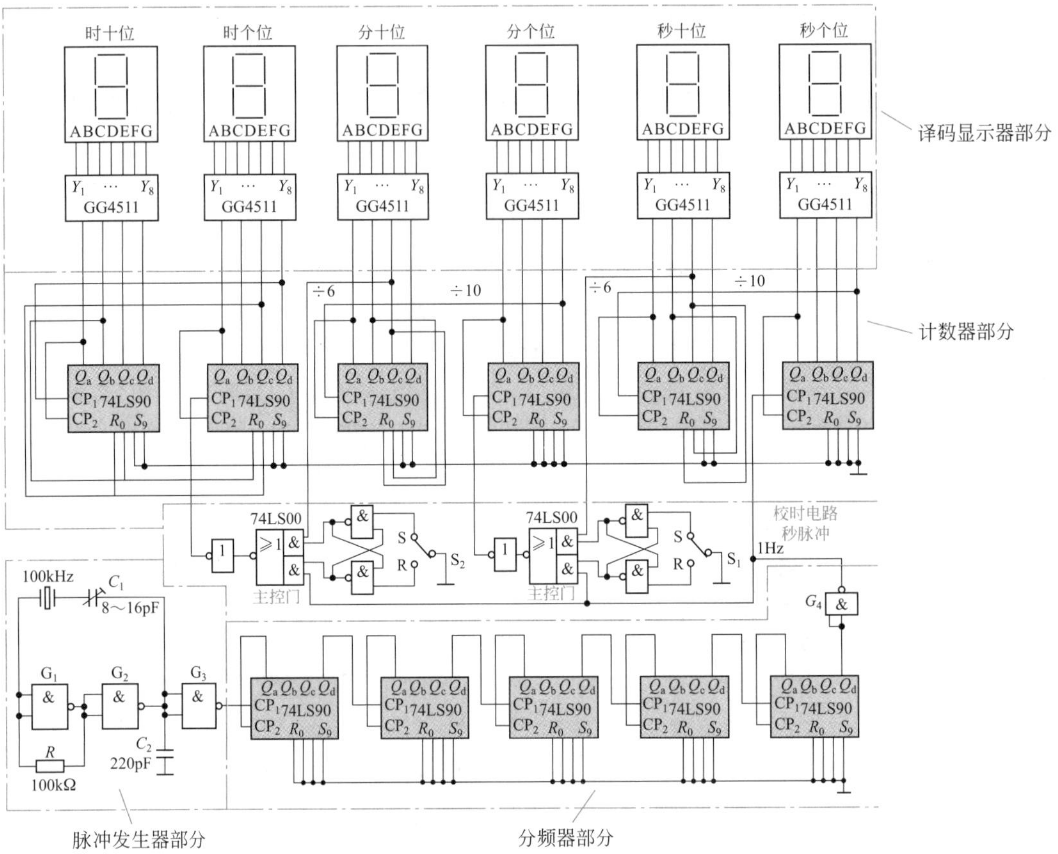

图4-69　实际数字逻辑电子钟整体电路

第 5 章

印制电路板设计与制作

5.1 认识印制电路板

印制电路板（PCB）是在覆铜板上完成印制线路工艺加工的成品板，它起电路元件和器件之间的电气连接的作用，同时印制电路板可以提供集成电路等各种电子元器件固定装配的机械支撑，实现集成电路等各种电子元器件之间的布线和电气连接或电绝缘，提供所要求的电气特性（如特性阻抗）等，同时为自动锡焊提供阻焊图形，为元器件插装、粘装、检查、维修提供识别字符标记图形。采用印制电路板后，电子产品的稳定性、可靠性大大提高，缩小了产品的体积，适合生产线大批量的生产。

5.1.1 印制电路板的类型和特点

随着电子技术的不断发展，现代电子产品的体积已趋小型化和微型化，如手机、计算机等。而印制电路板也随着电子产品发展要求的提高而不断发展。如由最初的单面板发展到双面板、多层板以及挠性板等。

（1）印制电路板的种类很多，其分类方法也有所不同。一般按基材的性质可将其分为刚性印制板和挠性印制板两大类。

① 刚性印制板具有一定的机械强度，用它装成的部件具有一定的抗弯能力，在使用时处于平展状态。一般电子设备中使用的都是刚性印制板。

② 挠性印制板是以软层状塑料或其他软质绝缘材料为基材而制成的。它所制成的部件可以弯曲和伸缩，在使用时可根据安装要求将其弯曲。挠性印制板一般用于特殊场合，如：某些数字万用表的显示屏是可以旋转的，其内部往往采用挠性印制板。

（2）按布线层次可将其分为单面板、双面板和多层板三类。目前单面板和双面板的应用最为广泛。

① 单面板　绝缘基板上仅一面具有导电图形的印制电路板。它通常采用层压纸板和玻璃布板加工制成。单面板的导电图形比较简单，大多采用丝网漏印法制成。

② 双面板　绝缘基板的两面都有导电图形的印制电路板。它通常采用环氧纸板和玻

璃布板加工制成。由于两面都有导电图形，所以一般采用金属化孔使两面的导电图形连接起来。双面板一般采用丝印法或感光法制成。

③ 多层板　有三层或三层以上导电图形的印制电路板。多层板内层导电图形与绝缘黏结片叠合压制而成，外层为覆箔板，经压制成为一个整体。为了将夹在绝缘基板中间的印制导线引出，多层板上安装元件的孔需经金属化孔处理，使之与夹在绝缘基板中的印制导线连接。其导电图形的制作以感光法为主。多层板的特点如下。

a. 与集成电路配合使用，可使整机小型化，减少整机质量。

b. 提高了布线密度，缩小了元器件的间距，缩短了信号的传输路径。

c. 减少了元器件焊接点，降低了故障率。

d. 由于增设了屏蔽层，电路的信号失真减少。

e. 引入了接地散热层，可减少局部过热现象，提高整机工作的可靠性。

实际电子设备中所使用的印制电路板有很大的差别，最简单的可以只有几个焊点或几根导线，一般的电子产品中印制板焊点数在数十到数百个，焊点数超过600个的印制电路板属于较为复杂的印制板，如计算机主板。

5.1.2　覆铜板的种类及选用

印制板的主要材料是覆铜板，覆铜板就是经过粘接、热挤压工艺，使一定厚度的铜箔牢固地附着在绝缘基板上。基板是由高分子合成树脂和增强材料组成的绝缘层板。所用覆铜板基板材料及厚度不同，以及覆铜板所用铜箔与黏合剂不同，制造出来的覆铜板在性能上就有很大差别。常用覆铜板的厚度有1.0mm、1.5mm和2.0mm三种。铜箔覆在基板一面的，称作单面覆铜板，覆在基板两面的称作双面敷铜板。

（1）基板　基板的种类较多，高分子合成树脂和增强材料组成的绝缘层压板可以作为覆铜板的基板，按绝缘材料不同可分为纸基板、玻璃布基板和合成纤维板。合成树脂的种类繁多，常用的有酚醛树脂、环氧树脂、聚四氟乙烯等；增强材料一般有纸质和布质两种，它们决定了基板的机械性能，如耐浸焊性、抗弯强度等。

（2）铜箔　铜箔是制造覆铜板的关键材料，必须有较高的电导率及良好的焊接性。要求铜箔表面不得有划痕、砂眼和皱褶，金属纯度不低于99.8%，厚度误差不大于±5μm。标准规定，铜箔厚度的标称系列为18μm、25μm、35μm、70μm和105μm。我国目前正在逐步推广使用35μm厚度的铜箔。铜箔越薄，越容易蚀刻和钻孔，特别适合制造线路复杂的高密度印制板。

（3）覆铜板黏合剂　黏合剂是铜箔能否牢固地覆在基板上的重要因素。覆铜板的抗剥强度主要取决于黏合剂的性能。目前我国大量使用的覆铜板有以下几种类型。

① 酚醛纸基覆铜板　是由绝缘浸渍纸（TFZ-62）或棉纤维浸渍纸（TFZ-63）浸以酚醛树脂经热压而成的层压制品，两表面胶纸可附以单张无碱玻璃浸胶布，其一面覆以铜箔。特点是价格便宜，耐水性及耐高温性较差，机械强度低。主要用作无线电设备中的印制电路板。

② 环氧酚醛玻璃布覆铜板　是用无碱玻璃布浸以环氧酚醛树脂经热压而成的层压制品，其一面或双面覆以铜箔，具有质轻、电气和力学性能良好、耐化学腐蚀、耐高温潮

湿等优点，但价格较高。其板面呈淡黄色，若用三氰二胺做固化剂，则板面呈淡绿色，具有良好的透明度。主要在工作温度和工作频率较高的无线电设备中用作印制电路板。

③ 聚四氟乙烯覆铜板　是以聚四氟乙烯板为基板，覆以铜箔经热压而成的一种覆铜板。具有优良的耐高温、高绝缘的特性，化学稳定性也较好。主要用于高频和超高频线路中做印制板。

④ 软性聚酯覆铜薄膜　是用聚酯薄膜与铜热压而成的带状材料，在应用中将它卷曲成螺旋形状放在设备内部。为了加固或防潮，常以环氧树脂将它灌注成一个整体。主要用作柔性印制电路和印制电缆，可作为接插件的过渡线。

5.1.3　印制电路板的组装方式

印制电路板的组装是指把电阻器、电容器、晶体管、集成电路等电子元器件插装到印制电路板上，以及对其进行焊接的过程。由于插装元器件的方法和焊接方式的不同，组装方式一般分为以下四种。

（1）全部采用手工插装，手工焊接方式　该种组装方式只适用于小规模、小批量的生产方式以及电子爱好者制作应用。它的最大优势是不需要设备，成本低廉，只需要熟练的技能即可，效率最低。

（2）全部采用手工插装，自动焊接方式　该种组装方式由于元器件采用手工插装，所以很容易产生插错位置和引脚极性颠倒等错误现象，这样给产品质量带来了隐患，故目前应用该种方式的不是很多。

（3）一部分元器件采用自动插装，全部采用自动焊接方式　该种组装方式是对大部分元器件采用自动插装方式，对少数体积较大和有特殊要求的元器件采用手工插装方式。由于大部分元器件采用自动插装方式，这将有效地抑制插装错误的产生，使生产效率大为提高，生产质量得到有效保障，加之自动化的焊接，便可适用于大批量的生产。该种组装方式是目前应用最为普遍的一种。

（4）全部采用自动插装，自动焊接方式　该种组装方式是较为先进的一种组装方式，具有速度快、准确度高、几乎无差错的特点。由于科技水平的不断提高和发展，以及对产品小型化的要求，此种组装方式越来越得到广泛的应用。

5.2　印制电路板设计

印制电路板设计是按照设计人员的意图，将电原理图转换为印制电路板图，并确定加工技术要求的过程，一般分为人工设计、计算机辅助设计两种方式。由于现代电子产品结构越来越复杂，所以现在的印制电路板设计基本都采用计算机辅助设计。

5.2.1　印制电路板设计要求

印制电路板设计要求应注意以下几点：印制电路板材质的选择，尺寸、形状、元器件的位置，印制导线的宽度，焊盘的直径、孔径，地线要求，抗干扰要求，外部连接等。

（1）印制电路板的设计　从确定板的尺寸大小开始，印制电路板的尺寸因受机箱外壳大小限制，以能恰好安放入外壳内为宜，另外，应考虑印制电路板与外接元器件（主要是电位器、插口或外接印制电路板）的连接方式。印制电路板与外接元件一般是通过塑料导线或金属隔离线进行连接的。但有时也设计成插座形式，即在设备内安装一个插入式印制电路板，要留出充当插口的接触位置。对于安装在印制电路板上的较大的元件，要加金属附件固定，以提高耐振、耐冲击性能。

（2）布线图设计的基本要求　首先，需要对所选用元件及各种插座的规格、尺寸、面积等有完全的了解；对各部件的位置安排作合理的、仔细的考虑，主要是从电磁场兼容性、抗干扰的角度，走线短，交叉少，电源、地的路径及去耦等方面考虑；各部件位置定出后，就是各部件的连线，按照电路图连接有关引脚，有计算机辅助制图与手工排列布图两种。最原始的是手工排列布图。这比较费事，往往要反复几次才能最后完成，这在没有其他绘图设备时也可以，这种手工排列布图方法对刚学习印制板图设计者来说也是很有帮助的。计算机辅助制图，现在有多种绘图软件，功能各异，但总的说来，计算机辅助制图绘制、修改较方便，并且可以保存和打印。

其次，确定印制电路板所需的尺寸，并按原理图，将各个元器件位置初步确定下来，然后经过不断调整使布局更加合理，印制电路板中各元件之间的接线安排方式如下。

① 印制电路中不允许有交叉电路，对于可能交叉的线条，可以用“钻”“绕”两种办法解决。即让某引线从别的电阻、电容、三极管脚下的空隙处“钻”过去，或从可能交叉的某条引线的一端“绕”过去，在特殊情况下，如果电路很复杂，为简化设计也允许用导线跨接解决交叉电路问题。

② 电阻、二极管、管状电容器等元件有“立式”“卧式”两种安装方式。立式指的是元件体垂直于电路板安装、焊接，其优点是节省空间；卧式指的是元件体平行并紧贴于电路板安装、焊接，其优点是元件安装的机械强度较好。这两种不同的安装方式，印制电路板上的元件孔距是不一样的。

③ 同一级电路的接地点应尽量靠近，并且本级电路的电源滤波电容也应接在该级接地点上。特别是本级晶体管基极、发射极的接地点不能离得太远，否则会因两个接地点间的铜箔太长而引起干扰与自励，采用这样“一点接地法”的电路，工作较稳定，不易自励。

④ 总地线必须严格按高频—中频—低频一级级地按弱电到强电的顺序排列原则，切不可随便翻来覆去乱接，级与级间宁可接线长点，也要遵守这一规定。特别是变频头、再生头、调频头的接地线安排要求更为严格，如有不当就会产生自励以致无法工作。调频头等高频电路常采用大面积包围式地线，以保证有良好的屏蔽效果。

⑤ 强电流引线（公共地线、功放电源引线等）应尽可能宽些，以降低布线电阻及其电压降，可减小寄生耦合而产生的自励。

⑥ 阻抗高的走线尽量短，阻抗低的走线可长一些，因为阻抗高的走线容易发射和吸收信号，引起电路不稳定。电源线、地线、无反馈元件的基极走线、发射极引线等均属低阻抗走线，射极跟随器的基极走线、收录机两个声道的地线必须分开，各自成一路，

一直到功放末端再合起来，如两路地线连来连去，极易产生串音，使分离度下降。

5.2.2　印制电路板设计步骤及注意事项

（1）印制电路板设计步骤

① 合适的印制电路板　印制电路板一般用覆铜板制成，常用的覆铜板介绍见本章5.1节。覆铜板的选用应注意以下三点。一是材料：覆铜板材料选用时要从所要求的电气性能、可靠性、加工工艺要求和经济指标等全方面考虑，不同材料的层压板有不同的特点，环氧树脂与铜箔有极好的黏合力，因此铜箔的附着强度和工作温度较高，可以在260℃的熔锡中不起泡；环氧树脂浸过的玻璃布层压板受潮气的影响较小；超高频电路板最好是覆铜聚四氟乙烯玻璃布层压板；在要求阻燃的电子设备上，还需要阻燃的电路板，可以采用浸入了阻燃树脂的电路板。二是厚度：电路板厚度应该根据电路板的功能、所装元件的质量、电路板插座的规格、电路板的外形尺寸和承受的机械负荷等因素来决定，主要是应该保证足够的刚度和强度。三是尺寸：从成本、铜膜线长度、抗噪声能力考虑，电路板尺寸越小越好，但是板尺寸太小，则散热不良，且相邻的导线容易引起干扰；电路板的制作费用是和电路板的面积相关的，面积越大，造价越高；在设计具有机壳的电路板时，电路板的尺寸还受机箱外壳大小的限制，一定要在确定电路板尺寸前确定机壳大小，否则就无法确定电路板的尺寸，一般情况下，在禁止布线层中指定的布线范围就是电路板尺寸的大小；电路板的最佳形状是矩形，长宽比为3 ∶ 2或4 ∶ 3，当电路板的尺寸大于200mm×150mm时，应该考虑电路板的机械强度。总之，应该综合考虑利弊来确定电路板的选用。

② 印制电路板元器件的布局与布线　这里以单面印制板的制作技术为重点加以介绍。

• 印制电路板元器件的布局。印制电路板布局的基本原则是：第一，保证电路的电气性能；第二，便于产品的生产、维护和使用；第三，导线尽可能短。

由于元器件的引脚之间存在着分布电容，一些电感元器件的周围存在着磁场，连接各元器件的导线也存在电阻、电容和电感，外部干扰也会影响电路性能，因此，这些因素的相互作用将产生不利影响。布局的首要任务就是如何合理地安排元器件位置，减小不利因素的影响。

a. 在通常情况下，无论是单面印制板还是双面印制板，所有元器件均应布置在印制电路板的同一面，以便检查、加工、安装和维修。对于单面印制板的元器件，只能安装在没有印制电路铜箔的一面。

b. 板面上的元器件应尽量按电路原理图顺序呈直线排列，并力求将电路安排紧凑、整齐，各级走线尽可能近，且输入、输出走线不宜并列平行，这点对高频和宽带电路尤为重要。对于三个引脚以上的元器件，必须按引脚顺序放置，避免引脚扭曲。

c. 印制板上常含有多个单元电路，一般情况下，各单元电路的位置应按信号的传输关系来安排，传输关系紧密的就安排在相邻位置。模拟电路和数字电路应尽量分开，大功率电路与小信号电路也尽量分开。倘若由于板面所限，无法在一块印制板上安装下全部电子元器件，或是出于屏蔽的目的必须把整机分成几块印制板安装时，则应使每一块装配好的印制电路构成独立的功能，以便单独调试、检验和维修。

d.为便于缩小体积或提高机械强度，可在主要的印制板之外再安装一块乃至多块“辅助底板”。辅助底板可以是金属的，也可以是印制板或绝缘板。一些笨重器件，如变压器、扼流圈、大电容器、继电器等可以安装在辅助底板上，并利用附件将它们紧固。

e.对于辐射电磁场较强的元器件或电磁感应较灵敏的元器件，安装时可以加大它们相互之间的距离或加以屏蔽。元器件放置的方向，应与相邻的印制导线交叉。特别是电感器件，要注意采取防止电磁干扰的措施。

f.重而大的元器件，尽量安置在印制板上靠近紧固端的位置，并降低重心，以提高机械强度和耐振、耐冲击能力，减少印制板的负荷变形。

g.在保证电气性能的前提下，元器件应相互平行或垂直排列，元器件之间的距离要合理，以求整齐、美观。一般情况下，不允许将元器件重叠起来。若是为了紧缩平面尺寸非重叠不可时，则必须把元器件用机械支撑件加以固定。

h.需要通过印制接头与外部电路相连的元器件，尤其是产生大电流信号或重要脉冲的集成电路块，应尽量布置在靠近插头的板面上。

i.时钟脉冲发生器及时序脉冲发生器等信号源电路，在布局上应考虑有较宽裕的安装位置，以减少和避免对其他电路的干扰。

j.装在振动装置上的电子电路，印制板上的元器件轴向应与机器的主要振动方向一致。

确定印制板尺寸的方法是：先把决定要安装在一块印制板上的集成块和其他元器件全部按布局要求排列在一张纸上。排列时，要随时调整以使印制板的长宽比符合或接近实际要求的长宽比。各个元器件之间应空开一定的间隙，一般为5 ～ 15mm，有特殊要求的电路还应放宽。如果间隔太小，将使布线困难，元器件不易散热，调试维修不方便；间隔太大，印制板的尺寸就大，由印制导线电阻、分布电容和电感等引起的干扰也就会增加。待全部元器件都放置完毕后，印制板的大致尺寸就知道了。如形成的印制板长宽比与实际要求有出入，可在不破坏布局的前提下，对长宽进行适当的调整。

• 印制电路板的布线。元器件布局工作完成后，就可用铅笔在代表印制板的纸上画出各个元器件的轮廓，然后根据电路原理图安排，绘制各个元器件之间的连接线，即布线设计。布线设计是印制板设计中一项较费时的工作，灵活性很大。布线设计的基本考虑就是如何使导线最短，同时要使导线的形状合理。在布线设计时如果发现布局不合理（如布线困难），还要调整布局。

a.公共线（地线）一般布置在印制板最边缘，以便于印制板安装在机壳底座或机架上，也便于与机架（地）相连接。将电源、滤波、控制等低频元器件与直流导线靠边缘布置，高频元器件、高频管、高频导线布置在印制板中间，以减少它们对地线和机壳的分布电容。

b.印制导线与印制板的边缘应留有一定的距离（不小于板厚），这不仅便于安装导轨并进行机械加工，而且提高了绝缘性能。

c.单面印制板的某些导线有时要绕着走或平行走，这样印制导线就比较长，不仅使引线电感增大，而且印制导线之间、电路之间的寄生耦合也增大。虽然对于低频电路印制板影响不显著，但对高频电路则必须保证高频导线、晶体管各电极的引线、输入和输出线短而直，并避免相互平行。若个别印制导线不能绕着走，则为了避免导线交叉，可用外接线（也叫“跨接线”“跳接线”）。必须指出，高频电路应避免用外接导线跨接，若是交叉的导线较多，最好采用双面印制板，将交叉的导线印制在板的两面，这样可使导线短而直。用双面板时，两面印制线路应避免互相平行，以减少导线间的寄生耦合，双面印制线路最好成垂直布置或斜交，如图5-1所示。高频电路的印制导线长度和宽度要小，导线间距要大，这样可减小分布电容的影响。

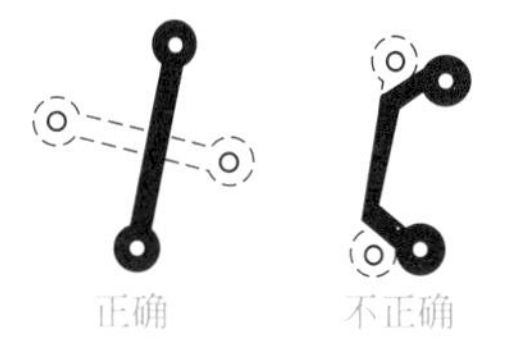

图5-1　双面印制板的布线

注：垂直布置，减小分布电容

d.对外连接用接插形式的印制板，为便于安装，往往将输入、输出、馈电线和地线等均平行安排在板子的一边，如图5-2所示，1、5、11脚接地，10脚接电源，4脚输出，6脚输入。为减小导线间的寄生耦合，布线时应使输入线与输出线远离，并且输入电路的其他引线应与输出电路的其他引线分别布于两边，输入与输出之间用地线隔开。此外，输入线与电源线之间的距离要远一些，间距不应小于1mm。对于不用插接形式的印制板，为便于转接（外连接），各个接出脚也应放在印制板的同一边。

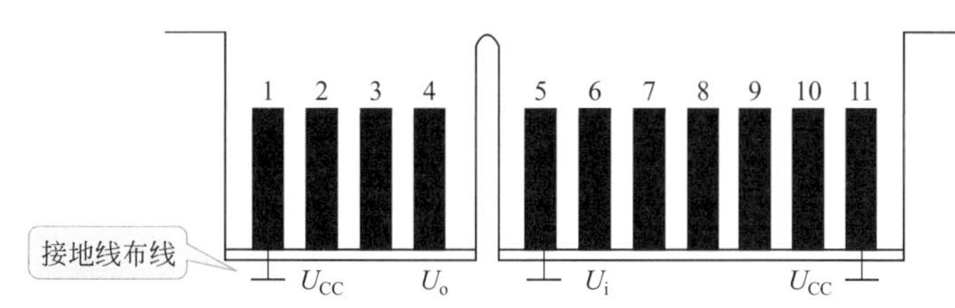

图5-2　印制板与外连接的布线方式

e.在印制电路板的排版设计中，地线的设计是十分重要的，这有时可能关系到设计的成败。印制板上每一级电路的接地元器件就近接地，地线短，引线电感小。当频率较高时，为减小地线阻抗，地线应有足够的宽度。频率越高，连接线也应越宽，以减小引线电感。最好采用大面积接地，即大面积铜箔均为地线。如果用的是双面印制板，则可在印制线路的反面，将相当于正面印制导线部分的铜箔去除，其余部分作为地线，这称为全地线印制板。大面积接地还具有一定的屏蔽作用，但会使元器件对地的分布电容增大。

当地线的面积较大，超过直径为25mm的圆的区域时，应开局部窗口，使地线成为网状。这是因为大面积的铜箔在焊接时，受热后容易产生膨胀，造成脱落，也容易影响焊接质量。

f.印制导线如果需要屏蔽，在要求不高时，可采用印制屏蔽线，如图5-3所示，其中，图5-3（a）为单面板的印制屏蔽线的做法：图5-3（b）为双面板的印制屏蔽线的做法；图5-3（c）为单面板大面积地线屏蔽线的做法。当频率高达100MHz以上，或屏蔽要求高时，采用上述方法不能满足导线屏蔽的要求。

g.若要屏蔽印制板上的元器件时，可在元器件的外面套上一个屏蔽罩。在底板的另一面对应于元器件的位置再罩上一个扁形屏蔽罩（或金属板），将这两个屏蔽罩在电气上连接起来并接地，这样就构成了一个近似于完整的屏蔽盒。若是将对应于欲屏蔽元器件部分的铜箔保留，再将元器件上的屏蔽罩穿过印制板，与屏蔽用的保留铜箔连接起来接地，也能满足屏蔽要求。

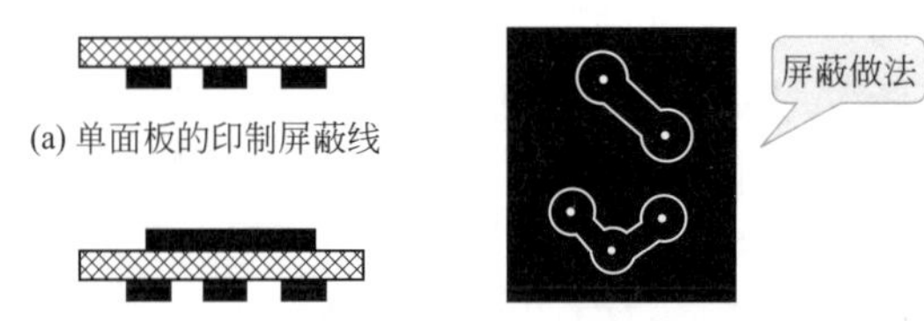

图5-3　印制导线的屏蔽方法

h.一般印制板的铜箔厚度为35μm左右，当这种铜箔形成一条宽0.5mm、长100mm的印制导线时，其两端电阻为0.1Ω左右。当通过较大的直流或脉冲电流时，其压降就较可观。因此，为减小电阻并使加工方便、可靠，印制导线的宽度通常不应小于0.5mm，地线、电源线应放宽到1.5～2.5mm，印制板周边地线还可以放宽到5mm以上。一般情况下，建议优先采用0.5mm、1.0mm、1.5mm、2.0mm的导线宽度，其中0.5mm的导线主要应用于微小型化设备。

i.印制导线的最小间距应不小于0.5mm。若导线间的电压超过300V时，其间距不应小于1.5mm。在高频电路中，导线间距大小会影响分布电容、分布电感的大小，从而影响信号损耗、电路稳定性等。因此，导线的间距应根据允许的分布电容和电感来确定。

j.印制导线的图形在设计时应遵循几点：除地线外，同一印制板上导线的宽度尽量保持一致：印制导线的走线应平直，不应出现急剧的拐弯或尖角，所有弯曲与过渡部分均需用圆弧连接，其半径不得小于2mm；应尽量避免印制导线出现分支，如果必须分支，则分支处应圆滑过渡。导线的形状如图5-4所示。

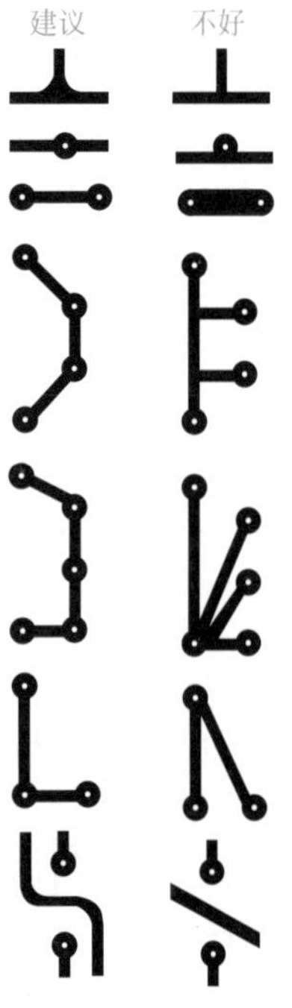

建议　不好

图5-4　印制导线形状

k.常用的焊盘形状有方形、圆形、岛形和椭圆形，最常用的是圆形。焊盘的尺寸取决于穿线孔的尺寸，一般焊盘内径比穿线孔直径大0.1～0.4mm，穿线孔直径比元器件引线直径大0.2～0.3mm，焊盘的圆环宽度通常为0.5～1.5mm。

③ 综合布线

• 线长　铜膜线应尽可能短，在高频电路中更应该如此。铜膜线的不拐弯处应为圆角或斜角，而直角或尖角在高频电路和布线密度高的情况下会影响电气性能。当双面板布线时，两面的导线应该相互垂直、斜交或弯曲走线，避免相互平行，以减少寄生电容。

• 线宽　铜膜线的宽度应以能满足电气特性要求而又便于生产为准则，它的最小值取决于流过它的电流，但是一般不宜小于0.2mm。只要板面积足够大，铜膜线宽度和间距最好选择0.3mm。一般情况下，1～1.5mm的线宽，允许流过2A的电流。例如地线和电源线最好选用大于1mm的线宽。在集成电路引脚焊盘之间走两根线时，焊盘直径为50mil，线宽和线间距都是10mil，

当焊盘之间走一根线时，焊盘直径为64mil，线宽和线间距都为12mil。注意公制和英制之间的转换，100mil=2.54mm。

- 线间距　相邻铜膜线的间距应该满足电气安全要求，同时为了便于生产，间距应该越宽越好。最小间距至少能够承受所加电压的峰值。在布线密度低的情况下，间距应该尽可能大。
- 屏蔽与接地　铜膜线的公共地线应该尽可能放在电路板的边缘部分。在电路板上应该尽可能多地保留铜箔做地线，这样可以使屏蔽能力增强。另外，地线的形状最好做成环路或网格状。多层电路板由于采用内层做电源和地线专用层，因而可以起到更好的屏蔽作用。

④ 焊盘要求　焊盘尺寸、焊盘的内孔尺寸必须从元件引线直径和公差尺寸以及镀锡层厚度、孔径公差、孔金属化电镀层厚度等方面考虑，通常情况下以金属引脚直径加上0.2mm作为焊盘的内孔直径。例如，电阻的金属引脚直径为0.5mm，则焊盘孔直径为0.7mm，而焊盘外径应该为焊盘孔径加1.2mm，最小应该为焊盘孔径加1.0mm。当焊盘直径为1.5mm时，为了增加焊盘的抗剥离强度，可采用方形焊盘。对于孔直径小于0.4mm的焊盘，焊盘外径/焊盘孔直径=0.5～3。对于孔直径大于2mm的焊盘，焊盘外径/焊盘孔直径=1.5～2。常用的焊盘尺寸如下：焊盘孔直径0.4mm、0.5mm、0.6mm、0.8mm、1.0mm、1.2mm、1.6mm、2.0mm；焊盘外径1.5mm、1.5mm、2.0mm、2.0mm、2.5mm、3.0mm、3.5mm、4mm。

设计焊盘时的注意事项如下。

- 焊盘孔边缘到电路板边缘的距离要大于1mm，这样可以避免加工时导致焊盘缺损。
- 当与焊盘连接的铜膜线较细时，要将焊盘与铜膜线之间的连接设计成泪滴状，这样可以使焊盘不容易被剥离，而铜膜线与焊盘之间的连线不易断开。
- 相邻的焊盘要避免有锐角。

⑤ 大面积填充　电路板上大面积填充的目的有两个，一个是散热，另一个是用屏蔽减少干扰，为避免焊接时产生的热使电路板产生的气体无处排放而使铜膜脱落，应该在大面积填充上开窗，后者使填充为网格状。使用覆铜也可以达到抗干扰的目的，而且覆铜可以自动绕过焊盘并可连接地线。

⑥ 跳线　在单面电路板的设计中，当有些铜膜无法连接时，通常的做法是使用跳线，跳线的长度应该选择如下几种：6mm、8mm和10mm。

（2）注意事项

① 布线方向：从焊接面看，元件的排列方位尽可能保持与原理图相一致，布线方向最好与电路图走线方向相一致，因生产过程中通常需要在焊接面进行各种参数的检测，故这样做便于生产中的检查、调试及检修（注：指在满足电路性能及整机安装与面板布局要求的前提下）。

② 各元件排列，分布要合理和均匀，力求整齐、美观，满足结构严谨的工艺要求。

③ 电阻、二极管的放置方式分为平放与竖放两种。

- 平放：当电路元件数量不多，而且电路板尺寸较大的情况下，一般采用平放较好，对于1/4W以下的电阻平放时，两个焊盘间的距离一般取4/10in（1in=25.4mm），

1/2W的电阻平放时，两焊盘的间距一般取5/10in；二极管平放时，1N400X系列整流管，一般取3/10in，1N540X系列整流管，一般取4～5/10in。

- 竖放：当电路元件数较多，而且电路板尺寸不大的情况下，一般是采用竖放，竖放时两个焊盘的间距一般取1～2/10in。

④ 电位器、IC座的放置原则。

- 电位器：在稳压器中用来调节输出电压，故设计电位器应满足顺时针调节时输出电压升高，逆时针调节时输出电压降低的要求；在可调恒流充电器中电位器用来调节充电电流的大小，设计电位器时应满足顺时针调节时，电流增大的要求。电位器安放位置应当满足整机结构安装及面板布局的要求，因此应尽可能放置在板的边缘，旋转柄朝外。
- IC座：设计印制板图时，在使用IC座的场合下，一定要特别注意IC座上定位槽放置的方位是否正确，并注意各个IC脚位置是否正确，例如第1脚只能位于IC座的右下角或者左上角，而且紧靠定位槽（从焊接面看）的位置。

⑤ 进出接线端布置。

- 相关联的两引线端不要距离太大，一般为2～3/10in较合适。
- 进出线端尽可能集中在1～2个侧面，不要太过离散。

⑥ 设计布线图时要注意引脚排列顺序，元件脚间距要合理。

⑦ 在保证电路性能要求的前提下，设计时应力求走线合理，少用外接跨线，并按一定顺序要求走线，力求直观，安装高度便于检修。

⑧ 设计布线图时走线尽量少拐弯，力求线条简单明了。

⑨ 布线条宽窄和线条间距要适中，电容器两焊盘间距应尽可能与电容引线脚的间距相符。

⑩ 设计应按一定顺序方向进行，例如可以按由左往右和由上而下的顺序进行。

5.2.3 印制电路板与外电路的连接

电子元器件和机电部件都有电接点，两个分立接点之间的电气连通称为互联。电子设备必须按照电路原理图互联，才能实现预定的功能。

一块印制板作为整机的一个组成部分，一般不能构成一个电子产品，必然存在对外连接的问题。如印制板之间、印制板与板外元器件、印制板与设备面板之间都需要电气连接。选用可靠性、工艺性与经济性最佳配合的连接，是印制板设计的重要内容之一。印制电路板对外连接方式可以有很多种，要根据不同的特点灵活选择。

（1）焊接方式 该连接方式的优点是简单、成本低、可靠性高，可以避免因接触不良而造成的故障；缺点是互换、维修不够方便。这种方式一般适用于部件对外引线较少的情况。

① 导线焊接 如图5-5所示，此方式不需要任何接插件，只要用导线将印制板上的对外连接点与板外的元器件或其他部件直接焊牢即可。例如音响设备中的喇叭、干电池盒等。

线路板互连焊接时应注意：

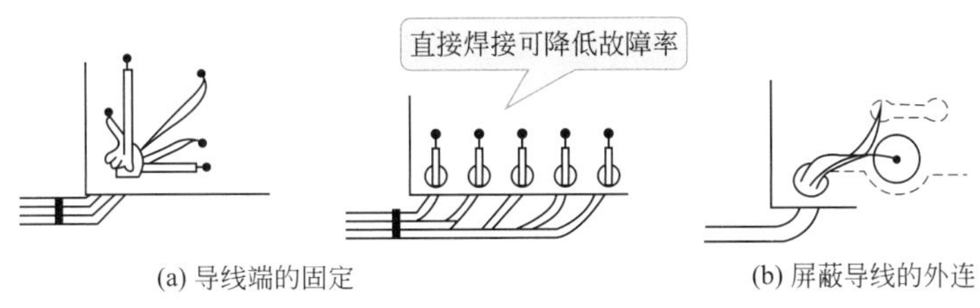

(a) 导线端的固定　　(b) 屏蔽导线的外连

图5-5　导线焊接

• 焊接导线的焊盘应尽可能在印制板边缘，并按统一尺寸排列，以利于焊接与维修。

• 为提高导线连接的机械强度，避免因导线受到拉扯将焊盘或印制导线拽掉，应在印制板上焊点的附近钻孔，让导线从印制板的焊接面穿过通孔，再从元件面插入焊盘孔进行焊接。

• 将导线排列或捆扎整齐，通过线卡或其他紧固件与板固定，避免导线因移动而折断。

② 排线焊接　如图5-6所示，两块印制板之间采用排线连接，既可靠又不易出现连接错误，且两块印制板相对位置不受限制。

③ 印制板之间直接焊接　如图5-7所示，此方式常用于两块印制板之间为90°夹角的连接。连接后成为一个整体印制板部件。

图5-6　排线焊接

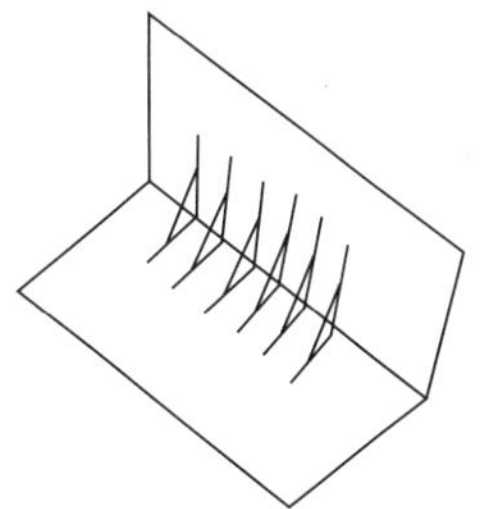

图5-7　直接焊接

（2）插接件连接方式　在比较复杂的仪器设备中，常采用插接件连接方式。这种“积木式”的结构不仅保证了产品批量生产的质量，降低了系统的成本，并为调试、维修提供了方便。当设备发生故障时，维修人员不必检查到元器件级（即检查导致故障的原因，追根溯源到具体的元器件，这项工作需要花费相当多的时间），只要判断是哪一块板不正常即可立即对其进行更换，在最短的时间内排除故障，缩短停机时间，提高设备的利用率。更换下来的线路板可以在充裕的时间内进行维修，修理好后作为备件使用。

① 印制板插座连接　如图5-8所示，在比较复杂的仪器设备中，经常采用这种连接方式。此方式是从印制板边缘做出印制插头，插头部分按照插座的尺寸、接点数、接点距离、定位孔的位置等进行设计，使其与专用印制板插座相配。在制板时，插头部分需要镀金处理，提高耐磨性能，减少接触电阻。这种方式装配简单，互换性、维修性能良好，适用于标准化大批量生产。其缺点是印制板造价提高，对印制板制造精度及工艺要求较高，可靠性稍差，常因插头部分被氧化或插座簧片老化而接触不良。为了提高对外连接

的可靠性，常把同一条引出线通过线路板上同侧或两侧的接点并联引出。

印制板插座连接方式常用于多板结构的产品，插座与印制板或底板有簧片式和插针式两种。

② 标准插针连接　此方式可以用于印制板的对外连接，尤其在小型仪器中常采用插针连接。通过标准插针将两块印制板连接，两块印制板一般平行或垂直，容易实现批量生产，如图5-9所示。

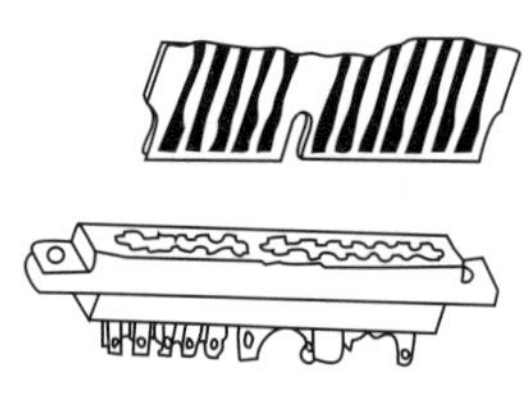
图5-8　簧片式插座与插头

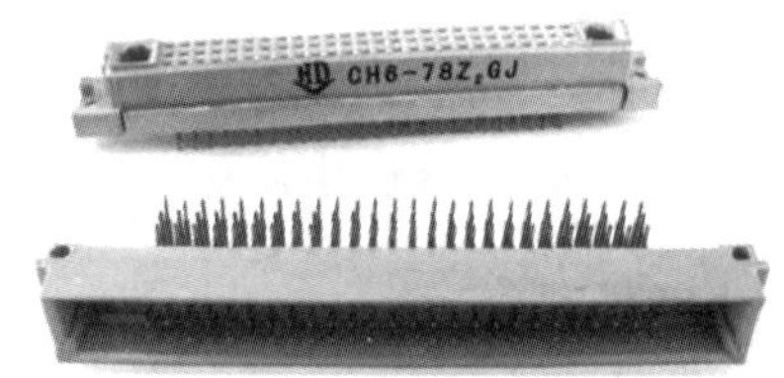

图5-9　标准插针连接

5.3　手工制作印制电路板的方法

对于电子爱好者来说，设计的电路一般比较简单，若要到厂家定制印制电路板，一是周期长，二是由于数量原因，厂家要价会比较高，因此经常会自己动手制作印制电路板。

（1）覆铜板的处理　制作印制电路板，其实就是将覆铜板上的一些铜去掉，留下一些，作为印制导线，构成所需要的电路。第一步就是选择覆铜板并进行处理。覆铜板的处理包括剪裁、清理两步。

剪裁是根据所需要的尺寸裁剪覆铜板。这一步比较简单。可以用锯，也可以用刀按照边框线多刻几次，然后用手掰断。同时用锉刀将四周边缘毛刺去掉。

清理是对覆铜板进行表面污物和氧化层处理。由于存储等原因，覆铜板的表面会有污物和铜箔氧化的现象，在进行拓图前必须将污物和氧化层去掉。可以用水砂纸蘸水打磨，也可以用去污粉擦洗。最后用干布擦干净即可。

（2）拓图　拓图是将制作好的印制电路板图，用复写纸拓到印制电路板上。将电路图转化为印制电路板图可以手工也可以用软件来完成。注意拓图时最好将复写纸和印制电路板图用双面胶固定在覆铜板上，以防止拓图过程中发生错位现象。建议用不同颜色的笔进行刻画，这样可以防止出现错误和漏画。

（3）描涂　描涂（描涂防腐蚀层）是在需要保留的线条上描涂一层保护涂料，一般用调和漆、清漆等。描涂时可以用毛笔或蘸水笔，蘸少许涂料按照拓好的线条，从左至右、从上到下依次描涂即可。需要注意的是一要描涂均匀，二要防止出现错误。

（4）蚀刻　顾名思义，蚀刻就是指腐蚀和雕刻。上一步中已经将所要保留的铜箔进行了保护处理，第二步就是通过腐蚀的方法或者用刀雕刻的方法将不要的铜箔去除。

① 腐蚀法　将铜箔腐蚀掉一般采用一种叫三氯化铁的化学溶液。将准备好的三氯化铁溶液倒入搪瓷盘中，然后放入印制电路板进行浸泡处理，用竹镊子夹住印制电路板轻轻地来回晃动，以加速腐蚀速度。等裸露的铜面给三氯化铁腐蚀好了，就将电路板拿上来，用清水反复清洗干净，如果有地方没有腐蚀好的，可以再放下三氯化铁溶液进行腐蚀，直到好了为止。

在操作的时候，注意一定要戴上橡胶手套，因为三氯化铁溶液对人的皮肤有刺激作用，人体不能接触，如果不小心沾上了一点儿，一定要马上用清水洗干净。

② 刀刻法　刀刻法就是用刀将不需要的铜箔去除掉。此种方法方便、快捷，适合比较简单的印制电路板电路。主要工具为锋利的刀子。可以用钢锯条自己磨制，也可以选择市面出售的刻刀。

第一步用小刀刻出印制导线的轮廓。最好借助直尺，由于是第一遍，所以用刀时要轻，以免刻出错误印痕，导致后面错误延续。

第二步用小刀刻透铜箔。在第一步的基础上，用刀的后部用力下压，将铜箔完全刻透，注意要慢慢进刀，要保证没有不透和不断的地方。可以重复几次，直至确定。

第三步起铜箔。用刀尖轻轻挑起一个头，然后用尖嘴钳夹住，慢慢向下撕，注意有无需要保留的铜箔连接的地方。否则容易将需要保留的部分一起撕下。

（5）打孔　用手摇钻或小电钻打孔均可。注意不要过快，防止移位和折断钻头。打孔完毕后，要进行整理，去除毛刺和粉末。

（6）涂助焊剂　在完成上述步骤后，为提高焊接质量，需要在印制导线的铜箔上涂助焊剂。这样可以防止铜箔氧化，提高可焊性。

① 涂松香酒精助焊剂　将松香放入酒精溶液中，待完全溶解后，就制成了松香酒精助焊剂。比例按照1 ∶ 2或1 ∶ 3。然后用毛刷蘸上溶液均匀涂抹在印制板上，晾干即可。也可以采用松香助焊剂成品。

② 镀银层助焊剂　将硝酸银溶液倒入搪瓷盘中，放入印制电路板，完全浸没。约十几分钟后，等铜箔上留有一层银后，取出印制电路板，并用水清洗，晾干就可以了。

5.4　印制电路板的制造工艺流程

印制电路板的制造工艺可以分为减成法和加成法。减成法工艺，就是通过蚀刻除去不需要的那部分铜箔，来获得导电图形的方法。此种方法为目前应用最为广泛的制造方法。加成法工艺，就是在没有覆铜箔的层压板基材上，用化学沉铜的方法形成电路图形的方法。下面主要介绍减成法基本工艺流程。

（1）照相底图及照相制版　就印制电路板的生产而言，一般都离不开合乎质量要求的1 ∶ 1的原版底片。获得原版底片的途径一般有两种：一种是利用计算机辅助系统和光绘机直接制出原版底片，另一种是制作照相底图，再经拍照后得到原版底片。当电路图设计完成后，就要绘制照相底图。绘制底图的方法有：计算机绘制黑白工艺图再照相成为照相底片、光绘制机直接制成照相底片、人工描绘或贴制黑白工艺图照相制版。

（2）图形转移　图形转移就是将照相底片上的印制电路图转移到覆铜板上。转移的方法有光化学法、丝网漏印法等。光化学法又分为液体感光法和光敏干膜法两种。目前应用较多的是感光干膜法和丝网漏印法。

① 感光干膜法（蛋白感光胶和聚乙醇感光胶）：是一种比较老的工艺方法，它的缺点是生产效率低，难以实现自动化，本身耐蚀性差。

② 丝网漏印法：是指将选好的印制电路板图印制在丝网上，然后用印料（油墨等）通过丝网板将线路图形漏印到覆铜板上的方法。因为丝网漏印法具有成本低廉、效率高、操作简便等优势，所以在印制板制造中应用最为广泛，而且具有较高的精度，非常适用于单面印制板和双面印制板的生产。丝印设备有适合手工操作的简单丝印装置，也有印制效率比较高的半自动和自动网漏印机。

感光干膜法与丝网漏印法相比，其优点是生产效率高、尺寸精度高、生产工艺相对简单，能制造细而密的印制导线。

感光干膜法中的干膜由干膜抗蚀剂、聚酯膜和聚乙烯膜组成。干膜抗蚀剂是一种耐酸的光聚合体；聚酯膜为基底膜，厚度为30μm左右，起支托干膜抗蚀剂及照相底片作用；聚乙烯膜厚度为30～40μm，是在聚酯膜涂覆抗蚀剂后覆盖的一层保护层。干膜可分为溶剂型、全水型、半水型等。

贴膜制板工艺流程为贴膜前处理→吹干或烘干→贴膜→对孔→定位→曝光→显影→晾干→修板。

（3）蚀刻　蚀刻就是用化学或电化学的方法将印有图形的铜箔保留下来（印制导线、焊盘以及其他符号）并腐蚀掉不需要的铜箔。

蚀刻的流程是预蚀刻→蚀刻→水洗→浸酸处理→水洗→干燥→去抗蚀膜→热水洗→冷水洗→干燥。

印制电路板有多种蚀刻及工艺可以采用，这些材料和方法都可以除去未保护部分的铜箔，但不影响感光显影后的抗蚀剂及其保护下的铜导体，也不腐蚀绝缘基板及黏结材料。工业上最常用的蚀刻剂有三氯化铁、过硫酸铵、铬酸及氯化铜。其中三氯化铁价廉，毒性较低，碱性氯化铜腐蚀速度快，能蚀刻高精度、高密度的印制板，铜离子又能再生回收。

（4）金属涂覆　将蚀刻完毕的印制板进行金属涂覆的目的是增加可焊性，保护铜箔并起到抗氧化、抗腐蚀的作用。目前采用较多的是浸锡或镀铅锡合金的方法。具体的涂覆方法有热熔铅锡工艺和热风整平工艺。热熔铅锡工艺是通过甘油浴或红外线使铅锡合金在190～220℃的温度下熔化，充分润湿铜箔而形成牢固的结合层。而热风整平是使浸涂铅锡焊料的印制板从两个风刀之间通过，风刀中热压缩空气使铅锡合金熔化并将板面上多余的金属吹掉，从而获得均匀的铅锡合金层。

（5）钻孔　钻孔就是对印制板上的焊盘打孔，除用台钻打孔外，现在普遍采用程控钻床钻孔。

（6）金属化孔　金属化孔就是在多层印制电路板的孔内电镀一层金属，形成一个金属筒，让其与印制导线连接起来。

（7）涂助焊剂和阻焊剂　涂助焊剂就是在印制导线和焊盘上喷涂酒精松香水或其他类型的助焊剂，以提高焊盘可焊性，并同时起到保护印制导线和焊盘不被氧化的作用。

涂阻焊剂就是在印制板上涂覆阻焊层，以防止焊接时出现搭焊、桥接造成的短路。涂阻焊剂还可以起到防止机械损伤、减少虚焊和减少潮湿气体的作用。

单面印制电路板的生产工艺流程是选材下料→表面清洁处理→上胶→曝光→显影→固膜→修板→蚀刻→去保护膜→钻孔→成型→表面涂覆→涂助焊剂→检验。

双面印制电路板与单面印制电路板的生产工艺流程的主要区别就在于增加了孔金属化工艺。

普通双面印制电路板的主要生产工艺流程是生产底片→选材下料→钻孔→孔金属化→粘膜→图形转移→电镀→蚀刻→表面涂覆→检验。

高精度和高密度的双面印制电路板采用的是图形电镀法，目前采用的集成电路印制板大都采用了该种工艺。该种工艺可以生产出线宽和线间距在0.3mm以下的高密度印制电路板。

图形电镀法的工艺流程是下料→钻孔→化学沉铜→电镀铜加厚（不到预定厚度）→贴干膜→图形转移（曝光、显影）→二次电镀铜加厚→镀铅锡合金→去保护膜→腐蚀→镀金（插头部分）→成型→热熔→检验。

图形电镀-蚀刻法制双面孔金属化板是20世纪60～70年代的典型工艺，80年代中裸铜覆阻焊膜工艺（SMOBC）逐渐发展起来，特别在精密双面板制造中已成为主流工艺。

裸铜覆阻焊膜（SMOBC）工艺：SMOBC板的主要优点是解决了细线条之间的焊料桥接短路现象，同时由于铅锡比例恒定，比热熔板有更好的可焊性和储藏性。制造SMOBC板的方法很多，有标准图形电镀减去法再退铅锡的SMOBC工艺；用镀锡或浸锡等代替电镀铅锡的减去法图形电镀SMOBC工艺；堵孔或掩蔽孔法SMOBC工艺；加成法SMOBC工艺等。

下面主要介绍图形电镀法再退铅锡的SMOBC工艺和堵孔法SMOBC工艺流程。图形电镀法再退铅锡的SMOBC工艺法类似于图形电镀法工艺。只在蚀刻后发生变化，其工艺流程如下：双面覆铜箔板→按图形电镀法工艺到蚀刻工序→退铅锡→检查→清洗→阻焊图形→插头镀镍镀金→插头贴胶带→热风整平→清洗→网印标记符号→外形加工→清洗干燥→成品检验→包装→成品。

堵孔法主要工艺流程如下：双面覆箔板→钻孔→化学镀铜→整板电镀铜→堵孔→网印成像（正像）→蚀刻→去网印料、去堵孔料→清洗→阻焊图形→插头镀镍、镀金→插头贴胶带→热风整平，下面工序与上相同至成品。

此工艺的工艺步骤较简单，关键是堵孔和洗净堵孔的油墨。在堵孔法工艺中如果不采用堵孔油墨堵孔和网印成像，而使用一种特殊的掩蔽型干膜来掩盖孔，再曝光制成正像图形，这就是掩蔽孔工艺。它与堵孔法相比，不存在洗净孔内油墨的难题，但对掩蔽干膜有较高的要求。SMOBC工艺的基础是先制出裸铜孔金属化双面板，再应用热风整平工艺。

5.5 印制电路CAD Protel DXP 2004与Altium Designer 17的使用

电子电路设计就是根据所要完成的功能和特性指标，通过各种方法来确定采用的电路结构及使用元器件的参数，一般还要将其电原理图转换为印制电路板图，并做出各种电子产品的技术文件。

要完成设计任务，一般要经历三个阶段：设计方案的提出、验证和修改。这三个阶段如果都用人工来完成，则称为人工设计。对于简单的电子电路，此种方式完全可以实现。但是随着电子技术的飞速发展，人工设计电子电路已不可能实现复杂的电子电路设计，而计算机的普及则恰恰提供了替代人工设计的更好的电子电路设计方式。

（1）CAD（Computer Aided Design，计算机辅助设计） 顾名思义，CAD就是在电子电路设计过程中，设计人员借助计算机来完成设计任务。设计人员依靠计算机运算速度快、精度高等优点，对设计方案进行人工难以完成的数据处理、验证等工作，设计人员根据计算机的运行情况，对设计方案进行修改，两者共同完成电子电路的设计任务。CAD技术的出现大大减少了人工设计中设计人员的工作量，并且缩短了设计周期，提高了设计质量，因此一出现便得到了广泛的应用。

（2）EDA（Electronics Design Automation，电子设计自动化） EDA是在CAD技术的基础上发展起来的计算机软件系统，其人为因素大大减少，更好地体现了设计自动化，减轻了设计人员的工作量。利用EDA技术，设计人员可以预知设计结果，减少设计过程中的盲目性，提高设计效率。随着电子技术的飞速发展，要求设计的电路越来越复杂，在此情况下，现代电子电路的设计任务已无法离开EDA技术。

Protel DXP的使用　　用AD软件绘制电路原理图

现在常用的设计软件有Protel DXP与Altium Designer（简称AD）Protel DXP 2004的设计实例与使用可参考附录六，也可扫二维码详细学习。升级版Altium Designer 17设计制作实例可扫二维码学习。

5.6 手工焊接工艺

5.6.1 焊接工具及焊接材料

（1）焊接工具 手工焊接常用的工具是电烙铁，电烙铁种类很多，常用的有内热式、外热式、恒温式三种。

① 内热式电烙铁 内热式电烙铁的结构如图5-10所示，主要由烙铁头、烙铁芯、

铁箍、金属外壳、手柄、电线等组成。烙铁芯是发热元件，它是把镍铬电阻丝绕制在瓷管或云母等耐热绝缘材料上制成的，是电烙铁的关键部件，烙铁芯的阻值大小决定了电烙铁的功率，通常25W的电烙铁的烙铁芯阻值约为2kΩ，35W的电烙铁的烙铁芯约为1kΩ。

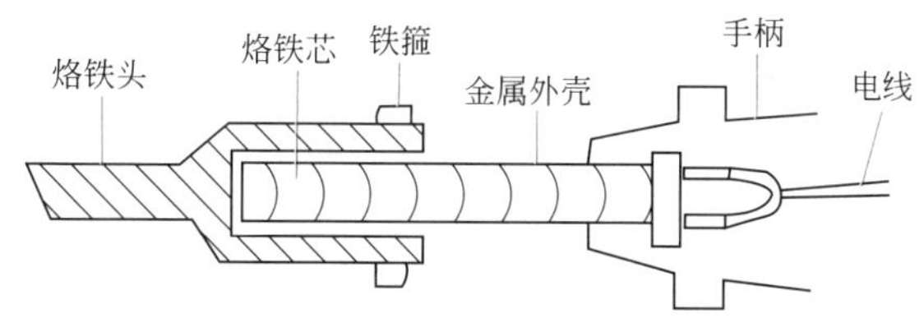

图5-10　内热式电烙铁结构

烙铁头常用紫铜制成，它传热快，密度较大，容易加工，并且和锡铅有良好的润湿能力，但是在高温下，铜容易氧化、发黑，影响焊接的质量，需要经常修整，为了延长烙铁头的使用寿命，可以将烙铁头加以锻打，以增加密度，或在其表面镀铁、镀铁镍合金，除此工艺处理之外，经常保持烙铁头清洁，及时上锡，也有助于保护烙铁头。烙铁头的形状分为圆斜面、凿式、尖锥式、圆锥式等，如图5-11所示，使用时，要依据被焊接器件的焊接要求来选择。

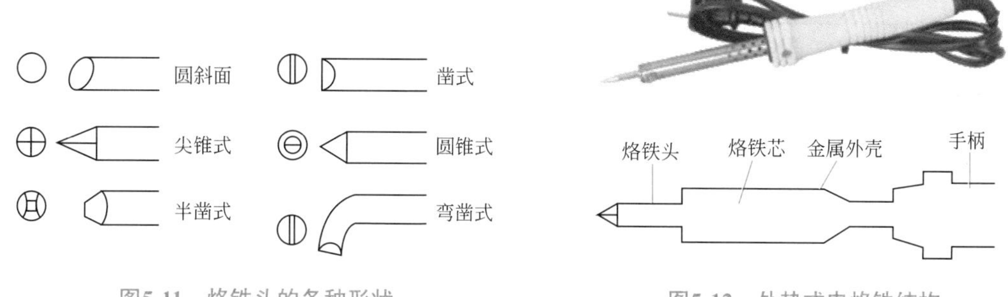

图5-11　烙铁头的各种形状

图5-12　外热式电烙铁结构

内热式电烙铁就是利用电流流过烙铁芯产生热量，直接对烙铁头加热，烙铁芯放置于烙铁头内部，所以称为内热式。内热式电烙铁具有热效率高、温度升高快、重量轻、体积小、耗电少的优点，是手工焊接的主要工具。

② 外热式电烙铁　外热式电烙铁是将烙铁头安装在烙铁芯里面，烙铁芯的电阻丝产生的热量是由外向里传导的，所以称为外热式。外热式电烙铁的外形及结构如图5-12所示，它主要由烙铁头、烙铁芯、金属外壳、手柄、电源线等部分组成。

外热式电烙铁热效率低，温度升高较慢，且不容易控制，主要应用在导线、地线的焊接上。

③ 恒温式电烙铁　恒温式电烙铁是可以控制烙铁头温度的一种电烙铁，根据其工作原理不同分为磁控式和电控式两种。磁控电烙铁内部装有磁铁式的温度控制器，即利用软磁体的居里效应，当电烙铁接通电源后，磁性开关接通开始加热，当烙铁头达到预定温度，或超过居里点时，软磁铁失去磁性，磁性开关触点断开，停止加热，烙铁头温度

下降，降低到居里点时，软磁铁又恢复了磁性，开关触点接通，又开始加热，如此，保持烙铁头的温度在一定范围内，实现了温度控制。电控电烙铁通过电子电路来调节和控制温度，调控精度高，使用方便，但结构复杂，价格偏高。恒温式电烙铁多用于焊接集成电路、晶体管元件等对于焊接的温度和时间要求较严格的情况。

（2）焊接材料

① 焊接　焊接是指在焊接中用来连接被焊金属的易熔金属或金属合金。它的熔点要低于被焊金属，还要容易和被焊金属在表面形成合金。

对焊料的要求是熔点低、适用范围广泛、凝固快，有良好的浸润作用并易于形成焊点，抗腐蚀性强，能够适应高温、低温、潮湿、盐雾等各种恶劣环境，材料来源丰富，价格便宜，有利于降低制造成本。

在电子产品的焊接中，常用锡铅系列焊料，称为焊锡，它是由两种以上金属材料按照不同的比例构成的，焊锡中合金的成分和比例对焊锡的熔点、密度、力学性能、导热性、导电性都有很大的影响，市场上常见的焊锡、生产厂家不同，其成分及配比也差别较大。为了满足焊接的需要，选择合适的焊锡非常重要，常见的几种焊锡的型号、配比及性质见表5-1。焊锡的型号的表示方法是以焊料两个字汉语拼音的第一字母“HL”加锡、铅的元素符号“SnPb”，再加元素含量的百分比（一般为含铅量的百分比）组成的，如HLSnPb68表示锡为32%、铅为68%的锡铅焊料。

表5-1　各种焊料的物理性能

型号	主要成分/%			杂质/%	熔点/℃	拉伸强度/MPa	密度/（g/cm³）
	锡	锑	铅				
HLSnPb10	89～91	≤0.15	9～10	0.1	220	43	7.6
HLSnPb39	59～61	≤0.8	38～40	0.1	183	47	8.9
HLSnPb50	49～51		49～51	0.1	210	38	9.2
HLSnPb68-2	29～31	1.5～2	68～69	0.1	256	33	9.7
HLSnPb80-2	17～19	1.5～2	77～80	0.6	277	28	10.3
HLSnPb90-6	3～4	5～6	90～92	0.6	265	59	8.9

② 焊料的选用　根据对被焊金属材料的性能、焊接温度、机械强度等因素的要求，来选取合适的焊料。手工焊接印制电路板及焊接温度不能太高的元器件，应选用熔点低、凝固时间短、强度高的焊锡。焊接导线、镀锌铁皮、铅管等，应选用铅含量较高一些的焊锡，熔点虽然偏高，但不会对工件造成损坏，而且其成本较低。波峰焊及浸焊应选用共晶焊锡。

③ 助焊剂　助焊剂也称焊剂，用来除去金属表面氧化膜，增加润湿，加速焊接进程，提高焊接质量。

- 助焊剂的种类　根据助焊剂的不同特性，将助焊剂分为无机焊剂、有机焊剂、树脂焊剂三大类。

无机焊剂：主要成分是氧化锌、氯化氨或它们的混合物，它的活性很强，助焊性能好，但是腐蚀作用大，故多用于可清洗的金属制品的焊接，在电子产品的装配中一般不用。

有机焊剂：主要成分是有机酸卤化物，它助焊性能较好，腐蚀性也小，只是热稳性差。

树脂焊接：主要成分是松香或用酒精溶解松香配制而成的松香水，腐蚀性很小，常温下绝缘电阻高，是电子产品焊接中应用最多的焊剂。

• 助焊剂的作用　帮助清除金属表面的氧化物和各种污物，使焊接的作业面保持清洁。在焊接时烙铁头与被焊金属、焊盘之间的接触面总是存在空隙，其间的空气有隔热的作用，阻碍了热量的传递，加入助焊剂，由于助焊剂的熔点比焊料低很多，故助焊剂先熔化为液态并填满空隙，提高了焊接的预热速度。增强焊料的流动性，减小液态焊料的表面张力，有助于焊料浸润焊件，提高焊接的质量。

④ 阻焊剂

• 阻焊剂的种类　阻焊剂分为热固化和光固化两类。

热固化阻焊剂的优点是附着力强、耐高温，不足之处是固化时间较长、温度较高、容易使印制电路板变形。

光固化阻焊剂的优点是固化的速度快，在高压灯照射下，只需2 ～ 3min就能完成，有利于提高生产效率，可用于自动化生产。不足之处是这种阻焊剂易溶于酒精，可能会和印制电路板上喷涂的含有酒精成分的助焊剂相溶，从而影响到板子质量。

• 阻焊剂的作用　印制电路板上，常在焊盘之外的印制线条上都涂上一层阻焊剂，进行波峰焊或浸焊时，除焊盘之外板子的其他部位都不着锡，减少了桥接、拉尖现象的发生，提高了焊接质量，节省了大量的焊料，阻焊剂本身也有一定的硬度，在印制板表层形成保护膜，起到保护铜箔的作用。

5.6.2　手工焊接方法

手工焊接技术是电子制作产品维修人员必须掌握的一项基本操作技能，受诸多因素的影响与控制，手工焊接的质量也较难保证，所以要大量练习，并在实践中领会其方法和技巧，才能熟练掌握手工焊接的操作技能。

（1）手工焊接的操作方法　手工焊接的操作大致可分为六个步骤进行，即准备→加热→加焊料→移走焊料→移走电烙铁→冷却。

① 准备工作　在焊接工作开始之前要做好各项准备工作，包括焊锡、电烙铁、焊件等。烙铁头要保持清洁，如果发现烙铁头在前次使用后已氧化发黑，可用铁锉或细砂纸除去其斜面氧化层，加热后，蘸松香、上锡，以备使用，如果是新烙铁，也应用细砂纸将烙铁头斜面打磨出紫铜光泽后，电烙铁头上锡，然后再使用。

焊接前，要将焊件的引线表面做清洁处理，去除其表面的氧化层、油污、粉尘等杂质，印制电路板上的焊盘也要做相应的处理，总之是要保证焊接面清洁，容易着锡，利于保证焊接的质量。

按照元器件的插装要求进行插装，并给电烙铁加热，备好焊锡。

② 加热焊件　将烧热的烙铁头的斜面紧贴在焊点处，使焊盘和引线均匀受热，达到焊接所需的温度。注意烙铁头及焊点的接触角度和接触位置要恰当，否则会导致热传导速度不一，影响焊接质量。

③ 加焊料　当焊盘与焊件引线达到合适的温度时，在烙铁头与焊盘的接触面加上适量的焊料，焊料熔化，润湿焊点。

④ 移走焊料　当焊料熔化到一定量，能够覆盖住焊盘，充分润湿焊盘时，要及时移走焊料，防止焊料堆积。

⑤ 移走电烙铁　熔化的焊料充分润湿焊点时，就可以移走电烙铁，不能过长时间地加热，否则容易使焊料氧化，也不能时间过短，致使焊料不能充分熔化，造成浸润不够，而影响焊接质量。

⑥ 冷却　移走电烙铁之后，需要让焊点自然冷却，在焊料凝固的过程中，要保证焊点不受外力，不错位。

（2）手工焊接的操作要领

① 电烙铁的握法　电烙铁的握法要根据电烙铁的大小、形状和焊接的要求不同而变化，以操作简便为目的，不拘方法。常用的握法有正握法、反握法和握笔法三种，如图5-13所示。

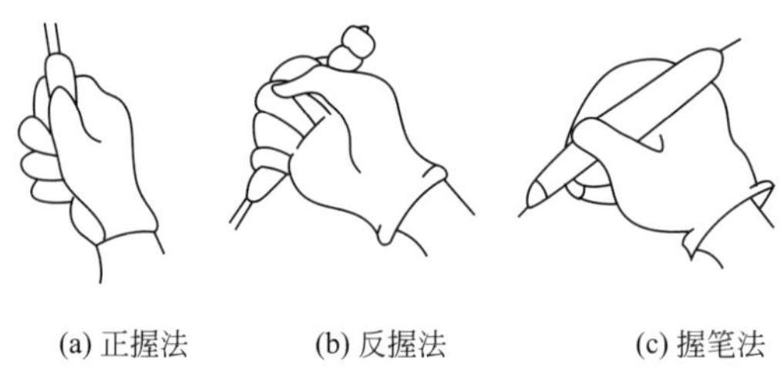

图5-13　电烙铁握法

正握法常用于带弯头的电烙铁，或用于大型机架上使用直头电烙铁焊接。

反握法常用于大功率电烙铁，对焊件的压力较大，但是容易用力，操作动作稳定的焊接。

握笔法常用于小功率的电烙铁，就像握笔写字一样，操作灵活。

② 电烙铁的移走方法　电烙铁在焊接中主要起加热焊件、熔化焊料的作用，同时，合理地利用烙铁头的撤离方法，还能控制焊料的量，如图5-14所示，烙铁头的移开方向与带走焊料量有一定的关系。

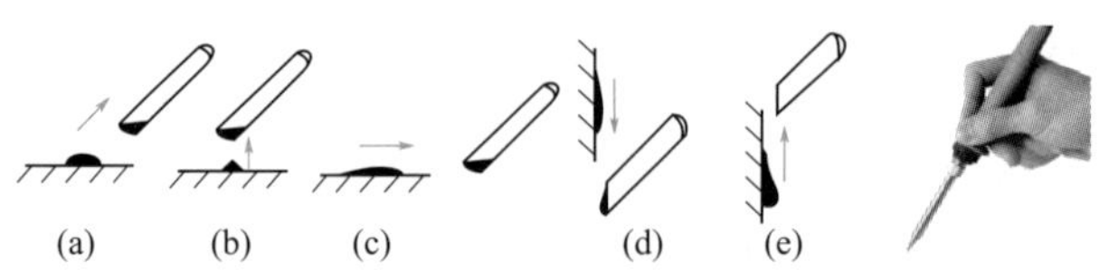

图5-14　烙铁头的移开方向

焊盘水平放置的情况如图5-14（a）～（c）所示，烙铁头从斜上方约45°角的方向移走，

可使焊点圆滑，烙铁头只带走少量焊料；烙铁头以垂直方向向上移走，容易使焊点拉尖，烙铁头带走的焊料较少；烙铁头以水平方向移走，可以带走大量的焊料。焊盘竖直放置的情况如图5-14（d）、（e）所示，烙铁头以垂直方向向下移走时，可带走大部分焊料，烙铁头以垂直向上的方向移走时，仅能带走少量焊料。要根据实际的焊接情况和要求，灵活掌握。

③ 把握合适的焊接时间　从加热焊件，熔化焊锡到形成焊点，整个的焊接过程只需几秒就完成了，这短短的几秒时间把握一定要合适。印制电路板的焊接，通常以2～4s时间为宜，若焊接时间过长，焊料和助焊剂处于高温下，容易氧化而导致焊点表面发乌，没有光泽、粗糙，同时，温度过高，还容易烧坏焊件，若焊接时间过短，达不到焊接所需温度，焊料不能充分熔化、润湿，容易导致焊件虚焊。

④ 焊料和助焊剂的使用要适量　手工焊接使用的焊料最多的是焊锡丝，它本身有足够量的助焊剂，所以在焊接时不必再添加助焊剂，若焊件表面的氧化或污迹较重时，可考虑添加助焊剂进行清除。焊锡的用量要适当，用量过多，多余的焊锡可能会流入元器件引脚底部造成引脚短路，而且焊点过大，影响美观；用量过少，则焊点的机械强度过低。

⑤ 元器件的焊接顺序　按照先小后大的原则，先焊接轻小的元器件和较难焊的元器件，再焊接大型较为笨重的元器件，最后焊对外连接。通常是按光电阻、小电容、二极管、三极管、大电容、电感、集成电路、大功率元器件的顺序进行。

5.6.3 焊接质量的检查及拆焊

（1）合格焊点的质量标准

① 充分润湿焊盘并在焊盘上形成对称的焊脚。

② 焊点外观光滑，无针孔，没有拉尖裂缝和夹杂现象。

③ 焊点表面没有可见的焊剂残渣，有光泽。

④ 焊点的焊锡量应适当，浸润角以15°～30°为佳，焊点以覆盖住焊盘面不外散为佳。

⑤ 无虚焊点和假焊点。

（2）不合格焊点的产生原因

① 虚焊点　由于焊接前加热温度不够，焊件表面清洁不好，焊料中杂质过多等原因造成，此焊点的润湿性差，外观发乌，多孔且不够牢固。

② 冷焊点　由于焊接温度不够，焊料未充分熔化而形成，此焊点电气连接不良，机械强度不够。

③ 焊剂残留　由于焊接的加热时间不够，焊剂不能充分挥发，造成残留。

④ 焊点拉尖　由于加热时间过长或电烙铁的撤离角度不当，造成焊点的表面有尖锐的毛刺状突起。

⑤ 松动　在焊点的冷却期间，焊盘受力而产生震动，造成焊点松动，外观粗糙，且焊角不对称，严重的会使电气连接不良。

⑥ 焊盘剥落或翘起　由于加热时间过长或在焊点冷却形成时，受到较大外力作用，造成焊盘和印制板的绝缘基体材料之间的粘连部分出现剥离。

（3）焊接质量检查

① 外观检查　合格焊点的外观应光洁、整齐。外形润湿良好，无裂缝、针孔、夹渣、拉尖等现象，无错焊、虚焊、漏焊，焊接部位无热损伤和机械损伤。

② 拨动检查　在外观检查发现可能存在不合格焊点时，也可用镊子轻轻拨动焊点，进行检查以确保无误。

焊接质量的检查应由专职技术人员进行，必要时，还要对试样用强度检查或焊点金相结构检查等较为复杂的方法进行检查。

（4）拆焊　在电子产品的调试与维修过程中，经常需要更换元器件，这就用到了拆焊技术，即将已经焊接好的焊点拆除，若拆焊的方法不得当，可能会给印制电路和元器件造成损坏，所以掌握拆焊的操作技能也同样重要。

① 常用的拆焊方法　采用拆焊的专用工具：吸锡烙铁和吸锡器是拆焊的专用工具，方便、实用。吸锡烙铁与普通电烙铁相比，烙铁头是空心的，而且多了吸锡的活塞和空腔体，操作时先推动活塞排出空腔内大部分气体，用烙铁头加热焊点，待焊锡熔化后，按动吸锡按钮，活塞向外弹开，空腔内气体压强小于外部大气压强，焊锡被压进吸锡烙铁内，使元器件与印制板脱焊。吸锡器的吸锡原理与吸锡烙铁相同，只是自身没有加热装置，另需电烙铁加热配合拆焊。使用吸锡烙铁和吸锡器拆焊，只能针对单个焊点操作，效率较低。热风枪也是专用的拆焊工具，它可以将若干个焊点同时加热熔化后拆除，尤其适合表面贴装的元件拆焊。

采用吸锡材料拆焊。采用铜编织网、多股导线、屏蔽线编织层等吸锡材料也可以进行拆焊。操作方法是将吸锡材料浸上松香水，后贴到焊点上，用电烙铁加热焊点和吸锡材料，熔化的焊锡吸附在吸锡材料上，取走吸锡材料可带走大部分焊锡，焊点被拆除。

② 拆焊的注意事项　拆焊对焊点的加热时间要把握恰当，时间过长，同样会烧坏元器件和印制板。

在拆焊过程中，不能强行用力拉动、摇动和扭转元器件，确定焊点已被拆除的情况下应以竖直方向拔出元器件。

焊点拆除之后，要及时清理焊盘插孔与表面，以备下次插装。

5.7　印制电路板的自动焊接

5.7.1　波峰焊

波峰焊是采用波峰焊机一次完成印制板上全部焊点的焊接，主要用于通孔和各种不同类型元件的焊接，是一种群焊工艺，波峰焊接比手工焊接效率高，质量稳定可靠。波峰焊机的主要结构是一个温度能自动控制的熔锡缸，缸内的机械泵或电磁泵将熔融焊锡压向波峰喷嘴，从喷嘴喷出一股平稳的锡峰，当印制板由传送机构以一定速度运动经过时，在波峰面完成焊接，如图5-15所示。

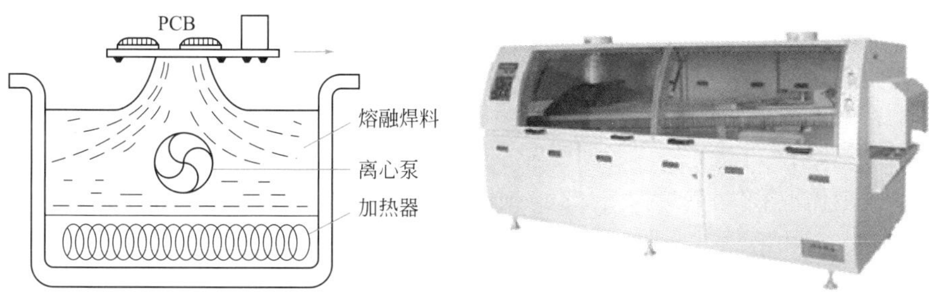

图5-15　波峰焊机焊接示意图和外形

（1）波峰焊接的工艺流程　波峰焊接的工艺流程包括焊前准备、涂覆焊剂、预热、波峰焊接、冷却、清洗，如图5-16所示。

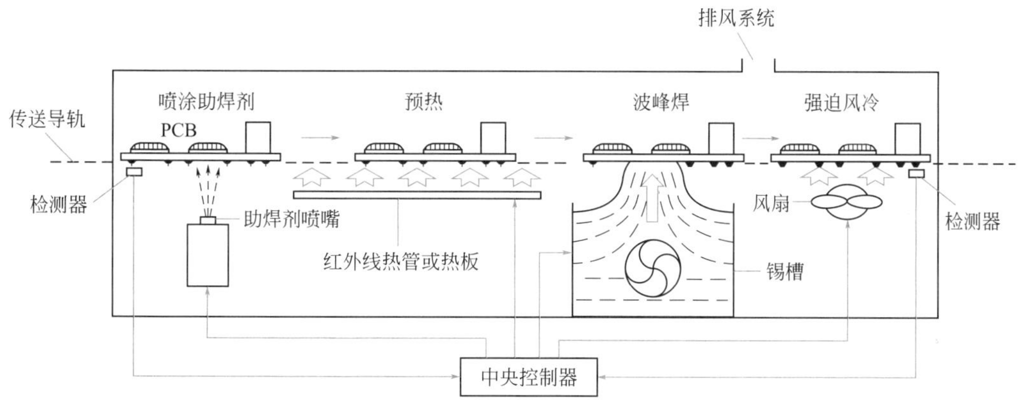

图5-16　波峰焊接的工艺流程

① 焊前准备　焊前准备主要包括元器件的引线成型、插装或贴装、对印制板做油污和表面氧化膜的去除。

② 涂覆焊剂　将焊剂涂覆到印制电路板上，主要目的是提高焊接面的润湿性和去除氧化膜。涂覆的方式有喷雾式、发泡式、喷流式等，不论采用哪种方式，都应注意保持焊剂一定的浓度，涂覆应均匀，焊剂涂覆过多，形成残渣较多，不易清除，涂覆过少，印制板的可焊性变差，容易造成虚焊。

③ 预热　给印制板加热，使焊剂中的溶剂蒸发，焊剂活化；减小印制板焊接时的热冲击，防止板子变形。预热时应严格控制预热的温度和时间，一般预热温度为70 ～ 90℃，预热的时间在1min左右。

④ 波峰焊接　涂覆焊剂和预热处理后的印制板由传送机构送入熔锡缸，与锡峰接触，完成焊接。焊锡的温度通常设置在230 ～ 240℃，焊件与锡峰接触的时间在3 ～ 5s，印制板浸入波峰的深度为50% ～ 80%的印制板厚度。

⑤ 冷却　印制板经过波峰焊接后，板面温度较高，焊点尚未完全固化时，需要对其进行冷却处理，通常采用风扇冷却。

⑥ 清洗　波峰焊接完成之后，应及时清洗板面残留的焊剂及污物。清洗材料要对焊剂残留有较强的溶解力，而不腐蚀焊点。常用的清洗方法有液相及气相两大类。液相清

洗常采用工业纯酒精、汽油、去离子水等清洗液，这些清洗液对焊剂残渣和污物有溶解、稀释的作用，可用在手工清洗中，也可使用清洗设备对印制板进行冲洗。

气相清洗是在密封的设备里，采用毒性小、性能稳定、具有良好的清洗能力、绝缘性好、低沸点的溶剂作为清洗液，如用三氯三氟乙烷作为清洗液。清洗时，溶剂蒸气在清洗物表面凝结成液体，液体流动要以冲洗掉被清洗物表面的污物，达到清洁的目的为准。

气相清洗比液相清洗效果好，不影响元器件性能，而且废液容易回收还可以循环使用，减少了环境污染。

清洗还可以采用水清洗、超声波清洗、超声波气相清洗等方式，但是不允许用机械的方式刮除焊点上的焊剂残渣或污物。

（2）波峰焊接的注意事项

① 焊接温度要适当　焊接温度是指波峰喷嘴出口处焊料的温度。通常波峰焊都使用共晶焊料，应把焊接温度控制在240℃左右。

② 合理控制波峰高度　波峰高度直接影响波峰的平稳程度和波峰表面焊锡的流动性。适当的波峰高度能够保证印制电路板压入波峰的深度，恰好能使焊点充分与焊料接触。通常波峰的峰点要调节到印制电路板厚度的1/3 ～ 1/2处。波峰过高，容易使印制电路板压锡深度过大，造成焊点拉尖，挤连过多，甚至使焊锡溢到印制电路板的上表面，对元器件造成损坏。波峰过低，容易造成漏焊、焊点不饱满的缺陷。

③ 调节传送速度和焊接角度　印制电路板焊接时的传送速度要满足焊点在波峰中的时间足够其形成，时间不宜过长，过长会损坏元器件，使板子变形，也不能过短，过短焊锡与焊盘润湿不够，难以保证焊接质量。焊接角度指波峰焊接机部分倾斜的角度，合适的角度，可以最大限度地消除拉尖、桥连等焊接缺陷，通常在3° ～ 7° 进行调整。

④ 及时清除锡渣　熔融的焊锡长时间与空气接触，就会氧化产生锡渣，影响焊接质量，所以要及时清除。将锡渣从表层撇去，但是经常撇会耗费大量焊料，还可能使锡渣夹在波峰中导致波峰不稳定或产生湍流，在熔融的焊料中加入防氧化剂，可以解决这个问题，防氧化剂既可以防止焊料氧化，又可以把锡渣还原成纯锡。

5.7.2　再流焊

再流焊也称为回流焊，它是预先在印制电路板的焊盘上放置适量的焊膏（由焊料粉剂和助焊剂等成分组成），然后贴装表面贴装元器件，固化后，置于再流焊炉内，利用焊炉内高温使焊膏熔化再次流动完成焊接。再流焊机外形如图5-17所示。

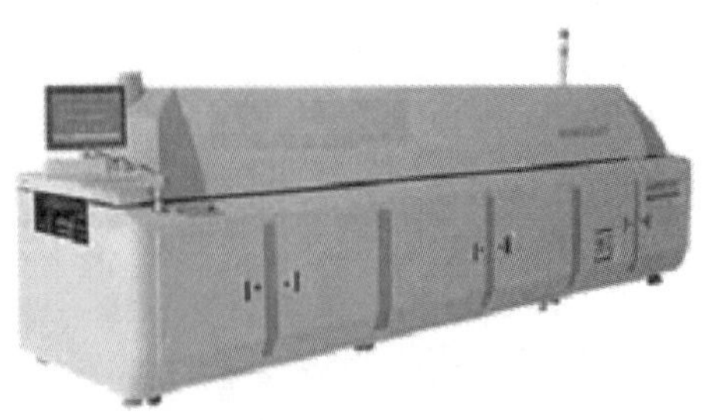

图5-17　再流焊机外形

（1）再流焊炉的结构组成　再流焊炉由炉体、上下加热板、电路板传输装置、空气循环装置、冷却装置、排风装置、温度控制装置以及计算机控制系统等组成，如图5-18所示。

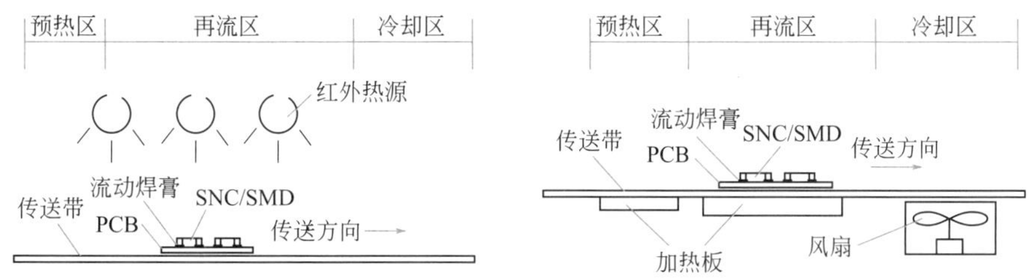

图5-18　流焊炉的结构组成示意图

（2）再流焊焊接过程　如图5-19所示。

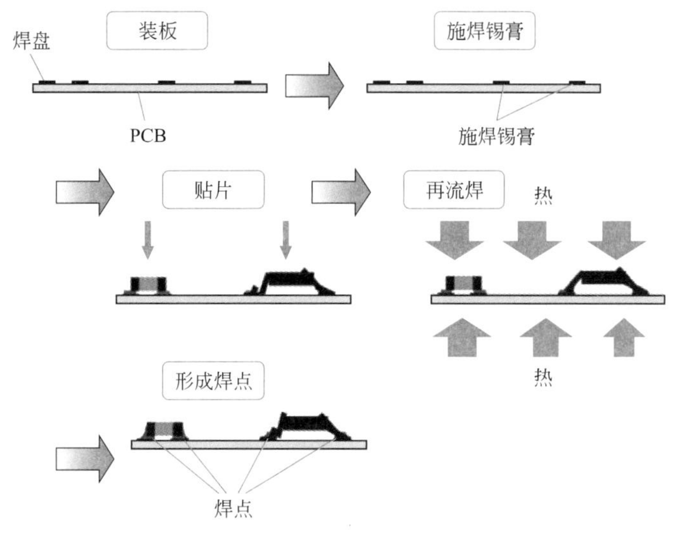

图5-19　再流焊焊接过程

（3）再流焊炉的加热方式

① 红外焊炉，具有加热快、节能、运行平稳的特点，热量以红外线辐射为主要传递方式，印制板和各种元器件因材质、色泽不同而对热量的吸收不同，造成局部温差，影响焊接质量。

② 全热风焊炉，是一种通过对流喷射管嘴或耐热风扇，使炉膛内空气加热循环对流，从而完成焊接。焊炉内对流气体的流动速度至关重要，为了确保印制板的任一区域都能加热均匀，气流的速度必须足够快，但是又极易引起印制板的抖动和元器件的移位。

③ 红外加热风焊炉，综合了红外焊炉和全热风焊炉的优势，是目前使用较为普遍的再流焊炉。

（4）再流焊炉的主要技术要求

① 温度控制精度应达到 ±（0.1 ～ 0.2）℃。

② 传输带横向温差要求 ±5℃以下。

③ 最高加热温度一般为300 ～ 350℃。

④ 加热区数量和长度。加热区数量越多，长度越长，越容易调整和控制温度曲线。一般中小批量生产选择4～5个温区，1.8m的加热区长度就能满足生产要求。

⑤ 具备温度曲线的测试功能。

⑥ 传送带宽度。依据实际生产印制电路板的最大、最小尺寸确定。

第 6 章 电子电路调试

6.1 调试前的准备

6.1.1 技术文件与被测电路的准备

（1）技术文件的准备　通常需要准备的技术文件有：电路原理图、电路元器件布置图、技术说明书（要包含各测试点的参考电位值、相应的波形图以及其他主要数据）、调试工艺等。调试人员要熟悉各技术文件的内容，重点了解电子电路（或者整机产品）的基本工作原理、主要技术指标和各参数的调试方法。

（2）被测电子电路的准备　对于新设计的电子电路，在通电前先要认真检查电源、地线、信号线、元器件的引脚之间有无短路，连接处有无接触不良，二极管、三极管、电解电容等引脚有无错接等。对在印制电路板上组装的电子电路，应将组装完的电子电路各焊点用毛刷及酒精擦净，不应留有松香等物，铜箔不允许有脱起现象，应检查是否虚焊、漏焊、焊点之间是否短接。对安装在面板上的电路还要认真检查电路接线是否正确，包括错线（连线一端正确、另一端错误）、少线（安装时完全漏掉的线）和多线（连线的两端在电路图上都是不存在的）。多线一般是因接线时看错引脚，或在改接线时忘记去掉原来的旧线造成的。多线在实验中时常发生，而查线时又不易被发现，调试中往往会给人造成错觉，认为问题是元器件故障造成的。

通常采用两种查线方法：一种是按照设计的电路图检查安装好的线路，根据电路图按一定顺序逐一检查安装好的线路，这种方法比较容易找出错线和少线；另一种是按照实际线路来对照电路原理图进行查找，把每个元器件引脚连线的去向一次查清，检查每个去处在电路图上是否都存在，这种方法不但可以查出错线和少线，还很容易查到是否多线。不论用什么方法查线，一定要在电路图上把查过的线做出标记，并且还要检查每个元器件引脚的使用端数是否与图纸相符。

查线时最好用指针式万用表的“Ω×1”挡，或用数字万用表的“Ω”挡的蜂鸣器来测量，而且要尽可能直接测量元器件引脚，这样可以同时发现接触不良的地方。

6.1.2 调试设备、仪表及工具的准备

（1）调试设备的准备　常用的设备及仪表有稳压电源、数字万用表（或指针式万用表）、示波器、信号发生器（图6-1）。根据被测电路的需要还可选择其他仪器，比如逻辑分析仪、失真度仪、扫频仪等。

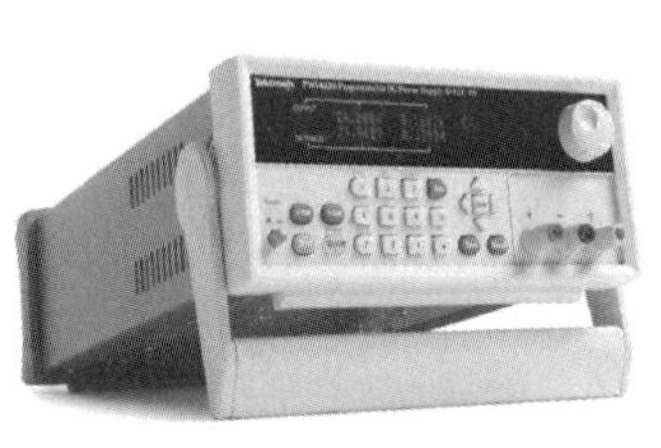

(a) 多功能稳压电源

(b) 数字万用表

(c) 指针万用表

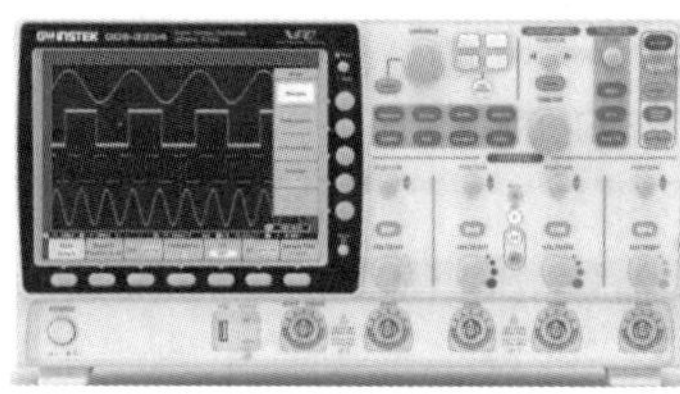

(d) 示波器

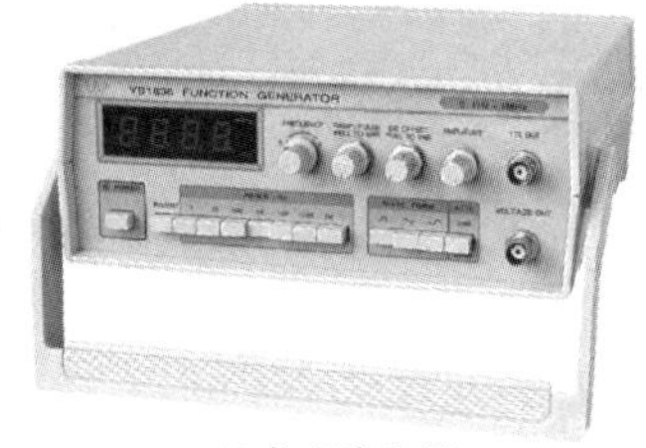

(e) 信号发生器

图6-1　常用调试设备仪表

调试中使用的仪器仪表应是经过计量并在有效期之内的，其测试精度应符合技术文件规定的要求。但在使用前仍需进行检查，以保证能正常工作。使用的仪器仪表应整齐地放置在工作台或小车上，较重的放在下部，较轻或小型的放在上部。用来监视电路信号的仪器、仪表应放置在便于观察的位置上。所用仪器应接成统一的地线，并与被测电路的地线接好。根据测试指标的要求，各仪器应选好量程，校准零点。需预热的仪器必须按规定时间预热。如果调试环境窄小、有高压或者有强电磁干扰等，调试人员还要事先考虑是否需要屏蔽、测试设备与仪表如何放置等问题。

（2）工具的准备　常用的调试工具有电烙铁（要注意功率大小）、尖嘴钳、偏口钳、剪刀、镊子、螺钉旋具（要注意其规格与调试电路上的螺钉匹配）、无感旋具等（图6-2）。

（3）器件的准备　调试过程难免发现某些设计参数不合适的情况，这时就要对设计进行一些修正，更换个别元器件。这些可能要用到的元器件在调试前要准备好，以免影响了调试。

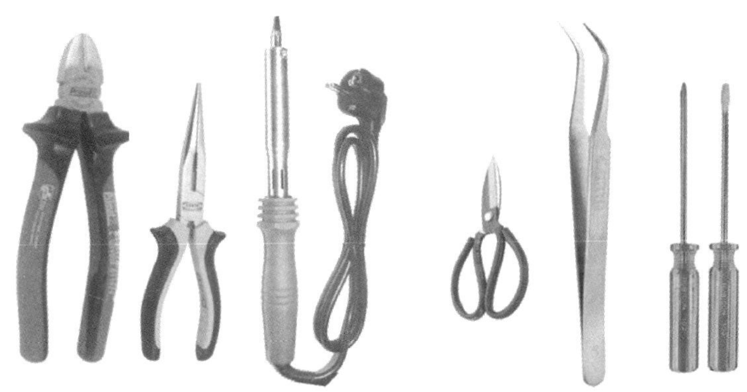

图6-2　调试常用工具

6.1.3　调试的安全措施

① 仪器、设备的金属外壳都应接地，特别是带有MOS电路的仪器更需良好接地。一般设备的外壳可通过三芯插头与交流电网零线连接。

② 不允许带电操作。如有必要和带电部分接触，必须使用带有绝缘保护的工具。

③ 使用调压器时必须注意，由于其输入与输出端不隔离，因此接到电网时，必须使公共端接零线，以确保后面所接电路不带电。

④ 大容量滤波电容器、延时用电容器能储存电荷。因此，在调试或更换它们所在电路的元器件时，应先将其储存的电荷释放完毕，再进行操作。

6.2　电子电路调试方法及步骤

6.2.1　调试电子电路的一般方法

调试电子电路一般有两种方法：第一种是分调-总调法，即采用边安装边调试的方法，这种方法是把复杂的电路按功能分块进行安装和调试，在分块调试的基础上逐步扩大安装和调试的范围，最后完成整机的综合调试，对于新设计的电子电路，一般会采用这种方法，以便及时发现问题并加以解决。第二种称为总调法，即在整个电路安装完成之后，进行一次性的统一调试，这种方法一般适用于简单电路或已定型的产品及需要相互配合才能运行的电路。

一个复杂的整机电路，如果电路中包括模拟电路、数字电路、微机系统，由于它们的输出幅度和波形各异，对输入信号的要求各不相同，如果盲目地连在一起调试，可能会出现不应有的故障，甚至造成元器件损坏。因此，应先将各分部调好，经信号和电平转换电路，再将整个电路连在一起统调。

6.2.2 调试电子电路的一般步骤

对于大多数电子电路，不论采用哪种调试方法，其过程一般包含下面几个步骤。

（1）电源调试与通电观察　如果被测电子电路没有自带电源部分，在通电前要对所使用的外接电源电压进行测量和调整，等调至电路工作需要的电压后，方可加到电路上。这时要先关掉电源开关，接好电源连线后再打开电源。如果被测电子电路有自带电源，应首先进行电源部分的调试。电源调试通常分为三个步骤。

① 电源的空载初调。电源的空载初调是指在切断该电源的一切负载的情况下的初调。存在故障而未经调试的电源电路，如果加上负载，会使故障扩大，甚至损坏元器件，故对电源应先进行空载初调。

② 等效负载下的细调。经过空载初调的电源，还要进一步进行满足整机电路供电的各项技术指标的细调。为了避免对负载电路的意外冲击，确保负载电路的安全，通常采用等效负载（例如接入等效电阻）代替真实负载对电源电路进行细调。

③ 真实负载下的精调。经过等效负载下细调的电源，其各项技术指标已基本符合负载电路的要求，这时就可接上真实负载电路进行电源电路的精调，使电源电路的各项技术指标完全符合要求并调到最佳状态，此时可锁定有关调整元器件（例如调整专用电位器），使电源电路可稳定工作。

被测电路通电之后不要急于测量数据和观察结果。首先要观察有无异常现象，包括有无冒烟，是否闻到异常气味，手摸元器件是否发烫，电源是否有短路现象等。如果出现异常，应该立即关掉电源，待排除故障后方可重新通电。然后测量各路电源电压和各器件的引脚电压，以保证元器件正常工作。通过通电观察，认为电路初步工作正常，方可转入后面的正常调试。

（2）静态调试　一般情况下，电子电路处理、传输的信号是在直流的基础上进行的。电路加上电源电压而不加入输入信号（振荡电路无振荡信号时）的工作状态称为静态；电路加入电源电压和输入信号时的工作状态称为动态。电路的调试有静态调试和动态调试之分。静态调试一般是指在没有外加信号的条件下所进行的直流测试和调整过程。例如，通过静态测试模拟电路的静态工作点、数字电路的各输入端和输出端的高低电平值及逻辑关系等，可以及时发现已经损坏的元器件，判断电路工作情况，并及时调整电路参数，使电路工作状态符合设计要求。

对于运算放大器，静态检查除测量正、负电源是否接上外，主要检查在输入为零时，输出端是否接近零电位，调零电路起不起作用。如果运算放大器输出直流电位始终接近正电源电压值或者负电源电压值时，说明运算放大器处于阻塞状态，可能是外电路没有接好，也可能是运算放大器已经损坏。如果通过调零电位器不能使输出为零，除了运算放大器内部对称性差外，也可能运算放大器处于振荡状态，所以在直流工作状态调试时最好接上示波器进行监视。

（3）动态调试　动态调试是在静态调试的基础上进行的。动态调试的方法是：在电路的输入端加入合适的信号或使振荡电路工作，并沿着信号的流向逐级检测各有关点的波形、参数和性能指标。如果发现故障现象，应采取不同的方法缩小故障范围，最后设法排除故障。

测试过程中不能凭感觉和印象，要始终借助仪器观察。使用示波器时，最好把示波器的信号输入方式置于“DC”挡，通过直流耦合方式，可同时观察被测信号的交、直流成分。

通过调试，最后检查功能块和整机的各项指标（如信号的幅值、波形形状、相位关系、增益、输入阻抗和输出阻抗等）是否满足设计要求，如有必要，再进一步对电路参数提出合理的修正。

在定型的电子整机调试中，除了电路的静态、动态调试外，还有温度环境试验、整机参数复调等调试步骤。

6.2.3　电子电路调试过程中的注意事项

调试结果是否正确，很大程度上受测量正确与否和测量精度的影响。为了保证调试的效果，必须减小测量误差，提高测量精度。为此，电子电路调试过程中需要注意以下几点。

① 正确使用测量仪器的接地端。电子仪器的接地端应和放大器的接地端连接在一起，否则机壳引入的电磁干扰不仅会使电路（如放大电路）的工作状态发生变化，而且将使测量结果出现误差。例如在调试发射极偏置电路时，若需测量 U_{CE}，不应把仪器的两测试端直接连在集电极和发射极上，而应分别测出 U_C 与 U_E，然后将两者相减得出 U_{CE}。若使用干电池供电的万用表进行测量，由于电表的两个输入端是浮动的（没有接地端），所以允许直接接到测量点之间。

② 在信号比较弱的输入端，尽可能用屏蔽线连线。屏蔽线的外屏蔽层要接到公共地线上。在频率比较高时要设法隔离连接线分布参数的影响，例如，用示波器测量时应该使用有探头的测量线，以减少分布电容的影响。

③ 要注意测量仪器的输入阻抗与测量仪器的带宽。测量仪器的输入阻抗必须远大于被测量电路的等效阻抗，测量仪器的带宽必须大于被测电路的带宽。

④ 要正确选择测量点。用同一台测量仪器进行测量时，测量点不同，仪器内阻引进的误差大小将不同。

⑤ 测量方法要方便可行。如需要测量某电路的电流时，一般尽可能测电压而不测电流，因为测电压不必改动被测电路，测量方便。若需测量某一支路的电流大小，可以通过测取该支路上电阻两端的电压，经过换算而得到。

⑥ 调试过程中，不但要认真观察和测量，还要善于记录。记录的内容包括实验条件、观察到的现象、测量的数据、波形和相位关系等。只有有了大量实验记录，并与理论结果加以比较，才能发现电路设计上的问题，完善设计方案。

⑦ 调试时一旦发现故障，要认真查找故障原因。切不可一遇故障解决不了就拆掉线路重新安装，因为重新安装的线路仍可能存在各种问题，如果是原理上的问题，即使重新安装也解决不了。应当把查找故障并分析故障原因看成一次好的学习机会，通过它来不断提高自己分析问题和解决问题的能力。

6.2.4　故障诊断的一般方法

在调试过程中，产生故障的原因很多，情况也很复杂，有的是一种原因引起的简单故障，有的是多种原因相互作用引起的复杂故障。因此，引起故障的原因很难简单分类。

对于原来正常运行的电子设备，使用一段时间后出现故障，原因可能是元器件损坏，或连线发生短路或断路，也可能是使用条件发生变化（如电网电压波动、过热或过冷的工作环境等）影响电子设备的正常运行。

对于新设计的电路来说，调试过程出现的故障，原因可能有如下几点。

① 设计的原理图本身不满足设计的技术要求：元器件选择、使用不当或损坏；实际电路与原理图不符；连线发生短路或断路。

② 仪器使用不当引起的故障，如示波器使用不正确而造成的波形异常或无波形等。

③ 各种干扰引起的故障，如共地问题处理不当而引入的干扰。

6.3 简单直流稳压电源的安装与调试实例

6.3.1 直流稳压电源电路材料

线路板1块、二极管1N4001×4只、稳压二极管2CW14（或其他型号，稳压值在6V左右）1只、各色发光二极管多只、1/2W 510Ω限流电阻1只、1/4W 2kΩ可变电阻器1只作负载用，100μF/50V电解电容一只、万用表1只、电源（能提供0～15V，1A交流电源）1台。电路原理如图6-3所示。

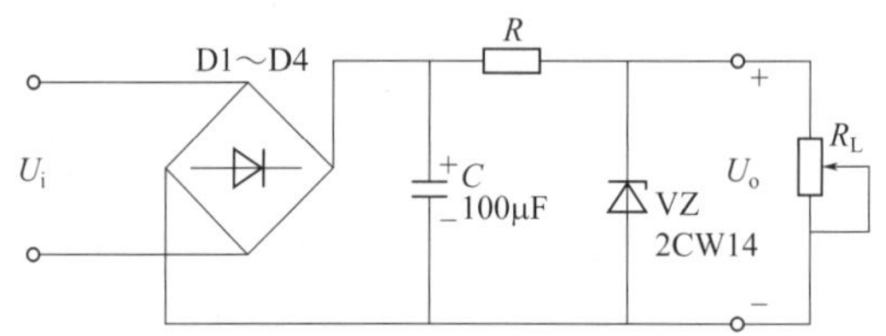

图6-3 直流稳压电源电路

6.3.2 调试电路图原理

稳压电源的调试电路见图6-3。输入的50Hz交流信号经D1～D4构成的桥式整流后成为脉动直流信号，经电容C滤波后，经限流电阻R输出到负载。在输出端并联了稳压二极管VZ。只要输出电压不要太大或太小，则输出电压基本保持在稳压二极管的稳压值。

6.3.3 调试内容和步骤

6.3.3.1 元器件的检测

（1）普通二极管的检测

① 极性的判别将万用表置于R×100挡或R×1k挡，两表笔分别接二极管的两个电

极，测出一个结果后，对调两表笔，再测出一个结果。两次测量的结果中，有一次测量出的阻值较大（为反向电阻），一次测量出的阻值较小（为正向电阻）。在阻值较小的一次测量中，黑表笔接的是二极管的正极，红表笔接的是二极管的负极。

② 导电性能的检测及好坏的判断。通常锗材料二极管的正向电阻值为1kΩ左右，反向电阻值为300左右。硅材料二极管的电阻值为5kΩ左右，反向电阻值为∞（无穷大）。正向电阻越小越好，反向电阻越大越好。正、反向电阻值相差越悬殊，说明二极管的单向导电特性越好。

若测得二极管的正、反向电阻值均接近0或阻值较小，则说明该二极管内部已击穿短路或漏电损坏。若测得二极管的正、反向电阻值均为无穷大，则说明该二极管已开路损坏。

（2）稳压二极管的检测　正、负电极的判别从外形上看，金属封装稳压二极管管体的正极一端为平面形，负极一端为半圆面形。塑封稳压二极管管体上印有彩色标记的一端为负极，另一端为正极。对标志不清楚的稳压二极管，也可以用万用表判别其极性，测量的方法与普通二极管相同，即用万用表$R\times1$k挡，将两表笔分别接稳压二极管的两个电极，测出一个结果后，再对调两表笔进行测量。在两次测量结果中，阻值较小那一次，黑表笔接的是稳压二极管的正极，红表笔接的是稳压二极管的负极。

若测得稳压二极管的正、反向电阻均很小或均为无穷大，则说明该二极管已击穿或开路损坏。正极接发光二极管的正极，红表笔接发光二极管的负极，正常的发光二极管应发光。

6.3.3.2　调试电路板安装

① 按图6-3在电路板上安装连接好电路。

② 测试安装好的电路输入端电阻，注意检查电路是否有短路和连接错误。

6.3.3.3　通电测试

① 通电测试：输入电压调整为0～13V，测量输出电压值、在负载电阻调整为1kΩ时的负载电流值。

② 稳压性能的简易测试：在输入电压分别调整为11V、12V、14V、15V和5V时，负载电阻为1kΩ时，测量输出电压值，测量结果填入表6-1；在输入电压调整为13V，负载电阻分别调整为0.5kΩ、0.75kΩ、1.25kΩ和1.5kΩ时，测量输出电压值。测量结果填入表6-2。

表6-1　测量结果（1）

输入直流电压/V	11	12	14	15	5V
输出电压/V					

表6-2　测量结果（2）

负载电阻/kΩ	0.5	0.75	1.25	1.5
输出电压/V				

6.3.3.4 用万用表测量输出电压是否在设计稳压范围

用万用表的电压挡测量正负测试点测量稳压电路是否达到设计稳压范围。

6.4 采用78XX系列直流稳压电源电路的安装和调试实例

首先要理解设计的78XX系列直流稳压电源电路工作原理，明确各部分电压的性质（交流/直流）。

6.4.1 工作电路

如图6-4所示：T1为电源变压器，VD1、VD2、VD3、VD4组成桥式整流电路，C_1为滤波电容，7805、7809为三端集成稳压器。

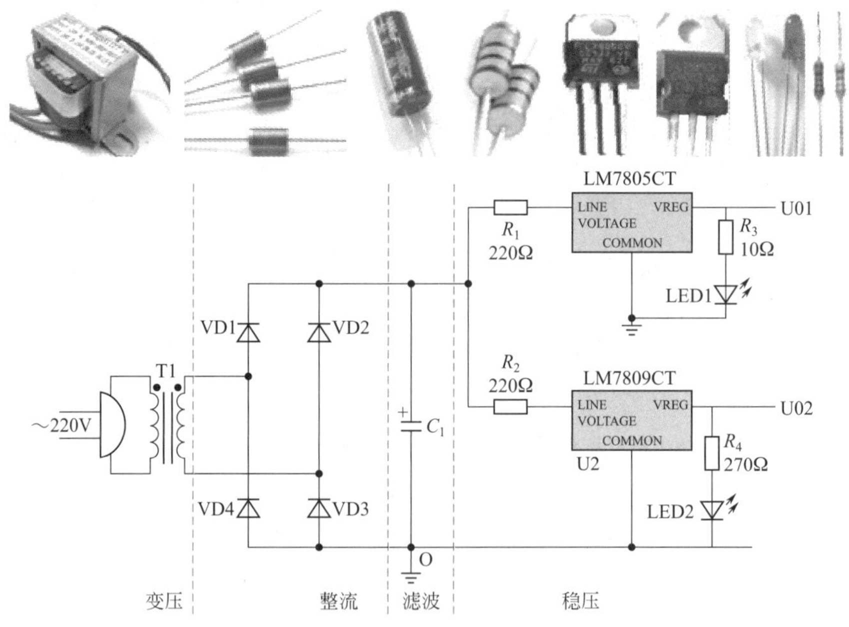

图6-4 78XX系列直流稳压电源电路

电路工作原理：电网供给的220V/50Hz交流电，经过变压器T1降压后，再由VD1、VD2、VD3、VD4对交流电压进行整流处理，使之成为脉动的直流电；又经滤波电容C_1滤波，变为平滑的直流电；最后经7805、7809稳压变为稳定的直流电。

6.4.2 78XX系列直流稳压电源电路设计采用元件材料识别和检测

（1）采用元件 如表6-3所示。

（2）元器件识别检测 对78XX直流稳压电源电路所包含的元器件进行识别，并了解它们在电路中的作用，如图6-5所示。

表6-3　78XX系列直流稳压电源电路设计采用元件材料明细

元件型号	编号	数量
3300u/35v	C1	1
220	R1	1
220	R2	1
220V	T1	1
1N4001×4	VD1^VD4	14
7805	V1	1
7809	V2	1
10	R3	1
270	R4	1
LED	LED1、LED2	2

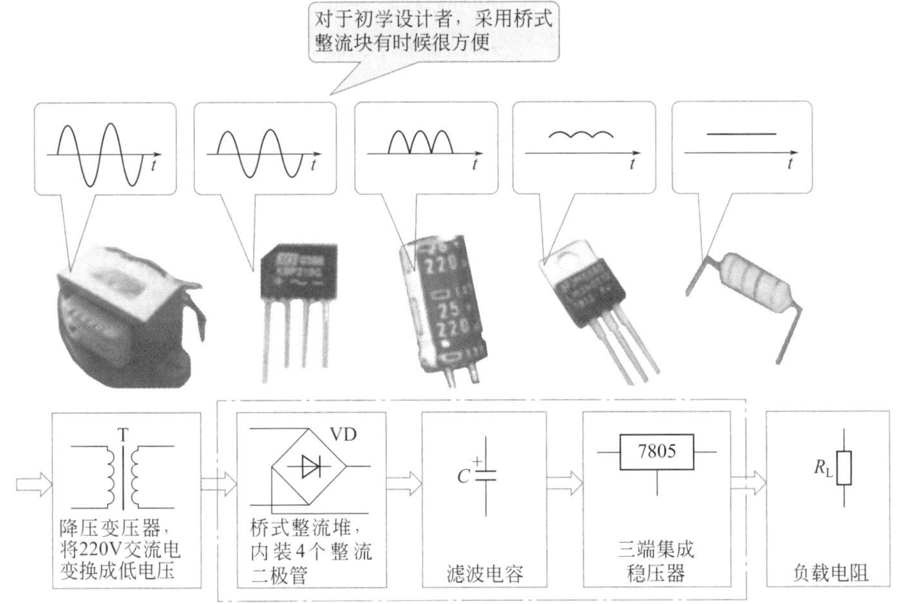

图6-5　元器件识别和各部分作用波形

① 整流——将交流电转换成直流电。

② 滤波——减小交流分量使输出电压平滑。

③ 稳压——稳定直流电压。

④ 78XX直流稳压电源电路元器件的检测（判断引脚，检测质量，分类）

- 变压器的检测：区分初级绕组与次级绕组，$R_{初级}$=　　　　，$R_{次级}$=　　　　。
- 电解电容的检测：区分正、负级。
- 电阻器的检测：测量阻值。R_1=　　　　，R_2=　　　　。
- 整流管的检测：区分正、负级。

• 78XX的检测如表6-4所示。

表6-4　三端集成稳压器78XX的检测

三端集成稳压器序号	三端集成稳压器型号	三端集成稳压器引脚			输出电压
		①脚	②脚	③脚	
U1					
U2					

6.4.3　78XX直流稳压电源的电路安装调试

把设计电路板对照电路原理图进行元器件的焊接和装配。

（1）选择元器件

（2）元器件引脚成形　将元器件按安装要求成形、上锡。

① 元器件引脚不得从根部弯曲，一般应保留1.5mm以上。

② 引脚弯曲一般不要成死角，圆弧半径应大于引脚直径的1～2倍。

③ 要尽量将元器件有字符的面置于容易观察的位置。

④ 对于卧式安装，两引脚左右弯折要对称，引出线要平行，其间的距离应与印制电路板两焊盘孔的距离相等，以便插装。

（3）元器件布局与安装

① 根据设计电路板的大小及电路元件的数量恰当地进行元器件的布局，要求元件间间隔适当。

② 尽可能保证元件引脚间不要交叉。

③ 安装元器件时，二极管、三极管、电解电容极性不能接反、接错。

④ 元器件的插装应遵循先小后大、先轻后重、先低后高、先里后外的原则。

⑤ 安装形式：电阻、二极管一般采用卧式安装，即将元器件紧贴印制电路板的板面水平放置，对于大功率电阻等元器件要距板面2～3mm。三极管、电容等元器件采用立式安装，即将元器件垂直插入印制电路板，一般要求距板面2～3mm。

（4）元器件的焊接

① 先小件后大件；先电阻，再电容，最后二极管、三极管、电位器。

② 注意焊接时间，每个焊点时间应不超过3s，以防止烧坏器件及烧脱铜箔。

③ 保证焊接质量，避免虚焊、桥接、漏焊、半边焊、毛刺、焊锡过量或过少、助焊剂过量等不良焊接现象。

④ 保证电路板清洁。

（5）元器件引脚剪切　插孔式元器件引脚长度2～3mm，且剪切整齐。

（6）检查　通电前一定要检查电路结构，杜绝短路、开路或其他连接错误。

（7）78XX直流稳压电源的调试

① 电路检查无误后，在变压器输入端加上220V交流电。

② 分别测量变压器二次绕组两端的电压2V、滤波电容1C两端的电压V。

③ 测量电路的输出电压VA、VB，如表6-5所示。

表 6-5　78XX 直流稳压电源的调试中电压测试

测量点	电压值 /V
变压器初级电压 U_1	交流还是直流（　　）；大小（　　）
变压器次级电压 U_2	交流还是直流（　　）；大小（　　）
滤波电容 C_1 端电压 V_{c1}	交流还是直流（　　）；大小（　　）
输出电压（V_{01} 端电压）	
输出电压（V_{02} 端电压）	
U_1 各极电位	V1=　　；V2=　　；V3=
U_2 各极电位	V1=　　；V2=　　；V3=
LED1 端电压	
LED2 端电压	

第 7 章 单片机电路设计基础

7.1 C语言设计基础

7.1.1 C语言32个关键字

C语言关键字：又称保留字，一般为小写字母。关键字是C编译程序预先登录的标识符，它们代表固定的意义，用户不能随便使用。C语言32个关键字如下所示。

关键字1：auto

用来声明自动变量。可以显式地声明变量为自动变量。只要不是声明在所有函数之前的变量，即使没加auto关键字，也默认为自动变量。并且只在声明它的函数内有效。而且当使用完毕后，它的值会自动还原为最初所赋的值。自动变量使用时要先赋值，因为其中包含的是未知的值。例：

```
auto int name=1;
```

关键字2：static

用来声明静态变量。可以显式地声明变量为静态变量，也为局部变量，只在声明它的函数内有效。它的生命周期从程序开始起一直到程序结束。而且即使使用完毕后，它的值仍旧不还原。即使没有给静态变量赋值，它也会自动初始化为0。例：

```
static int name=1;
```

关键字3：extern

用来声明全局变量。同时声明在main函数之前的变量也叫全局变量。它可以在程序的任何地方使用。程序运行期间它是一直存在的。全局变量也会初始化为0。例：

```
extern int name;
```

关键字4：register

用来声明为寄存器变量，也为局部变量，只在声明它的函数内有效。它是保存在寄存器之中的。速度要快很多。对于需要频繁使用的变量使用它来声明会提高程序运行速度。例：

```
register int name=1;
```

关键字5：int

用来声明变量的类型。int为整型。注意在16位和32位系统中它的范围是不同的。16位中占用2个字节。32位中占用4个字节。还可以显式地声明为无符号或有符号：unsigned int signed int。有符号和无符号的区别就是把符号位也当作数字位来存储。也可用short和long来声明为短整型，或长整行。例：

```
int num;
```

关键字6：float

用来声明变量的类型。float为浮点型，也叫实型。它的范围固定为4个字节。其中6位为小数位。其他为整数位。例：

```
float name;
```

关键字7：double

用来声明为双精度类型。它的范围为8个字节。14位为小数位。也可使用更高精度的long double，它的范围则更大，达到10字节。例：

```
double name;
```

关键字8：struct

用来声明结构体类型。结构体可以包含各种不同类型的量。比如可以把整型、字符型等类型的变量声明在同一个结构体种，使用的时候结构体变量可以直接调用。例：

```
struct some{ int a=1; float b=1.1; double=1.1234567;}kkk;
```

这样就可以通过kkk.a来使用结构体中的成员变量了。也可以显式地用struct some aaa, bbb;来声明多个结构体变量。

关键字9：char

用来定义字符型变量。它的范围通常为1个字节。它在内存中是以ASCII码来表示的。所以它也可以用整型来运算。也可使用无符号或有符号来定义。signed char unsigned char。例：

```
char c;
```

关键字10：break

用来表示中断。一般用在循环中。判断是否满足条件然后中断当前循环。例：

```
break;
```

关键字11：continue

用来表示跳过当前其后面的语句，继续下一次循环。例：

```
continue;
```

关键字12：long

用来声明长型的类型。比如long int long double。

关键字13：if

判断语句，用来判断语句是否满足条件，例：

```
if a==b   k=n;
```

关键字 14：switch

条件选择语句，常用来判断用户选择的条件来执行特定语句。例：

```
switch (name){ case ok:printf ("yes, ok!"); printf("yes, ok!");
printf("yes, ok!");break; case no:printf("oh,no!");
default: printf("error..!") break;}
```

关键字 15：case

配合switch一起使用，例子同上。

关键字 16：enum

用来声明枚举变量。例：

```
enum day{one, two, three, four, five, six, seven};
```

关键字 17：typedef

类型重定义。可以重定义类型，例：

```
typedef unsigned int u_int;          //将无符号整形定义为u_int.
```

关键字 18：return

返回语句。可以返回一个值。当定义一个函数为有返回值的时候则必须返回一个值。

关键字 19：unio

定义联共用体。用法与struct相同。不同的是共用体所有成员共享存储空间。例：

```
unio kkk{int a;float b;}kka;
```

关键字 20：const

定义为常量。例：

```
const int a;//变量a的值不能被改变.
```

关键字 21：unsigned

定义为无符号的变量。默认变量都为有符号的，除非显示的声明为unsigned的。

关键字 22：for

循环语句。可以指定程序循环多少次。例：

```
for (inti=0;i<5;i++)
{printf(“程序将输出5次这段话！”);}
```

关键字 23：signed

将变量声明为有符号型。默认变量为signed型。一般可省略。

关键字 24：void

空类型。一般用于声明函数为无返回值或无参数。

关键字 25：default

用于switch语句中。定义默认的处理，用法见switch。

关键字 26：goto

无条件循环语句。例：

```
     inti=1;
      w_go:i++;
```

```
    if(i<5)
    goto w_go;
      else
    printf( "%d" ,i);
```

关键字 27：sizeof

用来获取变量的存储空间大小。例：

```
int a,b; b=sizeof(a);
```

关键字 28：volatile

将变量声明为可变的。

关键字 29：do

一般与 while 语句配合使用。构成的形式如 do while 或 while do，例见 while 语句。

关键字 30：while

循环控制语句。只要表达式为真就一直循环。例：

```
  do int a=1;
                              while (a>1)
                   printf( "a>1" );
```

关键字 31：else

常用来配合 if 一起使用。例：

```
if a==b
        k=n;
    else
        k=s;
```

关键字 32：short

用于声明一个短整型变量。例：

```
short int a;
```

7.1.2　C 语言 9 种控制语句

总结归纳 C 语言的九种控制语句，这些语句在编写 C 程序时经常用到。

```
语句1：if( )~else~                  （条件语句)
语句2：for ( ) ~                    （循环语句）
语句3：while ( ) ~                  （循环语句）
语句4：do~while ( )                 （循环语句）
语句5：continue                     （结束本次循环语句）
语句6：break                        （终止执行switch或循环语句）
语句7：switch                       （多分支选择语句）
语句8：goto                         （转向语句）
语句9：return                       （从函数返回语句）
```

括号表示一个条件，~表示内嵌的语句。例如：

```
'if
( ) ~else~' 的具体语句可以写成:
if ( x>y ) z=x;else z=y;
```

7.1.3 C语言34种运算符

```
算术运算符: + - * / % ++ --        指针运算符: * &
关系运算符: < <= == > >= !=         求字节数: sizeof
逻辑运算符: !  && ||                强制类型转换: (类型 )
位运算符 : << >> ~ | ^ &            分量运算符: . ->
赋值运算符: = 及其扩展              下标运算符: []
条件运算符: ?:                      其他: ( ) -
逗号运算符: ,
```

这里需要强调C语言34种运算符按优先级排序，空行表示优先级下降，01为最高，最先算14~31均为双目运算，左结合。

```
() 01.圆括号                 -- 08.自减
[ ] 02.下标                  - 09.取负
-> 03.指针型结构成员         (类型) 10.类型转换
. 04.结构成员                * 11.取内容
! 05.逻辑非                  & 12.取地址
~ 06.位非                    sizeof 13.求字节
++ 07.自增
```

5～13均为单目运算，且都为右结合。

```
* 14.乘                      >= 24.大于等于
/ 15.除                      == 25.等于
% 16.求余                    != 26.不等于
+ 17.加                      & 27.位与
- 18.减                      ^ 28.位异或
<< 19.左移                   | 29.位或
>> 20.右移                   && 30.与
< 21.小于                    || 31.或
<= 22.小于等于               ?: 32.条件运算
> 23.大于
```

32为三目运算，右结合。

```
= 33.赋值运算
另有10个扩展符+=,-=,*=,/=,%=,>>=,<<=,&=,^=,|=
, 34.逗号运算
```

7.1.4　C语言数据类型

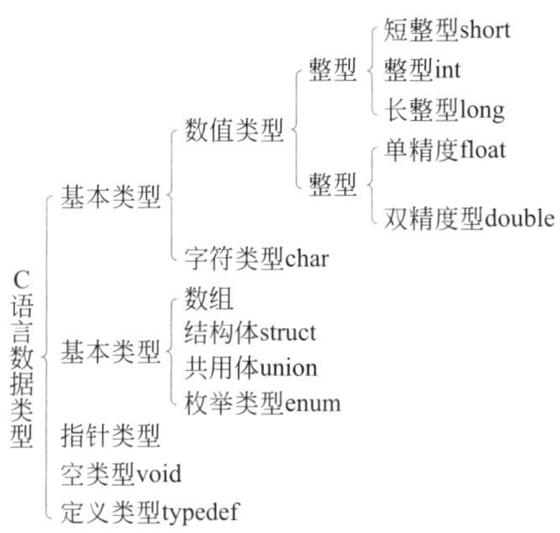

7.1.5　简单的C程序

C 程序的总体结构：一个完整的 C 语言程序，是由一个 main() 函数（又称主函数）和若干个其他函数结合而成的，或仅由一个 main() 函数构成。

仅由 main() 函数构成的 C 语言程序：

（1）函数是C语言程序的基本单位　main() 函数的作用，相当于其他高级语言中的主程序；其他函数的作用，相当于子程序。

（2）C 语言程序总是从 main() 函数开始执行　一个 C 语言程序，总是从 main() 函数开始执行，而不论其在程序中的位置。当主函数执行完毕时，亦即程序执行完毕。

习惯上，将主函数 main() 放在最前。

例 7-1　简单的小程序

```
#include <stdio.h>
main()
    { printf( "This is a C program.\n" );
    }
```

程序运行结果：

```
  This is a C program.
```

例 7-2　求两数之和

```
#include <stdio.h>
main( )    /*求两数之和*/
{
 int a,b,sum; /*定义变量*/
  a=134;b=258; /*以下3行为C语句*/
  sum=a+b;
  printf( "sum is %d \n" , sum);
```

```
}
屏幕显示：sum is 392
```

例7-3　由main()函数和1个其他函数max()构成的C语言程序

```
/*功能：由main()函数和1个其他函数max()构成的C语言程序示例*/
#include <stdio.h>
int max(int x, int y)
  { return( x>y ? x : y ); }
main()
  { int num1,num2;
    printf( "Input the first integer number: " );
    scanf( "%d" , &num1);
    printf( "Input the second integer number: " );
    scanf( "%d" , &num2);
    printf( "max=%d\n" , max(num1, num2));
  }
```

程序运行情况：

```
Input the first integer number:6←┘
Input the second integer number:9←┘
max=9
```

例7-4　改写[例7-3]，交换main()函数和max()函数的前后位置

源程序略。

程序运行情况：

```
Input the first integer number:6←┘
Input the second integer number:9←┘
max=9
```

7.1.6　C语言函数的一般结构

任何函数（包括主函数main()）都是由函数首部和函数体两部分组成。其一般结构如下：

```
[函数类型]  函数名(函数参数表)                 函数首部部分
        { 声明语句部分;
          执行语句部分;                          函数体部分
        }
```

（1）使用的语法符号约定

[...] ——方括号表示可选（即可以指定，也可以默认）

……——省略号表示前面的项可以重复

| ——多（含2）中选1

（2）函数首部　由函数类型（可默认）、函数名和函数参数表三部分组成，其中函数参数表的格式如下：

```
数据类型 形参1[, 数据类型 形参2……]
```

例如，[例7-3]中的函数max()，其函数说明各部分如图7-1所示。

图7-1　函数说明部分结构图

注意：一个函数名后面必须跟一对圆括弧，函数可以默认参数表。例如main()。

（3）函数体　在函数首部下面的大括号（必须配对使用）内的部分。

函数体一般由声明语句和执行语句两部分构成：

① 声明语句部分　声明语句部分由变量定义、自定义类型定义、自定义函数说明、外部变量说明等组成。

② 可执行语句部分　一般由若干条可执行语句构成。图7-2是[例7-3]的main()函数体结构示意图。

```
/*主函数main()*/
#include<stdio.h>
main()
  {int num1,num2;                                  } //变量定义部分
  printf("Input the fist integer number:");
  scanf("%d",&num1);
  printf("Input the second integer number:");        //可执行语句部分      //函数体
  scanf("%d",&num2);
  printf("max=%d\n",max(num1,num2));
  }
```

图7-2　函数体结构示意图

7.1.7　C语言源程序书写格式

① 所有语句都必须以分号“；”结束，函数的最后一个语句也不例外。

② 程序行的书写格式自由，既允许1行内写几条语句，也允许1条语句分写在几行上。

例如，[例7-3]的主函数main()，也可改写成如下的格式：

```
……
main()
  { int num1,num2;
    printf( "Input the first integer number: " ); scanf( "%d" , &num1);
```

```
    printf("Input the second integer number: "); scanf("%d", &num2);
    printf("max=%d\n", max(num1, num2));
}
```

如果某条语句很长，一般需要将其分写在几行上。

③ 允许使用注释。

```
C语言的注释格式为：  /* …… */
```

例如，在[案例1]和[案例2]中，以及本节其他部分给出的源程序中，凡是用“/*”和“*/”括起来的文字都是注释。

“/*”和“*/”必须成对使用，且“/”和“*”以及“*”和“/”之间不能有空格，否则都出错。

7.1.8　C语言格式特点

① 习惯用小写字母，大小写敏感。

② 不使用行号，无程序行概念。

③ 可使用空行和空格。

④ 常用锯齿形书写格式。

```
main()
{
  int i, j, sum;
  sum=0;
  for(i=1; i<10;i++)
  {
     for(j=1;j<10;j++)
     {
       sum+=i*j;
     }
  }
  printf("%d\n",sum);
```

7.1.9　C语言结构特点

（1）函数与主函数

① 程序由一个或多个函数组成。

② 必须有且只能有一个主函数main()。

③ 程序执行从main开始，在main中结束，其他函数通过嵌套调用得以执行。

（2）程序语句

① C程序由语句组成。

② 用“;”作为语句终止符。

（3）注释

① /*　　*/为注释,不能嵌套。

② 不产生编译代码。

7.1.10　C语言程序开发步骤

C语言程序开发步骤如图7-3所示。

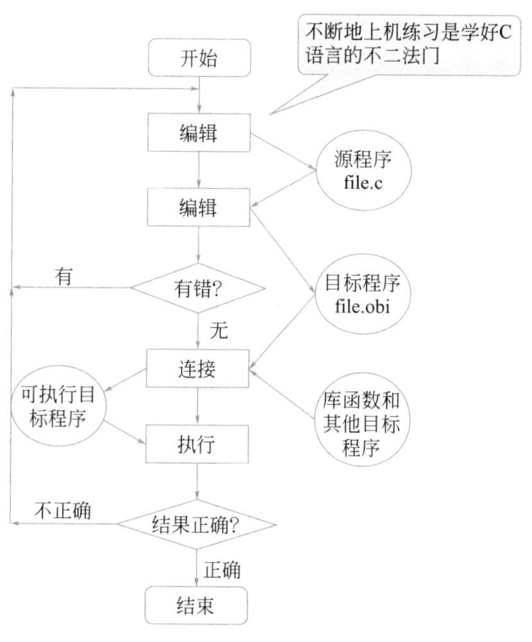

图7-3　C语言程序开发步骤

7.1.11　C语言顺序程序设计案例

顺序结构程序设计是指程序的执行过程是按照程序代码在存储器中的存放顺序进行的。

```
#include "stdio.h"
#include "reg51.h"
#define uint unsigned int
#define uchar unsigned char
main()
{
float a=2,b=1,s=0;
P1=0xff;
TH1=0x1f;
TL1=0xfd;
s=s+a/b;
}
```

7.1.12　C语言分支（选择）结构程序设计案例

分支结构可以分成单分支、双分支和多分支几种情况，如图7-4所示。

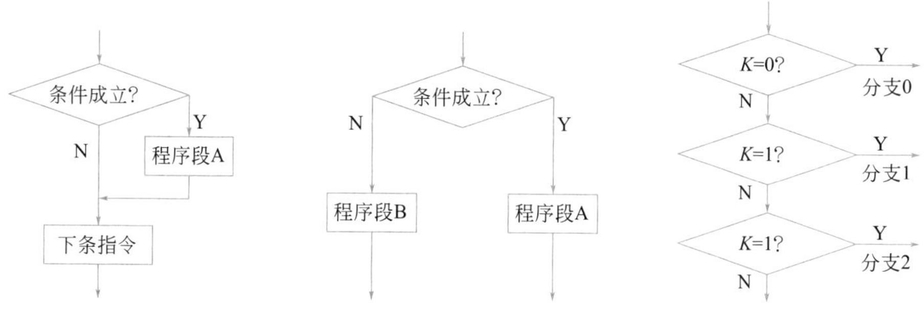

图7-4　分支结构程序的几种情况

• 找最大数实例：

```
#include  "stdio.h"
#include "reg51.h"
#define uint unsigned int
#define uchar unsigned char
main()
{
int x,y,z;
int max=x;
if(z>y)
 {
if (z>x)
  max=z;
 }
else
 {
  if(y>x)
       max=y;
  }
 while(1);
}
```

7.1.13 C语言循环程序设计案例

在解决实际问题中，往往会遇到有些问题不能一次完成，而是一组操作重复多次才能完成的情况，这时应采用循环结构，以简化程序结构，缩短程序的执行时间。循环程序一般由循环初值、循环体、循环控制判断部分组成。分别用for、while、do ~ while语句来编写，程序有一重循环和多重循环。

（1）for语句单循环程序设计　for单循环实例：

```
#include "reg51.h"
#define uint unsigned int
#define uchar unsigned char
uchar i;
void main()
{
for(i=1;i<10;i++);
}
```

（2）for语句双循环程序设计　for双循环实例：

```
#include "reg51.h"
#define uint unsigned int
#define uchar unsigned char
uchar i,j;
void Delay()
{
for (i=0;i<2;i++)
  for(j=0;j<120;j++);
}
```

（3）for语句三循环程序设计　for三循环实例：

```
#include"reg51.h"
#define uint unsigned int
#define uchar unsigned char
 uchar i,j,k;
 viod Delay(count)
 {
 Byte i,j,k ;
for(i=0;i<count;i++)
for(j=0;j<40;j++)
for(k=0;k<120;k++);
}
```

（4）while语句单循环程序设计　while语句单循环实例：

```
#include "reg51.h"
#define uint unsigned int
#define uchar unsigned char
uchar i，sum;
void main()
{
 i=1;
 while(i<=10)
 {
     sum=sum+i;
     i++;
 }
}
```

（5）**while语句三循环程序设计** while语句三循环实例：

```
#include "reg51.h"
#define uint unsigned int
#define uchar unsigned char
uchar i，j;
uchar count=2;
void main()
{
        i=0;
        while(i<count)
        {
            j=0;
            while(j<40)
            {
                j++;
            }
            i++;
        }
}
```

7.2 输入接口电路

7.2.1 各种传感器输入电路

7.2.1.1 温度传感器（TC77）

（1）**TC77简介** TC77是Microchip公司生产的一款13位串行接口输出的集成数字温度传感器，其温度数据由热传感单元转换得来。TC77内部含有一个13位A/D转换器，温度分辨率为0.0625℃ /LSB。在正常工作条件下，静态电流为250μA（典型值）。其他设备与TC77的通信由SPI串行总线或Microwire兼容接口实现，该总线可用于连接多个TC77，实现多区域温度监控，配置寄存器CONFIG中的SHDN位激活低功耗关断模式，此时电流消耗仅为0.1μA（典型值）。TC77具有体积小巧、装配成本低和易于操作的特点，是系统热管理的理想选择。

（2）**TC77的内部结构及引脚功能** 图7-5所示为TC77的内部结构原理图。

其引脚定义如下。

SI/O：串行数据引脚。

SCK：串行时钟。

VSS：地。

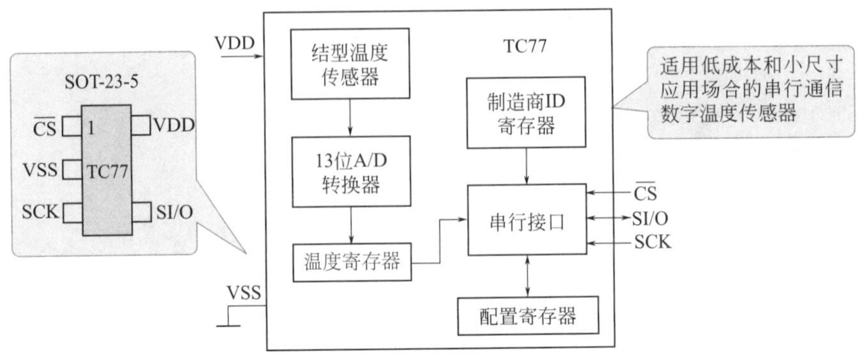

图7-5　TC77的内部结构原理图

VDD：电源电压（6.0V）。

（3）TC77的工作原理　数字温度传感器TC77从固态（PN结）传感器获得温度并将其转换成数字数据。再将转换后的温度数字数据存储在其内部寄存器中，并能在任何时候通过SPI串行总线接口或Microwire兼容接口读取。TC77有两种工作模式，即连续温度转换模式和关断模式。连续温度转换模式用于温度的连续测量和转换，关断模式用于降低电源电流的功耗敏感型应用。

① TC77的上电与复位　上电或电压复位时，TC77即处于连续温度转换模式，上电或电压复位时的第一次有效温度转换会持续大约300ms，在第一次温度转换结束后，温度寄存器的第2位被置为逻辑“1”，而在第一次温度转换期间，温度寄存器的第2位是被置为逻辑“0”的，因此，可以通过监测温度寄存器第2位的状态判断第一次温度转换是否结束。

② TC77的低功耗关断模式　在得到TC77允许后，主机可将其置为低功耗关断模式，此时，A/D转换器被中止，温度数据寄存器被冻结，但SPI串行总线端口仍然正常运行。通过设置配置寄存器CONFIG中的SHDN位，可将TC77置于低功耗关断模式：设置SHDN=0时为正常模式；SHDN=1时为低功耗关断模式。

③ TC77的温度数据格式　TC77采用13位二进制补码表示温度，表7-1所列是TC77的温度、二进制码补码及十六进制码之间的关系。表中最低有效位（LSB）为0.0625℃，最后两个LSB位（即位1和位0）为三态，表中为“1”。在上电或电压复位事件后发生第一次温度转换结束时，位2被置为逻辑“1”。

表7-1　TC77的温度数字输出

温度/℃	二进制（MSB/LSB）	十六进制
+125	0011 1110 1000 0111	3E87H
+25	0000 1100 1000 0111	0C87H
+0.0625	0000 0000 0000 1111	000FH
0	0000 0000 0000 0111	0007H
–0.0625	1111 1111 1111 1111	FFFFH
–25	1111 0011 1000 0111	F387H

（4）TC77与AVR单片机的接口

① TC77与AVR单片机的硬件接口 图7-6所示为TC77与AVR单片机的硬件接口连接原理图。图中使用的是同步串行三线SPI接口，可以方便地连接采用SPI通信协议的外设或另一片AVR单片机，实现短距离的高速同步通信。

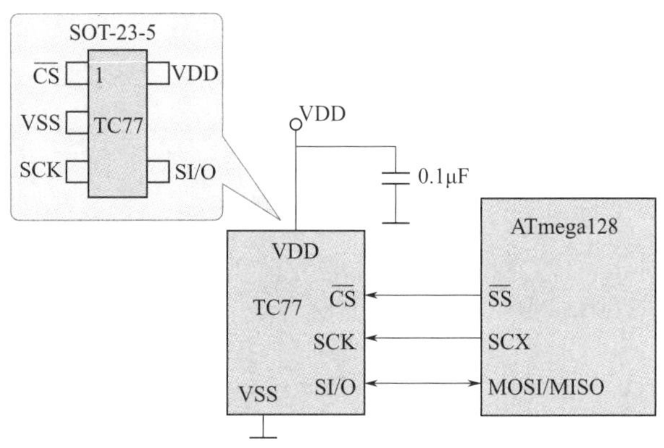

图7-6 TC77与AVR单片机的硬件接口连接原理图

ATmega128的SPI采用硬件方式实现面向字节的全双工3线同步通信，支持主机、从机和两种不同极性的SPI时序。ATmega128单片机内部的SPI接口也可用于程序存储器和数据E^2PROM的编程下载和上传。但需要特别注意的是，此时SPI的MOSI和MISO接口不再对应PB2和PB3引脚，而是转换到PE0和PE1引脚（PDI、PDO）。

② TC77与AVR单片机的软件接口 TC77与AVR单片机的接口软件包括主程序和中断服务程序。在主程序中首先要对ATmega128的硬件SPI进行初始化。在初始化时，应将PORTB的MOSI、SCLK和$\overline{SS}$引脚作为输出，同时将MISO引脚作为输入，并开启上拉电阻。接着对SPI的寄存器进行初始化设置，并空读一次SPSR（SPX Status Register，SPI状态寄存器）、SPDR（SPI Data Register，SPI数据寄存器），使ISP空闲等待发送数据。AVR的SPI由一个16位的循环移位寄存器构成，当数据从主机方移出时，从机的数据同时也被移入，因此SPI的发送和接收可在同一中断服务程序中完成。在SPI中断服务程序中，先从SPDR中读一个接收的字节存入接收数据缓冲器中，再从发送数据缓冲器取出一个字节写入SPDR中，由ISP发送到从机。数据一旦写入SPDR，ISP硬件开始发送数据。下一次ISP中断时表示发送完成，并同时收到一个数据。程序中putSPIchar()和getSPIchar()为应用程序的底层接口函数，同时也使用了两个数据缓冲器，分别构成循环队列。下面这段代码是通过SPI主机方式连续批量输出、输入数据的，接口程序如下：

```
#define SIZE100
Unsigned char SPI-rx-buff[SIZE];
Unsigned char SPI-tx-buff[SIZE];
Unsigned char rx-wr-index，rx-rd-index，rx-counter，rx-buffer-overflow;
Unsigned char tx-wr-index，tx-rd-index，tx-counter;
#pragma interrupt-handler spi-stc-isr.18
```

```
Void spi-stc isr（void）
SPI-rx-buff[rx-wr-index]=SPDR;
If（++rx-wr index==SIZE）rx-wr-index=0;          //放入接收缓冲区
If（++rx-center==SIZE）;
rx-counter=0;
rx-buffer-overflow=1;
If（tx-counter）;          //如果发送一个字节数据
tx-counter;
SPDR=SPI tx buff[tx-rd-index]                    //发送一个字节数据
If（++tx-rd index==SIZE）tx-rd-index=0;
Unsigned char getSPIchar（viod）;
Unsigned char data;
 While（rx-center==0）;                          //无接收数据，等待
Data=SPI-rx-buff[rx-rn-index];                   //从接收缓冲区取出一个SPI收到的数据
If（++rx-rd-index==SIZE）rx-rd-index=0;          //调整指针
CLO（）;
Return data;
Void put SPIchar（char c）
While（tx-counter==SIZE）;                       //发送缓冲区满，等待
CLI（）;
If（tx counter\\（（SPSR &0x80）==0））;          //发送缓冲区已有待发数据
//或SPI正在发送数据时
SPI tx-buffer-wr-index=c;                        //将数据放入发送缓冲区排队
If（++tx-sr-index==SIZE）tx-wr-index=0;          //调整指针
++tx-counter;
Else
SPDR=c;
SEIO;
Void spi-init（void）
Unsigned chat temp;
DDRB\0x080;                                     //MISO=input，而且，MOSI、SCK、SS=output
PORTB\=0x80;                                     //MISO上拉电阻有效
SPCR=0xD5;                                       //SPI允许
SPSR=0x00;
Temp=SPSR;
TEMP=SPDR;                                       //清空SPI和中断标志，使SPI空闲
Void main （void）
Unsigned charl;
```

```
CLI ( );                              //关中断
Spi init ( );                         //初始化SPI接口
SE ( );                               //开中断
While ( );
putSPIchat ( i );                     //发送一个字节
i++
getSPIchar ( );                       //发送一个字节
i++
getSPIchar ( );                       //接收一个字节
```

7.2.1.2　湿度传感器单片机检测电路

（1）湿度传感器检测需要注意的问题　高分子湿度传感器CHR01为新一代复合电阻型湿度敏感部件，其复阻抗与空气相对湿度呈指数关系，直流阻抗（普通数字万用表测量）几乎为无穷大。

对湿度传感器而言，频率与阻抗之间存在一定的关系，测量范围为30% ～ 80%RH时，频率的变化对传感器影响并不明显，在单片机软件编程的实际应用时，需要通过将传感器置于湿度发生装置中（例如恒温恒湿箱）进行实测，通过软件对最终的误差进行修正，此项修正基本上可以弥补频率变化所产生的误差以及其他误差。

湿度传感器阻抗变化与温度的关系见规格书中的数据表，先检测温度，然后按查表法对湿度进行检测。对于湿度精度要求不是特别严格的情况（从数据处理简易的法则来说），可以推算湿度传感器温度系数为–0.4%RH/℃，公式为

$$H(t)=H(25℃)-0.4\times(t-25)$$

例如，以实测阻抗按25℃的数据表读数，如在35℃时读到的阻抗为30kΩ，按25℃表格，相对湿度为60%RH，此时按公式计算的实际湿度应为56%RH。

（2）检测电路　检测电路如图7-7所示，将测量湿度传感器等效为电阻R_X进行充放电，通过测量充放电时间进行反推阻抗可以测量电阻阻抗，通过读表可以检测相对湿度值。

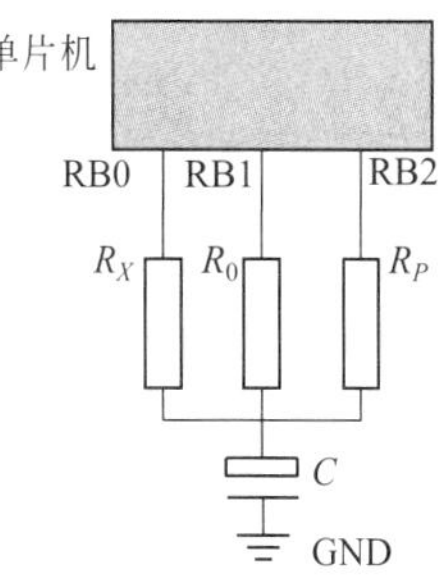

图7-7　检测电路示意图

首先，置RB0为输出状态，RB1和RB2为输入状态，RB0输出高电平V_H（≥0.85V_{DD}），通过湿敏电阻对C进行充电，根据电路理论，电容上的电压按一阶指数规律变化：

$$V_C(t)=V_H[1-\exp\ (t/R_XC)] \tag{7-1}$$

在渡越时间T_{mr}后，V_C（t）由0V上升到RB2的输入高电平门槛电压V_T（0.45V_{DD}），RB2的输入状态也由低电平变为高电平，此时再将RB0、RB2置为低电平，电容C上的电压通过R_P及R_X和RB2快速放电。如此重复，进行充放电。

由式（7-1）知

$$T_{mr}=-\ln\ (1-V_T/V_H)\ R_XC \tag{7-2}$$

由式（7-2）知，只要测量T_{mr}、V_T、V_H、C为已知，可以计算出R_X，由于元件参数

及温度漂移，V_T、V_H、C的值很难精确计算，为解决此问题，可置RB1为高电平，V_H（≥$0.85V_{DD}$），通过固定电阻R_0对C进行充电，同理可知，电容上的电压V_C（t）由0V上升到RB2的输入高电平门槛电压V_T的时间为T_{cr}：

$$T_{cr}=-\ln(1-V_T/V_H)R_0C \tag{7-3}$$

由式（7-2）、式（7-3）可得

$$R_X=(T_{mr}/T_{cr})R_0 \tag{7-4}$$

由式（7-4）可知，只要测量出T_{mr}与T_{cr}，R_0为精密固定电阻，通过运算就可以计算R_X，与其他因素无关。在R_X测量后就可以查表计算相对湿度值。

（3）参数设计　电阻R_0与电容C的选择主要取决于需要的分辨率，与单片机周期等有关。

电阻建议选择精密金属膜电阻，建议为60～300kΩ（1%）之间（取值与测量范围有关，取$R_{X\max}$的1/2左右）。

电容的选择既要考虑到测量的灵敏度，又要考虑不使计数时间太长，具体考虑单片机的时钟频率等因素。

$$C\leqslant -T/[R_{X\max}\ln(1-V_T/V_H)]$$

T为计数器溢出时间，与分辨率有关。

$R_{X\max}$为最大阻抗值（取200～600kΩ左右，取值与测量范围有关）。

建议电容量在0.1～1μF选择，材料为陶瓷或有机电容。

7.2.2　键盘输入电路

7.2.2.1　认识键盘

键盘是由一组规则排列的按键组成的，一个按键实际上是一个开关元件，也就是说键盘是一组规则排列的开关。

（1）按键的分类　按键按照结构原理可分为两类：一类是触点式开关按键，如机械式开关、导电橡胶式开关等；另一类是无触点开关按键，如电气式按键、磁感应按键等。前者造价低，后者寿命长。目前，微机系统中最常见的是触点式开关按键。

按键按照接口原理可分为编码键盘与非编码键盘两类，这两类键盘的主要区别是识别键符及给出相应键码的方法。编码键盘主要是用硬件来实现对键的识别，非编码键盘主要是由软件来实现键盘的定义与识别。

全编码键盘能够由硬件逻辑自动提供与键对应的编码，此外，一般还具有去抖动和多键、窜键保护电路，这种键盘使用方便，但需要较多的硬件，价格较高，一般的单片机应用系统较少采用此类键盘。非编码键盘只简单地提供行和列的矩阵，其他工作均由软件完成，因其经济实用，较多地应用于单片机系统中。下面将重点介绍非编码键盘接口。

（2）键盘输入原理　在单片机应用系统中，除了复位按键有专门的复位电路及专一的复位功能外，其他按键都是以开关状态来设置控制功能或输入数据。当所设置的功能键或数字键按下时，计算机应用系统应完成该按键所设定的功能（键信息输入与软件结构密切相关）。

对于一组键或一个键盘，总有一个接口电路与CPU相连。CPU可以采用查询或中断方式了解有无将键输入并检查是哪一个键按下，将该键号送入累加器ACC，然后通过跳转指令转入执行该键的功能程序，执行完后再返回主程序。

（3）按键结构与特点　微机键盘通常使用机械触点式按键开关，其主要功能是把机械上的通断转换为电气上的逻辑关系。也就是说，它能提供标准的TTL逻辑电平，以便与通用数字系统的逻辑电平相容。

机械式按键按下或释放时，由于机械弹性作用的影响，通常伴随有一定时间的触点机械抖动，然后其触点才稳定下来。其抖动过程如图7-8所示，抖动时间的长短与开关的机械特性有关，一般为5 ～ 10ms。

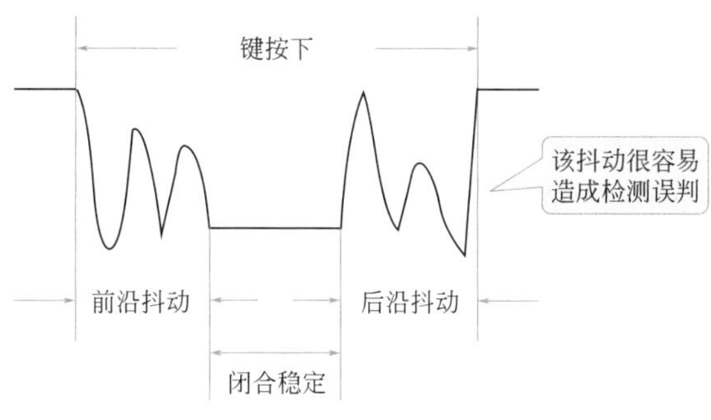

图7-8　按键触点的机械抖动

在触点抖动期间检测按键的通与断状态，可能导致判断出错。即按键一次按下或释放被错误地认为是多次操作，这种情况是不允许出现的。为了克服按键触点机械抖动所致的检测误判，必须采取去抖动措施，可从硬件、软件两方面予以考虑。在键数较少时，可采用硬件去抖，而当键数较多时，采用软件去抖。

在硬件上可采用在键输出端加*RS*触发器（双稳态触发器）或单稳态触发器构成去抖动电路，图7-9所示为一种由*RS*触发器构成的去抖动电路，触发器一旦翻转，触点抖动不会对其产生任何影响。

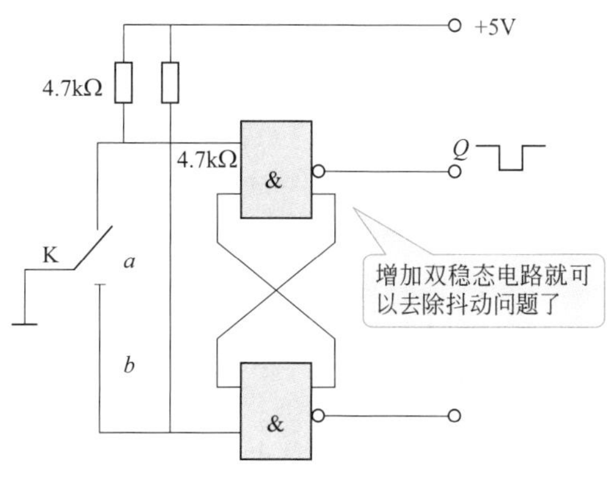

图7-9　双稳态去抖电路

软件上采取的措施是：在检测到有按键按下时，执行一个10ms左右（具体时间应视所使用的按键进行调整）的延时程序后，再确认该键电平是否仍保持闭合状态电平，若仍保持闭合状态电平，则确认该键处于闭合状态；同理，在检测到该键释放后，也应采用相同的步骤进行确认，从而可消除抖动的影响。

（4）按键编码　一组按键或键盘都要通过I/O口线查询按键的开关状态。根据键盘结构的不同，采用不同的编码。无论有无编码，以及采用什么编码，最后都要转换成为与累加器中数值相对应的键值，以实现按键功能程序的跳转。

（5）编制键盘程序　一个完善的键盘控制程序应具备以下功能。

① 检测有无按键按下，并采取硬件或软件措施，消除键盘按键机械触点抖动的影响。

② 有可靠的逻辑处理办法。每次只处理一个按键，其间对任何按键的操作对系统不产生影响，且无论一次按键时间有多长，系统仅执行一次按键功能程序。

③ 准确输出按键值（或键号），以满足跳转指令要求。

7.2.2.2　普通键盘

普通键盘是由若干个独立式按键组成的键盘。

单片机控制系统中，往往只需要几个功能键，此时，可采用独立式按键结构。

（1）独立式按键结构　独立式按键是直接用I/O口线构成的单个按键电路，其特点是每个按键单独占用一根I/O口线，每个按键的工作不会影响其他I/O口线的状态。独立式按键的典型应用如图7-10所示。

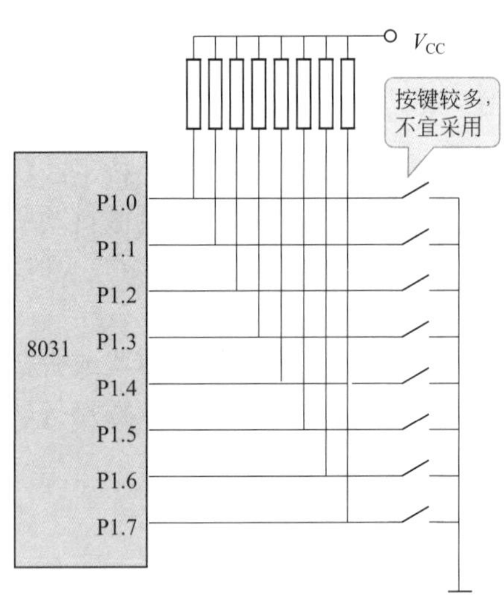

图7-10　独立式按键电路

独立式按键电路配置灵活，软件结构简单，但每个按键必须占用一根I/O口线，因此，在按键较多时，I/O口线浪费较大，不宜采用。

图7-10中按键输入均采用低电平有效，此外，上拉电阻保证了按键断开时，I/O口线有确定的高电平。当I/O口线内部有上拉电阻时，外电路可不接上拉电阻。

（2）独立式按键的软件结构　独立式按键软件常采用查询式结构。先逐位查询每根I/O口线的输入状态，如某一根I/O口线输入为低电平，则可确认该I/O口线所对应的按键已按下，然后，再转向该键的功能处理程序。图7-10中的I/O口采用P1口，请读者自行编制相应的程序。

7.2.2.3　矩阵键盘

矩阵键盘就是矩阵式按键。单片机系统中，若使用按键较多时，通常采用矩阵式（也称行列式）键盘。

（1）矩阵式键盘的结构及原理　矩阵式键盘由行线和列线组成，按键位于行、列线的交叉点上，其结构如图7-11所示。

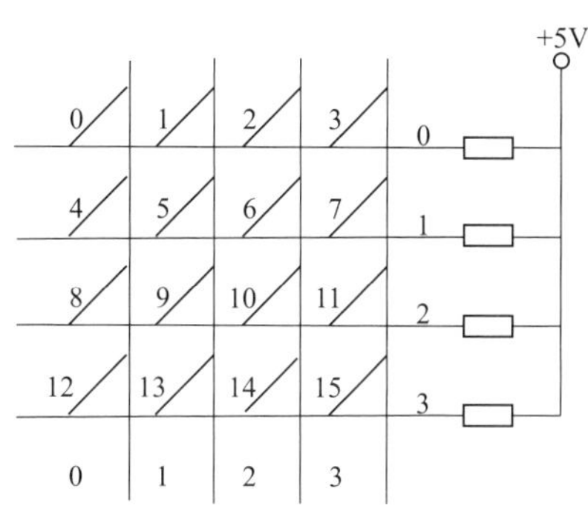

图7-11　矩阵式键盘结构

由图7-11可知，一个4×4的行、列结构可以构成一个含有16个按键的键盘，显然，在按键数量较多时，矩阵式键盘较之独立式按键键盘要节省很多I/O口。

矩阵式键盘中，行、列线分别连接到按键开关的两端，行线通过上拉电阻接到+5V上。当无键按下时，行线处于高电平状态；当有键按下时，行、列线将导通，此时，行线电平将由与此行线相连的列线电平决定。这是识别按键是否按下的关键。然而，矩阵键盘中的行线、列线和多个键相连，各按键按下与否均影响该键所在行线和列线的电平，各按键间将相互影响，因此，必须将行线、列线信号配合起来作适当处理，才能确定闭合键的位置。

（2）4×4矩阵式键盘识别技术　用行扫描法来介绍4×4矩阵式键盘识别步骤。将矩阵式键盘和单片机的P1口连接起来，如图7-12所示。

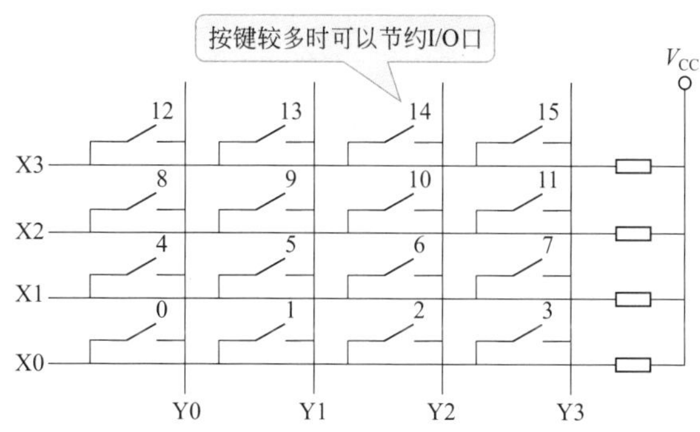

图7-12　4×4矩阵式键盘

确定矩阵式键盘上何键被按下，下面介绍一种“行扫描法”。

行扫描法又称为逐行（或列）扫描查询法，是一种最常用的按键识别方法，如图7-12所示键盘，过程如下。

第一步判断键盘中有无键按下。将全部行线Y0～Y3置低电平，然后检测列线的状态。只要有一列的电平为低，则表示键盘中有键被按下，而且闭合的键位于低电平线与4根行线相交叉的4个按键之中。若所有列线均为高电平，则键盘中无键按下。

第二步判断闭合键所在的位置。在确认有键按下后，即可进入确定具体闭合键的过程。其方法是：依次将行线置为低电平，即在置某根行线为低电平时，其他线为高电平。

在确定某根行线位置为低电平后，再逐行检测各列线的电平状态。若某列为低，则该列线与置为低电平的行线交叉处的按键就是闭合的按键。

（3）4×4矩阵式键盘识别的具体程序 下面先仔细分析一下图7-12，单片机的P1口用作键盘I/O口，键盘的列线接到P1口的低4位，键盘的行线接到P1口的高4位。列线P1.0～P1.3分别接有4个上拉电阻到正电源+5V，并把列线P1.0～P1.3设置为输入线，行线P1.4～P1.7设置为输出线。4根行线和4根列线形成16个相交点。

① 检测当前是否有键被按下。检测的方法是P1.4～P1.7输出全“0”，读取P1.0～P1.3的状态，若P1.0～P1.3为全“1”，则无键闭合，否则有键闭合。

② 去除键抖动。当检测到有键按下后，延时一段时间再做下一步的检测判断。

③ 若有键被按下，应识别出是哪一个键闭合。方法是对键盘的行线进行扫描。P1.4～P1.7按下述4种组合依次输出：

P1.7 1 1 1 0
P1.6 1 1 0 1
P1.5 1 0 1 1
P1.4 0 1 1 1

在每组行输出时读取P1.0～P1.3，若全为“1”，则表示为“0”这一行没有键闭合，否则有键闭合。由此得到闭合键的行值和列值，然后可采用计算法或查表法将闭合键的行值和列值转换成所定义的键值。

④ 为了保证键每闭合一次CPU仅作一次处理，必须去除键释放时的抖动。

键盘扫描程序如下。

```
KEY：MOV P1，#0FH
MOV A，P1
ANL A，#0FH
CJNE A，#0FH，NEXT1
SJMP NEXT3
NEXT1：ACALL D20MS
MOV A，#0EFH
NEXT2：MOV R1，A
MOV P1，A
MOV A，P1
ANL A，#0FH
CJNE A，#0FH，KEYCODE；
MOV A，R1
SETB C
RLC A
JC NEXT2
NEXT3：MOV R0，#00H
RET
KEYCODE：MOV B，#0FBH
NEXT4：RRC A
INC B
JC NEXT4
MOV A，R1
SWAP A
NEXT5：RRC A
INC B
INC B
INC B
INC B
JC NEXT5
NEXT6：MOV A，P1
ANL A，#0FH
CJNE A，#0FH，NEXT6
MOV R0，#0FFH
RET
```

实际上，键盘、显示处理是很复杂的，它往往占到一个应用程序的大部分代码，可见其重要性，但这种复杂并不来自单片机的本身，而是来自操作者的习惯等问题，因此，在编写键盘处理程序之前，最好先把它从逻辑上理清，然后用适当的算法表示出来，最后再去写代码，这样，才能快速有效地写好代码（注：其实汇编语言编程也有很多优点，如对于不同语言或不同标准的接口，用汇编语言编程执行精度高、代码高效。因此，学会C语言与汇编语言编程，有利于编出更高效、更准确的程序）。

7.3　输出接口电路

7.3.1　单片机与数码管的电路连接

（1）认识数码管　数码管和发光二极管是一个“祖先”，原理是相同的，所以它们都叫LED。不同的是数码管是把若干个发光二极管做成了一个固定的形状，如图7-13所示，它是由八个发光二极管构成的，所以又叫八段数码管。

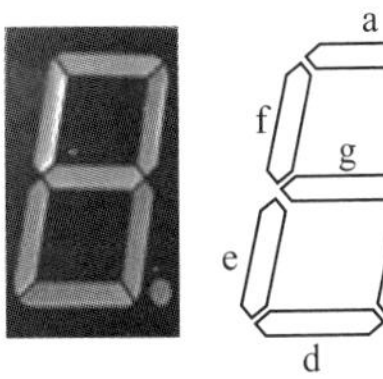

图7-13　数码管的外形

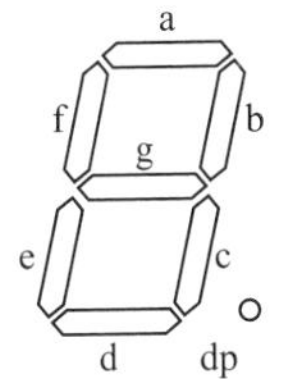

数码管有共阳和共阴两种。把这些发光二极管的正极接到一块（一般是拼成一个8字加一个小数点）而作为一个引脚，就叫共阳的；相反的就叫共阴的。应用时这个脚分别地接V_{CC}和GND。再把多个这样的8字装在一起就成多位的数码管了。

数码管由8个发光二极管（以下简称字段）构成，通过不同的组合可用来显示数字0～9，字符A～F、H、L、P、R、U、Y，符号“–”及小数点“.”。数码管的外形结构如图7-14（a）所示。数码管共阴极和共阳极两种结构分别如图7-14（b）、（c）所示。

（2）数码管的工作原理　共阳极数码管的8个发光二极管的阳极（二极管正端）连接在一起，通常，共阳极接高电平（一般接电源），其他引脚接段驱动电路输出端。当某段驱动电路的输出端为低电平时，则该端所连接的字段导通并点亮，根据发光字段的不同组合可显示出各种数字或字符。此时，要求段驱动电路能吸收额定的段导通电流，还需根据外接电源及额定段导通电流来确定相应的限流电阻。

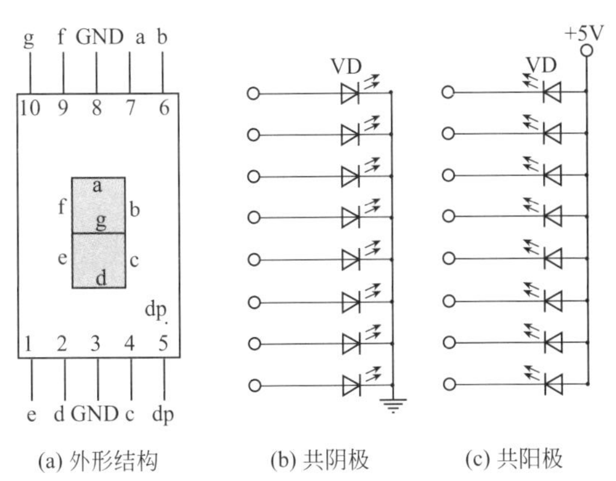

图7-14　数码管结构

共阴极数码管的8个发光二极管的阴极（二极管负端）连接在一起，通常，公共阴极接低电平（一般接地），其他引脚接段驱动电路输出端，当某段驱动电路的输出端为高电平时，则该端所连接的字段导通并点亮，根据发光字段的不同组合可显示出各种数字或字符。此时，要求段驱动电路能提供额定的段导通电流，还需根据外接电源及额定段导通电流来确定相应的限流电阻。

（3）数码管字形编码　要使数码管显示出相应的数字或字符，必须使段数据口输出相应的字形编码。对照图7-14（a），字形码各位定义如下。

数据线D0与a字段对应，D1字段与b字段对应，依此类推。如使用共阳极数码管，数据为0表示对应字段亮，数据为1表示对应字段暗；如使用共阴极数码管，数据为0表示对应字段暗，数据为1表示对应字段亮。如要显示“0”，共阳极数码管的字形编码应为11000000B（即C0H）；共阴极数码管的字形编码应为00111111B（即3FH）。依此类推，可求得数码管字形编码，见表7-2。

表7-2　数码管字形编码表

显示字符	字形	共阳极									共阴极								
		dp	g	f	e	d	c	b	a	字形码	dp	g	f	e	d	c	b	a	字形码
0	0	1	1	0	0	0	0	0	0	C0H	0	0	1	1	1	1	1	1	3FH
1	1	1	1	1	1	1	0	0	1	F9H	0	0	0	0	0	1	1	0	06H
2	2	1	0	1	0	0	1	0	0	A4H	0	1	0	1	1	0	1	1	5BH
3	3	1	0	1	1	0	0	0	0	B0H	0	1	0	0	1	1	1	1	4FH
4	4	1	0	0	1	1	0	0	1	99H	0	1	1	0	0	1	1	0	66H
5	5	1	0	0	1	0	0	1	0	92H	0	1	1	0	1	1	0	1	6DH
6	6	1	0	0	0	0	0	1	0	82H	0	1	1	1	1	1	0	1	7DH
7	7	1	1	1	1	1	0	0	0	F8H	0	0	0	0	0	1	1	1	07H
8	8	1	0	0	0	0	0	0	0	80H	0	1	1	1	1	1	1	1	7FH
9	9	1	0	0	1	0	0	0	0	90H	0	1	1	0	1	1	1	1	6FH
A	A	1	0	0	0	1	0	0	0	88H	0	1	1	1	0	1	1	1	77H
b	b	1	0	0	0	0	0	1	1	83H	0	1	1	1	1	1	0	0	7CH
C	C	1	1	0	0	0	1	1	0	C6H	0	0	1	1	1	0	0	1	39H
d	d	1	0	1	0	0	0	0	1	A1H	0	1	0	1	1	1	1	0	5EH
E	E	1	0	0	0	0	1	1	0	86H	0	1	1	1	1	0	0	1	79H
F	F	1	0	0	0	1	1	1	0	8EH	0	1	1	1	0	0	0	1	71H
H	H	1	0	0	0	1	0	0	1	89H	0	1	1	1	0	1	1	0	76H
L	L	1	1	0	0	0	1	1	1	C7H	0	0	1	1	1	0	0	0	38H
P	P	1	0	0	0	1	1	0	0	8CH	0	1	1	1	0	0	1	1	73H
r	r	1	1	0	0	1	1	1	0	CEH	0	0	1	1	0	0	0	1	31H
U	U	1	1	0	0	0	0	0	1	C1H	0	0	1	1	1	1	1	0	3EH
y	y	1	0	0	1	0	0	0	1	91H	0	1	1	0	1	1	1	0	6EH
-	-	1	0	1	1	1	1	1	1	BFH	0	1	0	0	0	0	0	0	40H
.	.	0	1	1	1	1	1	1	1	7FH	1	0	0	0	0	0	0	0	80H
熄灭	灭	1	1	1	1	1	1	1	1	FFH	0	0	0	0	0	0	0	0	00H

（4）数码管显示接口　多位LED显示器同时工作时，显示方式分为静态显示和动态显示两种。

① 静态显示　静态显示就是显示驱动电路具有输出锁存功能，单片机将要显示的数据送出后就不再控制LED，直到下一次显示时再传送一次新的数据。静态显示的数据稳

定，占用的CPU时间少。静态显示中，每一个显示器都要占用具有单独锁存功能的I/O口，该接口用于笔画段字形代码。这样单片机只要把显示的字形数据代码发送到接口电路，该字段就可以显示要发送的字形。要显示新的数据时，单片机再发送新的字形码。

静态显示时，多位LED同时点亮。每段LED流过恒定的电流，段驱动电流为6～10mA。

② **动态显示**　动态扫描方法是用其接口电路把所有显示器的8个笔画字段（a～g和dp）同名端连在一起，而每一个显示器的公共极COM各自独立接受I/O线控制。CPU向字段输出端口输出字形码时，所有显示器接受相同的字形码，但究竟是哪一位则由I/O线决定。动态扫描用分时的方法轮流控制每个显示器的COM端，使每个显示器轮流点亮。在轮流点亮过程中，每位显示器的点亮时间极为短暂，但由于人的视觉暂留及发光二极管的余辉效应，给人的印象就是一组稳定的显示数据，并不会察觉到有闪烁现象（一般导通时间取1ms左右）。亮度为静态显示亮度的1/*n*倍，*n*为显示器位数。

（5）51单片机与MAX7219连接　俗话说“一个篱笆三个桩，一个好汉三个帮”。单片机这个“好汉”虽然发展已十分成熟，但仍需要很多“热心肠”的帮助，才能发挥其强大的功力，而MAX7219集成电路就是来帮助单片机输出显示的。单片机的输出显示最常用的是发光二极管和数码管，就是通常所说的LED显示技术。以数码管显示为例，其分为静态显示和动态显示，静态显示需要占用很多I/O口资源，所以动态显示很受欢迎，但当单片机在做一些较复杂的工程时，尤其是有多个数码管显示时，动态显示也显得占用了较多的I/O口资源，以8个数码管（共阴极）显示输出为例，即使是用3-8译码器对公共端进行选择，加上数据端口，仍然需要11个I/O口，往往使单片机不堪重负，功能大打折扣，如图7-15所示。图中共用了单片机的11个I/O口。如果用MAX7219“帮忙”的话，只用3个I/O口就可以完成任务了。

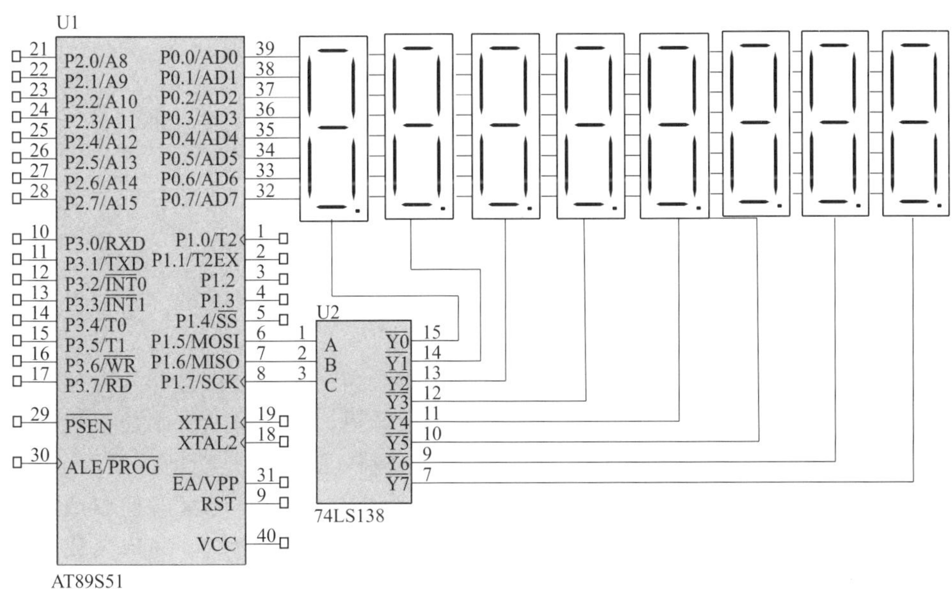

图7-15　单片机与8个数码管（共阴极）的连接线

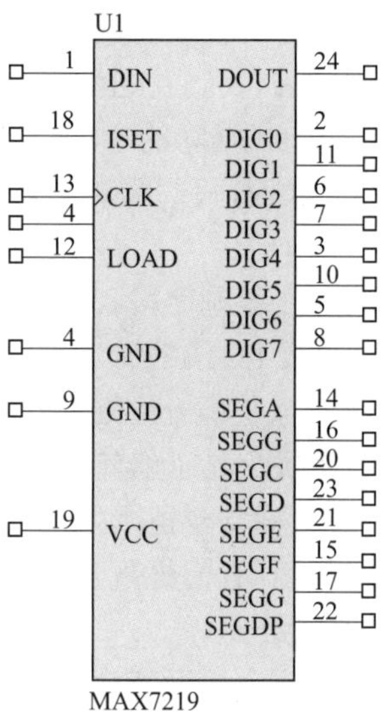

图7-16　MAX7219的外形

（6）MAX7219的外形及引脚功能　MAX7219封装常见的是DIP24，外形如图7-16所示。

其引脚功能如下。

① VCC：+5V电源端。

② GND：接地端。

③ ISET：LED段峰值电流提供端。它通过一只电阻与电源相连，以便给LED段提供峰值电流。帮助位选信号显示。

④ SEGA ～ SEGG：LED七段显示器段驱动端。

⑤ SEGDP：小数点驱动端。

⑥ DIG7 ～ DIG0：8位数值驱动线。输出位选信号，从每个LED共阴极吸入电流。

⑦ DIN：串行数据输入端。在CLK的上升沿，数据被装入内部的16位移位寄存器中。

⑧ CLK：串行时钟输入端。最高输入频率为10MHz，在CLK的上升沿，数据被移入内部移位寄存器；在CLK的下降沿，数据被移至DOUT端。

⑨ LOAD：装载数据控制端。在LOAD的上升沿，最后送入的16位串行数据被锁存到数据或控制寄存器中。

⑩ DOUT：串行数据输出端。进入DIN的数据在16.5个时钟后送到DOUT端，以便在级联时传送到下一片MAX7219。

（7）MAX7219的时序图　DIN、CLK、LOAD的工作时序如图7-17所示，其中，DIN是串行数据输入端，CLK和LOAD实际上充当了“组织者”。针对单片MAX7219介绍一下数据传送的过程。

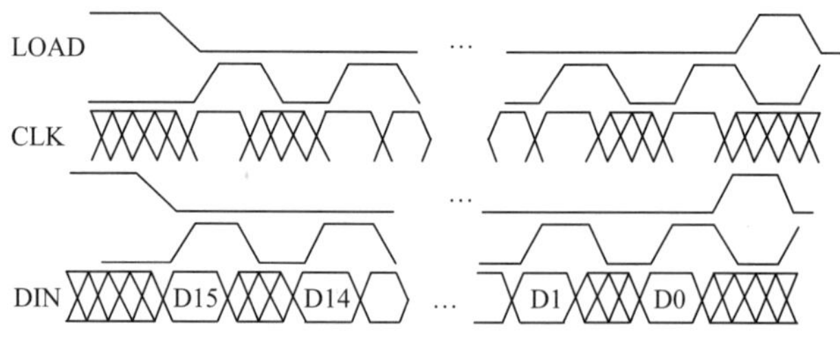

图7-17　DIN、CLK和LOAD的工作时序

在CLK的下降沿，无效，在CLK的上升沿，第一位二进制数据被移入内部移位寄存器；然后CLK再出现下降沿，无效，CLK再出现上升沿，第二位二进制数据被移入内部移位寄存器，就这样工作16个周期，完成16个二进制（高八个是地址，低八个是数据）的传送，这当中LOAD一直是低电平；当完成16个二进制的传送后，把LOAD置成高电平，产生上升沿，把这16位串行数据锁存到数据或控制寄存器中，完成装载；然后把LOAD还原为低，重复开始的动作，如此循环。

例如：把数据09H传送到地址0AH（亮度控制寄存器），即设定LED为十六级亮度的

第10级。编程如下：

```
MOV A，#0AH      ；//亮度控制寄存器地址以数据形式送累加器A
MOV B，#09H      ；//亮度控制码（第十级）送寄存器B
LCALL WRITE      ；//调用“写MAX7219子程序”
WRITE:           ；//“写MAX7219子程序”开始
CLR LOAD         ；//设置LOAD无效
LCALL WRITE8     ；//调用“写八位数据子程序”（送的是前八位，所以是亮度控制寄存器的地址）
MOV A，B         ；//亮度控制码（第十级）通过寄存器B送累加器A
LCALL WRITE8     ；//调用写八位数据子程序（送的是后八位，所以是亮度控制码）
SETB LOAD        ；//使LOAD产生上升沿，把刚送入的16位串行数据锁存到数据或控制寄存器中
RET              ；//WRITE子程序返回
WRITE8:          ；//“写八位数据子程序”开始
MOV R6，#08H     ；//数据位写入次数，8次
LP1: CLR CLK     ；//CLK无效
RLC A            ；//取累加器A的最高位
MOV DIN，C       ；//将累加器A的最高位送DIN
NOP              ；//等待，为了有足够的时间传送数据，可省略
SETB CLK         ；//CLK产生上升沿，数据被移入内部移位寄存器
DJNZ R6，LP1     ；//八次结束，否则循环LP1
RET              ；//“写八位数据子程序”子程序返回
```

（8）MAX7219的工作寄存器　它主要由8个数位寄存器和6个控制寄存器组成。

① 数位寄存器7～0：地址依次为01H～08H，它决定该位LED显示内容。

② 译码方式寄存器：地址为09H，它决定数位寄存器的译码方式，它的每一位对应一个数位。其中，1代表译码方式；0表示不译方式。比如，00H，表示都不译码。若用于驱动LED数码管，一般都设置为译码方式，方便编程；当用于驱动条形图显示器时，应设置为不译码方式。

③ 扫描位数寄存器：地址为0BH，设置显示数据位的个数。该寄存器的D2～D0(低三位）指定要扫描的位数，支持0～7位，比如要显示数据位的个数为3，则应送往地址0BH的数据就应为03H。各数位均以1.3kHz的扫描频率被分路驱动。

④ 亮度控制寄存器：地址为0AH，该寄存器通常用于数字控制方式，利用其D3～D0位控制内部脉冲宽度调制DAC的占空比来控制LED段电流的平均值，实现LED的亮度控制。D3～D0取值可为0000～1111，对应电流占空比则从1/32变化到31/32，共16级，D3～D0的值越大，LED显示越亮。而亮度控制寄存器中的其他各位未使用，可置任意值。前面已经举例。

⑤ 显示测试寄存器：地址为0FH，当D0置1时，LED处于显示测试状态，所有8位LED的段被扫描点亮，电流占空比为31/32；若D0为0，则处于正常工作状态。D7～D1位未使用，可任意取值。简单来说就是，D0为1时，点亮整个显示器，D0为0时，恢复原数据。用来检测外挂LED数码管各段的好坏。

⑥ 关断寄存器：地址为0CH，又叫待机开关，用于关断所有显示器。当D0为0时，关断所有显示器，但不会消除各寄存器中保持的数据；当D0设置为1时，正常工作。剩下各位未使用，可取任意值。

⑦ 无操作寄存器：它主要用于多MAX7219级联，允许数据通过而不对当前MAX7219产生影响。

（9）MAX7219与AT89S2051的连接及程序清单 下面，把单片机、MAX7219和数码管连接起来，由于只用了单片机（MCU）三个引脚，所以用简化版的AT89S2051单片机就足够了。连接如图7-18所示。图中，DIN接P1.0；CLK接P1.1；LOAD接P1.2。

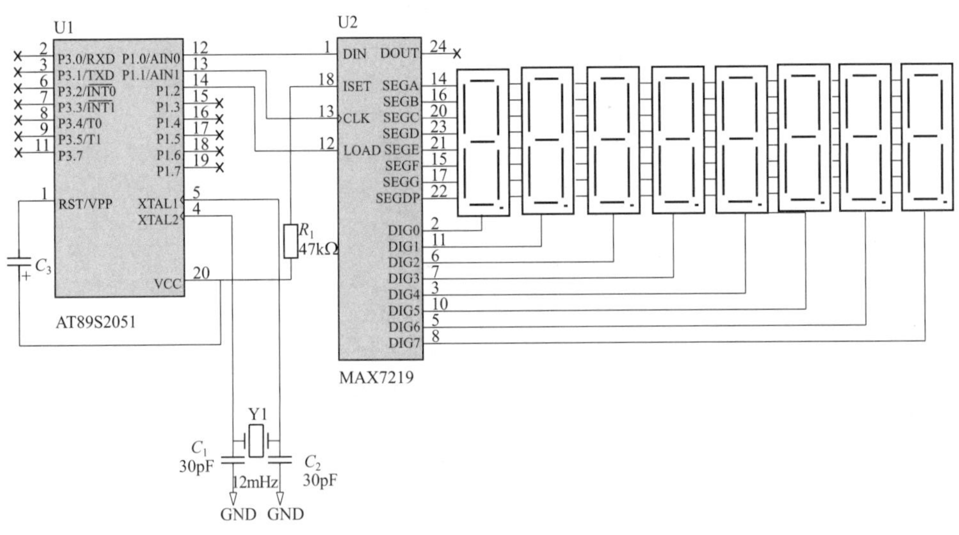

图7-18 MAX7219与AT89S2051的连接

先来做个简单的小实验：让数码管从左到右分别显示0、1、2、3、4、5、6、7，电路图如图7-18所示。

程序清单如下：

```
ORG  0000H             ；程序开始
AJMP MAIN              ；跳转到MAIN主程序处
DIN BIT P1.0           ；定义变量
CLK BIT P1.1           ；定义变量
LOAD BIT P1.2          ；定义变量
ORG 0080H              ；主程序MAIN从地址0080H开始
MAX7219                ；（各工作寄存器）初始化开始
MAIN：MOV A，#0BH      ；扫描位数寄存器地址以数据形式送累加器A
MOV B，#07H            ；扫描位数（八位）送寄存器B
LCALL WRITE            ；调用“写MAX7219子程序”
MOV A，#09H            ；译码方式寄存器地址以数据形式送累加器A
MOV B，#0FFH           ；译码方式（译码）送寄存器B
```

```
LCALL WRITE                 ；调用“写MAX7219子程序”
MOV A，#0AH                 ；亮度控制寄存器地址以数据形式送累加器A
MOV B，#09H                 ；亮度调节（10级）送寄存器B
LCALL WRITE                 ；调用“写MAX7219子程序”
MOV A，#0CH                 ；关断寄存器地址以数据形式送累加器A
MOV B，#01H                 ；待机开关（关）送寄存器B
LCALL WRITE                 ；调用“写MAX7219子程序”
START：MOV R3，#08H         ；显示数据循环次数送寄存器R3
MOV R0，#00H                ；寄存器R0存放TAB表格间接指针
LOOP：MOV DPTR，#TAB        ；送TAB首地址入DPTR
MOV R4，#01H                ；数位寄存器0的地址（01H）以数据形式入R4
LP：MOV A，R0               ；TAB表格间接指针入A
MOVC A，@A+DPTR             ；取TAB首地址中的显示数据入A
MOV B，A                    ；TAB首地址中的显示数据入B
MOV A，R4                   ；数位寄存器0的地址入A
LCALL WRITE                 ；调用“写MAX7219子程序”
INC R0                      ；R0加一（TAB表格间接指针指向下一个）
INC R4                      ；R4加一（换下一个数位寄存器）
DJNZ R3，LP                 ；循环八次结束
LJMP START                  ；重新开始显示0～7
TAB：DB 00H，01H，02H，
03H，04H，05H，06H，07H；前面对“译码方式寄存器”采用了（BCD）译码方式，所以TAB
                              数据这么写
WRITE:                      ；写MAX7219子程序（写16位，前8位地址，后8位数据）
CLR  LOAD                   ；设置LOAD无效
LCALL WRITE8                ；调用写八位数据子程序
MOV A，B                    ；B中内容送A
LCALL WRITE8                ；调用写八位数据子程序
SETB LOAD                   ；使LOAD产生上升沿，把刚送入的16位串行数据锁存到数据或
                              控制寄存器中
RET                         ；WRITE子程序返回
WRITE8:                     ；“写八位数据子程序”开始
MOV R6，#08H                ；数据位写入次数，8次
LP1：CLR CLK                ；CLK无效
RLC A                       ；取累加器A的最高位
MOV DIN，C                  ；将累加器A的最高位送DIN
NOP                         ；等待，为了有足够的时间传送数据，可省略
SETB CLK                    ；CLK产生上升沿，数据被移入内部移位寄存器
```

```
DJNZ R6，LP1              ；八次结束，否则循环LP1
RET                       ；“写八位数据子程序”子程序返回
END                       ；程序结束
```

7.3.2 单片机与点阵型液晶显示器件的电路连接

以16×16 LED点阵显示为例，如图7-19所示。

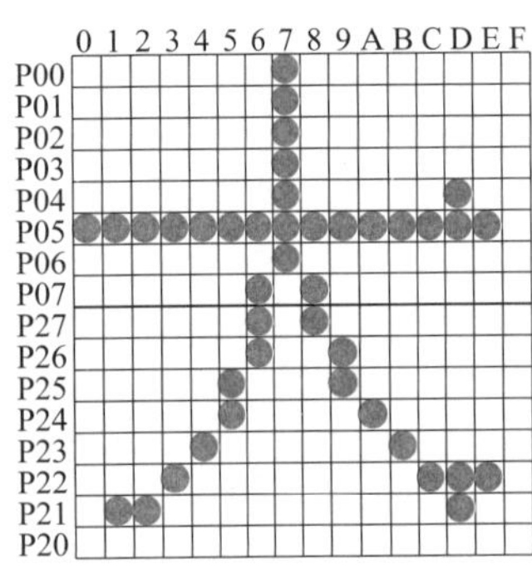

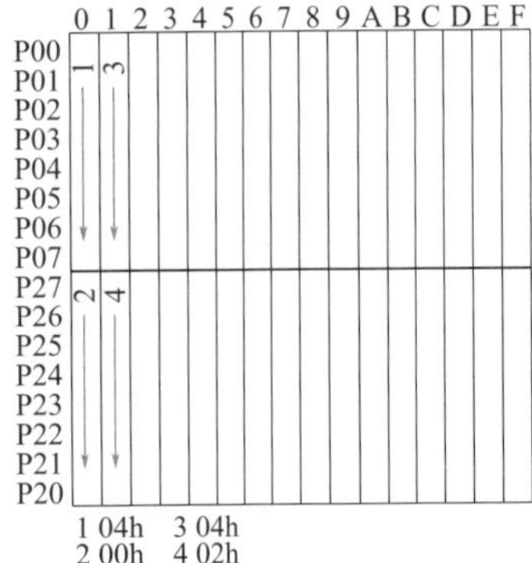

图7-19 16×16 LED点阵显示原理图

汉字显示屏广泛应用于汽车报站器、广告屏等。实验介绍一种实用的汉字显示屏的制作。考虑到电路元件的易购性，采用了16×16的点阵模块，汉字显示的原理以UCDOS中文宋体字库为例，每一个字由16行16列的点阵组成显示，即国标汉字库中的每一个字均由256点阵来表示。可以把每一个点理解为一个像素，而把每一个字的字形理解为一幅图像。所以在这个汉字屏上不仅可以显示汉字，也可以显示在256像素范围内的任何图形。

以显示汉字“大”为例，来说明其扫描原理：如果用8位的AT89S51单片机控制，由于单片机的总线为8位，一个字需要拆分为2个部分。一般把它拆分为上部和下部，上部由8×16点阵组成，下部也由8×16点阵组成。在本例中单片机首先显示的是左上角的第一列的上半部分，即第0列的P00 ～ P07口，方向为P00到P07，显示汉字“大”时，P05点亮，由上往下排列，为P00灭、P01灭、P02灭、P03灭、P04灭、P05亮、P06灭、P07灭，即二进制00000100，转换为十六进制为04H。上半部第一列完成后，继续扫描下半部的第一列，为了接线的方便，仍设计成由上往下扫描，即从P27向P20方向扫描，从图7-19可以看到，这一列全部为不亮，即00000000，十六进制则为00H。然后单片机转向上半部第二列，仍为P05点亮，为00000100，即十六进制04H。这一列完成后继续进行下半部分的扫描，P21点亮，为二进制00000010，即十六进制02H。依照这个方法，继续进行下面的扫描，一共扫描32个8位，可以得出汉字“大”。

程序如下：

```
ORG   00H
START：MOV   A，#0FFH        ；开机初始化，清除画面
MOV   P0，A                  ；清除P0口
ANL   P3，#00
MOV   R2，#200
D1：   MOV   R3，#248        ；延时
```

```
DJNZ  R3, $
DJNZ  R2, D1
MOV  20H, #00H               ; 取码指针的初值
L1:     MOV  R1, #100        ; 每个字的停留时间
L2:   MOV  R6, #16           ; 每个字16个码
      MOV  R4, #00H          ; 扫描指针清零
      MOV  R0, 20H           ; 取码指针存入R0
L3:   MOV  A, R4             ; 扫描指针存入A
      MOV  P1, A             ; 开三极管扫描输出
      INC  R4                ; 扫描下一个
      MOV  A, R0
      MOV  DPTR, #TABLE      ; 取数据代码上半部分
      MOVC  A, @A+DPTR
      MOV  P0, A             ; 查表送P0口
      INC  R0
      MOV  A, R0
      MOV  DPTR, #TABLE      ; 取数据代码下半部分
      MOVC  A, @A+DPTR
      MOV  P3, A
      INC  R0
      MOV  R3, #02
D2:     MOV  R5, #248
      DJNZ  R5, $
      DJNZ  R3, D2
      MOV  A, #00H
      MOV  P0, A
      ANL  P3, #00H
      DJNZ  R6, L3           ; 16个码是否完成
      DJNZ  R1, L2           ; 每个字的停留时间是否到了
      MOV  20H, R0
      CJNE  R0, #0FFH, L1    ; 8个字的256个码检测是否送完
      JMP  START
TABLE:
      ……
      END
```

7.3.3 单片机与各种继电器的电路连接

（1）单片机与继电器连接的一般方法 继电器一般为强弱电共存，和单片机共用一块板一般没有问题，但应注意以下几点。

① 驱动电路和单片机电源地的隔离。

② 强电不能和弱电有任何电气接触。

③ 最好用光耦。

④ 布板强电不能靠近单片机。

一般驱动方法如图7-20所示。单片机I/O口端串一电阻（1kΩ）至三极管（9013，三极管发射极接地，集电极接继电器线圈的一端，线圈另一端接5V电源）。二极管（1N4148）负极接5V，正极接三极管集电极。5V继电器开关接其他相关电路就可以。

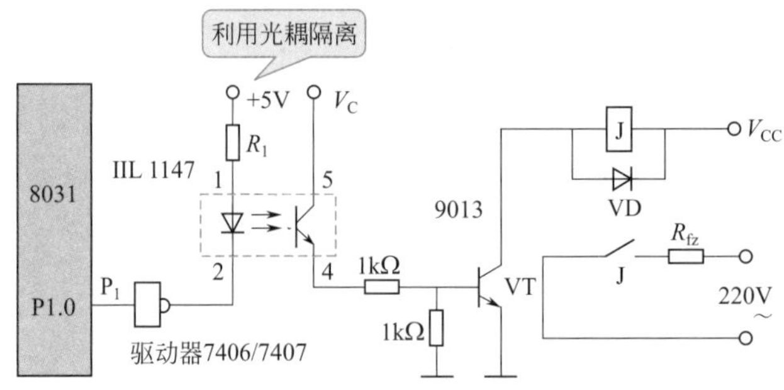

图7-20 单片机驱动继电器的一般方法

（2）HK4100F继电器驱动原理 如图7-21所示。

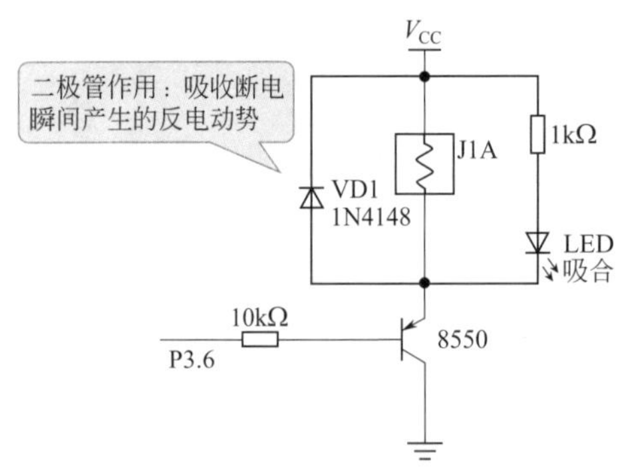

图7-21 HK4100F继电器驱动电路原理图

① 电路连接 HK4100F继电器驱动电路原理如下：三极管的基极B接到单片机的P3.6，三极管的发射极E接到继电器线圈的一端，线圈的另一端接到+5V电源V_{CC}上；继电器线圈两端并接一个二极管1N4148，用于吸收释放继电器线圈断电时产生的反向电动势，防止反向电势击穿三极管及干扰其他电路；1kΩ电阻和发光二极管组成一个继电器状态指示电路，当继电器吸合的时候，发光二极管点亮，这样就可以直观地看到继电器状态了。

② 驱动原理

a. 当AT89S51单片机的P3.6引脚输出低电平时，三极管饱和导通，+5V电源加到继电器线圈两端，继电器吸合，同时状态指示的发光二极管也点亮，继电器的常开触点闭合，相当于开关闭合。

b. 当AT89S51单片机的P3.6引脚输出高电平时，三极管截止，继电器线圈两端没有电位差，继电器衔铁释放，同时状态指示的发光二极管也熄灭，继电器的常开触点释放，相当于开关断开。

提示

在三极管截止的瞬间，由于线圈中的电流不能突变为零，继电器线圈两端会产生一个较高电压的感应电动势，线圈产生的感应电动势则可以通过二极管 1N4148 释放，从而保护了三极管免被击穿，也消除了感应电动势对其他电路的干扰，这就是二极管 VD1 的保护作用。

（3）继电器驱动程序　下面给出了一个简单的继电器控制实验源程序，控制继电器不停地吸合、释放动作，程序如下：

```
        ORG    0000H
        AJMP   START          ；跳转到初始化程序
        ORG    0033H
START:  MOV    SP，#50H       ；SP初始化
        MOV    P3，#0FFH      ；端口初始化
MAIN:   CLR    P3.6           ；P3.6输出低电平，继电器吸合
        ACALL  DELAY          ；延时保持一段时间
        SETB   P3.6           ；P3.6输出高电平，继电器释放
        ACALL  DELAY          ；延时保持一段时间
        AJMP   MAIN           ；返回重复循环
DELAY:  MOV    R1，#20        ；延时子程序
Y1:     MOV    R2，#100
Y2:     MOV    R3，#228
        DJNZ   R3，$
        DJNZ   R2，Y2
        DJNZ   R1，Y1
        RET                   ；延时子程序返回
        END
```

7.4　并行 I/O 口扩展电路的设计

7.4.1　并行 I/O 口的扩展方法

（1）总线扩展方法　必须先扩展单片机外部三总线。使用通用I/O扩展芯片（如8255）、TTL等芯片进行扩展。

（2）串行口扩展方法　下面只讨论前一种方法。

7.4.2 外部三总线扩展

（1）外部三总线的扩展　MCS-51单片机的外部三总线主要是由它的P0、P2口及P3口的部分结构扩展而成的，如图7-22所示。

① 地址总线　地址总线共16条：P0口（P0.7～P0.0）做低8位地址线（A7～A0）；P2口（P2.7～P2.0）做高8位地址线（A15～A8）。

② 数据总线　数据总线有8条：P0口（P0.7～P0.0）做8位数据线（D7～D0）。

③ 控制总线

a.ALE：地址锁存信号，实现对P0口上送出的低8位地址信号的锁存。

b. $\overline{RD}$（P3.7）：片外读选通信号，低电平有效。

c. $\overline{WR}$（P3.6）：片外写选通信号，低电平有效。

P0口既要用作低8位地址总线，又要用作数据总线，使用时只能是分时起作用。用地址锁存器锁存低8位地址。

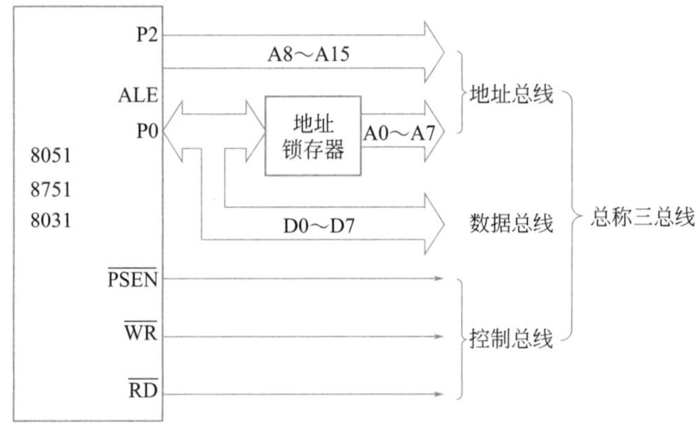

图7-22　MCS-51单片机外部三总线的扩展方法

（2）地址锁存器　地址锁存器一般选择降沿锁存的芯片，如74LS373（图7-23）、8282等。

（3）地址译码器74LS138（图7-24）

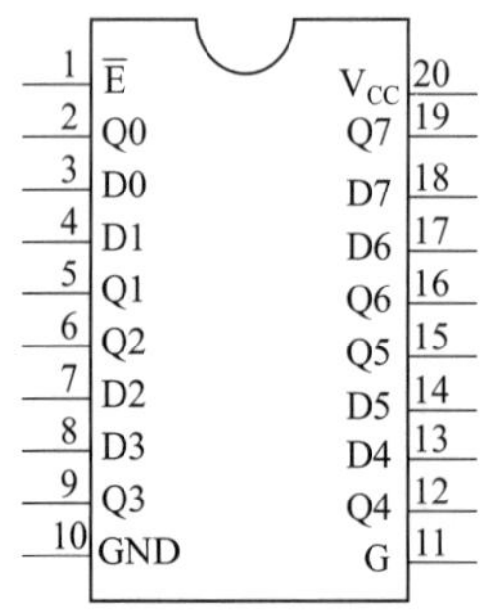

图7-23　74LS373的引脚

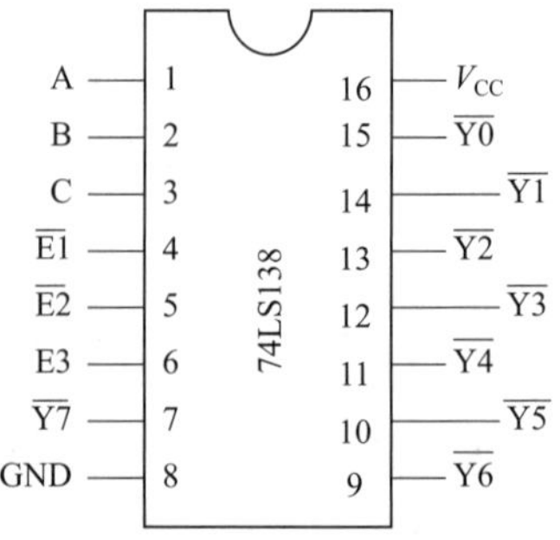

图7-24　74LS138的引脚

① 引脚功能。74LS138芯片内部是一个3-8译码器。引脚功能如下。

$\overline{E1}$、$\overline{E2}$、E3：使能端，$\overline{E1}$、$\overline{E2}$低电平有效，E3高电平有效。

A、B、C：译码器的输入端。

$\overline{Y0}$～$\overline{Y7}$：译码器的输出端，可用作片选信号。

② 单片机并口扩展图如图7-25所示。

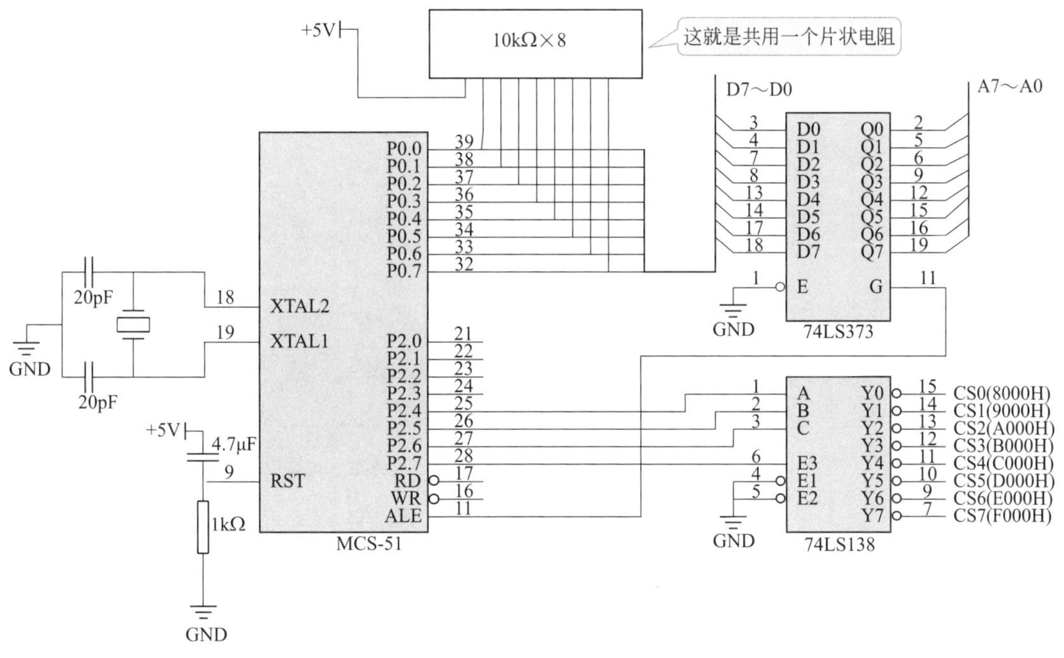

图7-25 单片机并口扩展图

7.5 电路设计实例

例 7-5 单片机制作密码控制器

电子密码锁一般由电路和机械两部分组成，图7-26所示的电子密码锁可以实现密码的修改、设定及非法入侵报警、驱动外围电路等功能。从硬件上看，它的各部分组成分别是：LED显示器显示亮度均匀，显示管各段不随显示数据的变化而变化，且价格低廉，它用于显示键盘输入的相应信息，无需再加外部EPROM存储器，且外围扩展器件较少的AT89C52单片机是整个电路的核心部分；振荡电路为CPU产生赖以工作的时序；显示灯是通过CPU输出的一个高电平，通过三极管放大，驱动继电器吸合，使外加电压与发光二极管导通，从而使发光二极管发光，电机工作。下面进行修改密码操作。修改密码实质就是用输入的新密码去取代原来的旧密码。密码的存储用来存储一位地址加1，密码位数减1，当八个地址均存入一位密码，即密码位数减为零时，密码输入完毕，此时按下确认键，新密码产生，跳出子程序。为防止非管理员任意进行密码修改，必须输入正确密码后，按修改密码键，才能重新设置密码。密码输入值的比较主要有两部分，密码位数与内容任何一个条件不满足，都将会产生出错信息。当连续三次输入密码出错时，就会出现报警信息，LED显示出错信息，蜂鸣器鸣叫，提醒人注意。

在电路中，P1口连接8个密码按键AN0 ～ AN7，开锁脉冲由P3.5输出，报警和提示音由P3.7输出。BL是用于报警与声音提示的蜂鸣器，发光管VD1用于报警和提示，*L*是电磁锁的电磁线圈。

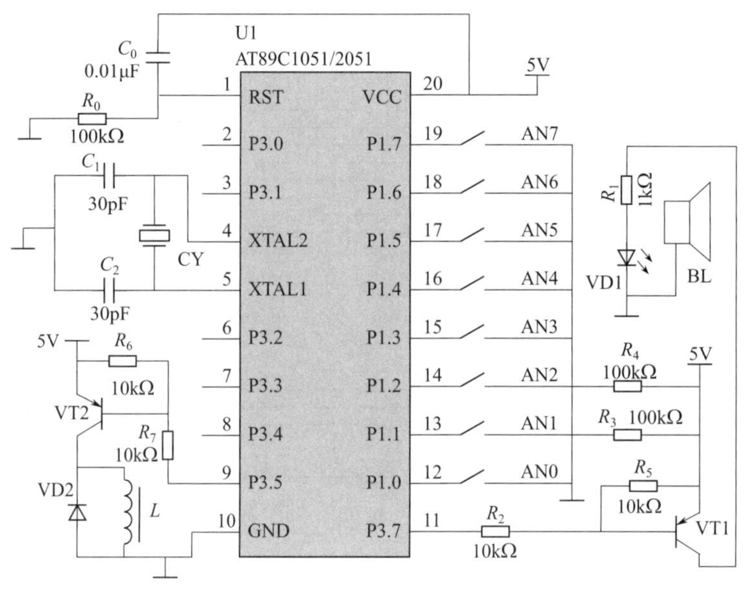

图7-26　电子密码锁硬件电路

程序如下：

```
ORG   0000H
AJMP   START
ORG   0030H
START：ACALL BP
MOV：R0，#31H
MOV：R2，#8
SET：MOVP1，#0FFH
MOV：A，P1
CJNE：A，#0FFH，L8
AJMP SET
L8：ACALL DELAY
CJNE A，#0FFH，SAVE
AJMP SET
SAVE：ACALL BP
MOV @R0，A
INC R0
DJNZ R2，SET
MOV R5，#16
D2S：ACALL BP
DJNZ R5，D2S
MOV R0，#31H
MOV R3，#3
AA1：MOV R2，#8
AA2：MOV P1，#0FFH
MOV A，P1
CJNE A，#0FFH，L9
AJMP AA2
L9：ACALL DELAY
CJNE A，#0FFH，AA3
AJMP AA2
```

```
AA3 ACALL BP
CLR C
SUBB A，@R0
INC R0
CJNE A，#00H，AA4
AJMP AA5
AA4：SETB 00H
AA5：DJNZ R2，AA2
JB 00H，AA6
CLR P3.5
L3：MOV R5，#8
ACALL BP
DJNZ R4，L3
MOV R3，#3
SETB P3.5
AJMP AA1
AA6：DJNZ R3，AA7
MOV R5，#24
L5：MOV R4，#200
L4：ACALL BP
DJNZ R4，L4
DJNZ R5，L5
MOV R3，#3
AA7：MOV R5，#40
ACALL BP
DJNZ R5，AA7
AA8：CLR 00H
AJMP AA1
BP：CLR P3.7 MOV R7，#250
L2：MOV R6，#124
L1：DJNZ R6，L1
CPL P3.7
DJNZ R7，L2
SETB
RET
DELAY MOV R7，#20
L7：MOV R6，#125
L6：DJNZ R6，L6
DJNZ R7，L7
RET
END
```

例 7-6　利用RS-232C实现上位机（PC机）与下位机（单片机）的通信

RS-232C标准是美国EIA（电子工业联合会）与BELL等公司一起开发的1969年公布的通信协议。RS-232C接口插座如图7-27所示。

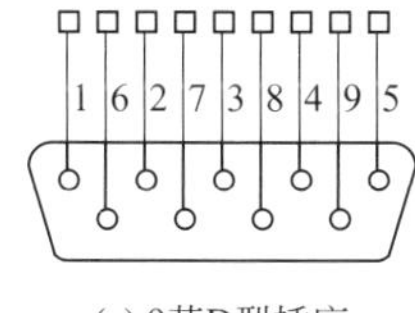

(a) 9芯D型插座

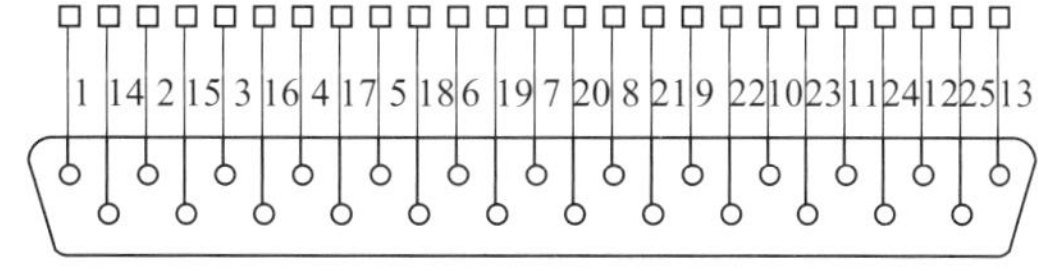

(b) 25芯D型插座

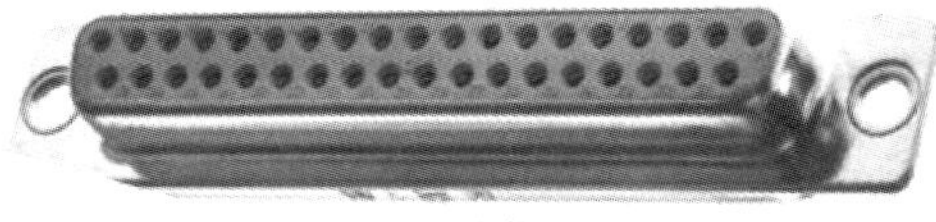
(c) 实物

图7-27　RS-232C接口插座

一般采用标准的25芯D型插座，也可采用9芯D型插座。9芯D型插座引脚功能如下。

① 2脚：RXD，串行数据接收引脚，输入。

② 3脚：TXD，串行数据发送引脚，输出。

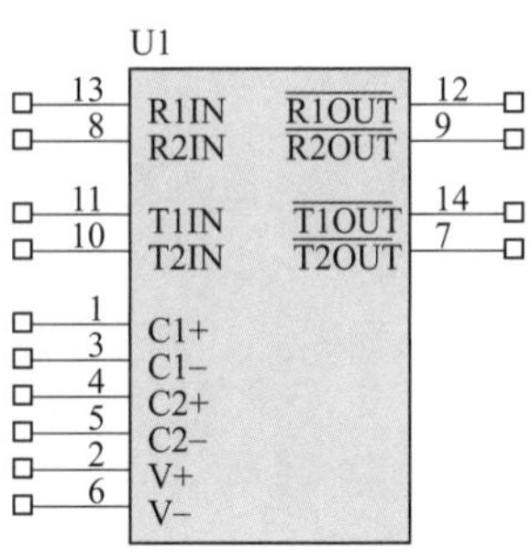

图7-28 MAX232引脚图

③ 5脚：GND。

25芯D型插座引脚功能如下。

① 1脚：保护地。

② 2脚：TXD，串行数据发送引脚，输出。

③ 3脚：RXD，串行数据接收引脚，输入。

④ 7脚：信号地。

EIA-RS-232C对逻辑电平的规定很特别，在TXD和RXD上：逻辑1（MARK）=−3 ～ −15V，逻辑0（SPACE）=+3 ～ +15V。

由上可知，EIA-RS-232C是用正负电压来表示逻辑状态，单片机串行口采用正逻辑TTL电平，这样单片机和PC机的COM1或者COM2就不能直接连接。为了能够同计算机接口或终端的TTL器件连接，必须在EIA-RS-232C与TTL电路之间进行电平和逻辑关系的变换。实现这种变换可用分立元件，也可用集成电路芯片。目前较为广泛地使用集成电路转换器件，如MC1488、SN75150芯片可完成TTL电平到EIA电平的转换，MC1489、SN75154可实现EIA电平到TTL电平的转换。MAX232芯片可完成TTL、EIA双向电平转换，该系列芯片集成度高，+5V电源（内置了电压倍增电路及负电源电路），只需外接5个容量为0.1 ～ 1μF的小电容即可完成两路RS-232与TTL电平之间的转换，所以一般应用比较多。MAX232引脚图如图7-28所示。

将MAX232和单片机连接起来，做上位机与下位机的通信：下位机（单片机）串口使用查询法接收和发送资料，上位机（PC机）发出指定字符，下位机收到后返回给上位机原字符。

首先来完成电路连接，单片机AT89S2051串行口经MAX232电平转换后，与PC机串行口相连。电路图如图7-29所示。

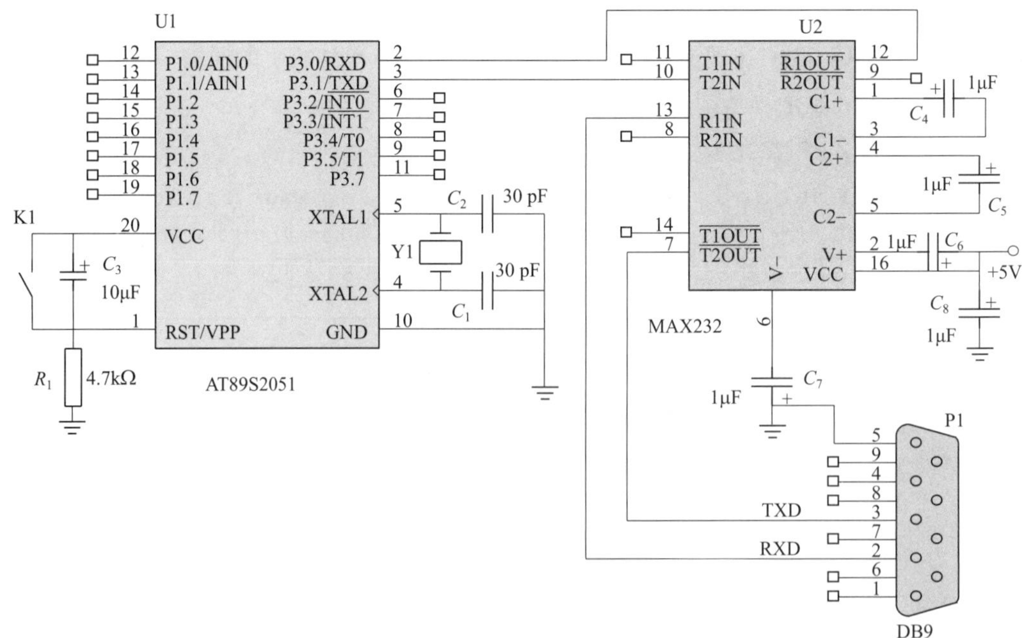

图7-29 单片机与RS-232C的连接电路图

上位机使用串口调试助手 V2.2.exe，实现上位机与下位机的通信。

打开串口调试助手 V2.2.exe 应用程序，进行设置：波特率——4800；数据位——8；奇偶校验——无；停止位——1（因为采用没有联络信号的通信，下位机也需设置相同协议）。

在“发送的字符 / 数据”区输入字符 / 数据，按手动发送，接收区收到相同的字符 / 数据，或者按自动发送，接收区将接收到“发送的字符 / 数据”，如图 7-30 所示。

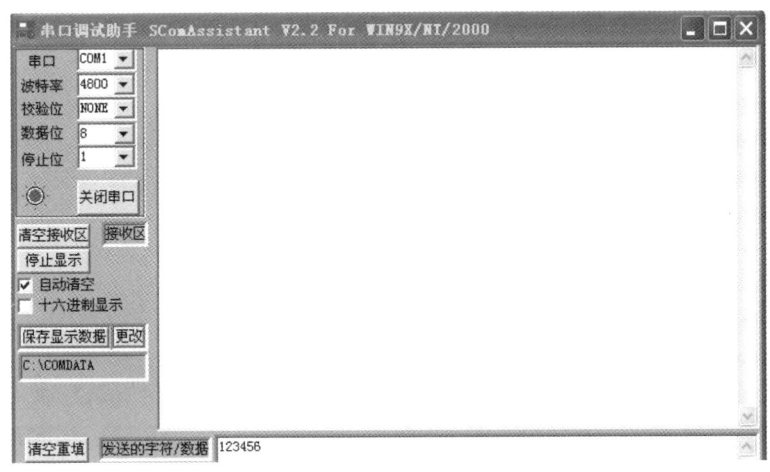

图7-30　“发送的字符/数据”区输入字符/数据界面

提示

自动发送的时间可以在串口调试助手中改动。

下位机预先编制的程序清单如下：

```
ORG     0000H
JMP           START
ORG           0020H
START:        MOV   SP，#60H
              MOV    SCON，#01010000B     ；//设定串行方式：8位异步，允许接收
              MOV    TMOD，#20H           ；//设定计数器1为模式2
              ORL    PCON，#10000000B     ；//波特率加倍
              MOV    TH1，#0F3H
              MOV    TL1，#0F3H           ；//设定波特率为4800
              SETB   TR1                  ；//计数器1开始计时
AGAIN:        JNB    RI，AGAIN            ；//等待接收
              CLR    RI                   ；//清接收标志
              MOV    A，SBUF              ；//接收数据缓冲
```

```
        MOV   SBUF, A            ; //送发送数据
LP:     JNB   TI, LP             ; //等待发送完成
        CLR   TI                 ; //清发送标志
        SJMP  AGAIN
        END
```

例7-7 单片机控制I²C总线

I²C（Inter-Integrated Circuit）总线是一种由PHILIPS公司开发的两线式串行总线，I²C总线是由数据线SDA和时钟SCL构成的串行总线，可发送和接收数据。在CPU与被控IC之间、IC与IC之间进行双向传送，各种被控制电路均并联在这条总线上，每个电路和模块都有唯一的地址。下面以24C02作为被控IC进行实践。

（1）串行EEPROM 24C02

① 串行EEPROM 24C02引脚及原理 在串行EEPROM中，较为典型的有ATMEL公司的AT24C××系列。下面以AT24C02为例来学习。

AT24C02有地址线A0～A2、串行资料引脚SDA、串行时钟输入引脚SCL、写保护引脚WP等。很明显，其引脚较少，对组成的应用系统可以减少布线，提高可靠性。

各引脚的功能和意义如下。

- VCC引脚，电源+5V。
- GND引脚，地线。
- SCL引脚，串行时钟输入端。在时钟的正跳沿即上升沿时把资料写入EEPROM；在时钟的负跳沿即下降沿时把资料从EEPROM中读出来。
- SDA引脚，串行资料I/O端，用于输入和输出串行资料。这个引脚是漏极开路的，故可以组成“线或”结构。
- A0、A1、A2引脚，是芯片地址引脚。在型号不同时意义有些不同，但都要接固定电平。
- WP引脚，写保护端。这个端提供了硬件数据保护。当把WP接地时，允许芯片执行一般读写操作；当把WP接VCC时，则对芯片实施写保护。

② 内存的组织及运行 对于不同的型号，内存的组织不一样，其关键原因在于内存容量存在差异。对于AT24C××系列的EEPROM，其典型型号的内存组织如下。

- AT24C01A：内部含有128个字节，故需要7位地址对其内部字节进行寻址。
- AT24C02：内部含有256个字节，故需要8位地址对其内部字节进行读写。

③ 运行方式

- 起始状态：当SCL为高电平时，SDA由高电平变到低电平则处于起始状态。起始状态应处于任何其他命令之前。
- 停止状态：当SCL处于高电平时，SDA从低电平变到高电平则处于停止状态。在执行完读序列信号之后，停止命令将把EEPROM置于低功耗的备用方式（Standby Mode）。
- 应答信号：应答信号是由接收资料的器件发出的。当EEPROM接收完一个写入资料之后，会在SDA上发一个“0”应答信号。反之，当单片机接收完来自EEPROM的资料

后，单片机也应向SDA发ACK信号。ACK信号在第9个时钟周期时出现。

• 备用方式（Standby Mode）：AT24C01A/02/04/08/16都具有备用方式，以保证在没有读写操作时芯片处于低功耗状态。在下面两种情况中，EEPROM都会进入备用方式：第一，芯片通电的时候；第二，在接到停止位和完成了任何内部操作之后。

AT24C01等5种典型的EEPROM在进入起始状态之后，需要一个8位的“器件地址字”去启动内存进行读或写操作。在写操作中，它们有“字节写”“页面写”两种不同的写入方法。在读操作中，有“现行地址读”“随机读”和“顺序读”等各具特点的读出方法。下面分别介绍器件寻址、写操作和读操作。

• 器件寻址：所谓器件寻址（Device Addressing）就是用一个8位的器件地址字（Device Address Word）去选择内存芯片。在逻辑电路中的AT24C××系列的5种芯片中，即AT24C01A/02/04/08/16中，如果和器件地址字相比较结果一致，则读芯片被选中。下面对器件寻址的过程和意义加以说明。

芯片的操作地址：

用于内存EEPROM芯片寻址的器件地址字如表7-3所示。

表7-3　地址字

D7	D6	D5	D4	D3	D2	D1	D0
1	0	1	0	A2	A1	A0	R/W

从表7-3中可以看出：器件地址字含有3个部分。第一部分是高4位，它们称为EEPROM AT24C01A/02/04/08/16的标识；第二部分称为硬布线地址，它们是标识后的3位；第三部分是最低位，它是读/写操作选择位。

第一部分：器件标识，器件地址字的最高4位。这4位的内容恒为“1010”，用于标识EEPROM器件AT24C01A/02/04/08/16。

第二部分：硬布线地址，是与器件地址字的最高4位相接的低3位。硬布线地址的3位有2种符号：Ai（i=0～2），Pj（j=0～2），其中Ai表示外部硬布线地址位。

第三部分：读/写选择位，器件地址字的最低位，并用R/W表示。当R/W=1时，执行读操作；当R/W=0时，执行写操作。

当EEPROM芯片被选中时，则输出“0”；如果EEPROM芯片没有被选中，则它回到备用方式。被选中的芯片。其以后的输入、输出情况视写入和读出的内容而定。

写操作：AT24C01A/02/04/08/16这5种EEPROM芯片的写操作有2种，一种是字节写，另一种是页面写。

• 字节写。这种写方式只执行1个字节的写入。其写入过程分外部写和内部写两部分，分别说明如下。

在起始状态中，首先写入8位的器件地址，则EEPROM芯片会产生一个“0”信号ACK输出作为应答；接着，写入8位的字地址，在接收了字地址之后，EEPROM芯片又产生一个“0”应答信号ACK；随后，写入8位资料，在接收了资料之后，芯片又产生一个“0”信号ACK作为应答。到此为止，完成了一个字节写过程，故应在SDA端产生一个停止状态，这是外部写过程。

在这个过程中，控制EEPROM的单片机应在EEPROM的SCL、SDA端送入恰当的信号。当然在一个字节写过程结束时，单片机应以停止状态结束写过程。在这时，EEPROM进入内部定时的写周期，以便把接收的数据写入存储单元中。在EEPROM的内部写周期中，其所有输入被屏蔽，同时不响应外部信号直到写周期完成，这是内部写过程。内部写过程大约需要10ms时间，内部写过程处于停止状态与下一次起始状态之间。

• 页面写。这种写入方式执行含若干字节的1个页面的写入。对于AT24C01A/02，它们的1个页面含8个字节，页面写的开头部分和字节写一样。在起始状态，首先写入8位器件地址；待EEPROM应答了“0”信号ACK之后，写入8位字地址；又待芯片应答了“0”信号ACK之后，写入8位资料。

随后页面写的过程则和字节写有区别。

当芯片接收了第一个8位资料并产生应答信号ACK之后，单片机可以连续向EEPROM芯片发送共为1页面的资料。对于AT24C01A/02，可发送共1个页面的8个字节（连第一个8位资料在内）。对于AT24C04/08/16，则共可发送1个页面共16个字节（连第一个8位资料在内）。当然，每发一个字节都要等待芯片的应答信号ACK。

之所以可以连续向芯片发送1个页面资料，是因为字地址的低3～4位在EEPROM芯片内部可实现加1，字地址的高位不变，用于保持页面的行地址。页面写和字节写两者一样都分为外部写和内部写过程。

应答查询：应答查询是单片机对EEPROM各种状态的一种检测。单片机查询到EEPROM有应答“0”信号ACK输出，则说明其内部定时写的周期结束，可以写入新的内容。单片机是通过发送起始状态及器件地址进行应答查询的。由于器件地址可以选择芯片，则检测芯片送出到SDA的状态就可以知道其是否有应答了。

读操作：读操作的启动是和写操作类同的，它一样需要器件地址字，和写操作不同的就是信号为下降沿时执行读操作。

读操作有3种方式，即现行地址读、随机读和顺序读。

• 现行地址读。在上次读或写操作完成之后。芯片内部字地址计数器会加1，产生现行地址。只要没有再执行读或写操作，这个现行地址就会在EEPROM芯片保持接电的期间一直保存。一旦器件地址选中EEPROM芯片，并且有R/W=1，则在芯片的应答信号ACK之后把读出的现行地址的资料送出。现行地址的资料输出时，就由单片机一位一位接收，接收后单片机不用向EEPROM发应答信号ACK“0”电平，但应保证发出停止状态的信号以结束现行地址读操作。现行地址读会产生地址循环覆盖现象，但和写操作的循环覆盖不同。在写操作中，地址的循环覆盖是现行页面的最后一个字节写入之后，再行写入则覆盖同一页面的第一个字节。而在现行地址读操作中，地址的循环覆盖是在最后页面的最后一个字节读出之后，再行读出才覆盖第一个页面的第一个字节。

• 随机读。随机读和现行地址读的最大区别在于随机读会执行一个伪写入过程以把字地址装入EEPROM芯片中，然后执行读出，显然，随机读有2个步骤。

第一，执行伪写入——把字地址送入EEPROM，以选择需读的字节。

第二，执行读出——根据字地址读出对应内容。

当EEPROM芯片接收了器件地址及字地址时，在芯片产生应答信号ACK之后，单片机必须再产生一个起始状态，执行现行地址读，这时单片机再发出器件地址并且令R/W=1，则EEPROM应答器件地址并行输出被读数据。在资料读出时由单片机执行一位一位接收，接收完毕后，单片机不用发“0”应答信号ACK，但必须产生停止状态以结束随机读过程。

注意：随机读的第二个步骤是执行现行地址读的，由于第一个步骤时芯片接收了字地址，故现行地址就是所送入的字地址。

• 顺序读。顺序读可以用现行地址读或随机读进行启动。它和现行地址读、随机读的最大区别在于：顺序读在读出一批资料之后才由单片机产生停止状态结束读操作；而现行地址读和随机读在读出一个资料之后就由单片机产生停止状态结束读操作。

执行顺序读时，首先执行现行读或随机读的有关过程，在读出第一个资料之后，单片机输出“0”应答信号ACK。在芯片接收应答信号ACK后，就会对字地址进行计数加1，随后串行输出对应的字节。当字地址计数达到内存地址的极限时，则字地址会产生覆盖，顺序读将继续进行。只有在单片机不再产生“0”应答信号ACK，而在接收资料之后马上产生停止状态，才会结束顺序读操作。

在对AT24C××系列执行读写的2线串行总线工作中，其有关信号是由单片机的程序和EEPROM产生的。有两点特别要记住：串行时钟必须由单片机程序产生，而应答信号ACK则是由接收资料的器件产生，也就是写地址或资料时由EEPROM产生ACK，而读数据时由单片机产生。

④ AT24C××系列应用注意事项　AT24C××系列型号：AT24C××系列EEPROM有13种型号。它们的容量不同，执行页历写时的页历定义不同，进行读写时的地址位数也不同，器件地址不同。有关主要指针在应用中要加以区别和注意。

（2）对AT24C02进行读、写、校验程控，充分了解I²C总线的应用方法

① 单片机最小应用系统的P1.0、P1.1接I²C总线接口的SCL、SDA（如图7-31所示）。

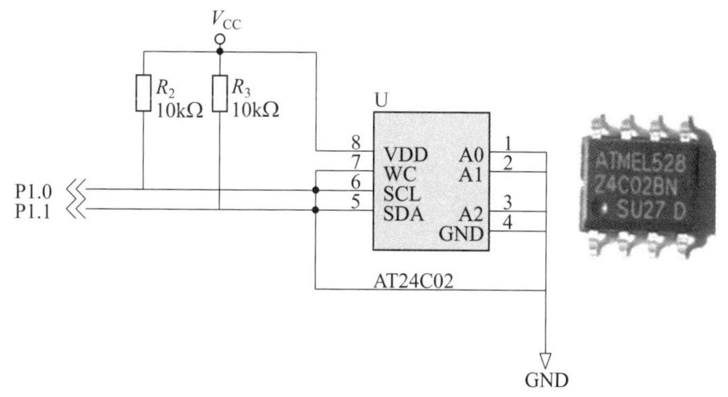

图7-31　AT24C02与单片机的连接图

② 利用Keil μVision2软件编写程序（程序清单如下）。

③ 编译无误后，按程序的提示在主程序中设置断点，在Keil μVision2软件的“VIEW”菜单中打开“MEMORY WINDOW”数据窗口（DATA），在窗口中输入D：30H后回车，

按程序提示运行程序，当运行到断点处时观察30H的数据变化。

程序清单：

```
; P1.0、P1.1接I²C总线接口的SDA、SCL。 观察30H的数据变化

        cunc1           EQU   30H
        A24C_SDA            EQU      P1.0

        A24C_SCL            EQU      P1.1

        ORG                 0000H
        LJMP                MAIN
        ORG                 0100H   ; 主程序开始
MAIN:
        MOV   R2, #16               ; 十六个数据
        MOV   R1, #30H
        MOV   A, #0
INPUT1: MOV   @R1, A
        INC   A
        INC   R1
        DJNZ  R2, INPUT1

        nop
        LCALL   save_2402

        MOV   R2, #16
        MOV   R1, #30H
        MOV   A, #088h
INPUT2:         MOV   @R1, A
        INC    R1
        DJNZ   R2, INPUT2
        nop

        LCALL   read_2402
        nop
        SJMP      $
*****************************************************************************************
名称: STR_24C021
描述: 启动I²C总线子程序-发送I²C起始条件
```

```
STR_24C021:
    SETB A24C_SDA                    ; 发送起始条件数据信号
    DB 0, 0, 0, 0, 0
    DB 0, 0, 0, 0, 0
    SETB A24C_SCL                    ; 发送起始条件的时钟信号
    DB 0, 0, 0, 0, 0
    DB 0, 0, 0, 0, 0                 ; 起始条件锁定时间大于4.7μs
    CLRA24C_SDA                      ; 发送起始信号
    DB 0, 0, 0, 0, 0                 ; 起始条件锁定时间大于4.7μs
    DB 0, 0, 0, 0, 0
    CLRA24C_SCL                      ; 钳住I2C总线，准备发送或接收数据
    DB 0, 0, 0, 0, 0
    RET
*********************************************************************************
名称：STOP_24C021
描述：停止I2C总线子程序-发送I2C起始条件
STOP_24C021:
    CLR A24C_SDA                     ; 发送停止条件的数据信号
    DB 0, 0, 0, 0, 0
    DB 0, 0, 0, 0, 0
    SETB A24C_SCL                    ; 发送停止条件的时钟信号
    DB 0, 0, 0, 0, 0                 ; 起始条件建立时间大于4.7μs
    DB 0, 0, 0, 0, 0
    SETB A24C_SDA                    ; 发送I2C总线停止信号
    DB 0, 0, 0, 0, 0
    DB 0, 0, 0, 0, 0
    RET
*********************************************************************************
RD24C02:
    MOV R3, #1
    ACALL STR_24C02                  ; I2C 总线开始信号
    MOV A, #0A0H                     ; 被控器CAT24WC02 I2C 总线地址（写模式）
    ACALL WBYTE_24C02                ; 发送被控器地址
    JC ReadFail
    MOV A, R0                        ; 取单元地址
    ACALL WBYTE_24C02                ; 发送单元地址
    JC ReadFail
    ACALL STR_24C02                  ; I2C 总线开始信号
```

```
  MOV A，#0A1H                          ；被控器CAT24WC02 I²C 总线地址读模式
  ACALL WBYTE_24C02                     ；发送被控器地址
  JC ReadFail
  CLR F0
  MOV A，R0
  LCALL   RDBYTE_24C02
  MOV    @R0，A
  ；ACALL STOP_24C02                    ；I²C 总线停止信号
  ；RET
  ；MOV DPL，A
  ；MOV DPH，#01H
  ；DJNZ R3，RD24C02_NEXT               ；重复操作
  ；SJMP RD24C02_LAST
RD24C01_NEXT：
  ACALL RDBYTE_24C02                    ；接收数据
  MOVX @DPTR，A
  INC DPTR
  DJNZ R3，RD24C02_NEXT                 ；重复操作
************************************************************************************
RD24C02_LAST：
  SETB F0                               ；不发送应答位
  ACALL RDBYTE_24C02
  MOVX @DPTR，A
  ACALL STOP_24C02                      ；I²C 总线停止信号
  RET
ReadFail：
  ACALL STOP_24C02
  RET
************************************************************************************
WR24C02：
  MOV R3，#1；#2

  ACALL STR_24C02                       ；I²C 总线开始信号
  MOV A，#0A0H                          ；被控器CAT24WC02 I²C 总线地址写模式
  ACALL WBYTE_24C02                     ；发送被控器地址
  JC WriteFail
  MOV A，R0                             ；取单元地址
  ACALL WBYTE_24C02                     ；发送单元地址
```

```
    JC WriteFail
    MOV   A，@R0                        ；取数据
    LCALL  WBYTE_24C02
    ACALL   STOP_24C02
    RET

*********************************************************************************
    ；MOV A，R0
    ；MOV DPL，A;
    ；MOV DPH，#01H
WR24C02_NEXT:
    MOVX A，@DPTR                       ；取所发送数据的地址
    ACALL WBYTE_24C02                   ；发送数据
    JC WriteFail
    INC DPTR                            ；取下一个数据
    DJNZ R3，WR24C02_NEXT               ；重复操作
    ACALL STOP_24C02                    ；I2C 总线停止信号
    RET
WriteFail:
    ACALL STOP_24C02
    RET
*********************************************************************************
DELAY_10MS:                             ；延时10ms
    MOV R7，#60H
DELAY2:     MOV R6，#34H
    DJNZ R6，$
    DJNZ R7，DELAY2
    RET
*********************************************************************************
WBYTE_24C02:                            ；写操作
    MOV R7，#08H
WBY0:
    RLC A
    JC WBY_ONE
    CLR A24C_SDA
    SJMP WBY_ZERO
WBY_ONE:                                ；发送数据位“1”
    SETB A24C_SDA
```

```
  DB 0，0
WBY_ZERO:                              ；发送数据位“0”
  DB 0，0
  SETB A24C_SCL
  DB 0，0，0，0
  DB 0，0，0，0
  CLR A24C_SCL
  DJNZ R7，WBY0
  MOV R6，#5                           ；等待应答信号
WaitLoop:
  SETB A24C_SDA
  DB 0，0，0，0
  SETB A24C_SCL
  DB 0，0，0，0，0，0
  JB A24C_SDA，NOACK
  CLR C                               ；HAVE ACK
  CLR A24C_SCL
  RET
NoAck:    DJNZ R6，WaitLoop
  SETB C                              ；NO ACK
  CLR A24C_SCL
  RET
****************************************************************************************
RDBYTE_24C02:                         ；读操作
  SETB A24C_SDA
  MOV R7，#08H
RD24C02_CY1:                          ；读数据位
  DB 0，0
  CLR A24C_SCL                        ；准备读
  DB 0，0，0，0
  DB 0，0，0，0
  SETB A24C_SCL                       ；读数据
  DB 0，0，0，0
  CLR C
  JNB A24C_SDA，RD24C02_ZERO          ；读数据位“0”
  SETB C                              ；读数据位“1”
****************************************************************************************
RD24C02_ZERO:
```

```
    RLC A
    DB 0，0，0，0
    DJNZ R7，RD24C02_CY1                ；重复操作
    CLR A24C_SCL
    DB 0，0，0，0，0，0
    CLR A24C_SDA
    JNB F0，RD_ACK
    SETB A24C_SDA                       ；无应答
RD_ACK:                                 ；发送应答信号
    DB 0，0，0，0
    SETB A24C_SCL
    DB 0，0，0，0，0，0
    CLR A24C_SCL
    DB 0，0，0，0
    CLR F0
    CLR A24C_SDA
    RET
*****************************************************************************************
；复位看门狗
RST_WDOG:     CLR              A24C_SDA
                               DB 0，0，0，0
                               SETB   A24C_SDA
                               RET

save_2402:    mov      r0，#cunc1
                               mov        r1，#10H
save_next:                     lcall      WR24C02
                               lcall      DELAY_10MS
                               inc        r0
                               djnz       r1，save_next
                               RET

read_2402:                     mov        r0，#cunc1
                               mov        r1，#10H
read_next:                     lcall      rd24C02
                               inc        r0
                               lcall      DELAY_10MS
                               djnz       r1，read_next
```

```
                    RET
    END
```

例 7-8　单片机多路彩灯控制器

一般彩灯控制器只有全亮和全闪两种花样，此种用AT89C2051单片机制作的15路彩灯控制器，可以实现单路右循环、单路左循环、中间开幕式、关幕式、双路右循环、双路左循环、从左向右渐亮循环、从右向左渐亮循环、渐亮关幕渐暗开幕、渐暗关幕渐亮开幕、全亮全暗等花样，更能增添欢乐和喜庆的气氛。

电路原理图如图7-32所示。并联的15组发光管灯带由变压器降压后供电，单片机AT89C2051控制花样。其P1和P3的15个I/O口作为输出口，通过芯片内部固化的软件产生控制信号，分别控制与15个I/O口相连接的15只光电耦合器MOC3041，进而控制双向可控硅的导通、截止，可控硅的功率大小决定了扫描器功率，实现控制15只灯泡的目的。

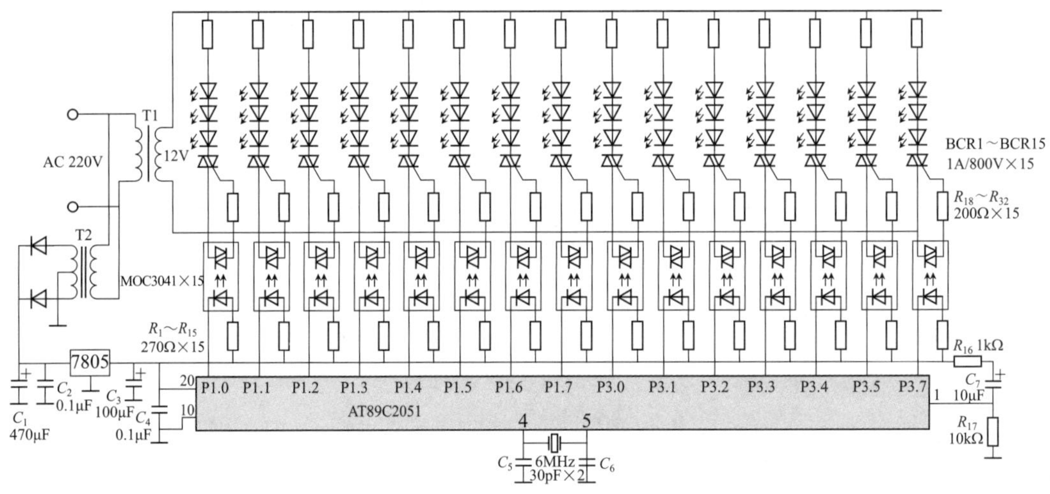

图7-32　电路原理图

$R_1 \sim R_{15}$作为上拉电阻和限流电阻，光电耦合器起到隔离防干扰的作用，T1变压器作降压用。若觉得亮度不够，可以适当调高变压器的输出电压。

例 7-9　电子日历钟电路

（1）功能　图7-33所示是用AT89S51（稍加改动也可用P87LPC764）控制的电子钟。其功能为2000—2099年的闰年、大小月、星期自动跟踪计时，年、月、日、星期、时、分、秒显示。停电时单片机由电池供电，计时不会丢失。该电子钟还可设定为一个在某时刻打开、某时刻关闭的定时开关。

（2）工作原理　由单片机完成计时。需要显示的数据由串门RXD，并在TXD、74LS08的控制下分两组输出至串并转换寄存器D2、D3，驱动LED数码管的段位，单片机的P1口输出数码管位码，实现动态显示使数码管的显示亮度高并且稳定，故将数据分成两组送出。除星期外，每一时刻有两只数码管被选中。为了实现时分之间、分秒之间

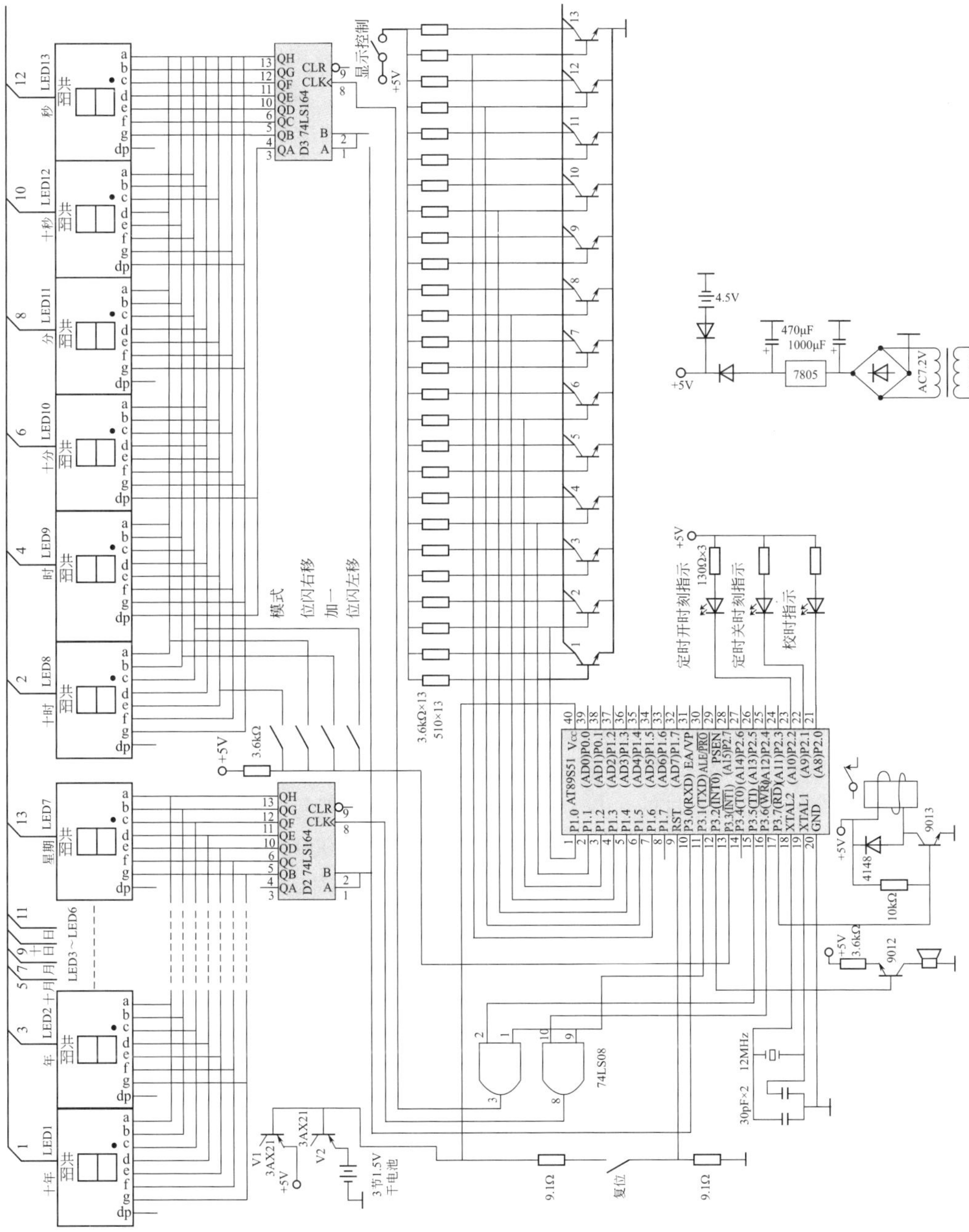

图7-33　动态多功能显示电子钟电路原理图

冒号“：”的显示，十分位和十秒位的数码管应按图中接线，并旋转180°安装。开关“模式”“位闪左移”“位闪右移”“加一”完成时间调整和定时设定。系统可由+5V直流稳压电源或电池供电。当有外部5V电源时，5V在V1上降0.35V后为4.65V，比4.5V电池在V2上降0.35V后的电位高，V1导通，接单片机电源V_{CC}，V2截止，电池不工作（此处利用了锗三极管在本电路工作情况下小于0.35V和AT89S51的最低工作电压为4V的特性，所以V1和V2要用锗三极管3AX21或3AX53）。停电时，没有外接5V，电池使V2导通，接单片机电源，系统不受停电影响。本程序设定停电后再来电时有一位数码管闪烁，提示曾经停过电。如果要求停电后再来电时没有数码管闪烁，只需把P3.3所接电阻器的供电端由接5V改为接至V2的B极就行了。单片机内部定时精度取决于12MHz振荡频率的精度和稳定性，还可用软件对时间误差进行修正。

（3）使用说明　插上电源，并按复位键，“定时开时刻”LED亮，进入定时开时刻设置，数码管显示“02 07 18 4000000”。按“位闪右移”键，十年位“0”开始闪动，如果要调整增位，就按“加一”键，每按一次，此位数字加1，到9后再按“加一”键又变为“0”，如果不调整，就按“位闪右移”键，每按一次“位闪右移”，闪动位右移一位，到要调整的位时，再按“加一”键调整，其间也可按“位闪右移”键移动闪动位，设定定时开的时刻。设定好后再按“模式”键，“定时开时刻”LED熄灭，“定时关时刻”LED亮，进入定时关时刻设置，数码管显示“02 10 10 4 000000 ～”。此时可按前述方法设定定时关时刻，设定好后再按“模式”键，“定时关时刻”LED熄灭，“校准时间”LED亮，进入当前时间校准，数码管显示“02 07　22　10000 ～”。

调整好时间后按“模式”键，“校准时间”LED熄灭，电路进入定时工作状态。在定时工作状态按“模式”键，回到定时开设置状态，再按“模式”键回到定时关设置状态。如果不要定时，复位后按两次“模式”键，进入时间校准状态。校准好时间后，再按“模式”键，电路进入计时工作状态。上述调整是按位进行的，所以有时调整必须按顺序。例如，如果数码管显示为“02　02　22　50000 ～”，要调整为“03 02 226 000000 ～ P”，通过“位闪右移”“位闪左移”，使年位“2”闪动，再按“加一”调整，数字不会变化，必须首先把月的个位调整成非“2”，再调整年位，年位调整好后，再把月的个位调回“2”。又如，如果数码管显示“02 08 22 4 0000 ～”，要调整为“02 10 22 2000000”，通过“位闪右移”“位闪左移”，使十月位“0”闪动，再按“加一”调整，数字电不会变化，必须首先把月的个位调整为“1”或“2”，再调整十月位为“1”，然后把月的个位调整为“0”。

例7-10　MSC-51单片机控制交通信号灯电路的设计

（1）MSC-51单片机控制交通信号灯电路设计芯片的功能

①MCS-51单片机内部结构　8051是MCS-51系列单片机的典型产品，包含中央处理器、程序存储器(ROM)、数据存储器(RAM)、定时/计数器、并行接口、串行接口和中断系统等几大单元及数据总线、地址总线和控制总线等三大总线，如图7-34所示。

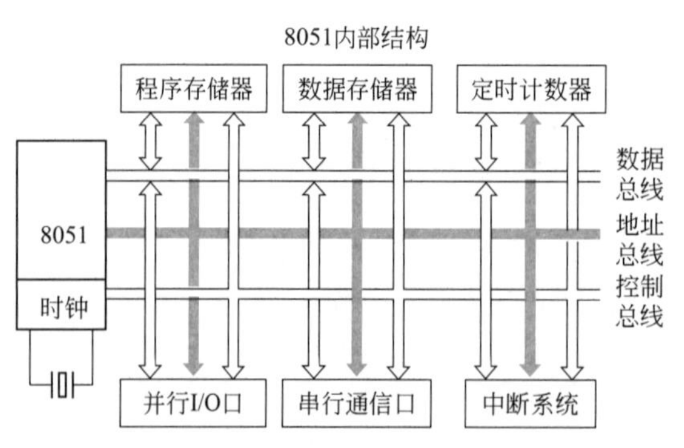

图7-34　8051单片机内部结构

• 中央处理器　中央处理器(CPU)是整个单片机的核心部件，是8位数据宽度的处理器，能处理8位二进制数据或代码，CPU负责控制、指挥和调度整个单元系统协调的工作，完成运算和控制输

入输出功能等操作。

• 数据存储器(RAM)　8051内部有128个8位用户数据存储单元和128个专用寄存器单元，它们是统一编址的，专用寄存器只能用于存放控制指令数据，用户只能访问，而不能用于存放用户数据，所以，用户能使用的RAM只有128个，可存放读写的数据，运算的中间结果或用户定义的字型表。

• 程序存储器(ROM)　8051共有4096个8位掩膜ROM，用于存放用户程序，原始数据或表格。

• 定时/计数器(ROM)　8051有两个16位的可编程定时/计数器，以实现定时或计数产生中断用于控制程序转向。

• 并行输入输出(I/O)口　8051共有4组8位I/O口(P0、P1、P2或P3)，用于对外部数据的传输。

• 全双工串行口　8051内置一个全双工串行通信口，用于与其他设备间的串行数据传送，该串行口既可以用作异步通信收发器，也可以当同步移位器使用。

• 中断系统　8051具备较完善的中断功能，有两个外中断、两个定时/计数器中断和一个串行中断，可满足不同的控制要求，并具有2级的优先级别选择。

• 时钟电路　8051内置最高频率达12MHz的时钟电路，用于产生整个单片机运行的脉冲时序，但8051单片机需外置振荡电容。

图7-35是MCS-51系列单片机的内部结构框图。

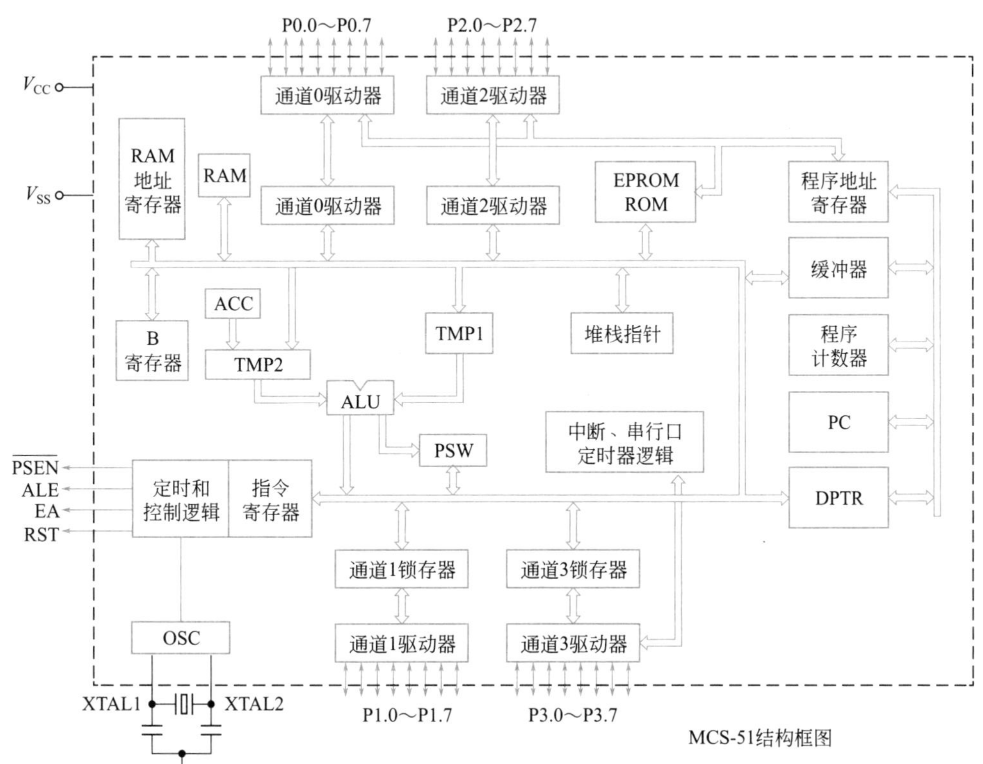

图7-35　MCS-51系列单片机的内部结构框图

② **8051引脚说明** 8051采用40Pin封装的双列直接DIP结构，图7-36是它的引脚排列。40个引脚中，正电源和地线两根，外置石英振荡器的时钟线两根，4组8位共32个I/O口，中断口线与P3口线复用。主要引脚功能如下。

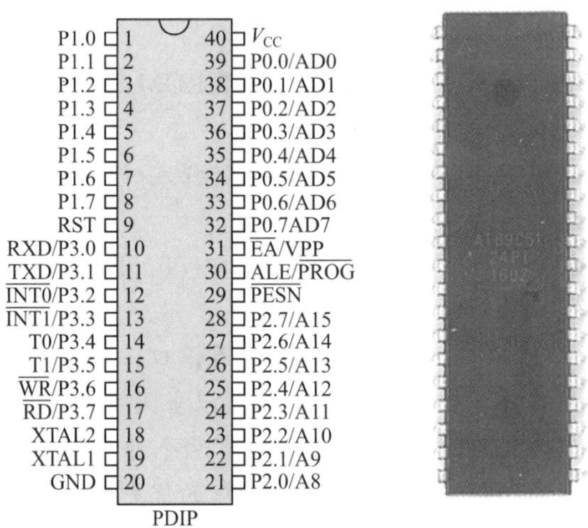

图7-36 8051引脚排列

• Pin9：RST/Vpd复位信号复用脚 当8051通电，时钟电路开始工作，在RESET引脚上出现24个时钟周期以上的高电平，系统即初始复位。初始化后，程序计数器PC指向0000H，P0～P3输出口全部为高电平，堆栈指针写入07H，其他专用寄存器被清零。RESET由高电平下降为低电平后，系统即从0000H地址开始执行程序。然而，初始复位不改变RAM（包括工作寄存器R0～R7）的状态，8051的初始态。

8051的复位方式可以是自动复位，也可以是手动复位，如图7-37所示。此外，RESET/Vpd 还是一复用脚，V_{CC}掉电其间，此脚可接上备用电源，以保证单片机内部RAM 的数据不丢失。

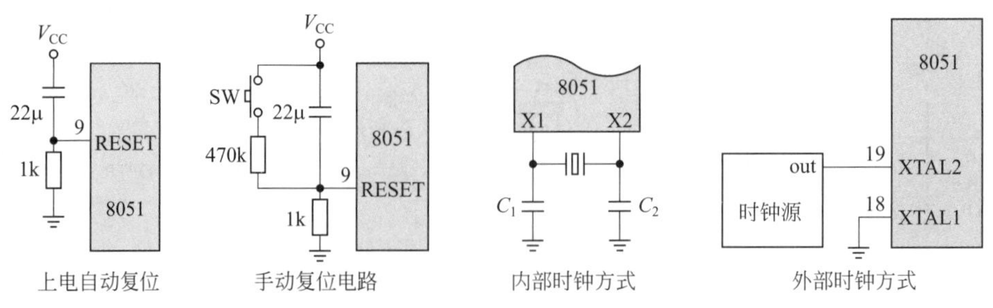

图7-37 8051的复位方式和时钟方式

• Pin30：ALE/PROG 当访问外部程序器时，ALE(地址锁存)的输出用于锁存地址的低位字节。而访问内部程序存储器时，ALE端将有一个1/6时钟频率的正脉冲信号，这个信号可以用于识别单片机是否工作，也可以当作一个时钟向外输出。更有一个特点，当

访问外部程序存储器，ALE 会跳过一个脉冲。如果单片机是EPROM，在编程其间，将用于输入编程脉冲。

• Pin29：RESN　当访问外部程序存储器时，此脚输出负脉冲选通信号，PC的16位地址数据将出现在P0和P2口上，外部程序存储器则把指令数据放到P0口上，由CPU读入并执行。

• Pin31：EA/VPP　程序存储器的内外部选通线，8051单片机内置4KB的程序存储器，当EA为高电平并且程序地址小于4KB时，读取内部程序存储器指令数据，而超过4KB地址则读取外部指令数据。如EA为低电平，则不管地址大小，一律读取外部程序存储器指令。显然，对内部无程序存储器的8031，EA端必须接地。 在编程时，EA/VPP脚还需加上21V 的编程电压。

③ **8255可编程并行接口芯片**　8255可编程并行接口芯片有三个输入/输出端口，即A口、B口和C口，对应于引脚PA7 ～ PA0、PB7 ～ PB0和PC7 ～ PC0。其内部还有一个控制寄存器，即控制口。通常A口、B口作为输入/输出的数据端口。C口作为控制或状态信息的端口，它在方式字的控制下，可以分成4位的端口，每个端口包含一个4位锁存器。它们分别与端口A/ B配合使用，可以用作控制信号输出或作为状态信号输入。8255可编程并行接口芯片方式控制字格式说明：8255有两种控制命令字，一个是方式选择控制字；另一个是C口按位置位/复位控制字。其中C口按位置位/复位控制字方式使用较为繁难，说明也较冗长，故在此不作叙述，需要时用户可自行查找有关资料。

方式控制字格式说明如表7-4所示。

表 7-4　控制字格式

D7	D6	D5	D4	D3	D2	D1	D0

D7：设定工作方式标志，1有效

D6、D5：A口方式选择

　　0 0—方式0

　　0 0—方式1

　　1×—方式2

D4：A口功能　　　（1=输入，0=输出）

D3：C口高4位功能（1=输入，0=输出）

D2：B口方式选择　（0=方式0，1=方式1）

D1：B口功能　　　（1=输入，0=输出）

D0：C口低4位功能（1=输入，0=输出）

8255可编程并行接口芯片工作方式说明：

方式0：基本输入/输出方式。适用于三个端口中的任何一个。每一个端口都可以用作输入或输出。输出可被锁存，输入不能锁存。

方式1：选通输入/输出方式。这时A口或B口的8位外设线用作输入或输出，C口的

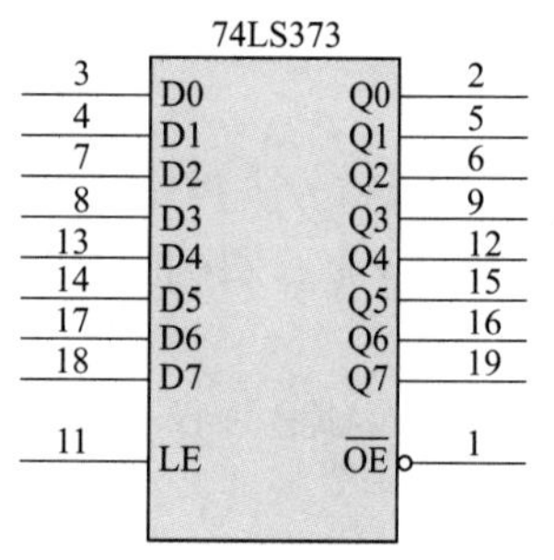

图7-38 74LS373芯片引脚

4条线中的3条用作数据传输的联络信号和中断请求信号。

方式2：双向总线方式。只有A口具备双向总线方式，8位外设线用作输入或输出，此时C口的5条线用作通信联络信号和中断请求信号。

④ 74LS373芯片　74LS373是一种带三态门的8D锁存器（前面章节已经详细介绍），其引脚示意图如图7-38所示。

其中：D0 ～ D7为8个输入端。

Q0 ～ Q7为8个输出端。

LE为数据打入端：当LE为“1”时，锁存器输出状态同输入状态。当LE由“1”变“0”时，数据打入锁存器OE为输出允许端：当OE=0时，三态门打开；当OE=1时，三态门关闭，输出高阻。

（2）MSC-51单片机控制交通信号灯系统硬件设计

① 元器件选择　单片机选用设备：8051单片机一片，8255并行通用接口芯片一片，74LS07两片，MAX692“看门狗”一片，共阴极的七段数码管两个双向晶闸管若干，7805三端稳压电源一个，红、黄、绿交通灯各两个，开关键盘、连线若干，驱动译码器7446A两片。框图如图7-39所示。

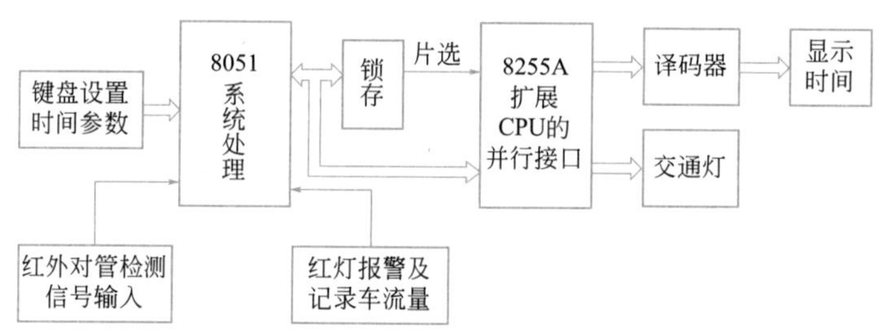

图7-39 元器件框图

② MSC-51单片机控制交通信号灯系统硬件工作原理

- 开关键盘输入交通灯初始时间，通过8051单片机P1输入到系统。
- 由8051单片机的定时器每秒钟通过P0口向8255的数据口送信息，由8255的PA口、PB口显示每个灯的燃亮时间，由8255的PC口显示红、绿、黄灯的燃亮情况。
- 8051通过设置各个信号等的燃亮时间、通过8051设置，绿、红时间分别为60s、80s循环由8051的P0口向8255的数据口输出。
- 红灯倒计时时间，当有车辆闯红灯时，启动蜂鸣器进行报警，3s后然后恢复正常。
- 增加每次绿灯时间车流量检测的功能，并且通过查询P2.0端口的电平是否为低，开关按下为低电平，双位数码管显示车流量，直到下一次绿灯时间重新记入。
- 绿灯时间倒计时完毕，重新循环。

硬件组成工作原理图如图7-40所示。

（3）MSC-51单片机控制交通信号灯控制器的软件设计

① 软件设计流程图　如图7-41所示。

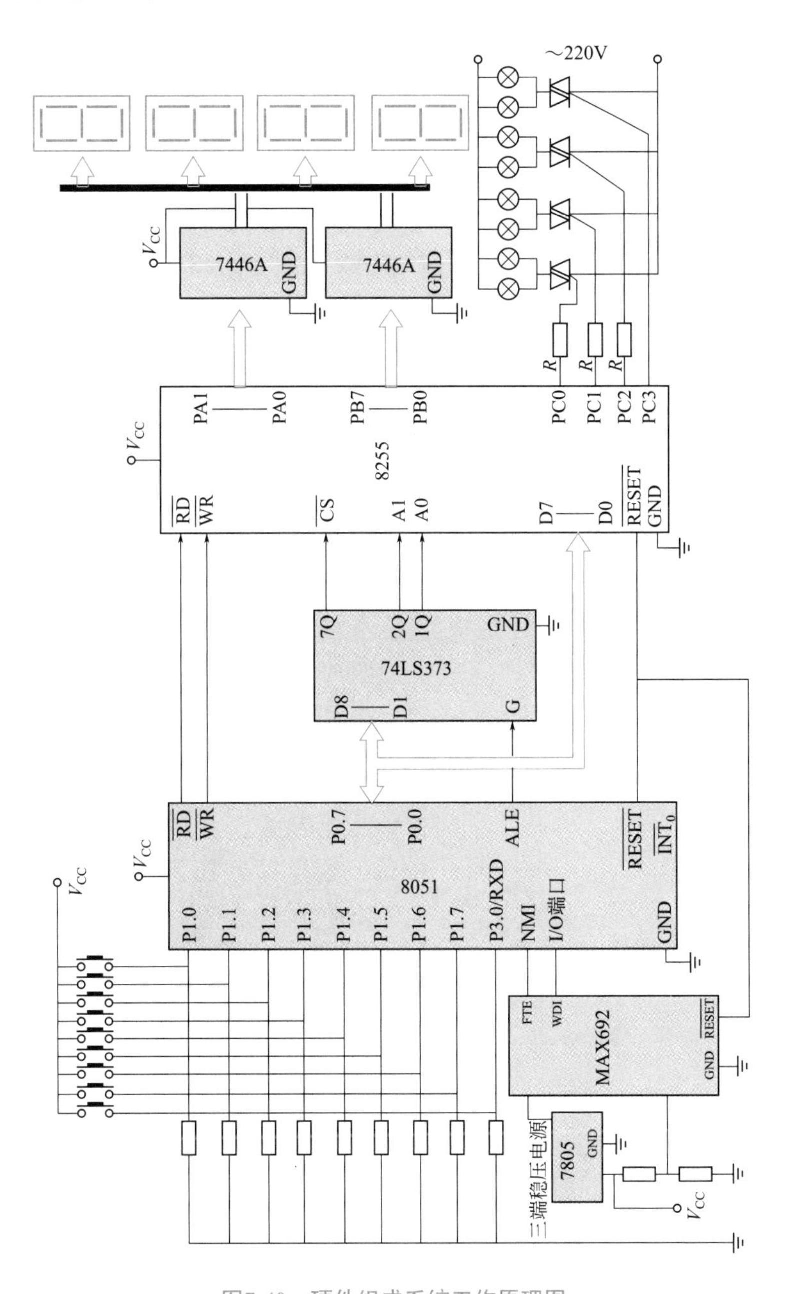

图7-40　硬件组成系统工作原理图

② 每秒钟的时间设定和延时

• 每秒钟的设定　延时方法可以有两种，一种是利用MCS-51内部定时器产生溢出中断来确定1s的时间，另一种是采用软延时的方法。

• 计数器硬件延时

a.计数器初值计算：定时器工作时必须给计数器送计数器初值，这个值是送到TH和TL中的，是以加法记数的，并能从全1到全0时自动产生溢出中断请求。因此，可以把计

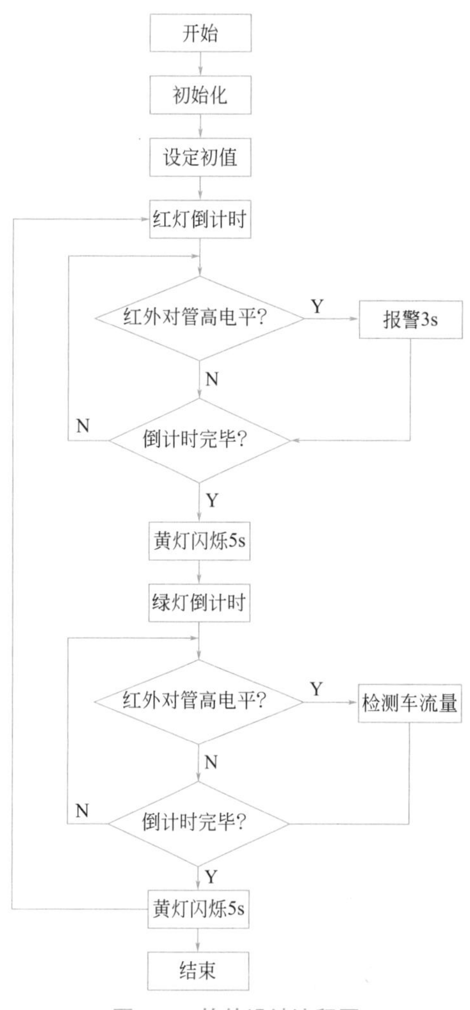

图7-41　软件设计流程图

数器记满为零所需的计数值设定为C，计数初值设定为T_C，可得到如下计算通式：

$$T_C=M-C$$

式中：M为计数器模值，该值和计数器工作方式有关。在方式0时M为213；在方式1时M为216；在方式2和3时M为28。

b.计算公式：

$$T=（M-T_C）T_{计数}或T_C=M-T/T_{计数}$$

$T_{计数}$是单片机时钟周期TCLK的12倍；T_C为定时初值。

如单片机的主脉冲频率为TCLK12MHz，经过12分频。

方式0TMAX＝213×1μs＝8.192ms

方式1TMAX＝216×1μs＝65.536ms

显然1s已经超过了计数器的最大定时间，所以只有采用定时器和软件相结合的办法才能解决这个问题。

c.时间1s的设定方法　采用在主程序中设定一个初值为20的软件计数器，使T0定时50ms。这样每当T0到50ms时CPU就响应它的溢出中断请求，进入中断服务子程序。在中断服务子程序中，CPU先使软件计数器减1，然后判断它是否为零。为零表示1s已到，可以返回到输出时间显示程序。

主程序：

```
  定时器需定时50ms，故T0工作于方式1。初值:
  TC-M-T/T计数=2^16-50ms/1us=15536=3CB0H
  ORG I000H
 START: MOV TMOD. #01H      ；令T0为定时器方式1
    MOV TH0,   #3CH        ；装入定时器初值
    MOV TL0,   #B0H        ；
    MOV  IE,   #82H        ；开T0中断
    SEBT  TR0              ；启动T0计数器
    MOV  R0,   #14H        ；软件计数器赋初值
LOOP:  SJMP  $             ；等待中断
```

中断服务子程序：

```
  ORG   000BH
  AJMP   BRT0
  ORG  00BH
BRTO：DJN R0，NEXT
  A.JMP  TIME                  ；跳转到时间及信号灯显示子程序
  DJNZ:  MOV  R0,#14H          ；恢复R0值
  MOV TH0,   #3CH              ；重装入定时器初值
  MOV TL0,   #B0H              ；
  MOV   IE,   #82H
  RET 1
  END
```

软件延时：MCS-51的工作频率为2 ～ 12MHz，我们选用的8031单片机的工作频率为6MHz。机器周期与主频有关，机器周期是主频的12倍，所以一个机器周期的时间为12×(1/6M)=2μs。我们可以知道具体每条指令的周期数，这样就可以通过指令的执行条数来确定1s的时间。

具体的延时程序分析：

```
DELAY:MOV R4,#08H   延时秒子程序
BE2:LCALL DELAY1
   DJNZ R4,DE2
   RET
DELAY1:MOV R6,#0    延时125ms子程序
      MOV R5,#0
DE1:   DJNZ R5,$
      DJNZ R6,DE1
      RET
MOV RN,#DATA        字节数为2        机器周期数为1
```

所以此指令的执行时间为2ms。

DELAY1为一个双重循环循环次数为256×256=65536，所以延时时间=65536×2=131072μs。

DELAY R4 设置的初值为8，主延时程序循环 8 次，所以125μs×8=1s。

由于单片机的运行速度很快，其他的指令执行时间可以忽略不计。

③ 时间及信号灯的显示

• 8051并行口的扩展　8051虽然有4个8位I/O端口,但真正能提供借用的只有P1口,因为P2和P0口通常用于传送外部传送地址和数据，P3口也有它的第二功能。因此，8031通常需要扩展。由于我们用外部输入设定红绿灯倒计时初值、数码管的输出显示、红绿黄信号灯的显示都要用到一个I/O端口，显然8051的端口数量不够，需要扩展。

扩展的方法有两种：

a. 借用外部RAM地址来扩展I/O端口；

b. 采用I/O接口新片来扩充。

我们用8255并行接口信片来扩展I/O端口。

• 显示原理　当定时器定时为1s，时程序跳转到时间显示及信号灯显示子程序，它将依次显示信号灯时间，同时一直显示信号灯的颜色，这时返回定时子程序定时1s，再显示黄灯的下一个时间，这样依次把所有的灯色的时间显示完后，重新给时间计数器赋初值，重新进入循环。

• 8255PA口输出信号接信号灯　由于发光二极管为共阳极接法，输出端口为低电平，对应的二极管发光，所以可以用置位方法点亮红、绿、黄发光二极管。

• 8255输出信号与数码管的连接　LED灯的显示原理：通过同名引脚上所加电平的高低来控制发光二极管是否点亮而显示不同的字形，如SP，g,f,e,d,c,b,a引脚上加上7FH，所以SP上的电压为0，不亮，其余为TTL高电平，全亮，则显示为8。采用共阴极连接：

```
其中PC0\PB0-a,        PC4\PB4-e,
PC1\PB1-b,            PC5\PB5-f,
PC2\PB2-c,            PC6\PB6-g,
PC3\PB3-d,            PC7\PB7-SP接地
```

驱动代码如表7-5所示。

表7-5　驱动代码表

显示数值	dop	g	f	e	d	c	b	a	驱动代码（十六进制）
0	0	0	1	1	1	1	1	1	3FH
1	0	0	0	0	0	1	1	0	06H
2	0	1	0	1	1	0	1	1	5BH
3	0	1	0	0	1	1	1	1	4FH
4	0	1	1	0	0	1	1	0	66H
5	0	1	1	0	1	1	0	0	6DH
6	0	1	1	1	1	1	0	0	7DH
7	0	0	0	0	0	1	1	1	07H
8	0	1	1	1	1	1	1	1	7FH

• 8255与8051的连接　用8051的P0口的P0.7连接8255的片选信号cs我们用8031的地址采用全译码方式，当P0.7=0时片选有效，其他无效，P0.1用于选择8255端口。

P0.7	P0.6	P0.5	P0.4	P0.3	P0.2	P0.1	P0.0	
A7	A6	A5	A4	A3	A2	A1	A0	
1	X	X	X	X	X	0	0	00H为8255的PA口
1	X	X	X	X	X	0	1	01H为8255的PB口
1	X	X	X	X	X	1	0	02H为8255的PC口
1	X	X	X	X	X	1	1	03H为8255的控制口

由于 8051 是分时对 8255 和储存器进行访问，所以 8051 的 P0 口不会发生冲突。

④ 系统软件设计代码

```
ORG 0000H       ；主程序的入口地址
LJMP MAIN       ；跳转到主程序的开始处
ORG 0003H       ；外部中断0的中断程序入口地址
ORG 000BH       ；定时器0的中断程序入口地址
        LJMP T0_INT   ；跳转到中断服务程序处
        ORG 0013H     ；外部中断1的中断程序入口地址
MAIN:MOV SP,#50H
        MOV IE,#8EH   ；CPU开中断，允许T0中断，T1中断和外部中断1中断
        MOV TMOD,#51H         ；设置T1为计数方式，T0为定时方式，且都工作于模式1
        MOV TH1,#00H；T1计数器清零
        MOV TL1,#00H
        SETB TR1      ；启动T1计时器
        SETB EX1      ；允许INT1中断
        SETB IT1      ；选择边沿触发方式
        MOV DPTR,#0003H
        MOV A,#80H    ；给8255赋初值，8255工作于方式0
        MOVX@DPTR,A
AGAIN:JB P3.1,N0      ；判断是否要设定东西方向红绿灯时间的初值，若P3.1为1则跳转
        MOV A,P1
        JB P1.7,RED           ；判断P1.7是否为1，若为1则设定红灯时间，否则设定绿灯时
间
        MOV R0,#00H           ；R0清零
        MOV R0,A              ；存入东西方向绿灯初始时间
        MOV R3,A
        LCALL DISP1
        LCALL DELAY
        AJMP AGAIN
RED:    MOV A,P1
        ANL A,#7FH            ；P1.7置0
        MOV R7,#00H           ；R7清零
        MOV R7,A              ；存入东西方向红灯初始时间
        MOV R3,A
        LCALL DISP1
        LCALL DELAY
        AJMP AGAIN
N0:     SETB TR0              ；启动T0计时器
```

```
        MOV 76H,R7              ; 红灯时间存入76H
N00:    MOV A,76H               ; 东西方向禁止，南北方向通行
        MOV R3,A
        MOV DPTR,#0000H         ; 置8255A口，东西方向红灯亮，南北方向绿灯亮
        MOV A,#0DDH
        MOVX@DPTR,A
N01:    JB P2.0,B0
N02:    SETB P3.0
        CJNE RE,#00H,N01        ; 比较R3中的值是否为0，不为0转到当前指令处执行
; ------黄灯闪烁5s程序------
N1:     SETB P3.0
        MOV R3,#05H
        MOV DPTR,#0000H         ; 置8255A口，东西，南北方向黄灯亮
        MOV A,#0D4H
        MOVX@DPTR,A
N11:    MOV R4,#00H
N12:    CJNE R4,#7DH,S          ; 黄灯持续亮0.5s
N13:    MOV DPTR,#0000H         ; 置8255A口，南北方向黄灯灭
        MOV A,#0DDH
        MOVX@DPTR,A
N14:    MOV R4,#00H
        CJNE R4,#7DH,S          ; 黄灯持续灭0.5s
        CJNE R3,#00H,N1            ; 闪烁时间达5s则退出

N2:     MOV R7,#007H
        MOV A,R0                   ; 东西通行，南北禁止
        MOV R3,A
        MOV DPTR,#0000H            ; 置8255A口，东西方向绿灯亮，南北方向红灯亮
        MOV A,#0EBH
        MOVX@DPTR,A
N21:    JB P2.0,T03

N22:    CJNE R3,#00H,N21
; ------黄灯闪烁5s程序-----
N3:     MOV R3,#05H
        MOV DPTR,#0000H            ; 置8255A口，东西，南北方向黄灯亮
        MOV A,#0E2H
        MOVX@DPTR,A
```

```
N31:    MOV R4,#00H
        CJNE R4,#7DH,S          ；黄灯持续亮0.5s
N32:    MOV DPTR,#0000H         ；置8255A口，南北方向黄灯灭
        MOV A,#0EBH
        MOVX@DPTR,A
N33:    MOV R4,@00H
        CJNE R4,@7DH,S          ；黄灯持续灭0.5s
        CJNE R3,@00H,N3         ；闪烁时间达5s则退出
        SJMP N00
；-----闯红灯报警程序-----
B0:     MOV R2,#03H
B01:    MOV A,R3
        JZ N1                   ；若倒计时完毕，不再报警
        CLR P3.0                ；报警
        CJNE R2,@00H,B01        ；判断3s是否结束
        SJMP N02
；-----1s延时子程序-----
N7:     RETI
T0_INT:MOV TL0,@9AH             ；给定时器T0送定时10ms的初值
        MOV TH0,@0F1H
        INC R4
        INC R5
        CJNE R5,#0FAH,T01       ；判断延时是否够1s，不够则调用显示子程序
        MOV R5,#00H                      ；R5清零
        DEC R3                           ；倒计时初值减1
        DEC R2                           ；报警初值减1
T01:    ACALL DISP                       ；调用显示子程序
        RETI                             ；中断返回

；-----显示子程序-----
DISP:   JNB P2.4,T02
DISP1:  MOV B,@0AH
        MOV A,R3                         ；R3中值二转十显示转换
        DIV AB
        MOV 79H,A
        MOV 7AH,B
DIS:    MOV A,79H                        ；显示十位
        MOV DPTR,#TAB
```

```
        MOVC,#A+DPTR
        MOV DPTR,#0002H
        MOVX#DPTR,A
        MOV DPTR,#0001H
        MOV A,@0F7H
        MOVX@DPTR,A
        LCALL TELAY
DS2:    MOV A,7AH                    ；显示个位
        MOV DPTR,#TAB
        MOVC A,@A+DPTR
        MOV DPTR,#0002H
        MOVX@DPTR,A
        MOV DPTR,#0001H
        MOV A,#0FBH
        MOVX#DPTR,A
        RET
；-----东西方向车流量检测程序-----
T03:    MOV A,R3
        SUBB A,#00H                  ；若绿灯倒计时完毕，不再检测车流量
        JA  N3
        JB P2.0,T03
        INC R3
        INC R7
        CJNE R7,#64H,E1
        MOV R7,#00H                  ；中断到100次则清零
E1:     SJMP N22

；-----东西方向车流量显示程序-----
T02:    MOV B,#0AH
        MOV A,R7                     ；R7中值二转十显示转换
        DIV AB
        MOV 79H,A
        MOV 7AH,B
DIS3:   MOV A,79H                    ；显示十位
        MOV DPTR,#TAB
        MOVC A,@A+DPTR
        MOV DPTR,#0002H
        MOVX#DPTR,A
```

```
        MOV DPTR,#0001H
        MOV A,#0F7H
        MOVX@DPTR,A
        LCALL DELAY
DS4:    MOV A,7AH                       ；显示个位
        MOV DPTR,#TAB
        MOVC A,@A+DPTR
        MOV DPTR,#0002H
        MOVX#DPTR,A
        MOV DPTR,#0001H
        MOV A,#0FBH
        MOVX#DPTR,A
        LJMP N7
；-----延时4MS子程序-----
DELAY:  MOV R1,#0AH
LOOP:   MOV R6,#64H
        NOP
LOOP1:DJNZ R6,LOOP1
        DJNZ R1,LOOP
        RET
；-----字符表-----
TAB:    DB  3FH,06H,5BH,4FH,66H,6DH,7DH,07H,7FH,6FH
        END
```

第 8 章 工控及综合电子电路设计实例

8.1 综合电子电路设计

例 8-1 PLC及变频器综合控制变频恒压供水系统设计

变频恒压供水控制方案

变频恒压供水控制方案设计框图如图8-1所示。

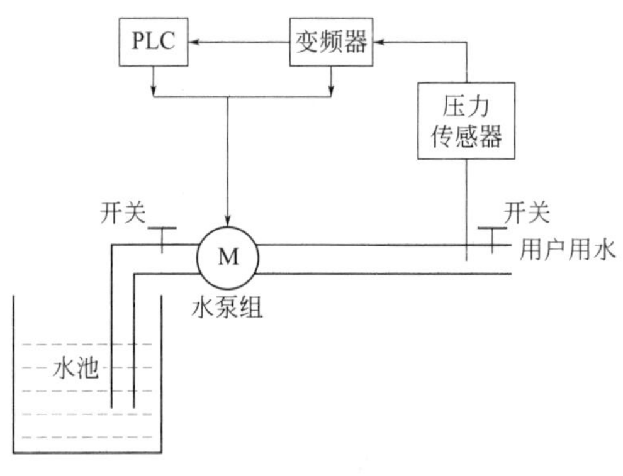

图8-1 变频恒压供水系统方案图

变频恒压供水系统构成及工作原理

（1）恒压供水系统的构成　整个系统由三台水泵、一台变频调速器、一台PLC和一个压力传感器及若干辅助部件构成，如图8-2所示。

三台水泵中每台泵的出水管均装有手动阀，以供维修和调节水量之用，三台泵协调工作以满足供水需要；变频供水系统中检测管路压力的压力传感器，一般采用电阻式传感器（反馈0～5V电压信号）或压力变送器（反馈4～20mA电流）；变频器是供水系统

的核心，通过改变电机的频率实现电机的无级调速、无波动稳压的效果和各项功能。

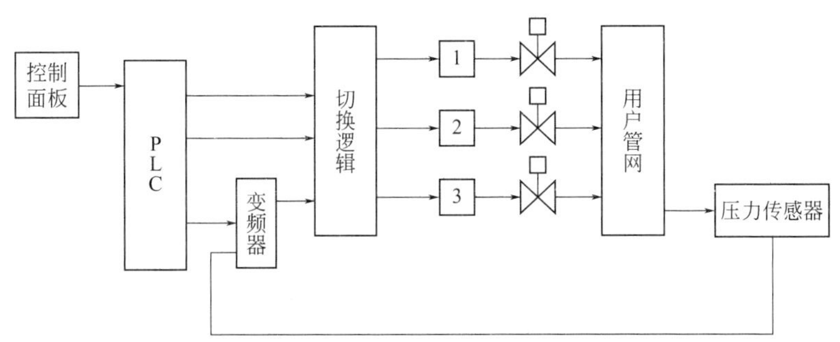

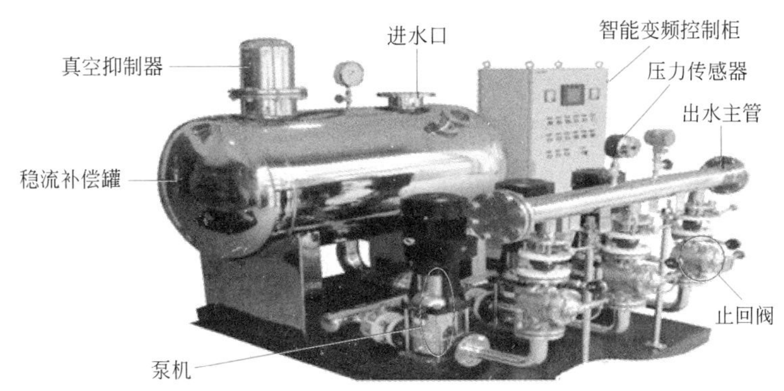

图8-2　恒压供水系统的构成

从原理框图，可以看出变频调速恒压供水系统由执行机构、信号检测、控制系统、人机界面、通信接口以及报警装置等部分组成。

① 执行机构　执行机构是由一组水泵组成，它们用于将水供入用户管网，图8-2中的3个水泵分为两种类型：

- 调速泵：是由变频调速器控制、可以进行变频调整的水泵，用以根据用水量的变化改变电机的转速，以维持管网的水压恒定。
- 恒速泵：水泵运行只在工频状态，速度恒定。它们用于在用水量增大而调速泵的最大供水能力不足时，对供水量进行定量的补充。

② 信号检测　在系统控制过程中，需要检测的信号包括自来水出水水压信号和报警信号：

- 水压信号：它反映的是用户管网的水压值，它是恒压供水控制的主要反馈信号。
- 报警信号：它反映系统是否正常运行，水泵电机是否过载，变频器是否有异常。该信号为开关量信号。

③ 控制系统　供水控制系统一般安装在供水控制柜中，包括供水控制器（PLC系统）、变频器和电控设备三个部分。

- 供水控制器：它是整个变频恒压供水控制系统的核心。供水控制器直接对系统中的工况、压力、报警信号进行采集，对来自人机接口和通信接口的数据信息进行分析、实施控制算法，得出对执行机构的控制方案，通过变频调速器和接触器对执行机构（即水泵）进行控制。

• 变频器：它是对水泵进行转速控制的单元。变频器跟踪供水控制器送来的控制信号改变调速泵的运行频率，完成对调速泵的转速控制。

• 电控设备：它是由一组接触器、保护继电器、转换开关等电气元件组成。用于在供水控制器的控制下完成对水泵的切换、手/自动切换等。

④ 人机界面　人机界面是人与机器进行信息交流的场所。通过人机界面，使用者可以更改设定压力，修改一些系统设定以满足不同工艺的需求，同时使用者也可以从人机界面上得知系统的一些运行情况及设备的工作状态。人机界面还可以对系统的运行过程进行监视，对报警进行显示。

⑤ 通信接口　通信接口是本系统的一个重要组成部分，通过该接口，系统可以和组态软件以及其他的工业监控系统进行数据交换，同时通过通信接口，还可以将现代先进的网络技术应用到本系统中来，例如可以对系统进行远程的诊断和维护等。

⑥ 报警装置　作为一个控制系统，报警是必不可少的重要组成部分。由于本系统能适用于不同的供水领域，所以为了保证系统安全、可靠、平稳运行，防止因电机过载、变频器报警、电网过大波动、供水水源中断、出水超压、泵站内溢水等造成的故障，因此系统必须要对各种报警量进行监测，由PLC判断报警类别，进行显示和保护动作控制，以免造成不必要的损失。

（2）工作原理设计　合上空气开关，供水系统投入运行。将手动、自动开关打到自动上，系统进入全自动运行状态，PLC中程序首先接通KM6，并启动变频器，如图8-3所示。根据压力设定值（根据管网压力要求设定）与压力实际值（来自于压力传感器）的偏差进行PID调节，并输出频率给定信号给变频器。变频器根据频率给定信号及预先设定好的加速时间控制水泵的转速以保证水压保持在压力设定值的上、下限范围之内，实现恒压控制。同时变频器在运行频率到达上限，会将频率到达信号送给PLC，PLC则根据管网压力的上、下限信号和变频器的运行频率是否到达上限的信号，由程序判断是否要启动第2台泵(或第3台泵)。当变频器运行频率达到频率上限值，并保持一段时间，则PLC会将当前变频运行泵切换为工频运行，并迅速启动下1台泵变频运行。此时PID会继续通过由远端压力表送来的检测信号进行分析、计算、判断，进一步控制变频器的运行频率，使管压保持在压力设定值的上、下限偏差范围之内。

增泵工作过程：假定增泵顺序为1、2、3泵。开始时，1泵电机在PLC控制下先投入调速运行，其运行速度由变频器调节。当供水压力小于压力预置值时变频器输出频率升高，水泵转速上升，反之下降。当变频器的输出频率达到上限并稳定运行后，如果供水压力仍没达到预置值，则需进入增泵过程。在PLC的逻辑控制下将1泵电机与变频器连接的电磁开关断开，1泵电机切换到工频运行，同时变频器与2泵电机连接，控制2泵投入调速运行。如果还没到达设定值，则继续按照以上步骤将2泵切换到工频运行，控制3泵投入变频运行。

减泵工作过程：假定减泵顺序依次为3、2、1泵。当供水压力大于预置值时，变频器输出频率降低，水泵速度下降，当变频器的输出频率达到下限，并稳定运行一段时间后，把变频器控制的水泵停机，如果供水压力仍大于预置值，则将下一台水泵由工频运行切

换到变频器调速运行，并继续减泵工作过程。如果晚间用水不多，当最后一台正在运行的主泵处于低速运行时，如果供水压力仍大于设定值，则停机并启动辅泵投入调速运行，从而达到节能效果。

PLC控制变频器恒压供水系统相关电路设计

（1）主电路设计　主电路接线如图8-3所示。

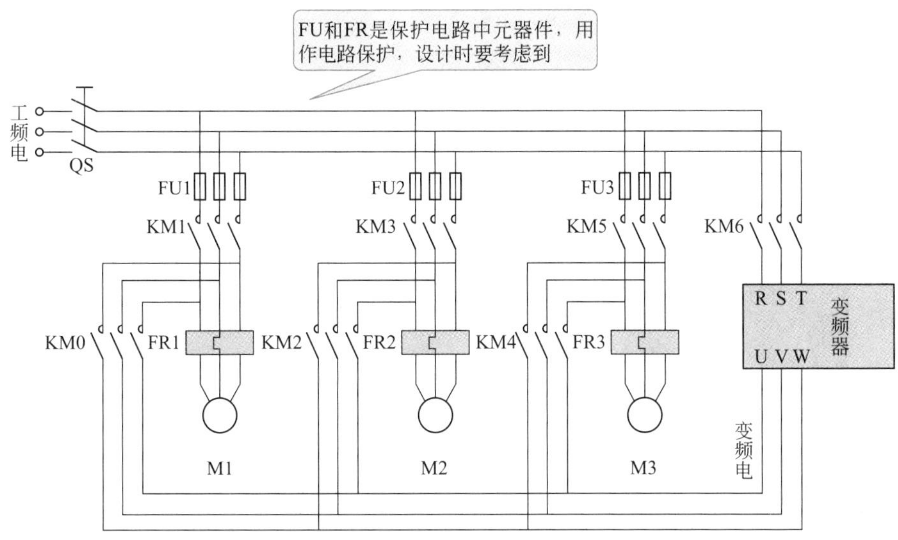

图8-3　PLC控制变频器恒压供水系统主电路

主电路分别为电动机M1、M2、M3工频运行时接通电源的控制接触器KM1、KM3、KM5，另外KM0、KM2、KM4分别为电动机M1、M2、M3变频运行时接通电源的控制接触器。

热继电器（FR）是利用电流的热效应原理工作的保护电路，它在电路中用作电动机的过载保护。

熔断器（FU）是电路中的一种简单的短路保护装置。使用中，电流超过允许值产生的热量使串接于主电路中的熔体熔化而切断电路，防止电气设备短路和严重过载。

（2）PLC的选型和接线　水泵M1、M2，M3可变频运行，也可工频运行，需PLC的6个输出点，变频器的运行与关断由PLC的1个输出点，控制变频器使电机正转需1个输出信号控制，报警器的控制需要1个输出点，输出点数量一共9个。控制启动和停止需要2个输入点，变频器极限频率的检测信号占用PLC 2个输入点，系统自动/手动启动需1输入点，手动控制电机的工频/变频运行需6个输入点，控制系统停止运行需1个输入点，检测电机是否过载需3个输入点，共需15个输入点。系统所需的输入/输出点数量共24个。本系统选用FXos-30MR-D型PLC。接线如图8-4所示。

Y_0接KM0控制M1的变频运行，Y_1接KM1控制M1的工频运行；Y_2接KM2控制，Y_0、Y_2、Y_4接KM1、KM3、KM5工频运行，Y_1、Y_3、Y_5接变频运行KM0、KM2、KM4，

X_0接启动按钮，X_1接停止按钮，X_2接变频器的FU接口，X_3接变频器的OL接口，X_4接M1的热继电器，X_5接M2的热继电器，X_6接M3的热继电器。

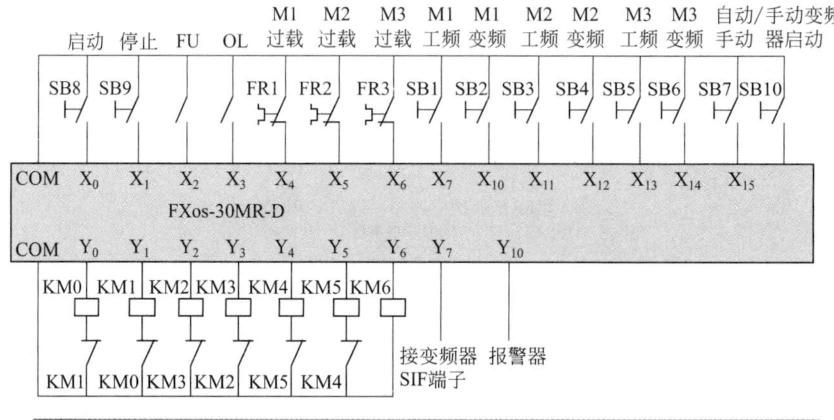

图8-4 PLC的接线

为了防止出现某台电动机既接工频电又接变频电，设计了电气互锁。同时，在控制M1电动机的两个接触器KM1、KM0线圈中分别串入了对方的常闭触头形成电气互锁。

（3）变频器的选型和接线　根据设计的要求，本系统选用三菱公司FR-A500变频器，如图8-5所示。

变频器的接线：引脚STF接PLC的Y7引脚，控制电机的正转。X_2接变频器的FU接口，X_3接变频器的OL接口。频率检测的上/下限信号分别通过OL和FU输出至PLC的X_2与X_3输入端，作为PLC增泵/减泵控制信号，如图8-6所示。

（4）PID调节器原理　PID是比例、积分、微分的简称，PID控制主要是控制器的参数整定。在应用中仅用P动作控制，不能完全消除偏差。为了消除残留偏差，一般采用增加I动作的PI控制。用PI控制时，能消除由改变目标值和经常的外来扰动等引起的偏差。但是，I动作过强时，对快速变化偏差响应迟缓。对有积分元件的负载系统可以单独使用P动作控制。

对于PD控制，发生偏差时，很快产生比单独D动作还要大的操作量，以此来抑制偏差的增加。偏差小时，P动作的作用减小。控制对象含有积分元件的负载场合，仅P动作控制，有时由于此积分元件的作用，系统发生振荡。在该场合，为使P动作的振荡衰减和系统稳定，可用PD控制。换言之，该种控制方式适用于过程本身没有制动作用的负载。

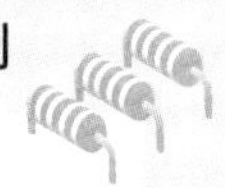

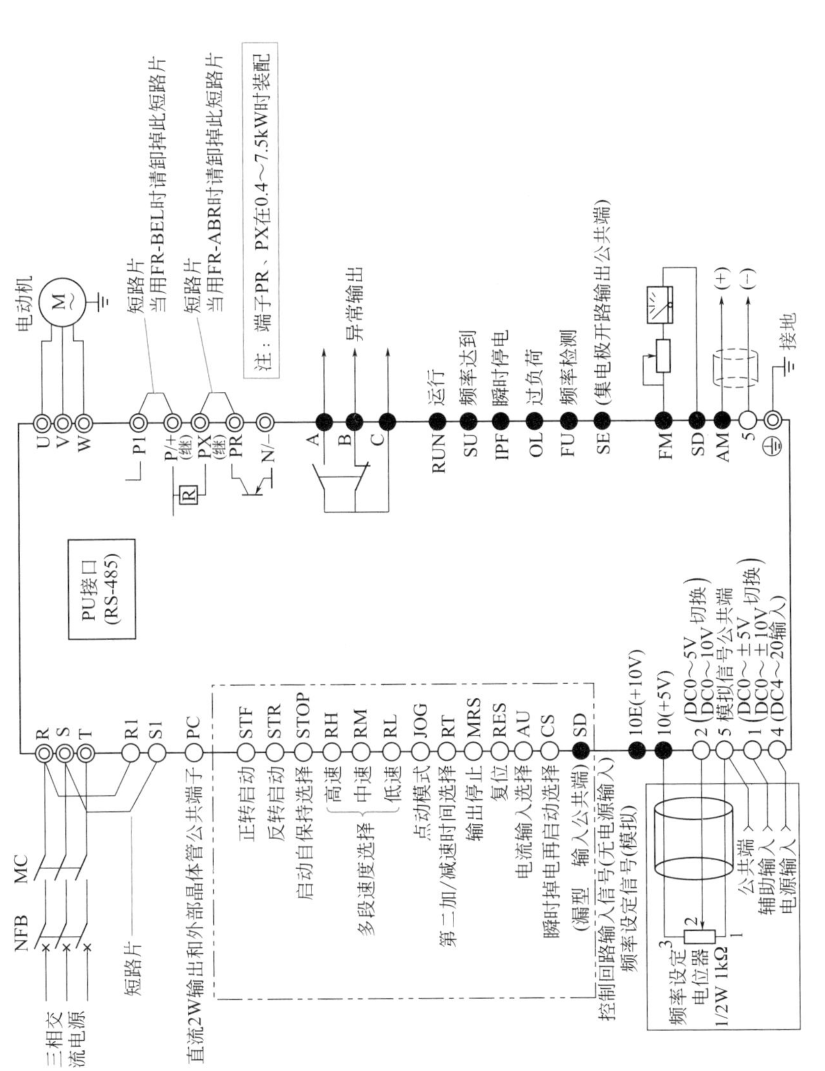

图8-5　FR-A500的引脚说明

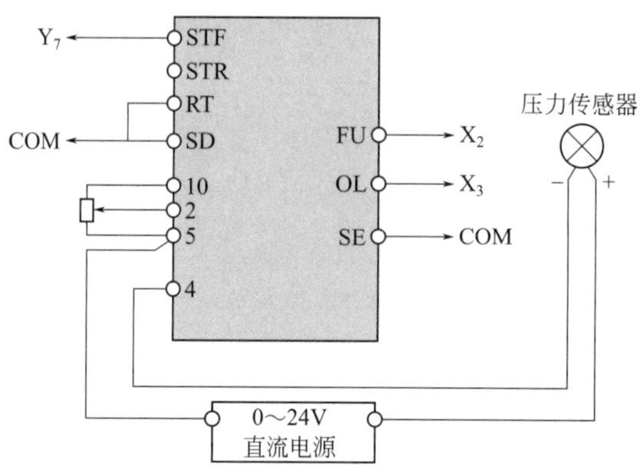

图8-6　变频器接线图

利用I动作消除偏差作用和用D动作抑制振荡作用，再结合P动作就构成了PID控制，本系统就是采用了这种方式。采用PID控制较其他组合控制效果要好，基本上能获得无偏差、精度高和系统稳定的控制过程。这种控制方式用于从产生偏差到出现响应需要一定时间的负载系统（即实时性要求不高，工业上的过程控制系统一般都是此类系统，本系统也比较适合PID调节）效果比较好，如图8-7所示。

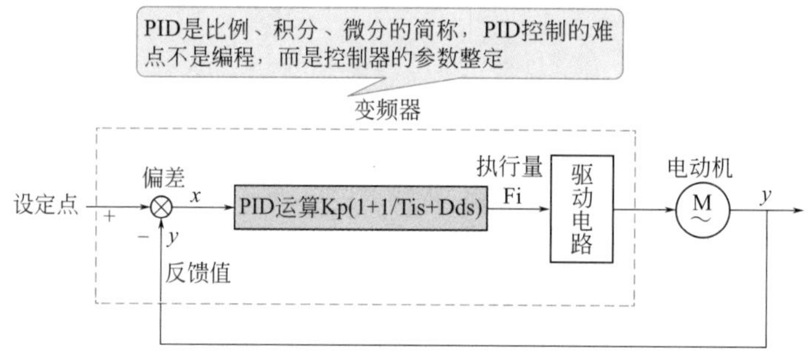

图8-7　PID控制框图

通过对被控制对象的传感器等检测控制量（反馈量），将其与目标值（温度、流量、压力等设定值）进行比较。若有偏差，则通过此功能的控制动作使偏差为零。这是使反馈量与目标值相一致的一种通用控制方式，比较适用于流量控制、压力控制、温度控制等过程量的控制。在恒压供水中常见的PID控制器的控制形式主要有两种：

• **硬件型**：即通用PID控制器，在使用时只需要进行线路的连接和P、I、D参数及目标值的设定。

• **软件型**：使用离散形式的PID控制算法，在可编程序控制器（或单片机）上做PID控制器。

此次设计使用硬件型控制形式。根据设计的要求，本系统的PID调节器内置于变频器中，如图8-8所示。

（5）压力传感器的接线图　使用MKS-1型绝对压力传感器。该传感器采用硅压阻效应原理实现压力测量的力－电转换。传感器由敏感芯体和信号调理电路组成，当压力作

用于传感器时，敏感芯体内硅片上的惠斯登电桥的输出电压发生变化，信号调理电路将输出的电压信号作放大处理，同时进行温度补偿、非线性补偿，使传感器的电性能满足技术指标的要求。

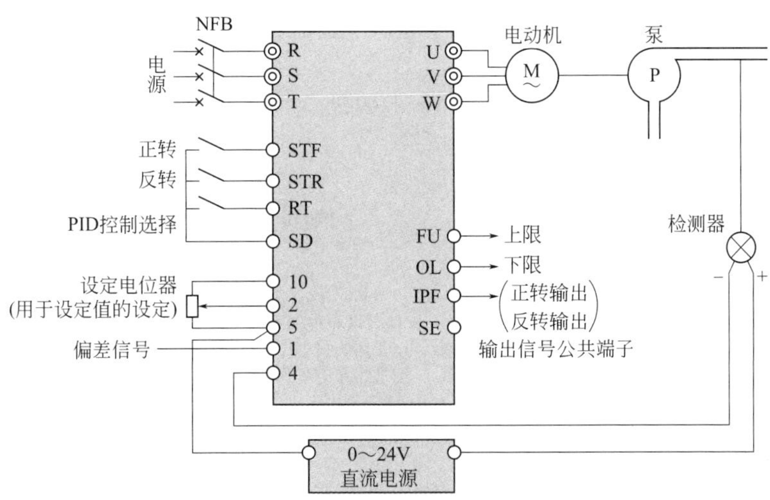

图8-8　PID控制接线图

该传感器的量程为0～2.5MPa，工作温度为5℃～60℃，供电电源为28V±3V(DC)，如图8-9所示。

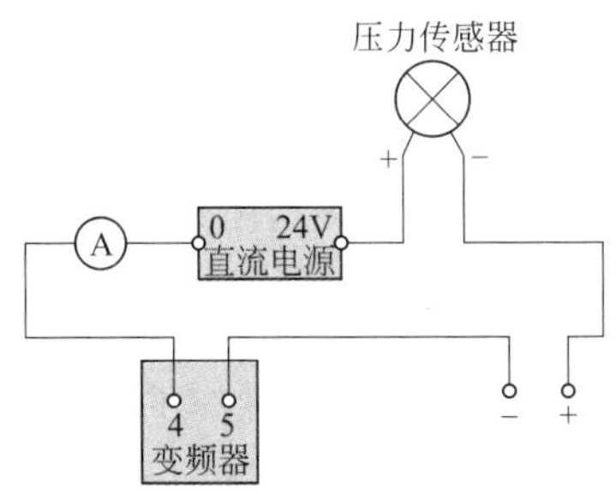

图8-9　压力传感器的接线图和实物

软件设计

PLC在系统中的作用是控制交流接触器组进行工频—变频的切换和水泵工作数量的调整。工作流程如图8-10所示。

系统启动之后，检测是自动运行模式还是手动运行模式。如果是手动运行模式则进行手动操作，人们根据自己的需要操作相应的按钮，系统根据按钮执行相应操作。如果是自动运行模式，则系统根据程序及相关的输入信号执行相应的操作。

手动模式主要是解决系统出错或器件出问题。在自动运行模式中，如果PLC接到频率上限信号，则执行增泵程序，增加水泵的工作数量。如果PLC接到频率下限信号，则执行减泵程序，减少水泵的工作数量。没接到信号就保持现有的运行状态。

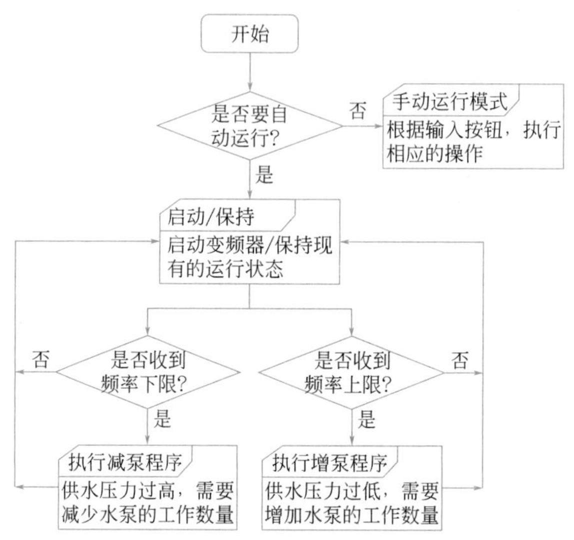

图8-10　工作流程

（1）手动运行　当按下SB7按钮，用手动方式。按下SB10手动启动变频器。当系统压力不够需要增加泵时，按下SB*n*（*n*=1,3,5）按钮，此时切断电机变频，同时启动电机工频运行，再启动下一台电机。为了变频向工频切换时保护变频器免于受到工频电压的反向冲击，在切换时，用时间继电器作了时间延迟，当压力过大时，可以手动按下SB*n*（*n*=2,4,6）按钮，切断工频运行的电机，同时启动电机变频运行。可根据需要，停按不同电机对应的启停按钮，可以依次实现手动启动和手动停止三台水泵。该方式仅供自动故障时使用。

（2）自动运行　由PLC分别控制某台电机工频和变频继电器，在条件成立时，进行增泵升压和减泵降压控制。

升压控制：系统工作时，每台水泵处于三种状态之一，即工频电网拖动状态、变频器拖动调速状态和停止状态。系统开始工作时，供水管道内水压力为零，在控制系统作用下，变频器开始运行，第一台水泵M1启动且转速逐渐升高，当输出压力达到设定值，其供水量与用水量相平衡时，转速才稳定到某一定值，这期间M1处在调速运行状态。当用水量增加水压减小时，通过压力闭环调节水泵按设定速率加速到另一个稳定转速；反之用水量减少水压增加时，水泵按设定的速率减速到新的稳定转速。当用水量继续增加，变频器输出频率增加至工频时，水压仍低于设定值，由PLC控制切换至工频电网后恒速运行；同时，使第二台水泵M2投入变频器并变速运行，系统恢复对水压的闭环调节，直到水压达到设定值为止。如果用水量继续增加，每当加速运行的变频器输出频率达到工频时，将继续发生如上转换，并有新的水泵投入并联运行。当最后一台水泵M3投入运行，变频器输出频率达到工频，压力仍未达到设定值时，控制系统就会发出故障报警。

降压控制：当用水量下降水压升高，变频器输出频率降至启动频率时，水压仍高于设定值，系统将工频运行时间最长的一台水泵关掉，恢复对水压的闭环调节，使压力重

新达到设定值。当用水量继续下降，每当减速运行的变频器输出频率降至启动频率时，将继续发生如上转换，直到剩下最后一台变频泵运行为止。

例 8-2　电动机变频调速电路设计

变频调速系统的方案确定

（1）变频调速系统

① 三相交流异步电动机的结构和工作原理　三相交流异步电动机是把电能转换成机械能的设备。一般电动机主要由两部分组成：固定部分称为定子，旋转部分称为转子。其结构实物解剖图如图 8-11 所示。

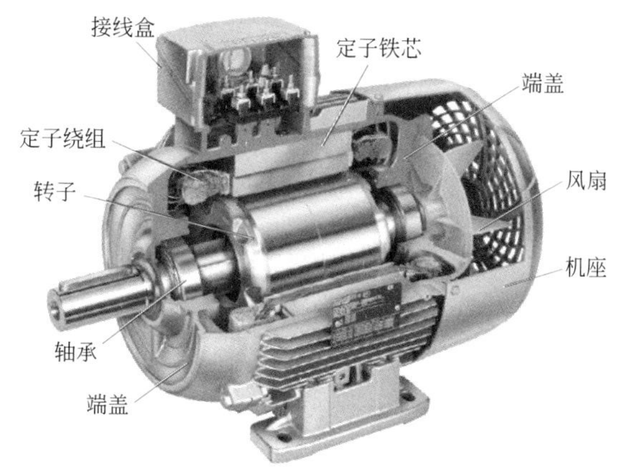

图8-11　三相交流异步电动机结构

三相交流异步电动机的工作原理是在电磁感应定律基础上建立的。当磁极沿顺时针方向旋转，磁极的磁力线切割转子导条，导条中就感应出电动势。电动势的方向由右手定则来确定。因为运动是相对的，假如磁极不动，转子导条沿逆时针方向旋转，则导条中同样也能感应出电动势来。在电动势的作用下，闭合的导条中就产生电流。该电流与旋转磁极的磁场相互作用，而使转子导条受到电磁力，电磁力的方向可用左手定则确定。由电磁力进而产生电磁转矩，转子就转动起来，如图 8-12 所示。其旋转磁场的形成如图 8-13 所示。

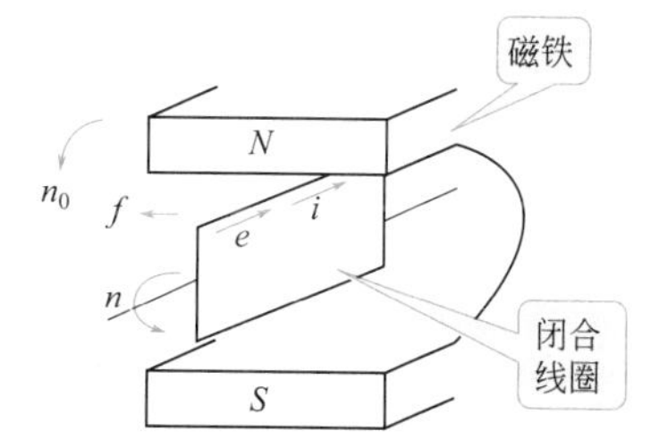

图8-12　三相异步电动机工作原理

② 变频调速原理　变频器可以分为四个部分，如图 8-14 所示。

通用变频器由主电路和控制回路组成。给异步电动机提供调压调频电源的电力变换部分，称为主电路。主电路包括整流器、滤波电路（又称平波电路）、逆变器。变频器主电路图如图 8-15 所示。

- 整流器　它的作用是将工作频率固定的交流电转换为直流电。

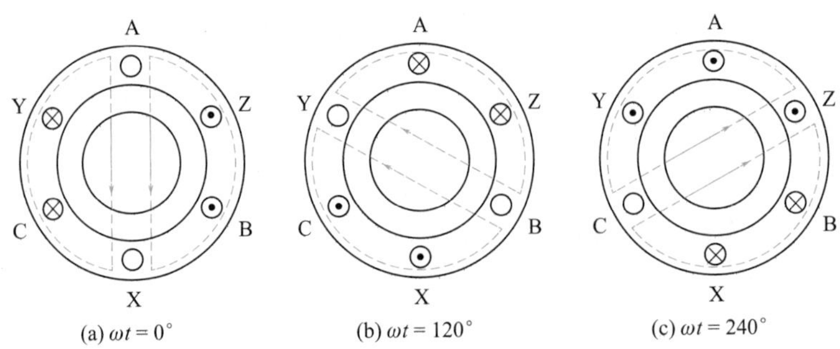

图8-13　三相异步电动机旋转磁场的形成

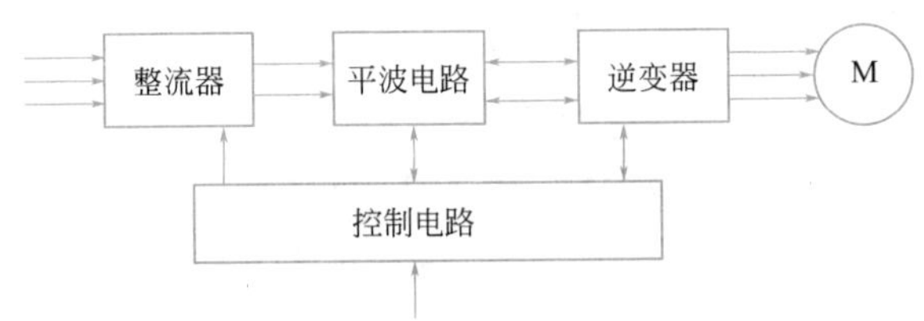

图8-14　变频器结构简图

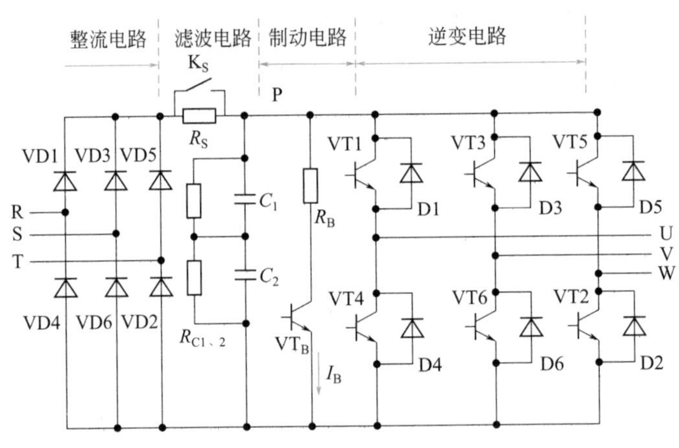

图8-15　变频器主电路图

• 滤波电路　由于逆变器的负载为异步电动机，属于感性负载，无论电动机处于电动状态还是发电状态，起始功率因数总不会等于1。因此，在中间直流环节和电动机之间总会有无功功率的交换，这种无功能量要靠中间直流环节的储能元件——电容器或电感器来缓冲，所以中间直流环节实际上是中间储能环节。

• 逆变器　与整流器的作用相反，逆变器是将直流功率变换为所要求频率的交流功率。逆变器的结构形式是利用6个半导体开关器件组成的三相桥式逆变器电路。通过有规律的控制逆变器中主开关的导通和断开，可以得到任意频率的三相交流输出波形。

• 控制回路　按设定的程序工作，控制输出方波的幅度与脉宽，使叠加为近似正弦波的交流电驱动交流电动机。控制方式有模拟控制和数字控制。

③ 变频调速的基本控制方式

• 普通控制型V/f通用变频器　是转速开环控制，无需速度传感器，控制电路比较简单；电动机选择通用标准异步电动机，因此其通用性比较强，性价比比较高，是目前通用变频器产品中使用较多的一种控制方式。

• 具有恒定磁通功能的V/f通用变频器　为了克服普通控制型的V/f通用变频器对V/f的值进行调整的困难，如果采用磁通反馈，让异步电动机所输入的三相正弦电流在空间产生圆形旋转磁场，就会产生恒定的电磁转矩。这样的控制方法叫做磁链跟踪控制。由于磁链的轨迹是靠电压相加矢量得到的，所以磁链跟踪控制也叫做电压空间矢量控制。

• 矢量控制方式　矢量控制方式的基本思想是：仿照直流电动机的调速特点，使异步交流电动机的转速也能通过控制两个互相独立的直流磁场进行调节。矢量控制方式分为无速度传感器的矢量控制和有速度传感器的转速或转矩闭环矢量控制。

无速度传感器的矢量控制。它是对异步电动机进行单电动机传动的典型模式。主要性能是：在1∶10的速度范围内，速度精度小于0.5%，转速上升时间小于100ms；在额定功率10%的范围内，采用电流闭环控制的转速开环控制。工作模式可采用软件功能选择。当工作频率高于额定频率的10%时，进入矢量控制状态。转速的实际值可以利用由微型机支持的对异步电动机进行模拟的仿真模型来计算。

有速度传感器的转速或转矩闭环矢量控制。这种方式的主要特征是：在速度设定值的全范围内，转矩上升时间大约为15ms，速度设定范围大于1∶100；对于闭环控制而言，转速上升时间不大于60ms。

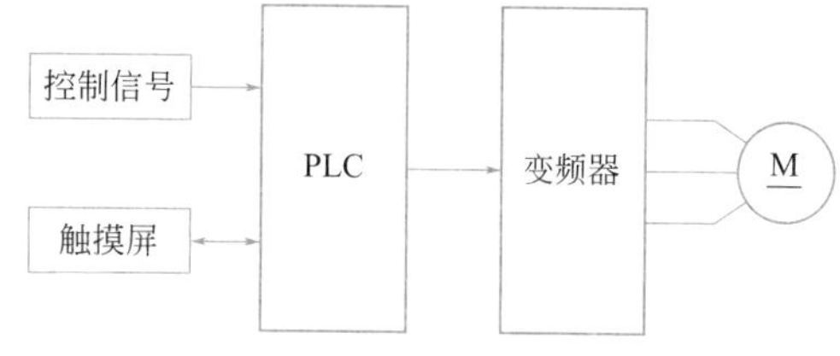

图8-16　系统的结构图

（2）系统的控制要求　本设计系统的结构如图8-16所示。要实现通过PLC控制变频器达到变频调速的目的，从而实现交流电动机的正转、反转、启动和停止、加减速控制的速度的调节，同时可以实现在触摸屏上进行操作，控制电动机调速。

（3）电动机变频器控制设计方案的确定

① 电动机的选择　在变频电动机中，电动机类型选择的原则是优先选用交流异步电动机。笼型异步电动机结构简单，运行最可靠，维护最方便，对启动性能无过高要求的调速系统，应优先考虑。表8-1是常用Y系列电动机参数。

② 开环控制的选择　开环控制是最简单的一种控制方式，所具有的特点是，控制量与被控制量之间只有前向通路而没有反向通路。这种控制方式的特点是控制作用的传递具有单向性。由于开环控制结构简单，调整方便，成本低，因此，本设计系统采用开环控制系统。

③ 变频器的选择　由于专用变频器价格比较高，这里选用通用变频器，通过合理的配置、设计和编程，同样可以达到专用变频器的控制效果。

表8-1 常用Y系列电动机参数

型号	额定功率/kW	额定电流/A	转速/(r/min)	效率/%	功率因数(COS)	堵转转矩额定转矩/倍	堵转电流额定电流/倍	最大转矩额定转矩/倍	噪声/dB(A)		振动速度/(mm/s)	质量/kg
									1级	2级		
同步转速3000r/min 2级												
Y80M1-2	0.75	1.8	2830	75.0	0.84	2.2	6.5	2.3	66	71	1.8	17
YM80M2-2	1.1	2.5	2830	77.0	0.86	2.2	7.0	2.3	66	71	1.8	18
Y90S-2	1.5	3.4	2840	78.0	0.85	2.2	7.0	2.3	70	75	1.8	22
Y90L-2	2.2	4.8	2840	80.5	0.86	2.2	7.0	2.3	70	75	1.8	25
Y100L-2	3	6.4	2880	82.0	0.87	2.2	7.0	2.3	74	79	1.8	34
Y112M-2	4	8.2	2890	85.5	0.87	2.2	7.0	2.3	74	79	1.8	45
Y132S1-2	5.5	11.1	2900	85.5	0.88	2.0	7.0	2.3	78	83	1.8	67
Y132S2-2	7.5	15	2900	86.2	0.88	2.0	7.0	2.3	78	83	1.8	72

这里采用的变频器是西门子公司通用型变频器MM420。它可实现平稳操作和精确控制，使电动机达到理想输出，这种变频器不仅考虑了V/f控制，而且实现了矢量控制，通过其本身的自动调谐功能与无速度传感器电流矢量控制，很容易得到高启动转矩与较高的调速范围。其外形实物和内部电路原理简图如图8-17所示。

MM420变频器适用于各种变速驱动装置，尤其适用于水泵、风机和传送带系统的驱动装置。其特点如下：

- 包括电流矢量控制在内的四种控制方式均实现了标准化。
- 有丰富的内藏与选择功能。
- 由于采用了最新式的硬件，因此功能全、体积小。
- 保护功能完善，维修性能好。
- 通过LCD操作装置，可提高操作性能。

变频调速系统的硬件设计

（1）S7-200 PLC 在这个设计中我们选用的是西门子公司生产的SIMATIC S7-200系列小型PLC，它可用于复杂的自动化控制系统。S7-200的可靠性高，可以用梯形图、语句表、功能块图三种语言来编程。它的指令丰富，指令功能强，易于掌握，操作方便，内置有高速计数器、高速输出、PID控制器、RS-485通信/编程接口、PPI通信协议、MPI通信协议和自由端口模式通信功能，最大可以扩展到248点数字量I/O或35路模拟量I/O，最多有30KB的程序和数据存储空间。

（2）西门子420变频器 本设计采用的是西门子420变频器。西门子420变频器是全新一代模块化设计的多功能标准变频器（图8-17）。它有强大的通信能力、精确的控制性能、模块化结构设计，具有更多的灵活性，操作方便。最新的IGBT技术具有7个固定频率，4个跳转频率。灵活的斜坡函数发生器带有起始段和结束段的平滑特性，防止运行中不应有的跳闸、直流制动和复合制动方式提高制动性能，用BiCo技术实现I/O端口自由

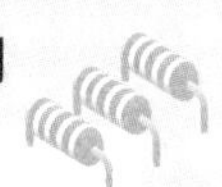

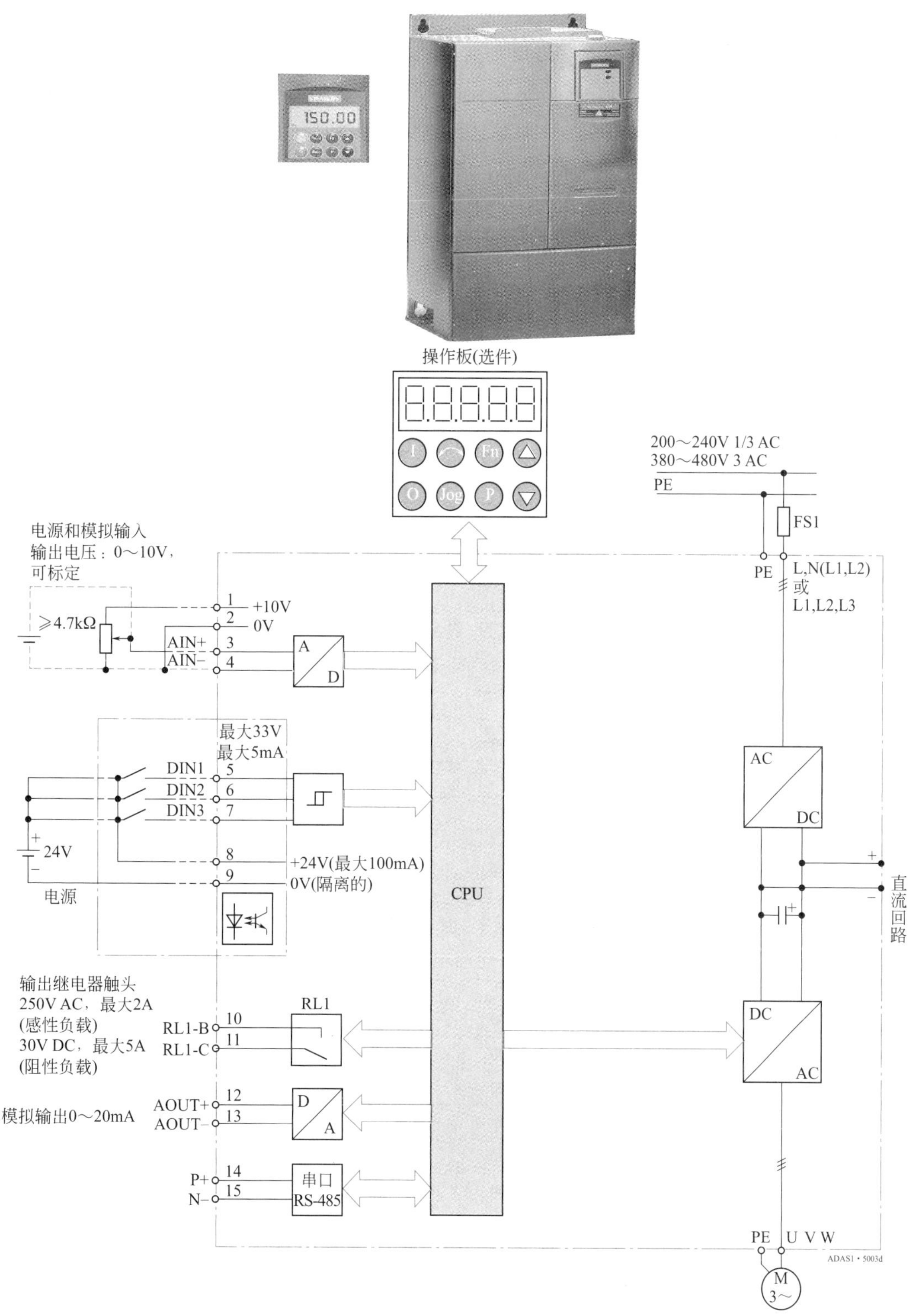

图8-17　西门子420变频器外形和电路图

连接。它是用于控制三相交流电动机速度的变频器系列，从单相电源电压额定功率120W到三相电源电压额定功率11kW可供选用，由微处理器控制，用具有现代先进技术水平的绝缘栅双极型晶体管（IGBT）作为功率输出器件。因此，它具有很高的运行可靠性和功能的多样性。其脉冲宽度调制的开关频率是可选的，因而降低了电动机运行的噪声，全面完善的保护功能为变频器和电动机提供了良好的保护。

（3）外围电路设计　本电路设计主要完成异步电动机三种调速，由于变频器参数设置的不同，调速方式也有所不同，分别为变频开环调速，数字量方式多段速控制，PLC、触摸屏及变频器通信控制。

① 变频开环调速　变频开环调速根据输入端的控制信号经过程序运算后由通信端口控制变频器运行。打开启动开关，变频器开始运行。

首先应对变频器的参数进行设置，如表8-2所示。

表8-2　变频器的参数设置

变频器参数	出厂值	设定值	功能说明
P0304	230	380	电动机的额定电压（380V）
P0305	3.25	0.35	电动机的额定电流（0.35A）
P0307	0.75	0.06	电动机的额定功率（60W）
P0310	50.00	50.00	电动机的额定频率（50Hz）
P0311	0	1430	电动机的额定转速（1430 r/min）
P1000	2	3	固定频率设定
P1080	0	0	电动机的最小频率（0Hz）
P1082	50	50.00	电动机的最大频率（50Hz）
P1120	10	10	斜坡上升时间（10s）
P1121	10	10	斜坡下降时间（10s）
P0700	2	2	选择命令源（由端子排输入）
P0701	1	17	固定频率设值（二进制编码选择+ON命令）
P0702	12	17	固定频率设值（二进制编码选择+ON命令）
P0703	9	17	固定频率设值（二进制编码选择+ON命令）
P1001	0.00	5.00	固定频率1
P1002	5.00	10.00	固定频率2
P1003	10.00	20.00	固定频率3
P1004	15.00	25.00	固定频率4
P1005	20.00	30.0	固定频率5
P1006	25.00	40.00	固定频率6
P1007	30.00	50.00	固定频率7

其中：在设置参数前先将变频器参数复位为工厂的默认设定值；设定P0003=2 允许访问扩展参数；设定电动机参数时先设定P0010=1（快速调试），电动机参数设置完成后设P0010=0（准备）。

根据系统分析，需要九个输入量，输出端由3-8通信线实现，其I/O分配如表8-3所示。

表 8-3　系统的 I/O 分配

PLC 地址（PLC 端子）	电气符号（面板端子）	功能说明
I0.0	启动开关	变频器开始运行
I0.1	停止开关	变频器停止运行
I0.2	急停开关	变频器紧急停止
I0.3	复位开关	变频器错误复位
I0.4	反转开关	变频器反转运行
I0.5	减速开关	变频器减速运行
I0.6	加速开关	变频器加速运行
I0.7	全速开关	变频器全速运行
I1.0	归零开关	变频器频率归零

变频开环调速外部接线如图 8-18 所示。

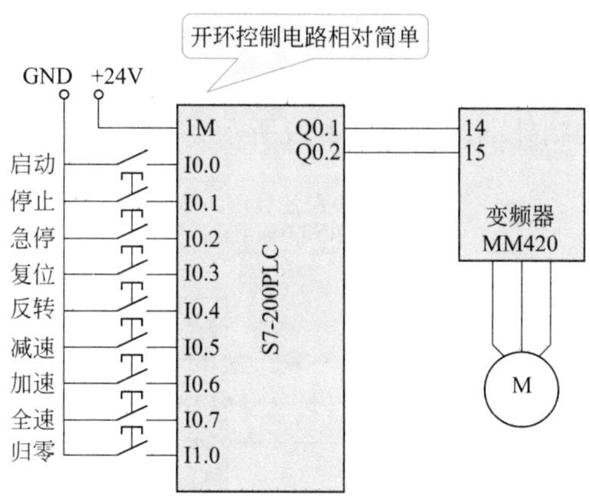

图8-18　变频开环调速外部接线图

② 数字量方式多段速控制　该变频器通过数字量的输入 DIN1、DIN2、DIN3 不同的组合方式，可实现七种不同的输出频率，从而实现多段速的控制。变频器的参数设置如表 8-4 所示。

表 8-4　变频器的参数设置

变频器参数	出厂值	设定值	功能说明
P0700	2	2	选择命令源（由端子排输入）
P0701	1	17	固定频率设值（二进制编码选择 +ON 命令）
P0702	12	17	固定频率设值（二进制编码选择 +ON 命令）
P0703	9	17	固定频率设值（二进制编码选择 +ON 命令）
P1001	0.00	5.00	固定频率 1
P1002	5.00	10.00	固定频率 2
P1003	10.00	20.00	固定频率 3

续表

变频器参数	出厂值	设定值	功能说明
P1004	15.00	25.00	固定频率4
P1005	20.00	30.0	固定频率5
P1006	25.00	40.00	固定频率6
P1007	30.00	50.00	固定频率7

I/O分配如表8-5所示。

表8-5　系统的I/O分配

PLC地址（PLC端子）	电气符号（面板端子）	PLC地址（PLC端子）	电气符号（面板端子）
I0.0	K1	Q0.0	DIN1
I0.1	K2	Q0.1	DIN2
I0.2	K3	Q0.2	DIN3
I0.3	K4		

数字量方式多段速控制外部接线如图8-19所示。

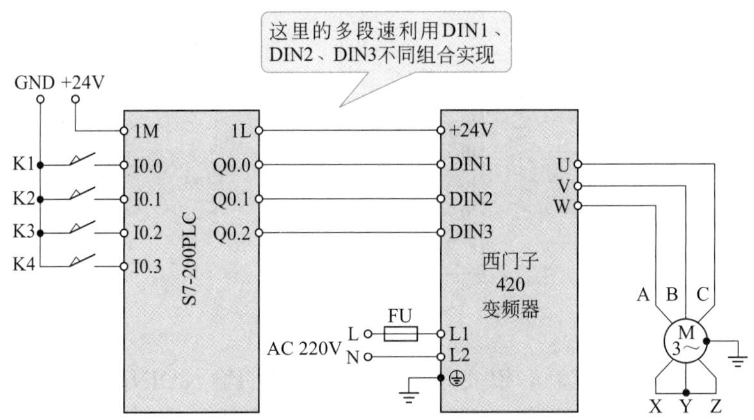

图8-19　数字量方式多段速控制外部接线图

由图8-19可知，通过切断开关的通断来控制PLC输出点Q0.0、Q0.1、Q0.2的不同组合，来控制变频器的不同的频率。

③ PLC、触摸屏及变频器通信控制　此部分主要是能够在触摸屏上进行操作，通过通信方式对PLC进行控制，实现电动机的速度调节。变频器参数设置如表8-6所示。

表8-6　变频器的参数设置

变频器参数	出厂值	设定值	功能说明
P0304	230	380	电动机的额定电压（380V）
P0305	3.25	0.35	电动机的额定电流（0.35A）
P0307	0.75	0.06	电动机的额定功率（60W）
P0310	50.00	50.00	电动机的额定频率（50Hz）

续表

变频器参数	出厂值	设定值	功能说明
P0311	0	1430	电动机的额定转速（1430r/min）
P1000	2	3	固定频率设定
P1080	0	0	电动机的最小频率（0Hz）
P1082	50	50.00	电动机的最大频率（50Hz）
P1120	10	10	斜坡上升时间（10s）
P1121	10	10	斜坡下降时间（10s）
P0700	2	2	选择命令源（由端子排输入）
P0701	1	17	固定频率设值（二进制编码选择+ON 命令）
P0702	12	17	固定频率设值（二进制编码选择+ON 命令）
P0703	9	17	固定频率设值（二进制编码选择+ON 命令）

触摸屏及变频器通信控制外部接线如图8-20所示。触摸屏及变频器通信控制外部接线采用前面讲述的RS-232接口通信。

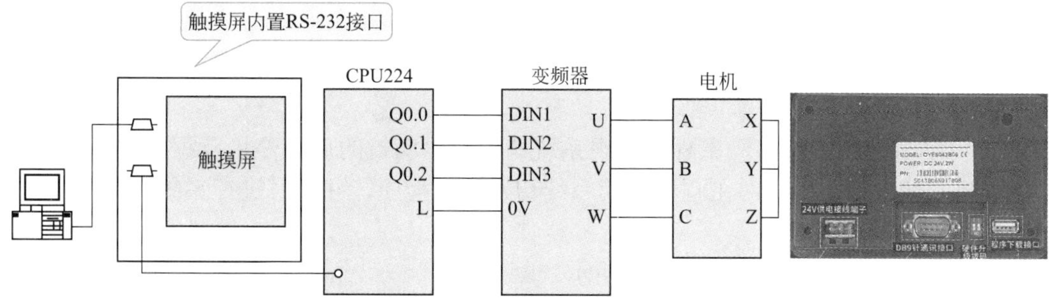

图8-20　触摸屏及变频器通信控制外部接线图

变频调速系统的软件设计

（1）编程软件的介绍

① 本系统采用的编程软件是STEP7 MicroWIN，该编程软件可以方便地在Windows环境下对PLC编程、调试、监控，使得PLC编程更加方便、快捷。

② 项目的组成

• 程序块　程序块由可执行的代码和注释组成，可执行的代码由主程序（OB1）、可选的子程序和中断程序组成。代码被编译并下载到PLC。

• 数据块　数据块由数据（变量存储器的初始值）和注释组成。数据被编译并下载到PLC。

• 系统块　系统块用来设置系统的参数，例如存储器的断电保持范围密码STOP模式时PLC的输出状态模拟量与数字量输入滤波值脉冲捕捉位等，系统模块中的信息需要下载到PLC。

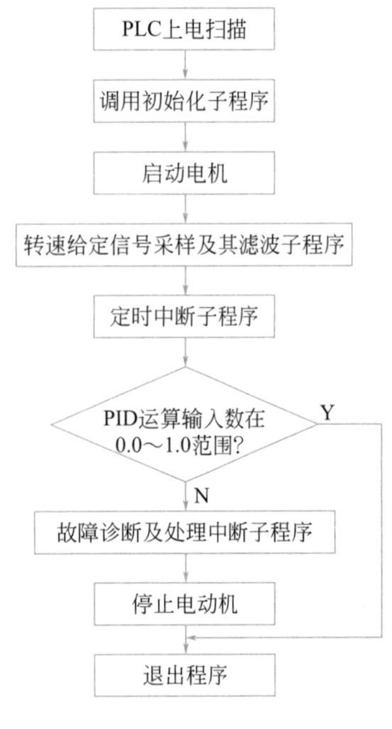

图8-21　电动机控制主程序的流程

• **符号表**　符号表允许程序员用符号来代替存储器的地址，符号地址便于记忆，使程序更容易理解。程序编译下载到PLC时，所有符号地址被转换为绝对地址，符号表中的信息不会下载到PLC。

• **状态表**　状态表用来观察程序执行时指定的内部变量的状态，状态表并不下载到PLC，仅仅是监控用户程序运行情况的一种工具。

• **交叉引用表**　交叉引用表列举出程序中使用的各操作数在哪一个程序块的哪一个网络中出现，以及使用它们的指令助记符。还可以查看哪些内存区域已经被使用，是作为单位使用还是作为字节使用。在运行模式下编译程序时，可以查看程序当前正在使用的跳变触点的编号。交叉引用表并不下载到PLC，程序编译成功后才能看到交叉引用表的内容。在交叉引用表中双击某操作数，可以显示出包含该操作数的那一部分程序。

（2）异步电动机控制程序的设计　异步电动机控制程序是整个系统工程的关键功能部分。它主要包含以下三个部分：

① 电动机控制主程序　主程序实现系统调用和电动机的启动停止及程序的退出等功能。在PLC初次上电扫描时主程序调用系统初始化子程序，并实时进行系统的中断处理，如图8-21所示。

② 系统初始化子程序　如图8-22所示。

系统初始化子程序的调用条件是特殊标志位SM0.1为1，使主程序仅在初次扫描时调用它，这样就提高了程序的执行效率。

系统初始化子程序主要完成以下功能：高速计数器HSC1的初始化、PID指令回路表的初始化和滤波子程序的初始化。

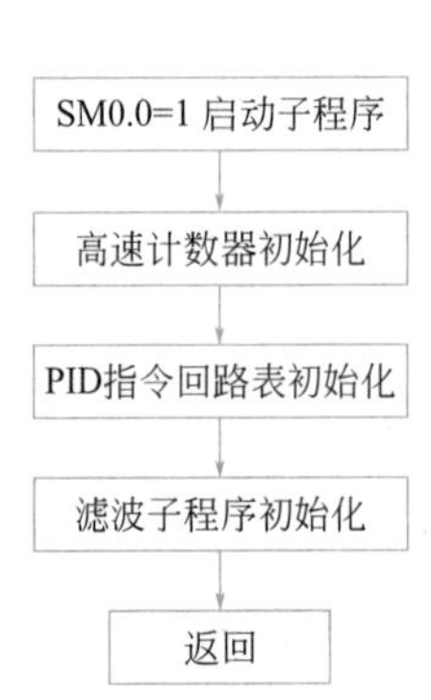

图8-22　系统初始化子程序的流程图

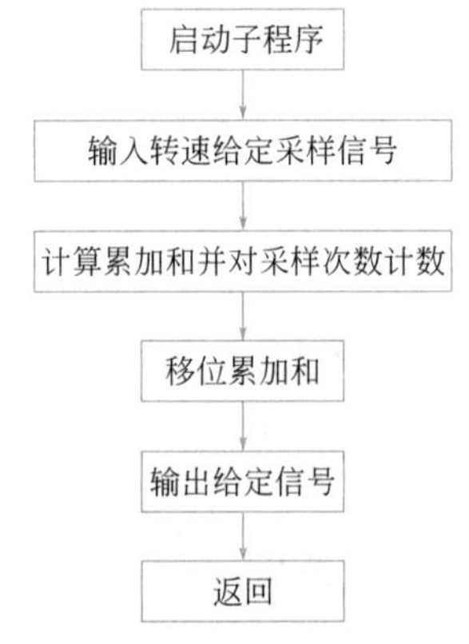

图8-23　转速给定模拟量信号采样及其滤波子程序的流程图

③ 转速给定模拟量信号采样及其滤波子程序　电动机转速给定信号模拟量信号采样是系统控制功能实现的重要环节，准确而稳定的信号采样是系统稳定运行的基础。由于转速给定信号的干扰对电动机的运行有着极坏的影响，而且这种影响是PID回路调节作用本身所无法消除的，所以在进行PID运算之前先对采样信号作滤波处理，这样就可以排除干扰信号，如图8-23所示。

④ 定时器中断子程序（执行PID运算）　如图8-24所示。

⑤ 故障诊断处理子程序　如图8-25所示。

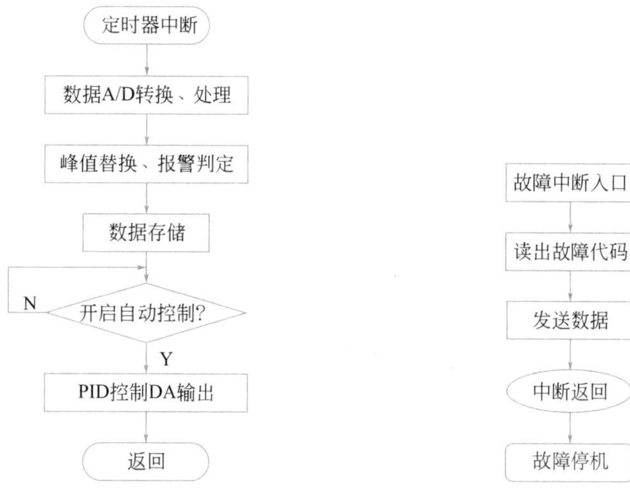

图8-24　定时器中断和PID控制流程　　　图8-25　故障诊断处理子程序

8-3　车床电路设计

机床电气设计基础

（1）机床电气设计的基本要求

① 熟悉所设计机床（设备）的总体技术要求及工作过程，弄清其他系统对电气控制系统的技术要求。

② 了解机床（设备）的现场工作条件、供电情况及测量仪表的种类。

③ 通过技术经济分析，选择性能价格比最佳的传动方案和控制方案。

④ 设计简单合理、技术先进、工作可靠、维修方便的电气控制电路。进行模拟试验，验证控制电路能否满足机床的工艺要求。

⑤ 保证使用的安全性，贯彻最新国家标准。

（2）机床电气控制方案的确定

① 机床电气控制方案的可靠性。

② 电气控制方案的确定。

（3）机床常用元器件选择

① 元器件选择的基本原则

• 根据对控制元件功能的要求，确定元器件类型。

• 确定元器件承载能力的临界值及使用寿命；电压、电流、功率。

• 确定元器件预期的工作环境及工作情况，如防油、防尘、货源等。

• 确定元器件在应用时所需的可靠性等。确定用以改善元器件失效率的措施。采用与可靠性预计相适应的降额系数。进行一些必要的计算或校核。

② 元器件的选择

• 按钮

a. 根据控制功能，选择按钮的结构形式及颜色。

b. 根据同时控制的路数，选择触头对数及类型。

• 刀开关　根据电源种类、电压等级、用电设备容量、所需极数及使用场合来选用。

• 组合开关　根据电源种类、电压等级、用电设备容量、所需极数及使用场合来选用。

• 行程开关　根据控制功能、安装位置、电流电压等级、触头种类及数量来选择结构和型号。

• 自动开关（自动空气开关）　除考虑额定电流和电压外，还应考虑用于短路保护的电磁瞬时脱扣器，电流整定值应约大于电流最大短路电流。

• 接触器选用　主要考虑主触头的额定电流、额定电压、吸引线圈的电压等级，其次考虑辅助触头的数量和种类、操作频率等。同时必须满足吸引线圈的电压等级应等于控制电流的电压。主触头额定电压应满足额定电压Uec≥线路额定电压Uex。

• 热继电器的选用　根据电动机的额定电流来确定热继电器的额定电流及发热元件的电流等级。

星形接线的电动机可选两相或三相结构形式，三角形接线的电动机应选带断相保护的热继电器。

热元件的额定整定电流值，一般按电动机额定电流的0.95～1.05倍选用。

热继电器的额定电流应大于或等于热元件的额定整定电流值。

• 中间继电器的选用　根据触点数量和种类确定型号，吸引线圈的额定电压应等于控制电路的电压等级。

• 时间继电器的选用　考虑延时方式、延时范围、延时精度要求、瞬时触头数量等。

若延时精度不高则选空气阻尼式，直流断电延时选价格较低的电磁式，延时范围大且精度高的选晶体管或电动机式。

（4）电气原理图设计的一般原则

确定了传动方案及控制方案后，进一步设计控制电路原理图时，必须遵循以下原则：

• 控制系统应满足生产机械的工艺要求；

• 力求控制电流安全可靠、简单经济；

• 合理选择各种元器件；

• 符合人机关系，便于维修。

CW6163卧式车床设计

（1）主电路设计　根据电气传动的要求，由接触器KM1、KM2、KM3分别控制电动机M1、M2、M3的启动、停止，由于三台电动机功率都不是很大，为了简化控制线路，三台电动机均采用直接启动方式，如图8-26所示。

电动机采用直接启动的一般界限，即启动方式的选取不仅要考虑电动机的容量（一般5kW以下的电动机用直接启动，10kW以上的电动机用降压启动），还要考虑电网的容量。不经常启动的电动机可直接启动的容量为变压器容量的30%；经常启动的电动机可直接启动的容量为变压器容量的20%。尽管本案例主电动机功率略大于10kW，但超过不多，且其他两台电动机功率较小，为了简化控制线路，减少故障源和故障概率，可以采用直接启动方式。

机床的三相电源由空开QF引入。主电动机M1的过载保护由两相热继电器KR1实现，它的短路保护可由机床所在电网系统中的前一级配电箱中的熔断器充任。冷却泵电动机M2的过载保护由热继电器KR2实现。快速移动电动机M3由于是短时间工作，不设置过载保护。电动机M2、M3共同设置短路保护的熔断器FU1。

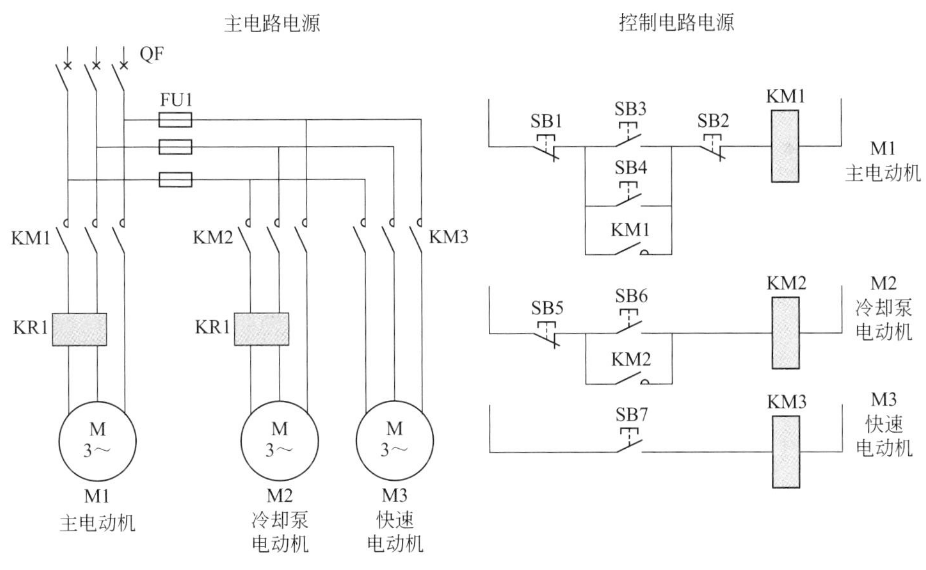

图8-26　主电路和控制电路设计原理图

（2）控制电路设计　考虑到操作方便，主电动机M1采用多地控制环节，在床头操作板和刀架拖板上分别设置启动按钮SB3、SB4和停止按钮SB1、SB2（多点控制环节）。如图8-26所示，接触器KM1与启动按钮组成自锁环节。

冷却泵电动机M2由SB6作为启动按钮，SB5作为停止按钮，都安装在床头操作板上。

快速电动机M3工作时间短，为了操作灵活，由按钮SB7与接触器KM3线圈组成点动控制线路。

（3）信号指示与照明电路　设置电源指示灯HL2（绿色），在电源开关Q接通后，立即发光显示，表示机床电气线路已处于供电状态。设指示灯HL1（红色）表示主电动机是否运行。这两个指示灯由接触器KM1、KM2的两个辅助触点切换通电，当合上主开关Q时，绿灯亮，当开动主电动机时绿灯灭、红灯亮，如图8-27的右上方。

在操作板上设有交流电流表A，简单起见，将它直接串联在电动机的一相主电源线上，用以指示机床的工作电流。

加上电流表，可以根据电动机工作情况调整切削用量使主电动机尽量满载运行，提高生产率，并能提高电动机功率因数。

机床照明由照明灯FL完成，当主开关Q闭合时，照明灯点亮。照明灯使用36V安全电压。

（4）控制电路的电源　考虑到机床电气安全及照明灯设置要求，控制线路采用变压器供电，控制线路二次侧输出127V交流电，照明灯得到36V交流电，指示灯为6.3V。

（5）绘制电气原理图　根据上述设计，绘制电气原理图，主要是根据图8-27中的三个电动机的主要控制环节，集成各电气保护环节，绘制电气原理图如下。

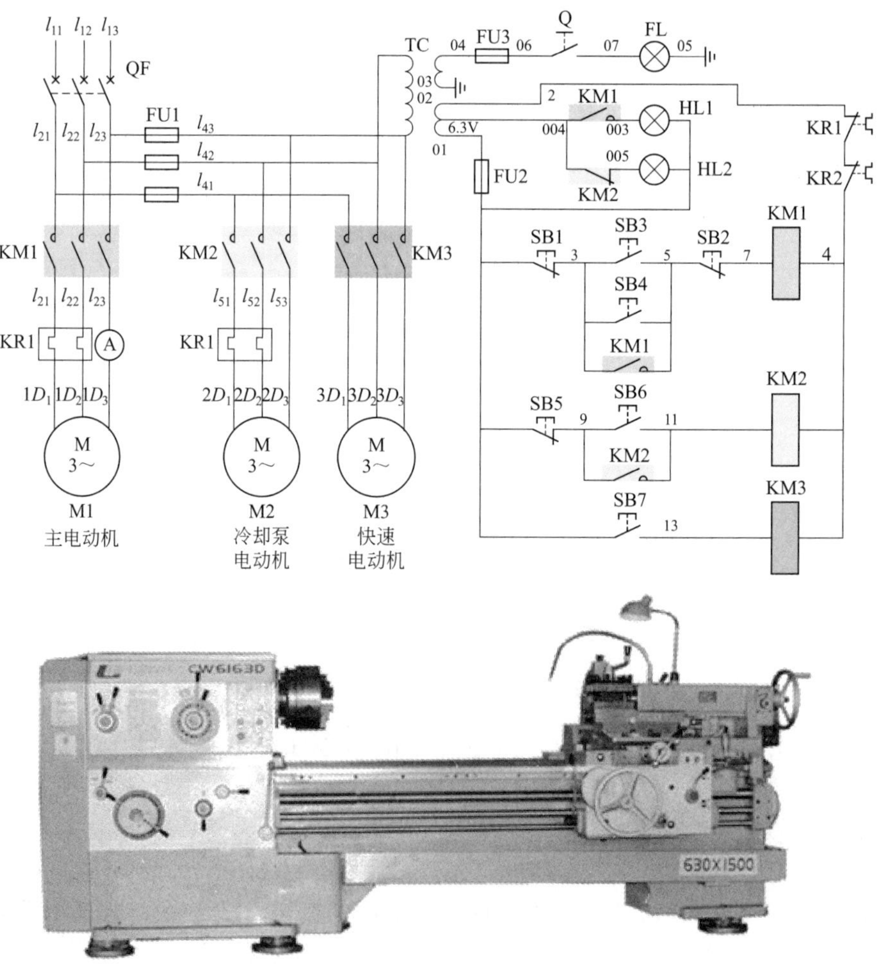

图8-27　CW6163卧式车床电气原理图

例 8-4　室内温度、湿度控制电路设计

室内温度、湿度控制电路设计要求和总体原理思路

设计基于单片机的室内温度自动控制系统，用于控制温度，具体要求如下：

① 温度连续可调，范围为0℃～40℃。

② 超调量≤20%。

③ 温度误差≤±0.5℃。

采用温度传感器 DS18B20 从设备环境的不同位置采集温度，单片机AT89S51获取采集的温度值，经处理后得到当前环境中一个比较稳定的温度值，再根据当前设定的温度上下限值，通过加热和降温对当前温度进行调整。当采集的温度经处理后超过设定温度的上限时，单片机通过三极管驱动继电器开启降温设备（压缩制冷器），当采集的温度经处理后低于设定温度的下限时,单片机通过三极管驱动继电器开启升温设备（加热器）。

当由于环境温度变化太剧烈或由于加热或降温设备出现故障，或者温度传感头出现故障导致在一段时间内不能将环境温度调整到规定的温度限内的时候，单片机通过三极管驱动扬声器发出警笛声。

整体电路系统将通过串口通信连接PC机存储温度变化时的历史数据，以便观察以后整个温度控制过程及监控温度变化的全过程。

设计框图如图8-28所示。

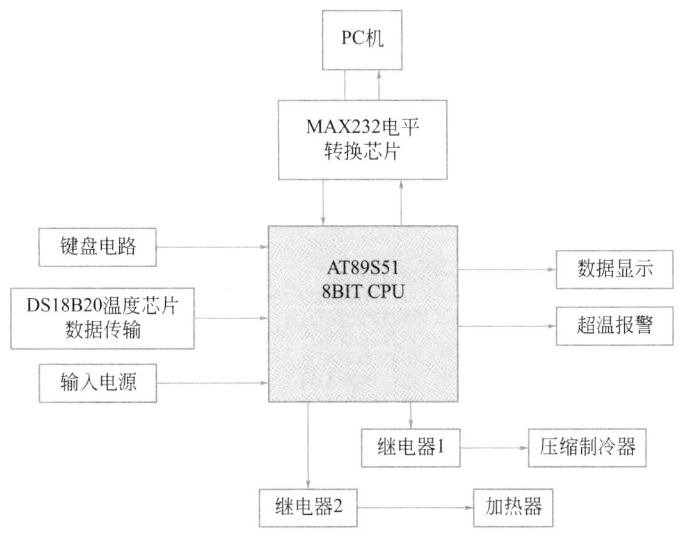

图8-28　温湿度控制电路设计框图

（1）室内温度、湿度控制电路方案

• DS18B20数字温度传感器

a. DS18B20是DALLAS公司生产的一线式数字温度传感器，它具有微型化、低功耗、高性能、抗干扰能力强、易配处理器等优点，特别适合构成多点温度测控系

统，可直接将温度转化成串行数字信号（按9位二进制数字）给单片机处理，且在同一总线上可以挂接多个传感器芯片，它具有三引脚TO-92小体积封装形式，温度测量范围−55℃～+125℃，可编程为9～12位A/D转换精度，测温分辨率可达0.0625℃，被测温度用符号扩展的16位数字量方式串行输出，其工作电源既可在远端引入，也可采用寄生电源方式产生，多个DS18B20可以并联到三根或者两根线上，CPU只需一根端口线就能与多个DS18B20通信，占用微处理器的端口较少，可节省大量的引线和逻辑电路。封装后的DS18B20可用于电缆沟测温、高炉水循环测温、锅炉测温、机房测温、农业大棚测温、DF系列导弹存放库测温、子弹弹药库测温等各种非极限温度场合。

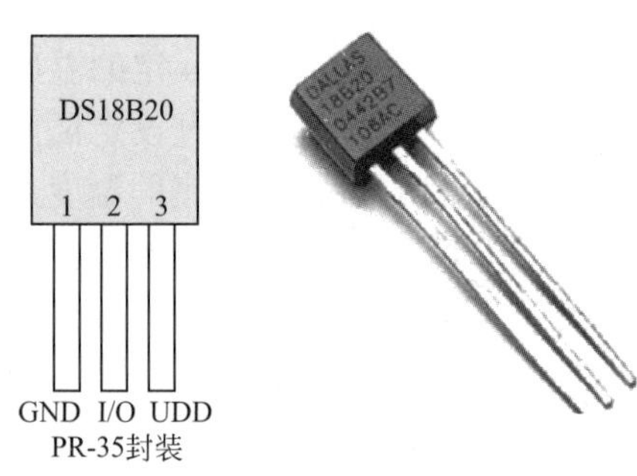

图8-29 DS18B20封装和外形

b. DS18B20接线方法 面对着平的那一面，左负右正，一旦接反就会立刻发热甚至可能烧毁。同时，接反也是导致该传感器总是显示85℃的原因。实际操作中将正负反接，传感器立即发热，液晶屏不能显示读数，正负接好后显示85℃。另外，如果使用51单片机，那么中间那个引脚必须接上4.7～10kΩ的上拉电阻，否则，由于高电平不能正常输入/输出，要么通电后立即显示85℃，要么用几个月后温度在85℃与正常值上乱跳。数字温度传感器DS18B20外形如图8-29所示。

综上，该芯片直接向单片机传输数字信号，便于单片机处理及控制。

• 主控制部分方案AT89S51单片机 AT89S51是一个低功耗，高性能CMOS 8位单片机，片内含8K Bytes ISP（In-System Programmable)的可反复擦写1000次的Flash只读程序存储器，器件采用ATMEL公司的高密度、非易失性存储技术制造，兼容标准MCS-51指令系统及80C51引脚结构，芯片内集成了通用8位中央处理器和ISP Flash存储单元、功能强大的微型计算机的AT89S51可为许多嵌入式控制应用系统提供高性价比的解决方案。

AT89S51单片机引脚和外形见图8-30。

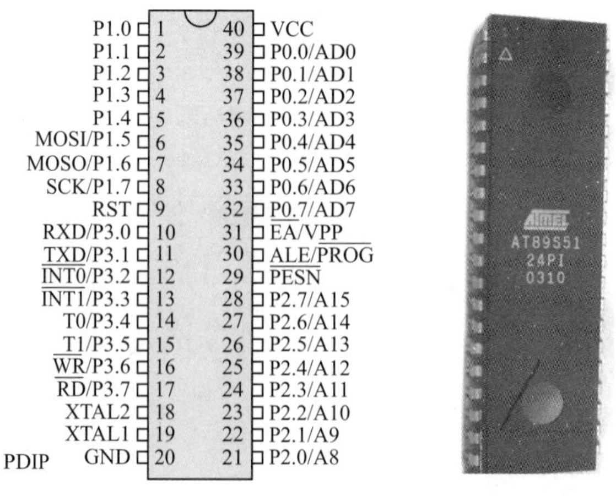

图8-30 AT89S51单片机引脚和外形图

a. AT89S51引脚功能说明

VCC：供电电压。

GND：接地。

P0口：P0口为一个8位漏级开路双向I/O口，每脚可吸收8TTL门电流。当P1口的引脚第一次写1时，被定义为高阻输入。P0能够用于外部程序数据存储器，它可以被定义为数据/地址的第八位。在FLASH编程时，P0口作为原码输入口，当FLASH进行校验时，P0输出原码，此时P0外部必须被拉高。

P1口：P1口是一个内部提供上拉电阻的8位双向I/O口，P1口缓冲器能接收输出4TTL门电流。P1口引脚写入1后，被内部上拉为高电平，可用作输入，P1口被外部下拉为低电平时，将输出电流，这是内部上拉的缘故。在FLASH编程和校验时，P1口作为第八位地址接收。

P2口：P2口为一个内部上拉电阻的8位双向I/O口，P2口缓冲器可接收，输出4个TTL门电流，当P2口被写“1”时，其引脚被内部上拉电阻拉高，且作为输入。因此作为输入时，P2口的引脚被外部拉低，将输出电流。这是内部上拉的缘故。P2口当用于外部程序存储器或16位地址外部数据存储器进行存取时，P2口输出地址的高八位。在给出地址“1”时，它利用内部上拉优势，当对外部八位地址数据存储器进行读写时，P2口输出其特殊功能寄存器的内容。P2口在FLASH编程和校验时接收高八位地址信号和控制信号。

P3口：P3口引脚是8个带内部上拉电阻的双向I/O口，可接收输出4个TTL门电流。当P3口写入“1”后，它们被内部上拉为高电平，并用作输入。作为输入，由于外部下拉为低电平，P3口将输出电流（ILL），这是上拉的缘故。

P3口也可作为AT89S51的一些特殊功能口，如下所示：

P3.0 RXD（串行输入口）

P3.1 TXD（串行输出口）

P3.2 /INT0（外部中断0）

P3.3 /INT1（外部中断1）

P3.4 T0（计时器0外部输入）

P3.5 T1（计时器1外部输入）

P3.6 /WR（外部数据存储器写选通）

P3.7 /RD（外部数据存储器读选通）

P3口同时为闪烁编程和编程校验接收一些控制信号。

RST：复位输入。当振荡器复位器件时，要保持RST脚两个机器周期的高电平时间。

ALE/PROG：当访问外部存储器时，地址锁存允许的输出电平用于锁存地址的低位字节。在FLASH编程期间，此引脚用于输入编程脉冲。在平时，ALE端以不变的频率周期输出正脉冲信号，此频率为振荡器频率的1/6。因此它可用作对外部输出的脉冲或用于定时目的。要注意的是：每当用作外部数据存储器时，将跳过一个ALE脉冲。如想禁止ALE的输出可在SFR8EH地址上置0。另外，该引脚被略微拉高。如果微处理器在外部执行状态ALE禁止，置位无效。

/PSEN：外部程序存储器的选通信号。在由外部程序存储器取值期间，每个机器周期两次/PSEN有效。但在访问外部数据存储器时，这两次有效的/PSEN信号将不出现。

/EA/VPP：当/EA保持低电平时，则在此期间用外部程序存储器（0000H ~ FFFFH），不管是否有内部程序存储器。注意加密方式1时，/EA将内部锁定为RESET；当/EA端保持高电平时，此间用内部程序存储器。在FLASH编程期间，此引脚也用于施加12V编程电源（VPP）。

XTAL1：反向振荡放大器的输入及内部时钟工作电路的输入。

XTAL2：来自反向振荡器的输出。

b. 振荡器特性：XTAL1和XTAL2分别为反向放大器的输入和输出。该反向放大器可以配置为片内振荡器。石晶振荡和陶瓷振荡均可采用。如采用外部时钟源驱动器件，XTAL2应不接。由于输入至内部时钟信号要通过一个二分频触发器，因此对外部时钟信号的脉宽无任何要求，但必须保证脉冲的高低电平要求的宽度。

c. 芯片擦除：整个PEROM阵列和三个锁定位的电擦除可通过正确的控制信号组合，并保持ALE引脚处于低电平10ms 来完成。在芯片擦操作中，代码阵列全被写“1”且在任何非空存储字节被重复编程以前，该操作必须被执行。

此外，AT89S51设有稳态逻辑，可以在低到零频率的条件下静态逻辑，支持两种软件可选的掉电模式。在闲置模式下，CPU停止工作，但RAM、定时器、计数器、串口和中断系统仍在工作。在掉电模式下，保存RAM的内容并且冻结振荡器，禁止所用其他芯片功能，直到下一个硬件复位为止。

d. 看门狗定时器（WDT）：WDT是为了解决CPU程序运行时可能进入混乱或死循环而设置，它由一个14bit计数器和看门狗复位SFR（WDTRST）构成。外部复位时，WDT默认为关闭状态，要打开WDT，必按顺序将01H和0E1H写到WDTRST寄存器，当启动了WDT，它会随晶体振荡器在每个机器周期计数，除硬件复位或WDT溢出复位外，没有其他方法关闭WDT，当WDT溢出，将使RST引脚输出高电平的复位脉冲。

（2）室内温度、湿度控制电路各单元的设计

① 键盘单元　单片机应用系统中除了复位按键有专门的复位电路，以及专一的复位功能外，其他的按键或键盘都是以开关状态来设置控制功能或输入数据。

在这种行列式矩阵键盘非编码键盘的单片机系统中，键盘处理程序首先执行等待按键并确认有无按键按下的程序段。当确认有按键按下后，下一步就要识别哪一个按键按下。对键的识别通常有两种方法：一种是常用的逐行扫描查询法；另一种是速度较快的线反转法。

如图8-31所示的4×4键盘，首先辨别键盘中有无键按下，有单片机I/O口向键盘送全扫描字，然后读入行线状态来判断。方法是：向行线输出全扫描字00H，把全部列线置为低电平，然后将列线的电平状态读入累加器A中。如果有按键按下，总会有一根行线电平被拉至低电平从而使行线不全为1。判断键盘中哪一个键被按下是通过将列线逐列置低电平后，检查行输入状态来实现的。方法是：依次给列线送低电平，然后查所有行线状态，如果全为1，则所按下的键不在此列；如果不全为1，则所按下的键必在此列，而且是在与零电平行线相交的交点上的那个键。键盘共有16个按

0	1	2	3
4	5	6	7
8	9	A	B
C	D	E	F

图8-31　4×4键盘单元

键，用于设定温度。

键盘单元各部分作用如图8-32所示。

关闭　关闭电源

F1　显示及设置转换到温度点1，按此按键后，显示预设置温度的数码管闪烁

F2　显示及设置转换到温度点2，按此按键后，显示预设置温度的数码管闪烁

0 … 9　数字按键，输入数字0～9

确认　设置的确认，修改设置温度时进行确认

清除　设置的清除，修改设置温度时进行删除

开启　开启电源

P2.0	0	1	2	3
P2.1	4	5	6	7
P2.2	8	9	F1	F2
P2.3	清除	开启	关闭	确定
	P2.4	P2.5	P2.6	P2.7

图8-32　4×4键盘单元各部分作用

② 温度控制及超温警报单元　当采集的温度经处理后超过上限时，单片机通过P1.4输出控制信号驱动三极管VT1，使继电器K1开启降温设备（压缩制冷设备）；当采集的温度经处理后低于设定温度下限时，单片机通过P1.5输出控制信号驱动三极管VT2，使继电器K2开启升温设备（加热器1）。当由于环境温度变化太剧烈或由于加热或降温设备出现故障，或者温度传感头出现故障导致在一段时间内不能将环境温度调整到规定的温度限内的时候，单片机通过三极管驱动扬声器发出警笛声。具体电路连接如图8-33所示。

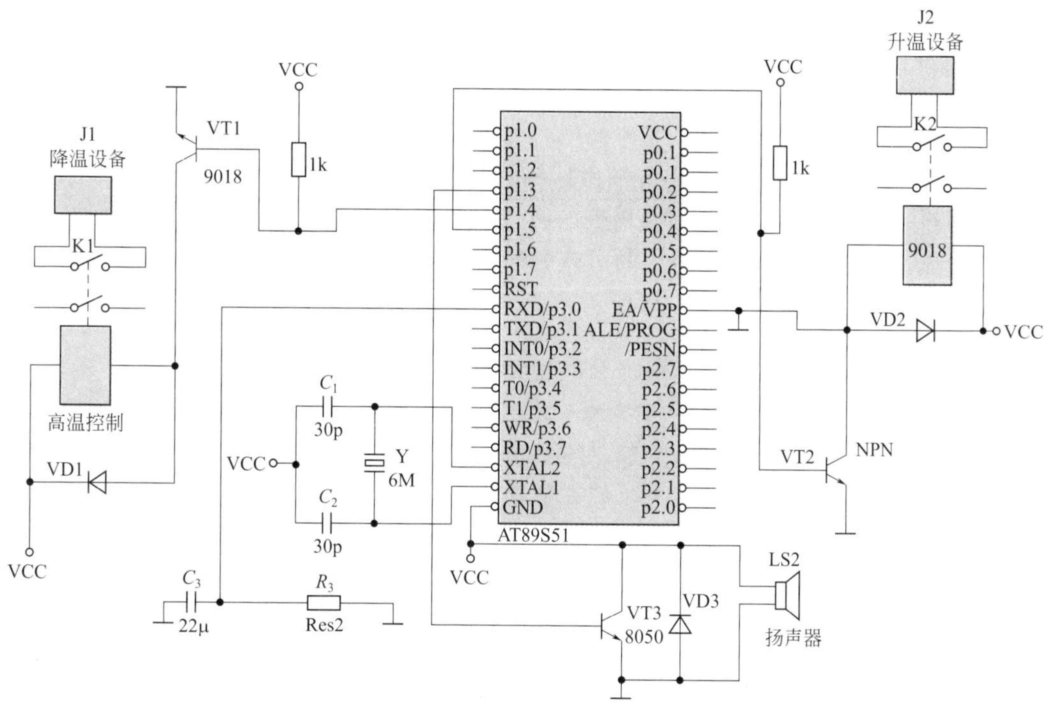

图8-33　温度控制及超温警报单元连接图

③ 温度测试单元　采用温度芯片DS18B20。使用集成芯片，能够有效地减小外界的干扰，提高测量的精度，电路如图8-34所示。

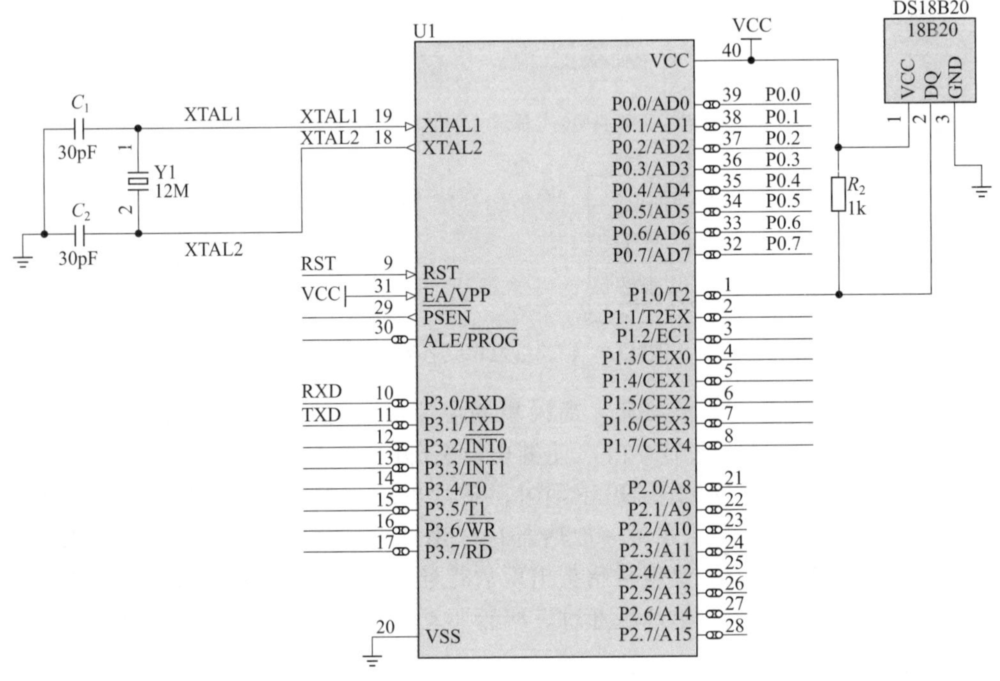

图8-34　温度芯片DS18B20组成的温度测试单元

④ 温度控制器件电路　单片机通过三极管控制继电器的通断，最后达到控制电热器的目的。当温度未达到要求时，单片机发送高电平信号使三极管饱和导通，继电器使电源与电热器接通，电热器加热，温度慢慢升高。当温度上升到预定温度时，单片机发送低电平信号三极管进入截止状态，继电器断开使电热器与电源断开，电热器停止加热。在电路中将一个二极管反向接到三极管的两端。当继电器突然断电时，继电器产生很大的反向电流。二极管的作用是将反向电流分流，使流过三极管8050的电流比较小，达到保护三极管8050的作用，如图 8-35所示。

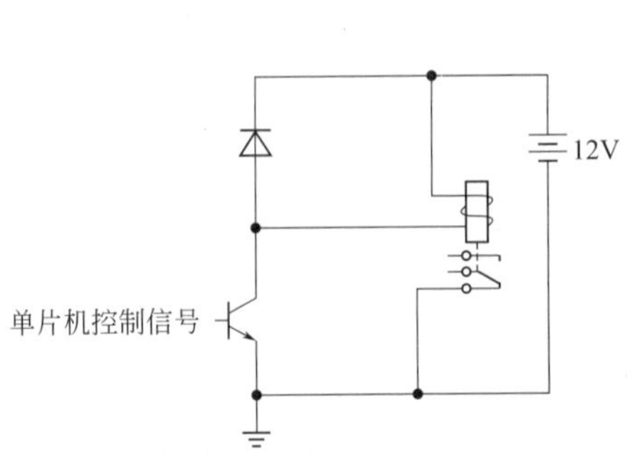

图8-35　温度控制器件电路

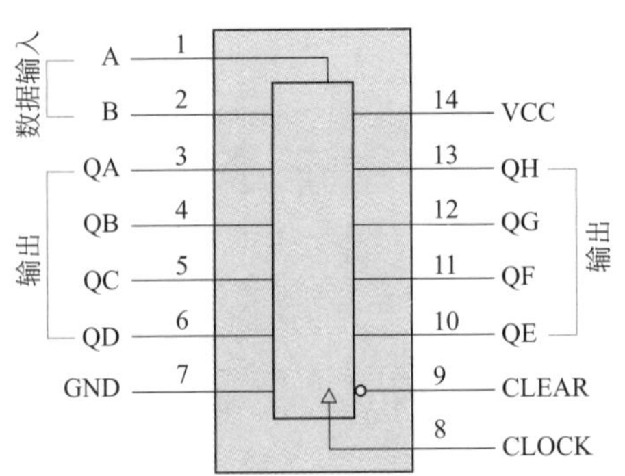

图8-36　74LS164芯片电路

⑤ 七段数码管显示单元　电路主要使用七段数码管和移位寄存器芯片74LS164。单片机通过I^{2}C总线将要显示的数据信号传送到移位寄存器芯片74LS164寄存，再由移位寄存器控制数码管的显示，从而实现移位寄存点亮数码管显示。74LS164芯片电路如图8-36所示。

由于单片机的时钟频率达到12M，移位寄存器的移位速度相当快，所以我们根本看不到数据是一位一位传输的。从人类视觉的角度上看，仿佛全部数码管是同时显示的。实际连线图如图8-37所示。

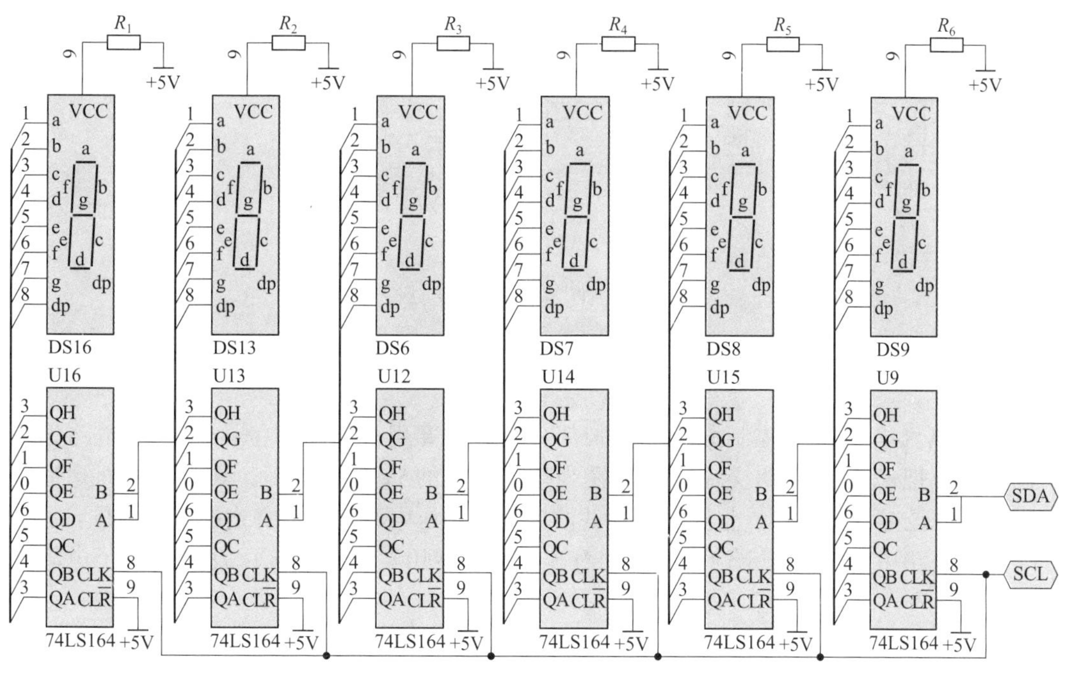

图8-37　驱动电路和数码管显示电路连线

图8-37中，当清除端（CLEAR）为低电平时，输出端（QA ～ QH）均为低电平。串行数据输入端（A，B）可控制数据。当A、B任意一个为低电平，则禁止新数据输入，在时钟端（CLOCK）脉冲上升沿作用下Q0为电平。当A、B有一个为高电平，则另一个就允许输入数据，并在CLOCK上升沿作用下决定Q0的状态。

引出端符号：CLOCK为时钟输入端；CLEAR为同步清除输入端（低电平有效）；A、B为串行数据输入端；QA ～ QH为输出端。

⑥ 接口通信单元　51单片机有一个全双工的串行通信口，所以单片机和计算机之间可以方便地进行串口通信。进行串行通信时要满足一定的条件，比如计算机的串口是RS-232电平的，而单片机的串口是TTL电平的，两者之间必须有一个电平转换电路，在这里我们可以采用专用芯片MAX232进行转换，虽然也可以用几个三极管进行模拟转换，但还是用专用芯片更简单可靠。

在本设计中采用了三线制连接串口，也就是说和计算机的9针串口只连接其中的3根线：第5脚的GND、第2脚的RXD、第3脚的TXD。这是最简单的连接方法，但是对我来说已经足够了。MAX232的第10脚和单片机的11脚连接，第9脚和单片机的第10脚连接，第15脚和单片机的第20脚连接，串口通信具体如图8-38所示。

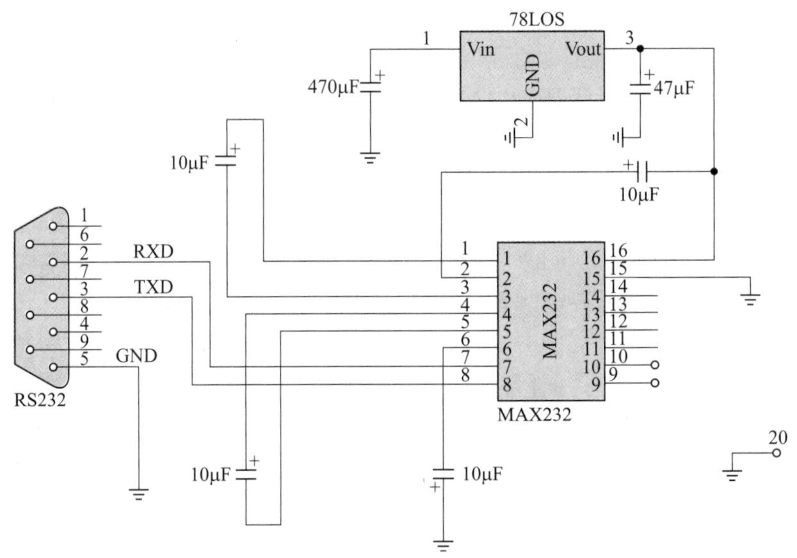

图8-38 串口通信接口连线图

⑦ 电源输入部分 控制系统主控制部分电源需要用5V直流电源供电，其电路如图8-39所示，把220V的单相交流电压转换为幅值稳定的5V直流电压。其主要原理是把单相交流电经过电源变压器、整流电路、滤波电路、稳压电路转换成稳定的直流电压。

在本电路中为获得稳定性足够高的直流电压。使用集成稳压芯片7805解决了电源稳压问题。

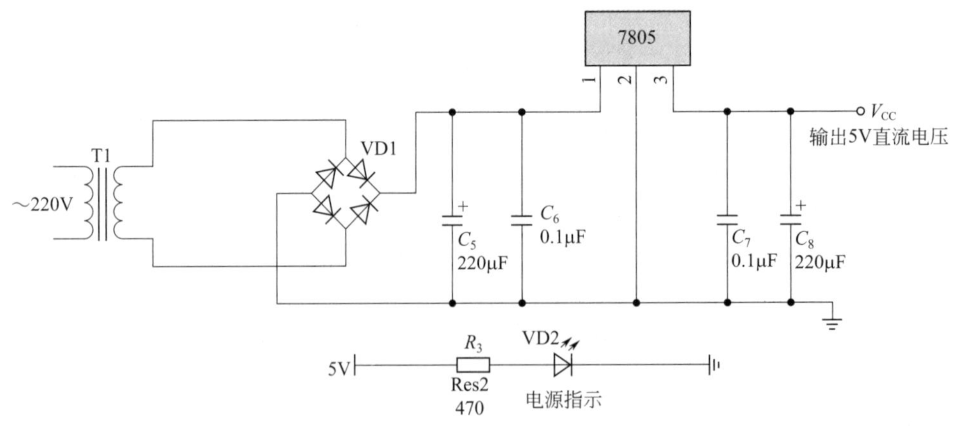

图8-39 电源电路部分

（3）室内温度、湿度控制电路软件设计 软件设计流程如图8-40所示。

程序开始时首先系统要初始化，然后就控制数码管显示当前温度。接着就判断F1、F2按键是否被按下。按下F1进入温度控制点1的程序，按下F2进入温度控制点2的程序。程序控制设置温度的两个数码管闪烁，此时键盘输入有效。有按键按下的时候进入按键

处理程序。按下“确定”按键后，进入判断程序和继电器控制程序。继电器动作后，显示当前程序，并开始循环。

例 8-5　智能手机锂电池充电器电路设计

智能锂电池充电器总体设计思路和元器件选择

（1）总体设计思路　设计智能锂电池充电器通过恒压充电的方式，将220V市电通过变压、整流、滤波和稳压处理，输出5V直流电压，将该电压输入电源管理芯片MAX1898进行控制和输出，用于给电池充电。在充电同时，采集电池两端电压，通过A/D转换，送单片机进行预设判断和处理，由单片机通过液晶显示相关参数和充电进度，在充电完成后，由单片机发出一定时间的报警，自动断电终止充电。设计框图如图8-41所示。

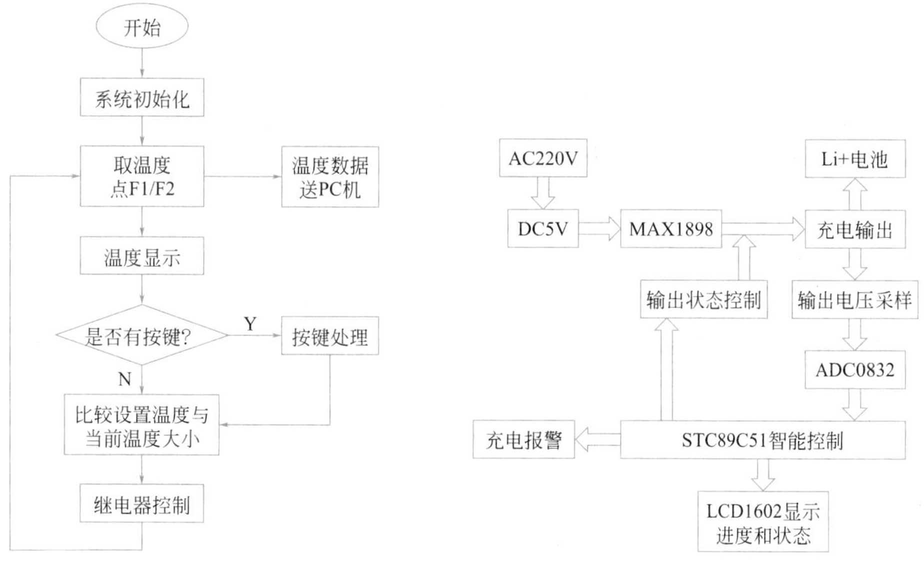

图8-40　软件设计流程图　　图8-41　智能锂电池充电器设计框图

（2）设计方案元器件选择

① 单片机主控CPU　STC89C51芯片具有以下的功能特点：

- 工作电压范围宽（2.7～6V），全静态工作，工作频率在0Hz～24MHz。
- 片内有4KB的在线可重复编程、快速擦除快速写入程序的存储器。
- 低损耗、高性能、CMOS 8位微处理器，系统工作稳定，开发环境方便高效。
- 128×8位内部RAM，32位双向输入/输出线，两个16位定时器/计数器，五个中断源，两级中断优先级。综合上述，由于STC89C51是高速度和多功能引脚的特性，这样可以减少扩展，提高性价比。因此，我们采用STC89C51单片机作为主控CPU。

② 充电控制管理芯片　MAX1898EBU42芯片是专门的充电控制管理芯片，其内部集成了输入电流调节、电压检测、电流检测、定时器及温度检测等电路，芯片外围由PNP或PMOS组成锂电池充电器，可精确地对充电电池进行恒流、恒压充电，精度可达±0.75%。

MAX1898电池控制芯片的特点如下：

- 4.5～12V的电压输入范围；
- 可编程充电电流；
- 片内检流电阻及监视输出；
- LED充电状态指示；
- 电源自动检测。

MAX1898EBU42与STC89C51一起作为本设计的电源管理模块。

③ 显示电路　此次设计应选择LCD液晶显示，可以很直观清楚地显示电压和进度，清楚地知道充电的情况，及时切断电源，延长电池的使用寿命。LCD1602液晶显示功耗低，显示信息量大，驱动简单，无辐射危险，能够同时显示16×2即32个字符。LCD1602液晶显示的原理是利用液晶的物理特性，通过电压对其显示区域进行控制，有电就有显示，这样即可以显示出图形。

硬件电路设计

（1）直流电源电路的设计

① 电源变压器　将220V电网电压转换为整流电路所需要的交流电压，而少部分电路采用电容降压，如遥控电风扇电路。

② 整流电路　将交流电压转化为直流电压。常用的整流电路有半波整流电路、全波整流电路和桥式整流电路。

③ 滤波电路　将脉动直流电压转化为平滑的直流电压，常用的滤波电路有电感滤波、电容滤波、阻容滤波，最常用的是电容滤波。

④ 稳压电路　采取三端稳压电路LM7805将直流电源输出的电压稳定，不受电网电压或负载的影响。在线性电源中常用的稳压电路有二极管稳压、串联稳压。

设计电路图如图8-42所示。

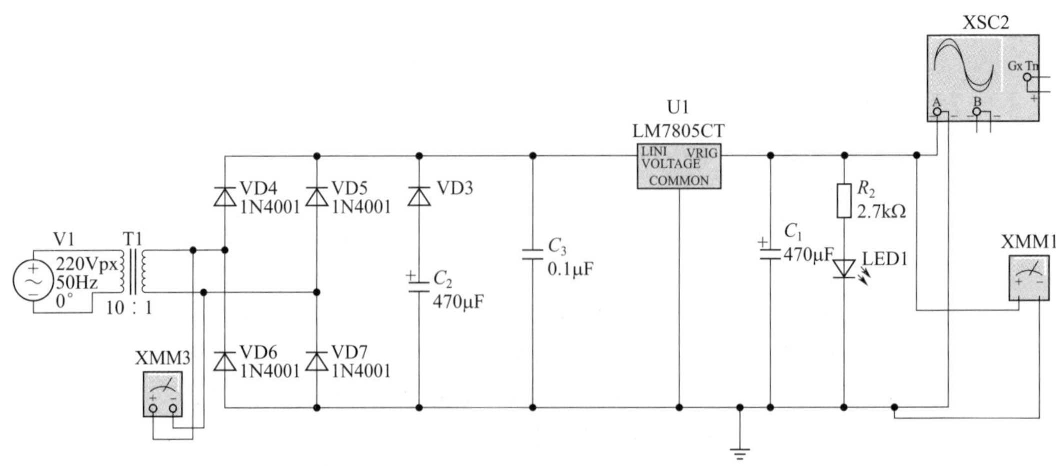

图8-42　直流电源电路的设计

（2）STC89C51单片机　STC89C51单片机最小系统是用最少的元件组成的单片机可以工作的系统，一般包括单片机、晶振电路、复位电路。STC89C51内部有4K可在线编程的FLASH存储器，不允许外部扩展程序存储，有复位电路和时钟电路。单片机组成的最小系统如下：

① 供电电路　40脚接电源+5V，20脚接地，这样便完成了单片机的供电。

② 选择使用内部ROM　我们下载程序的时候是将程序下载到单片机内部的ROM里面存放的，将EA/VPP端接到高电平（+5V），就告诉单片机系统我们选择的是内部的ROM，这样单片机工作的时候就会执行内部ROM里面的代码了。如果将EA/VPP接地，单片机就会执行扩展的外部ROM，以后在没有扩展ROM的时候都将它接高电平即可。

③ 复位电路　复位电路由电阻R_1和电容C_3组成。复位电路是用以完成单片机的复位初始化操作的（复位单片机RAM和各个寄存器的值）。也就是说，在单片机还没工作之前，我们先把寄存器的值全部复位成初始的默认值再开始工作，避免执行程序的时候发生错乱。复位电路的工作原理是怎样的呢？在单片机没上电的时候，电容C_3的两个极板没有电荷，在单片机上电的瞬间，电容C_3两端获得电压开始充电，既然C_3要充电那么必定有电流通过R_1，所以在R_1两端产生了瞬时电压，这个电压被加到了单片机的RST端，单片机的RST端得到了一个高电平便复位了。随着时间的推移，C_3充满电了，不再有电流通过R_1了，R_1两端便没有了电压，单片机的RST引脚又由高电平变成了低电平，这时，单片机便开始工作。值得注意的是，要引起单片机的复位，加在RST端的高电平必须保持在一定的时间以上（连续2个机器周期以上高电平）。

④ 时钟电路　时钟电路由C_1、C_2和晶振X1组成。时钟电路的作用是给单片机提供时钟脉冲，只有给单片机提供时钟脉冲，单片机才会执行程序。

STC89C51单片机电路设计如图8-43所示。

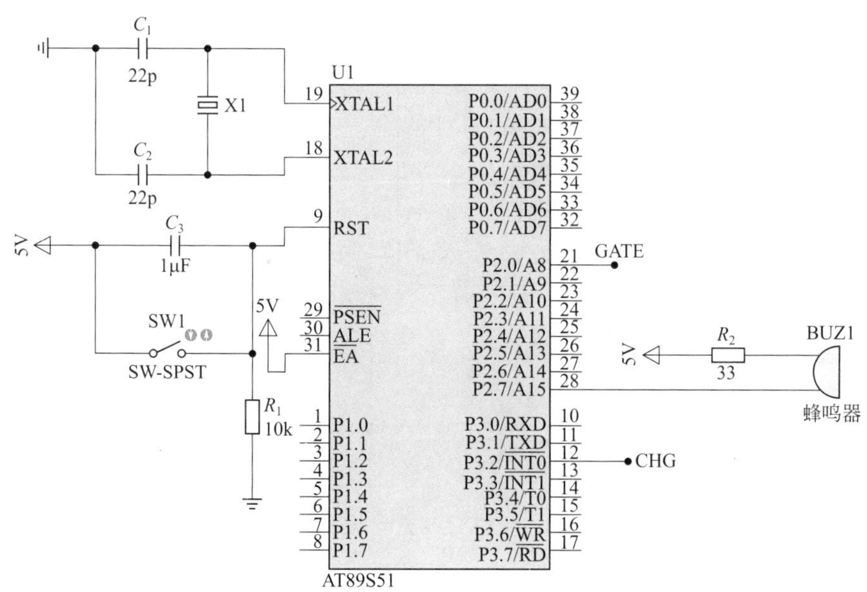

图8-43　STC89C51单片机电路设计

（3）充电芯片MAX1898电路设计 充电芯片MAX1898具有电流调节、电压检测、电流检测、温度检测等功能，检测输入电路大于设定门限电流时，通过降低充电电流，从而控制充电电流。MAX1898外接限流型充电电源和PNP功率三极管，可进行有效充电，外接电容设定充电时间，电阻设定最大充电电流。它的最大特点是在没有使用电感的情况下仍能保持很低的功率耗散，可实现预充，具有过压保护和温度保护功能，并为电池提供二次保护。

MAX1898的引脚功能如下。

IN（1引脚）：传感器输入，检测输入电压和电流

CHG（2引脚）：LED驱动器

EN/OK（3引脚）：逻辑电平输入允许/电源输入“好”

ISET(4引脚)：电流调节

CT（5引脚）：案例的充电时间设置

RETRT（6引脚）：自动重新启动控制引脚

BATT（7引脚）：接单个Li+的正极

GND（8引脚）：接地

DRV（9引脚）：外接电阻驱动器

CS（10引脚）：电流传感器输入

MAX1898充电电路设计如图8-44所示。

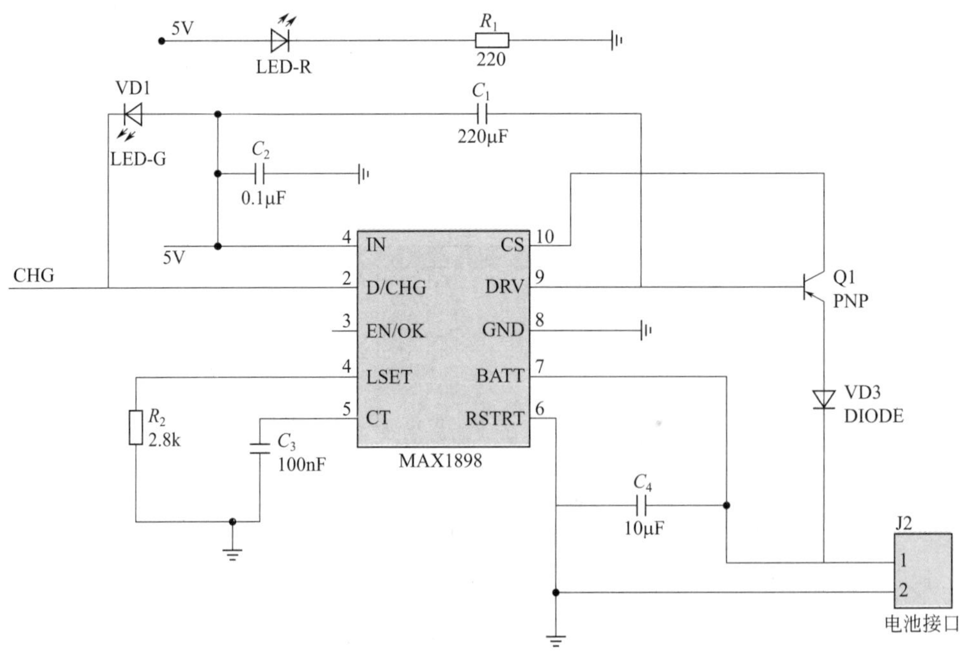

图8-44 MAX1898充电电路设计

在MAX1898内置的充电状态控制和外围单片机控制下，充电过程分为预充、快充、满充、断电和报警5个部分。以下分别介绍。

① 预充　在安装好电池后，接通输入直流电源，当充电器检测到电池时则将定时器复位，从而进入预充过程，在此期间充电器以快充电流的1/10给电池充电，使电池电压、温度恢复到正常状态。预充时间由外接电容确定，如果在规定的充电时间内电池电压达到标准以上，电池温度正常，充电进入快速过程；如果电池电压低于标准，则认为电池不可充电，充电器显示电池故障。

② 快充　快充过程也称恒流充电，此时充电器以恒定电流对电池充电。根据电池厂商推荐的充电速率，一般锂离子电池选用标准充电速率，充满电池需要1h左右的时间。恒流充电时，电池电压将缓慢上升，一旦电池电压达到所设定的终止电压，恒流充电终止，充电电池快速递减，充电进入满充过程。

③ 满充　在满充过程中，充电电流逐渐衰减，直到充电速率降到设置值以下或满充时间超时，转入顶端截止充电；顶端截止充电时，充电器以极小的充电电流为电池补充能量。由于充电器在检测电池电压是否达到终止电压时有充电电流通过电池内阻，尽管在充满和顶端截止充电过程中充电电流逐渐下降，减少了电池内阻和其他的串联电阻对电池端电压的影响，但串联在充电回路中的电阻形成的压降仍然对电池终止电压的检测有影响，一般情况下，满充和顶端终止充电可以延长电池5%～10%的使用时间。

④ 断电　当电池充满后，MAX1898芯片的2引脚发送的脉冲电平将会被单片机检测到，引起单片机的中断，在中断中判断出充电完毕的状态。此时，单片机将通过P2.1口控制继电器切断LM7805向MAX1898芯片的供电，从而保证芯片和电池的安全，同时也减小功耗。

⑤ 报警　当电池充满后，MAX1898芯片本身会向外接的LED灯发出指令，LED灯会闪烁。但是，为了安全起见，单片机在检测到充满状态的脉冲后，不仅会自动切断MAX1898芯片的供电，而且会通过蜂鸣器报警，提醒用户及时取出电池。

（4）ADC0832模/数转换器电路设计　ADC0832模/数转换器电路，是将采集的模拟电压，转换成数字信息送到单片机，与单片机进行显示处理，并与内部设定的充电参数进行比较，根据运算和比较结构，驱动充电控制电路。ADC0832可对两路模拟信号进行A/D转换，本设计只需一个通道，选择通道CH0作为A/D转换的输入通道。

在采集充电电压时，为了不影响充电输出的电压、电流参数，本设计在输出模拟电压采集点与A/D转换的输入端加接了输入阻抗很大的集成运算放大器LM358，利用集成运放的跟随器特性，采集输出电压的模拟量，这样设计的优点是：不影响原充电电路的输出；采集的输出电压比较准确，为准确控制创造条件。设计图中的电位器是仿真软件仿真时，为验证充电电压变化时MCU的控制效果而加上去的，实际的设计电路应该去掉。

ADC0832模/数转换器电路设计如图8-45所示。

（5）自动断开及报警电路的设计与实现　自动断开电路设计原理：智能充电器设计的智能之处在于，当电源给电池充满电时，为避免损害电池及延长电池的使用寿命，用单片机智能控制，使其自动断开，自动断开电路由继电器和二极管完成。当电池充满电后，通过继电器断开电源，由于继电器线圈的电流不能突变，在电源切断后，线圈中原有的电流需要一个慢慢释放的回路。尽管在断电后，继电器线圈中的电流很小，但如果没有回路则相当于小电流串接了一个无穷大的电阻，两者相乘得到线圈两端的电压很高，有可能烧坏线圈，因此，本设计在继电器旁加接了一个电流泄放二极管，其作用是给切断电源后继电器线圈电流一个泄放回路，来避免线圈被烧坏。

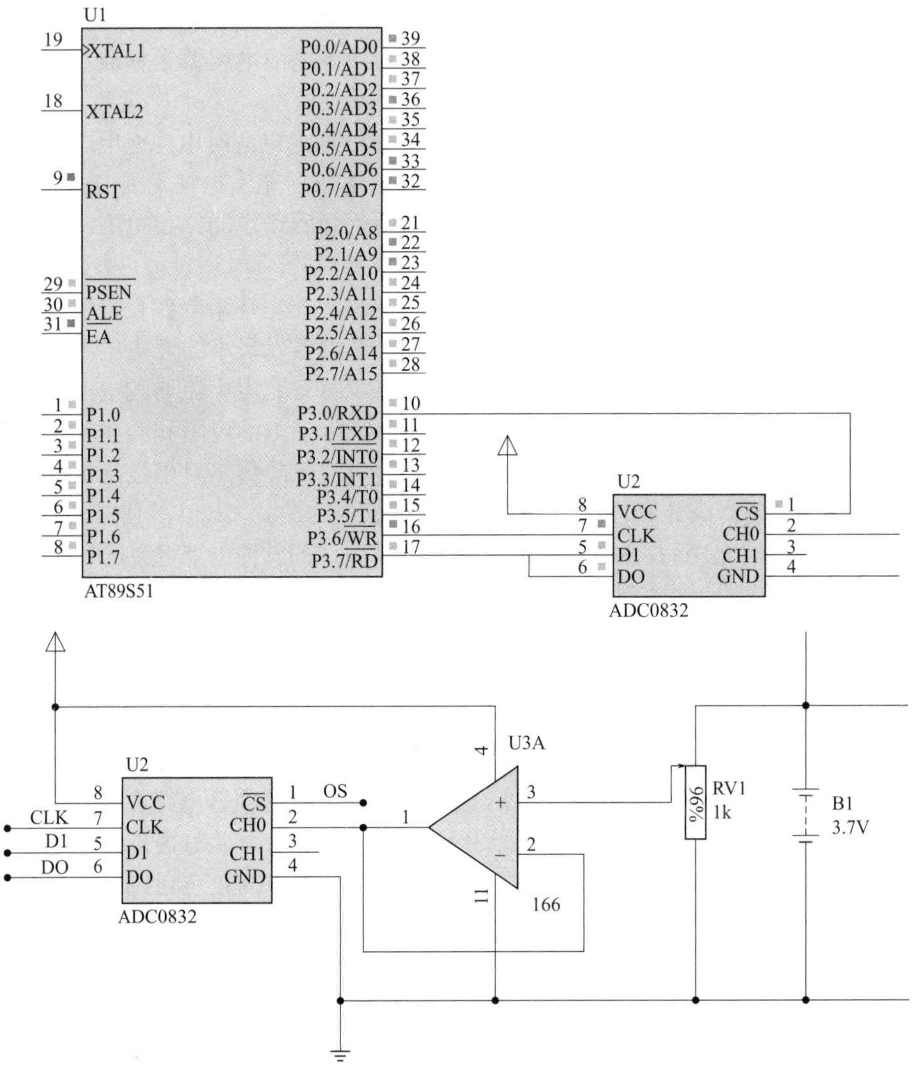

图8-45　ADC0832模/数转换器电路设计

蜂鸣器电路设计：蜂鸣器电路比较简单，通过单片机的编程控制，可直接启动蜂鸣器工作，所不同的是，如果报警没完没了，那么充电完成后长时间的蜂鸣也会增加噪声，尤其是晚上，可能影响休息，所以，蜂鸣器在充满自动报警后，设计了报警一段时间自动停止报警。

自动断开及报警电路设计如图8-46所示。

（6）显示电路设计

① LCD1602采用标准的16脚接口

第1引脚：GND为电源地。

第2引脚：VCC接5V电源正极。

第3引脚：V0为液晶显示器对比度调整端，接正电源时对比度最弱，接地电源时对比度最高（对比度过高时会 产生“鬼影”，使用时可以通过一个10kΩ的电位器调整对比度）。

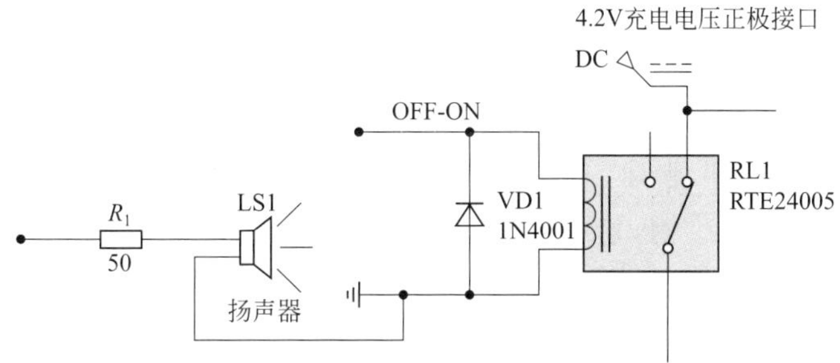

图8-46　自动断开及报警电路设计

第4引脚：RS为寄存器选择，高电平（1）时选择数据寄存器，低电平（0）时选择指令寄存器。

第5引脚：RW为读写信号线，高电平（1）时进行读操作，低电平（0）时进行写操作。

第6引脚：E（或EN）端为使能（enable）端，高电平（1）时读取信息，负跳变时执行指令。

第7 ～ 14引脚：D0 ～ D7为8位双向数据端。

第15 ～ 16脚：空脚或背灯电源。第15引脚背光正极，第16引脚背光负极。

② LCD1602写入自己的字符及显示汉字

• 由于LCD是外部设备，处理速度比CPU速度慢，向LCD写入命令到完成功能需要一定的时间，在这个过程中，LCD处于忙状态，不能向LCD写入新的内容。LCD是否处于忙状态可以通过读忙标志命令来了解。

用state = LCDPORT来读取I/O端口的状态，将state & 0x80来判断LCD是否处于忙状态，若I/O口bit7为1，则表示LCD处于忙状态，反之则空闲。

• 要让LCD1602显示自定义字符，就得用到CGRAM指令，CGROM字码表实际只有8个字节可供使用，writecom(0x40)表示将要在CGRAM中写入数据，设置字库CGRAM地址命令是0100 0000。

LCD1602能存储8个自定义字符（即8个字节的使用），这8个自定义字符存储空间的首地址分别是0x40,0x48,0x50,0x58,0x60,0x68,0x70,0x78。

使用时读取自定义字符的地址为0x40 ～ 0x78，对应00H ～ 07H。一个地址（如00H）存放1B的一个字符（1B = 8bit,一个字符由8个0x**组成）

以0x40来说，它的存储空间如图8-47所示。这样就可以得到每个地址需要写入的数据：

```
地址：数据
0x40 : 0x16
0x41 : 0x09
0x42 : 0x08 其他类推。将这8个数据写入对应地址即可。（有红格子的为1，白格子为0）
```

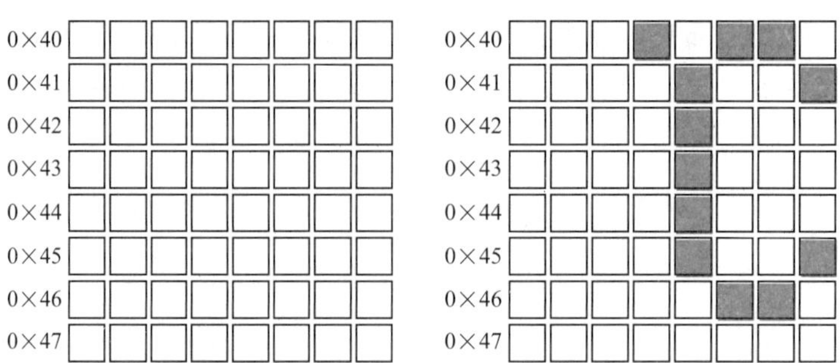

图8-47　LCD1602显示 0x40存储空间图

在本设计中显示电路设计如图8-48所示。

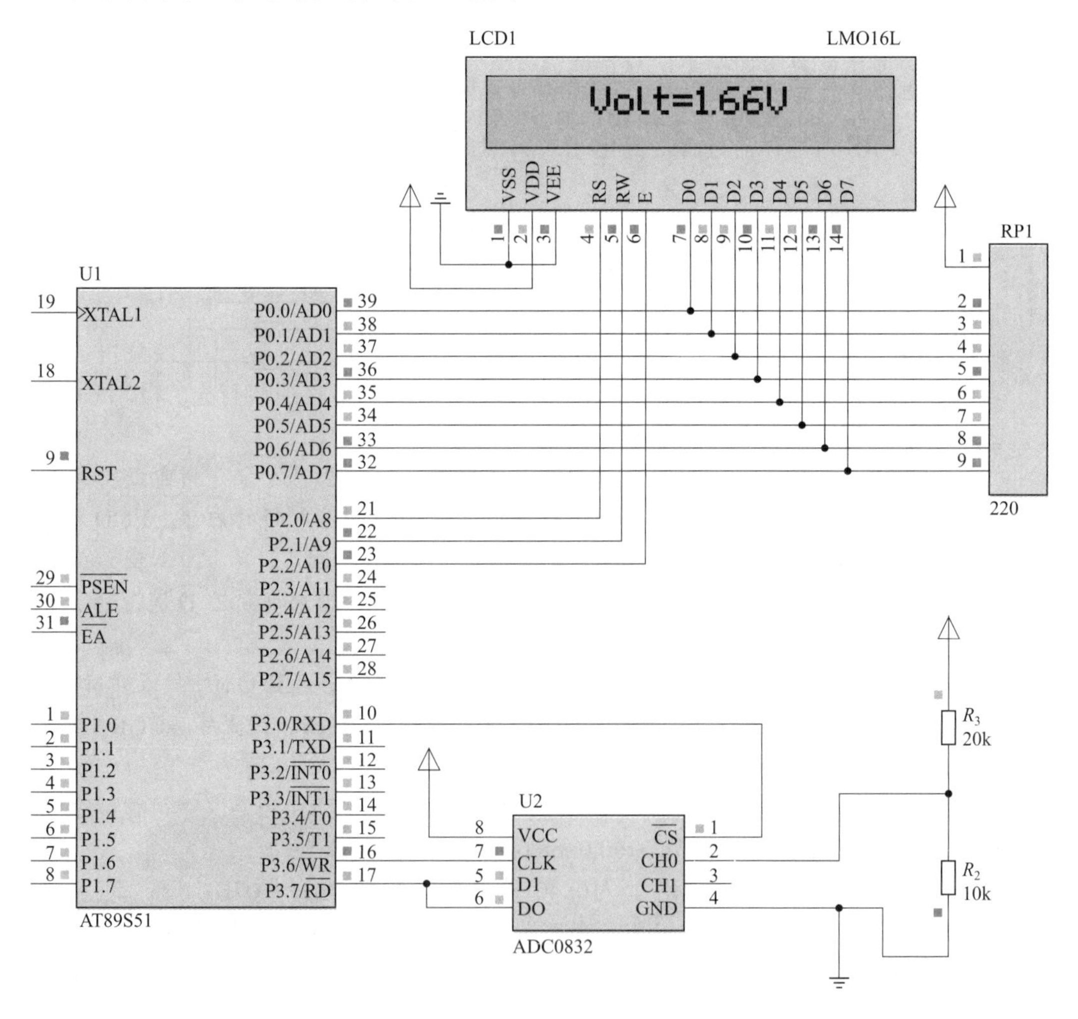

图8-48　LCD1602组成的显示电路设计

 系统软件设计

从充电电池端采集电压，用集成运算放大器放大组成的电压跟随器进行。然后将

ADC0832进行模/数（A/D）转换，送到单片机处理，以显示电池电量及充电进度，判断电量充足与否：如果电量不足则启动充电模式继续充电，若充满则关闭充电模式，启动充满提示，启动报警，并报警一段时间自动关闭，在LCD1602上显示出电压和充电进度。软件设计流程图如图8-49所示。

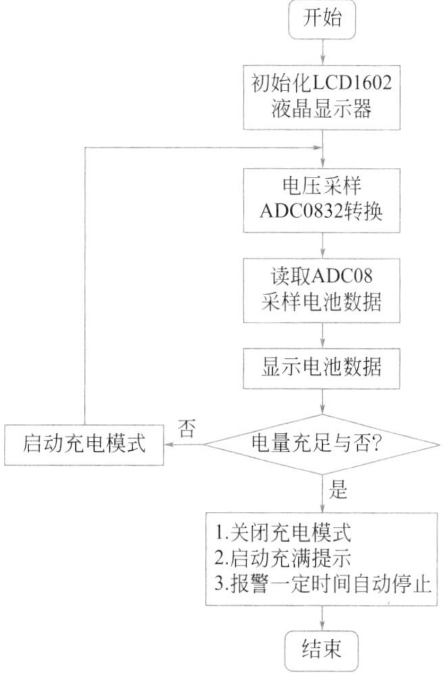

图8-49　智能手机锂电池充电器软件设计流程图

例 8-6　汽车防撞安全装置设计

汽车防撞安全装置的设计思路

汽车倒车防撞安全装置能以声音或者更为直观的数字形式动态显示周围障碍物的情况。产品可以显示车后障碍物离车体的距离。其大多数产品探测范围在0.35 ～ 2.5m，并有距离显示、声响报警、区域警示和方位指示。

在实际应用中多数采用超声波防撞系统设计。超声测距原理简单：它发射超声波并接收反射回波，通过单片机计数器获得两者时间差t，利用公式$S=Ct/2$计算距离，其中S为汽车与障碍物之间的距离，C为声波在介质中的传播速度。

这里采用的超声测距系统共有两只超声波探头，分别布置在汽车的后左、后右两个位置上，能检测前进和倒车方向障碍物距离，通过后视镜内置的显示单元显示距离和方位，发出一定的声响，起到提示和报警的作用。系统采用一片STC89C52单片机对两路超声波信号进行循环采集。

系统总体设计

（1）系统总体框图　构成超声测距系统的电路功能模块包括发射电路、接收电路、显示电路、单片机控制器及一些辅助电路。采取收发分离方式有两个好处：一是收发信号不会混叠，接收探头所接收到的纯为反射信号；二是将接收探头放置在合适位置，可以避免超声波在物体表面反射时造成的各种损失和干扰，提高系统的可靠性。 超声波防撞原理框图如图8-50所示。

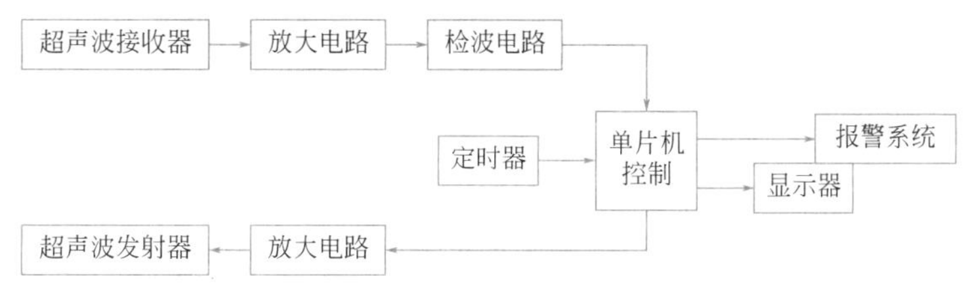

图8-50　超声波防撞原理框图

当利用超声波探测器测距时常用两种方法——强度法和反射时间法。强度法是利用声波在空气中的传输损耗值来测量被测物的距离，被测物越远其反射信号越弱，根据反射信号的强弱就可以知道被测物的远近。但在使用这种方法时，由于换能器之间的直接耦合信号很难消除，在放大器增益较高时这一直接耦合信号就可使放大器饱和从而使整套系统失效。由于直接耦合信号的影响，强度法测距只适合较短距离且精度要求不高的场合。

反射时间法的原理是利用从发出检测声波到接收到被测物反射回波的时间来测量距离，对于距离较短和要求不高的场合，我们可认为空气中的声速为常数，通过测量回波时间T，利用公式$S=V\times(T/2)$（其中S为被测距离，V为空气中声速，T为回波时间）计算出路程，这种方法不受声波强度的影响，直接耦合信号的影响也可以通过设置“时间门”来加以克服，因此这种方法非常适合较远距离的测距，如果对声速进行温度修订，其精度还可进一步提高，本设计选用此方法。

而超声波传感器一般要在40kHz才能得到最大的振荡，超声波才能传得更远，而要产生40kHz的方波可以直接通过单片机输出PWM信号或通过外部振荡电路来产生，这里采用的是52单片机，没有多余的资源完成这么多工作，故摒弃了由单片机直接产生PWM信号的方式，而采用由外部电路产生。

（2）单片机的功能特点及测距原理　40kHz的发射频率由NE555提供给软件进行处理控制发射及停止，回波经过STC89C52对接收到的信息进行处理后，被测的距离在LCD上显示，显示部分采用动态扫描显示，满足显示精度；若该距离小于预置的汽车低速安全刹车范围（如1m或0.5m），报警电路发出适当的警告提示音，由蜂鸣器输出控制报警电路的工作。

系统的硬件结构设计

（1）STC89C52单片机电路设计　STC89系列单片机是MCS-51系列单片机的派生产品。它在指令系统、硬件结构和片内资源上与标准8052单片机完全兼容（这点请读者注意），DIP40封装系列与8051为pin-to-pin兼容。STC89系列单片机高速（最高时钟频率90MHz），低功耗，在系统/在应用可编程（ISP，IAP），不占用户资源。根据本系统的实际情况，选择STC89C52单片机，STC89C52芯片实物图如图8-51所示。STC89C52的引脚功能图如图8-52所示。

图8-51　STC89C52芯片实物图

单片机的引脚功能说明：

① **电源引脚**　VCC40脚正电源脚，工作电压为5V。20脚接地端。

② 时钟电路引脚XTAL1和XTAL2　为了产生时钟信号，在STC89C52单片机内部设置了一个反相放大器，XTAL1是片内振荡器反相放大器的输入端，XTAL2是片内振荡器反相放大器的输出端，也是内部时钟发生器的输入端。当使用自激振荡方式时，XTAL1和XTAL2外接石英晶振，使内部振荡器按照石英晶振的频率振荡，就产生时钟信号，如图8-53所示。

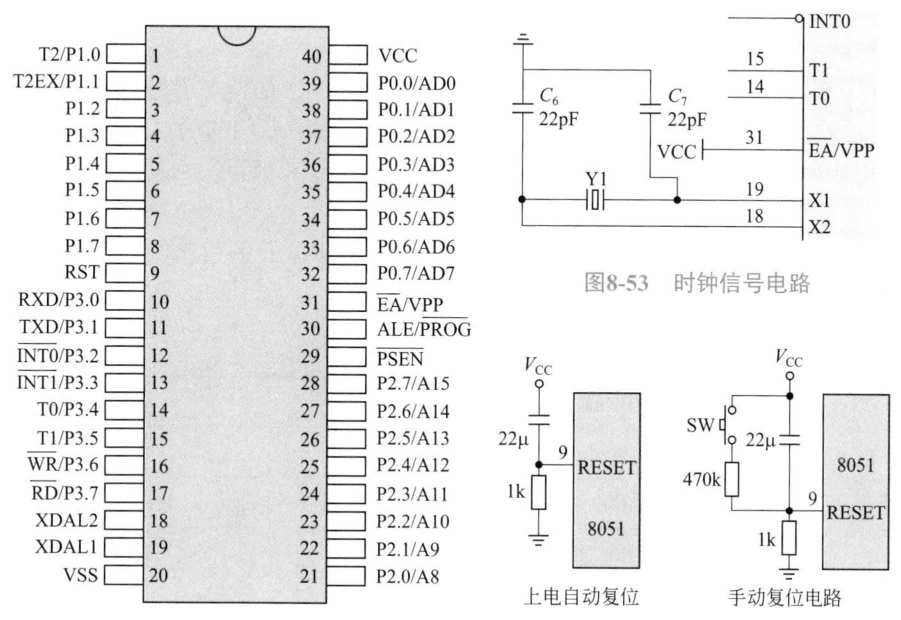

图8-52　STC89C52单片机引脚图

图8-53　时钟信号电路

图8-54　复位电路图

本设计使用的石英晶振频率为12MHz。

③ 复位RST 9脚　在振荡器运行时，有两个机器周期（24个振荡周期）以上的高电平出现在此引脚时，将使单片机复位，只要这个脚保持高电平，52芯片便循环复位。复位后P0～P3口均置1，引脚表现为高电平，程序计数器和特殊功能寄存器SFR全部清零。当复位脚由高电平变为低电平时，芯片为ROM的0000H处开始运行程序。常用的复位电路如图8-54所示。

④ 输入输出(I/O)引脚　Pin39～Pin32为P0.0～P0.7输入/输出脚，称为P0口，是一个8位漏极开路型双向I/O口。内部不带上拉电阻，当外接上拉电阻时，P0口能以吸收电流的方式驱动八个LSTTL负载电路。通常在使用时外接上拉电阻，用来驱动多个数码管。在访问外部程序和外部数据存储器时，P0口是分时转换的地址（低8位）/数据总线，不需要外接上拉电阻。

Pin1～Pin8为P1.0～P1.7输入/输出脚，称为P1口，是一个带内部上拉电阻的8位双向I/O口。P1口能驱动4个LSTTL负载。通常在使用时不需要外接上拉电阻，就可以直接驱动发光二极管。端口置1时，内部上拉电阻将端口拉到高电平，作输入用。

对于输出功能，在单片机工作时，我们可以通过用指令控制单片机的引脚输出高电平或者低电平。如：指令CLR，清零。

CLR P1.0：让单片机从第一脚输出低电平。指令SETB，置1。

SETB P1.0：让单片机从第一个脚输出高电平。

Pin21 ～ Pin28为P2.0 ～ P2.7输入/输出脚，称为P2口，是一个带内部上拉电阻的8位双向I/O口，P2口能驱动4个LSTTL负载。端口置1时，内部上拉电阻将端口拉到高电平，作输入用。对内部FLASH程序存储器编程时，接收高8位地址和控制信息。在访问外部程序和16位外部数据存储器时，P2口送出高8位地址。而在访问8位地址的外部数据存储器时其引脚上的内容在此期间不会改变。

Pin10 ～ Pin17为P3.0 ～ P3.7输入/输出脚，称为P3口，是一个带内部上拉电阻的8位双向I/O口，P3口能驱动4个LSTTL负载，这8个引脚还用于专门的第二功能。端口置1时，内部上拉电阻将端口拉到高电平，作输入用。对内部FLASH程序存储器编程时，接控制信息。

P3口在做输入使用时，因内部有上接电阻，被外部拉低的引脚会输出一定的电流。除此之外P3端口还用于一些专门功能，如表8-7所示。

表8-7　P3口专门功能

P3引脚	兼用功能	P3引脚	兼用功能
P3.0	串行通信输入（RXD）	P3.4	定时器0输入(T0)
P3.1	串行通信输出（TXD）	P3.5	定时器1输入(T1)
P3.2	外部中断0（INT0）	P3.6	外部数据存储器写选通WR
P3.3	外部中断1（INT1）	P3.7	外部数据存储器写选通RD

⑤ 其他的控制或复用引脚

• ALE/PROG 30访问外部存储器时，ALE（地址锁存允许）的输出用于锁存地址的低位字节。即使不访问外部存储器，ALE端仍以不变的频率输出脉冲信号（此频率是振荡器频率的1/6）。在访问外部数据存储器时，出现一个ALE脉冲。对FLASH存储器编程时，这个引脚用于输入编程脉冲PROG。

• PSEN 29是外部程序存储器的选通信号输出端。当AT89C52由外部程序存储器取指令或常数时，每个机器周期输出2个脉冲即两次有效。但访问外部数据存储器时，将不会有脉冲输出。

• EA/VPP 31外部访问允许端。当该引脚访问外部程序存储器时，应输入低电平。要使AT89S51只访问外部程序存储器（地址为0000H～FFFFH），这时该引脚必须保持低电平。对FLASH存储器编程时，用于施加VPP编程电压。

STC89C52单片机电路设计如图8-55所示。

（2）发射电路的设计　本系统采用555 多谐振荡器电路来产生40kHz的方波，并由单片机I/O口来控制其发送与否。它具有占空比连续可调的优点，电路如图8-56所示。为了能连续调节占空比并能调节振荡频率，在555的第6脚和第7脚之间接有R_9、R_{10}、R_7、R_8组成的调节网络。对C_{10}充电时，电流是通过R_7、R_8、R_9和R_{10}，放电时，通过R_{10}、R_9和R_8、R_7。当R_7=R_8，R_{10}调到中心点或不用R_{10}时，因充放电时间基本相等，其占空比约为

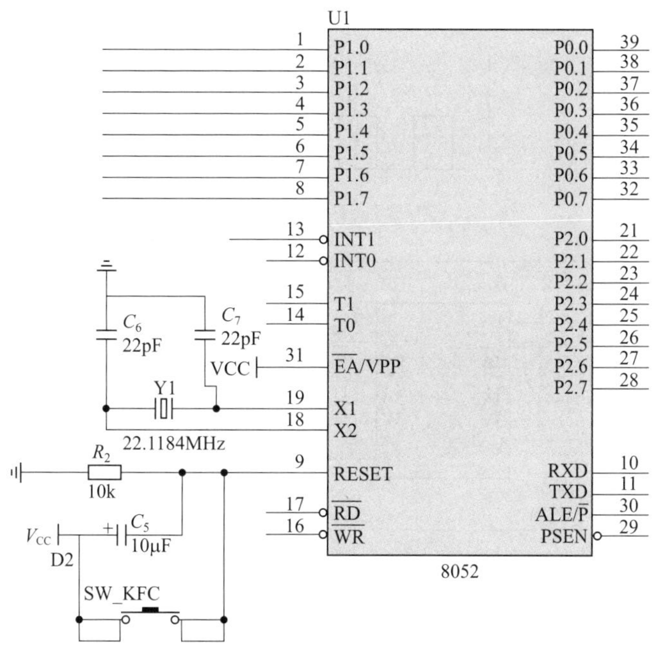

图8-55　STC89C52单片机电路设计

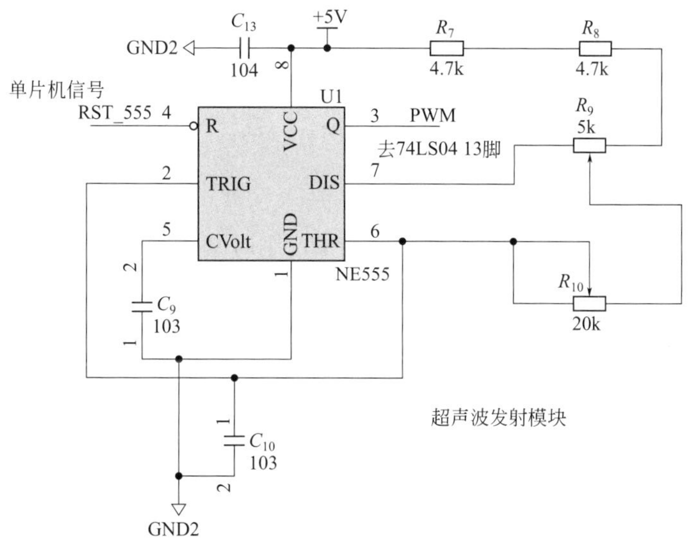

图8-56　发射电路设计

50%，此时调节R_9仅改变频率，占空比不变。如R_{10}调节偏离中心点，再调节R_9，不仅振荡频率改变了，而对占空比也有影响。因此，使用电路时，应首先调节R_9，使频率至规定值，再调节R_{10}以获得合适的占空比。为保证驱动能力，又为了在低电压下工作，故采用来放大信号，提高发射功率。输出40kHz波形如图8-57所示。40kHz方波波形输入到反相器芯片74LS04的13脚后，经过74LS04处理，经过C_{14}到超声波发射换能器发射出超声波信号，如图8-58所示。

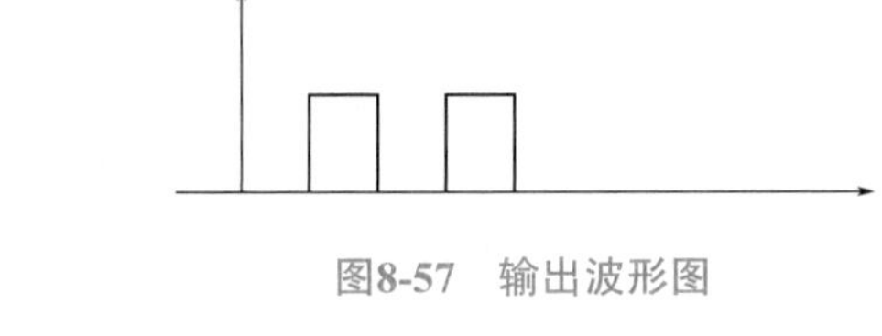

图8-57　输出波形图

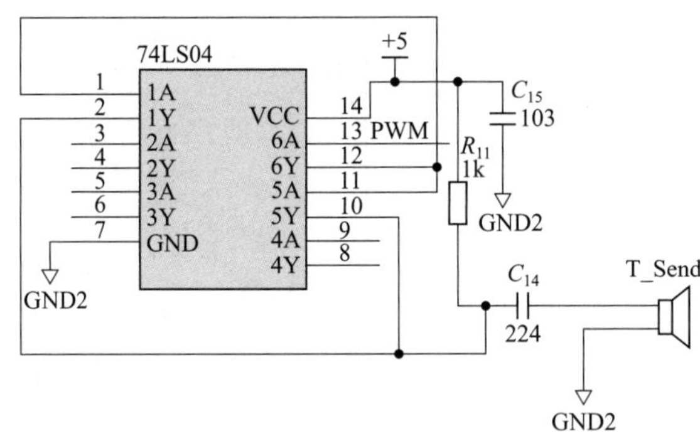

图8-58　74LS04组成的超声波发射电路设计

NE555时基集成电路是8脚的数字集成电路，它的各个引脚功能如下：

1脚：外接电源负端VSS或接地，一般情况下接地。

8脚：外接电源VCC，双极型时基电路VCC的范围是4.5 ～ 16V，CMOS型时基电路VCC的范围为3 ～ 18V。

3脚：输出端V_O。

2脚：$\overline{TL}$，低触发端。

6脚：TH，高触发端。

4脚：$\bar{R}_D$，直接清零端。当$\bar{R}_D$端接低电平，则时基电路不工作，此时不论$\overline{TL}$、TH处于何电平，时基电路置“0”，该端不用时应接高电平。

5脚：VC为控制电压端。若此端外接电压，则可改变内部两个比较器的基准电压，当该端不用时，应将该端串入一只0.01μF电容接地，以防引入干扰。

7脚：放电端。该端与放电管集电极相连，用作守时器时电容放电。

（3）接收电路的设计　集成电路CX20106A测距的超声波频率40kHz左右，可以利用它做超声波的检测接收电路。当CX20106A接收到40kHz的信号时，对接收探头受到的信号进行放大、滤波。其总放大增益为80DB，会在第7脚产生一个低电平下降脉冲，这个信号可以接到单片机的外部中断引脚作为中断信号输入。

下面对红外遥控接收器集成电路CX20106A做一个简要的介绍。内部结构和引脚功能如图8-59所示。

超声波接收换能器将接收到的回波信号转换后经过0.056μF的电容初步滤波后，进入CX20106A的1脚，经过CX20106A的前置放大器、限幅放大器、带通滤波器（中心频率为40kHz）、检波器及比较器，最后经过内部的整形电路，从7脚输出至单片机AT89S51的外部中断0（P3.2）口。当芯片接收到40kHz的信号时，7脚的输出由高电平转为低电平，

单片机外部中断0口检测到输入信号的下降沿或者低电平时，立即产生中断，同时停止定时/计数器T0，从而得到超声波的回波时间t，如图8-60所示。

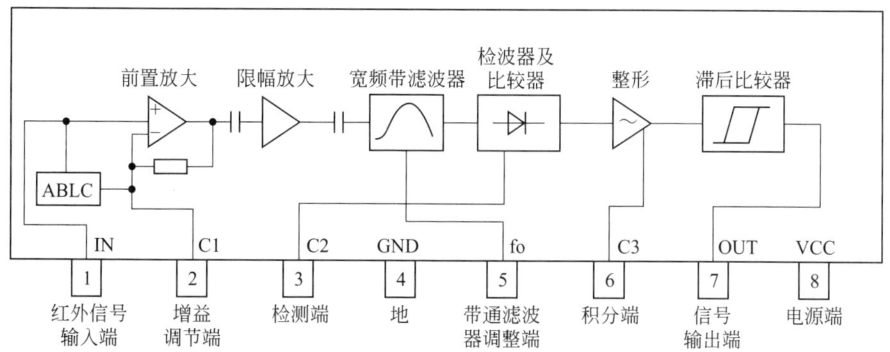

图8-59　CX20106A内部结构和引脚功能

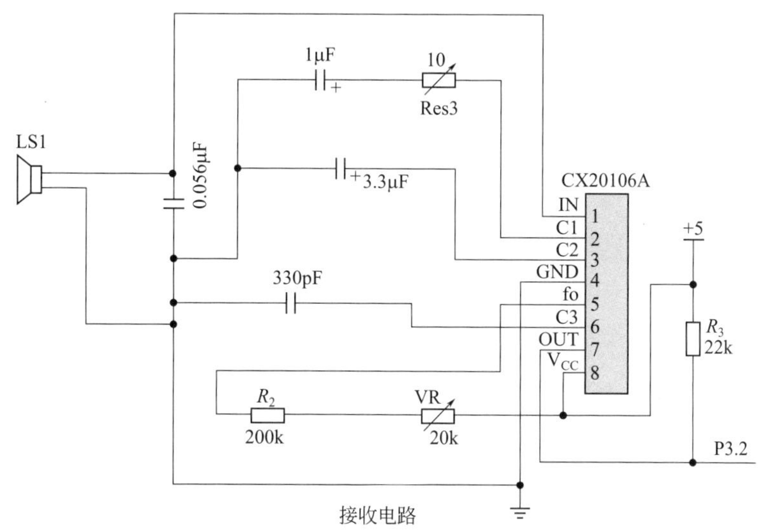

图8-60　CX20106A组成的超声波接收电路

（4）显示报警模块的设计　液晶显示器以其微功耗、体积小、显示内容丰富、超薄轻巧的诸多优点，在袖珍式仪表和低功耗应用系统中得到越来越广泛的应用。随着科技的发展，液晶显示模块的应用前景将更加广阔。

本系统选用LCD TS12864-3显示器作为显示模块。TS12864-3引脚功能如表8-8所示。

表8-8　TS12864-3引脚功能表

引脚号	引脚	电平	说明
1	CAS	H/L	片选择信号，低电平时选择前64列
2	CSB	H	片选择信号，低电平时选择后64列
3	GND	0V	逻辑电源地
4	VCC	5V	逻辑电源

续表

引脚号	引脚	电平	说明
5	VEE	−10V	LCD驱动电源
6	D/I	H/L	数据/指令选择，高电平：数据D0 ～ D7将送入显示RAW
7	R/W	H/L	读/写选择，高电平：读数据；低电平：写数据
8	E	H.H/L	读写使能，高电平有效，下降沿锁定数据
9	DB0	H/L	数据输入/输出引脚
10	DB1	H/L	数据输入/输出引脚
11	DB2	H/L	数据输入/输出引脚
12	DB3	H/L	数据输入/输出引脚
13	DB4	H/L	数据输入/输出引脚
14	DB5	H/L	数据输入/输出引脚
15	DB6	H/L	数据输入/输出引脚
16	DB7	H/L	数据输入/输出引脚

显示电路设计图如图8-61所示。

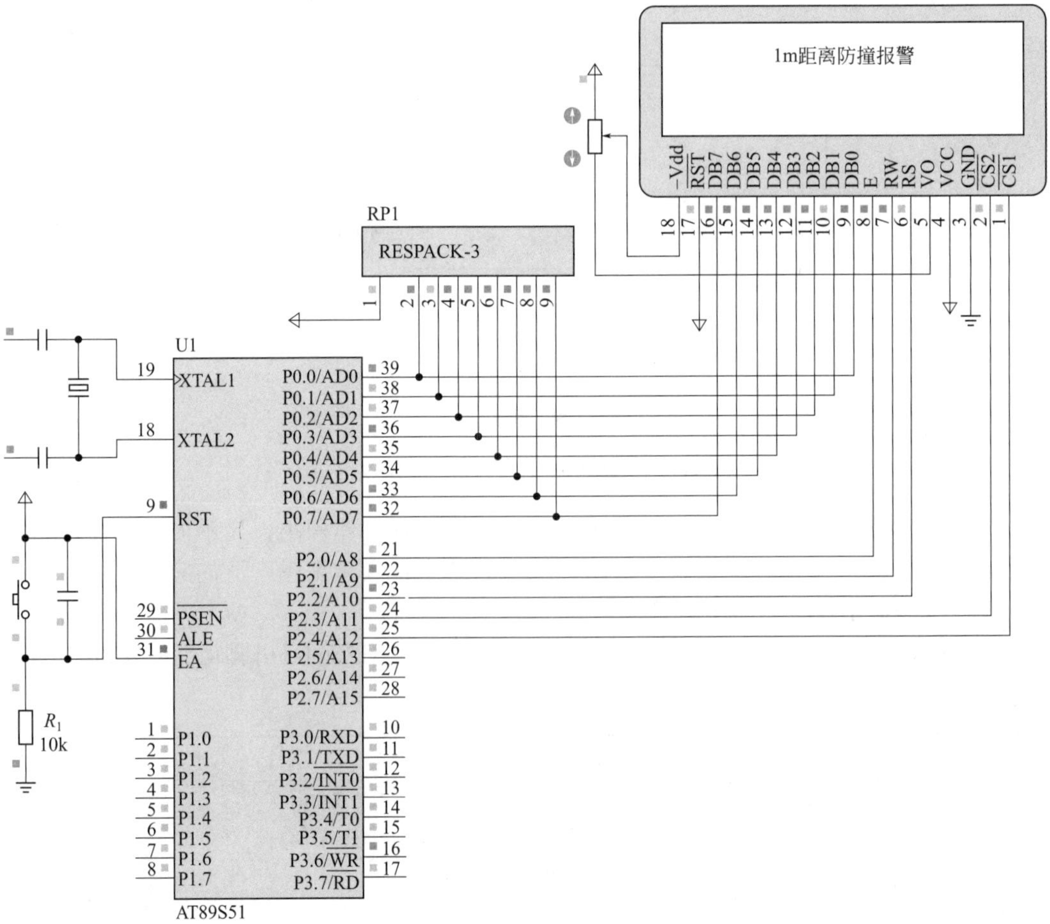

图8-61　汽车防撞显示电路设计图

图形显示坐标如图 8-62 所示。

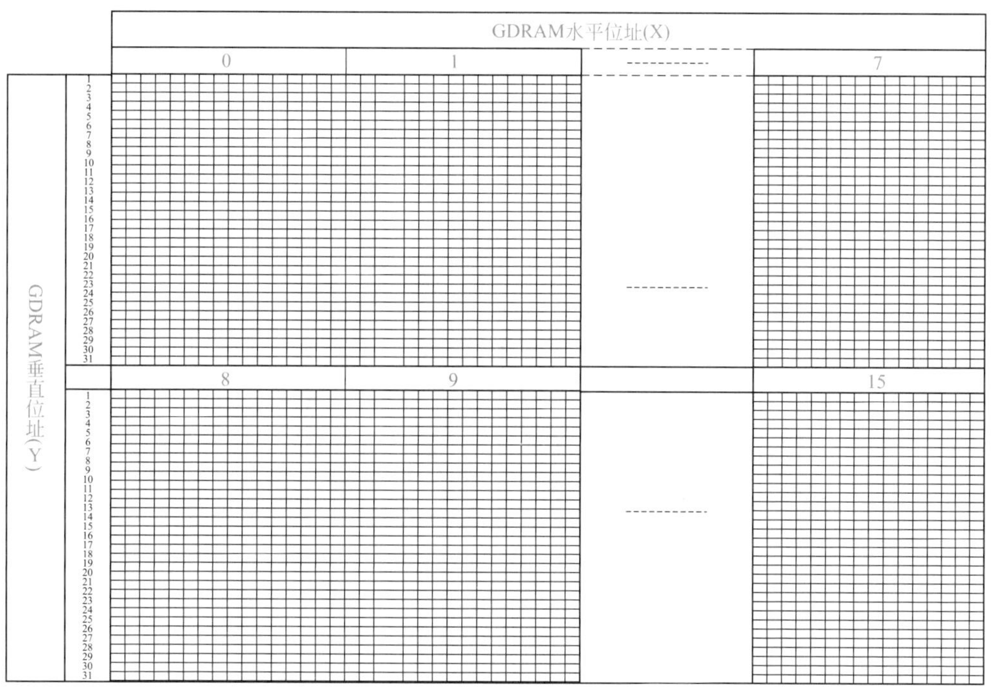

图8-62　图形显示坐标

（5）计算机和单片机通信系统设计　汽车安全运行是一个庞大的控制系统，为了把报警系统应用于实际，我们需要把单片机数据和汽车电脑系统进行交换，在这里采用串口 RS-232 接口，利用专用芯片 MAX232 进行转换。RS-232 转 485 PCB 设计原理与制作可扫二维码学习。汉字显示坐标如图 8-63 所示。

	X坐标							
Line1	80H	81H	82H	83H	84H	85H	86H	87H
Line2	90H	91H	92H	93H	94H	95H	96H	97H
Line3	88H	89H	8AH	8BH	8CH	8DH	8EH	8FH
Line4	98H	99H	9AH	9BH	9CH	9DH	9EH	9FH

图8-63　汉字显示坐标

RS-232转485 AD原理图设计

RS-232转485电路板布局设计

RS-232转485电路板布线设计

字符表如图 8-64 所示。

单片机有一个全双工的串行通信口，所以单片机和计算机之间可以方便地进行串口通信。进行串行通信时要满足一定的条件，比如计算机的串口是 RS-232 电平的，而单片机的串口是 TTL 电平的，两者之间必须有一个电平转换电路，我们采用了专用芯片 MAX232 进行转换，虽然也可以用几个三极管进行模拟转换，但还是用专用芯片更简单可靠。我们采用了三线制连接串口，也就是说和计算机的 9 针串口只连接其中的 3 根线：

第5脚的GND、第2脚的RXD、第3脚的TXD。这是最简单的连接方法，但是对我们来说已经足够使用了，电路如图8-65所示，MAX232的第10脚和单片机的第11脚连接，第9脚和单片机的第10脚连接，第15脚和单片机的第20脚连接。

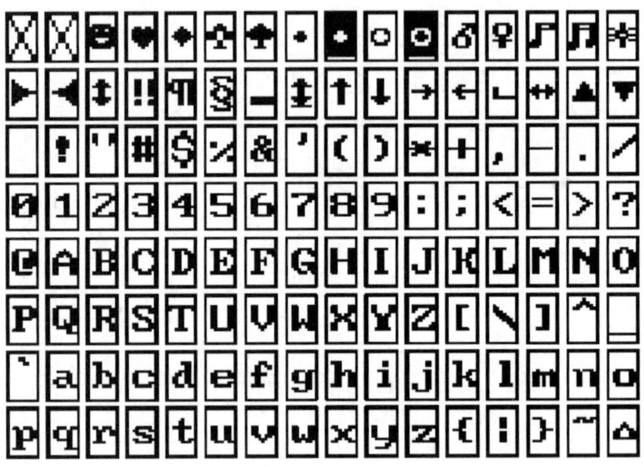

图8-64　字符表

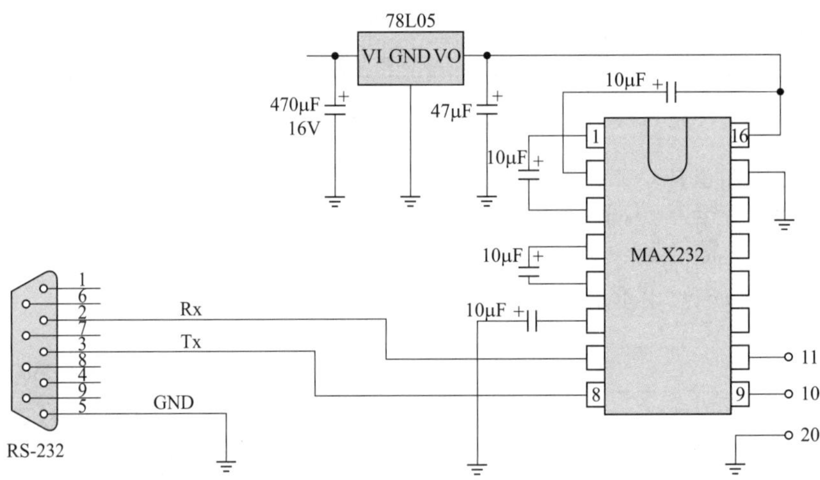

图8-65　MAX232接口电路设计

MAX232芯片是美信公司专门为RS-232标准串口设计的接口电路，使用+5V单电源供电。

内部结构基本可分三个部分：

第一部分是电荷泵电路。由1、2、3、4、5、6脚和4只电容构成。功能是产生+12V和−12V两个电源，提供给RS-232串口电平。

第二部分是数据转换通道。由7、8、9、10、11、12、13、14脚构成两个数据通道。

13脚（$R1_{IN}$）、12脚（$R1_{OUT}$）、11脚（$T1_{IN}$）、14脚（$T1_{OUT}$）为第一数据通道。

8脚（$R2_{IN}$）、9脚（$R2_{OUT}$）、10脚（$T2_{IN}$）、7脚（$T2_{OUT}$）为第二数据通道。

TTL/CMOS数据从$T1_{IN}$、$T2_{IN}$输入转换成RS-232数据，从$T1_{OUT}$、$T2_{OUT}$送到计算

机DB9插头；DB9插头的RS-232数据从$R1_{IN}$、$R2_{IN}$输入转换成TTL/CMOS数据后，从$R1_{OUT}$、$R2_{OUT}$输出。

第三部分是供电。15脚GND、16脚V_{CC}（+5V）。

MAX232引脚和内部电路如图8-66所示。图8-67是系统设计图。

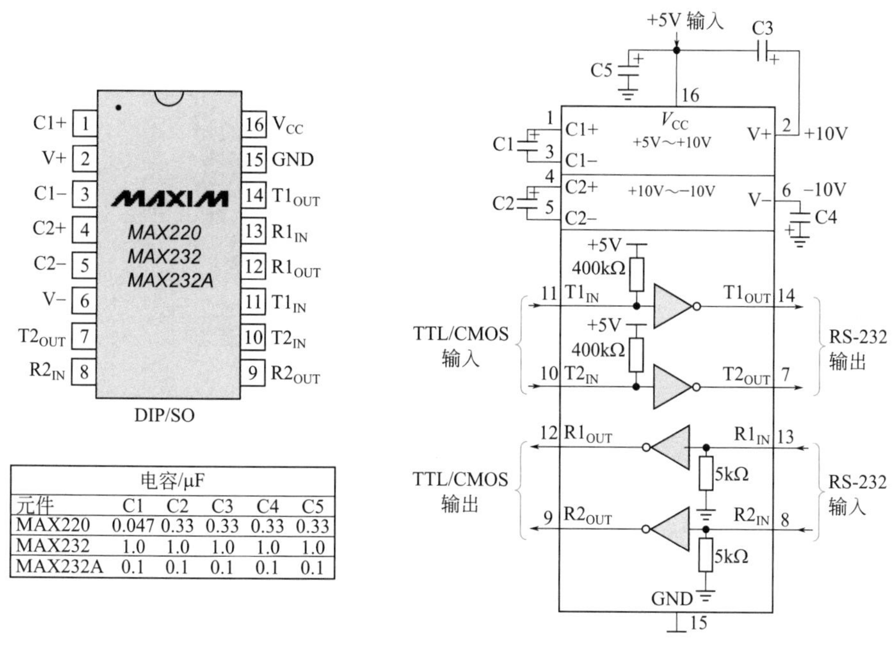

电容/μF					
元件	C1	C2	C3	C4	C5
MAX220	0.047	0.33	0.33	0.33	0.33
MAX232	1.0	1.0	1.0	1.0	1.0
MAX232A	0.1	0.1	0.1	0.1	0.1

图8-66 MAX232引脚和内部电路图

系统软件的设计

软件设计的主要思路是将预置、发射、接收、显示、声音报警等功能编成独立的模块，在主程序中采用键控循环的方式，当按下控制键后，在一定周期内，依次执行各个模块，调用预置子程序、发射子程序、查询接收子程序、定时子程序，并把测量的结果进行分析处理，根据处理结果决定显示程序的内容以及是否调用声音，显示报警程序。当测得距离小于预置距离时，声音、显示报警程序被调用。

主程序首先是对系统环境初始化，设置定时器T0工作模式为16位定时计数器模式。置位总中断允许位EA并给显示端口P0和P2清零。然后调用超声波发生子程序送出一个超声波脉冲，为了避免超声波从发射器直接传送到接收器引起的直射波触发，需要延时约0.1 ms(这也就是超声波测距仪会有一个最小可测距离的原因)后，才打开外中断0接收返回的超声波信号。超声波汽车防撞电路的软件设计主要由主程序、超声波发生子程序、超声波接收中断程序及显示子程序组成。

（1）超声波汽车防撞电路的算法设计　超声波测距的原理为超声波发生器T在某一时刻发出一个超声波信号，当这个超声波遇到被测物体后反射回来，就被超声波接收器R所接收到。这样只要计算出从发出超声波信号到接收到返回信号所用的时间，就可算出

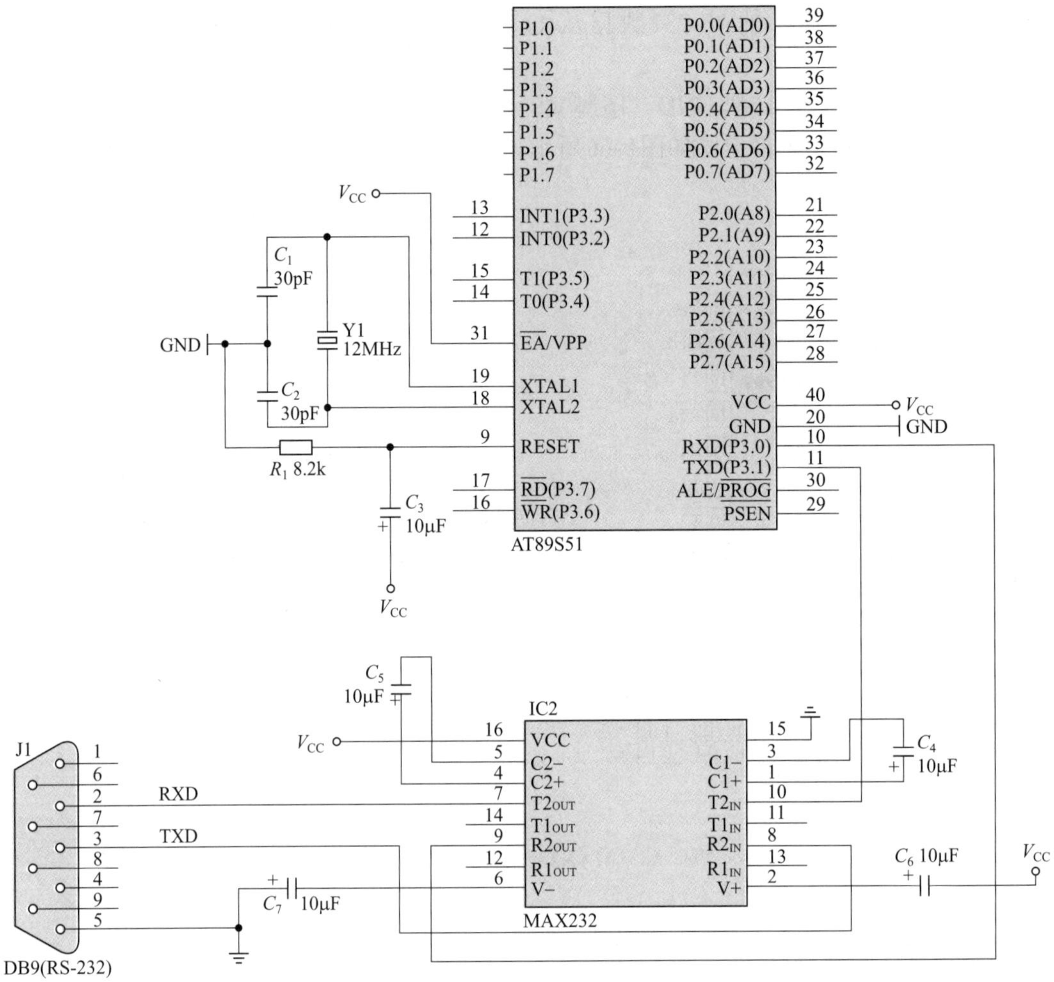

图8-67　计算机和单片机通信系统设计

超声波发生器与反射物体的距离。距离的计算公式为

$$d=s/2=(c\times t)/2$$

式中，d为被测物与测距仪的距离；s为声波的来回路程；c为声速；t为声波来回所用的时间。在启动发射电路的同时启动单片机内部的定时器T0，利用定时器的计数功能记录超声波发射的时间和收到反射波的时间。当收到超声波反射波时，接收电路输出端产生一个负跳变，在INT0或INT1端产生一个中断请求信号，单片机响应外部中断请求，执行外部中断服务子程序，读取时间差，计算距离。

（2）主程序流程图　软件分为主程序、显示报警子程序、中断服务子程序，如图8-68～图8-70所示。主程序完成初始化工作、各路超声波发射和接收顺序的控制。

定时中断服务子程序完成三方向超声波的轮流发射，外部中断服务子程序主要完成时间值的读取、距离计算、结果的输出等工作。

（3）超声波测距时软件工作过程

① 由单片机控制NE555产生40kHz脉冲信号。

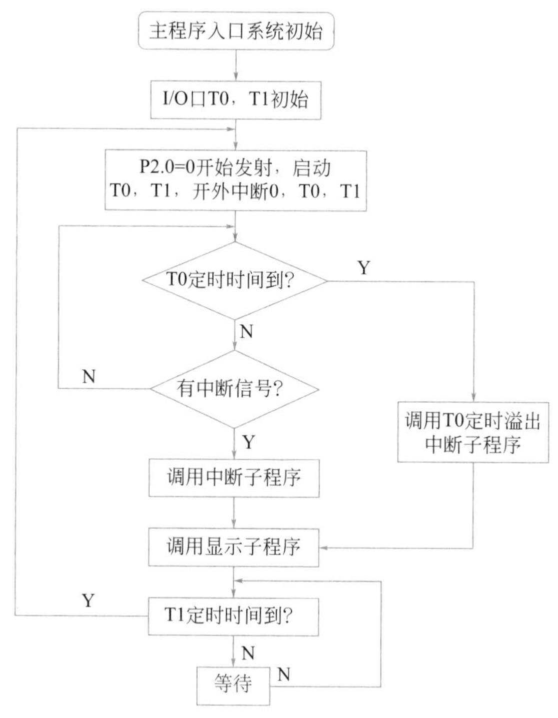

图8-68　主程序流程图

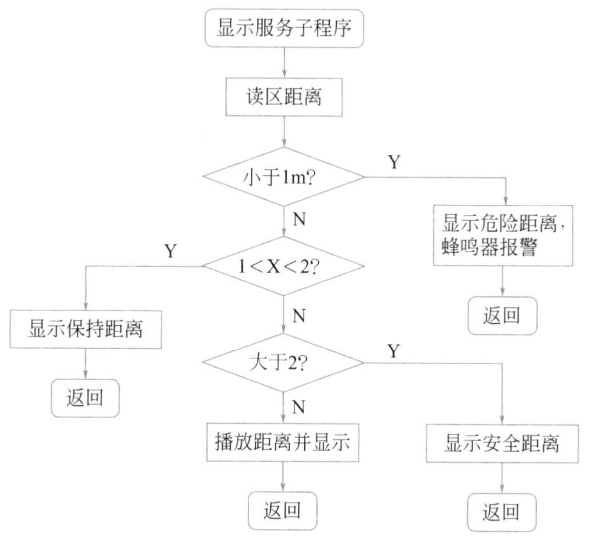

图8-69　显示报警子程序

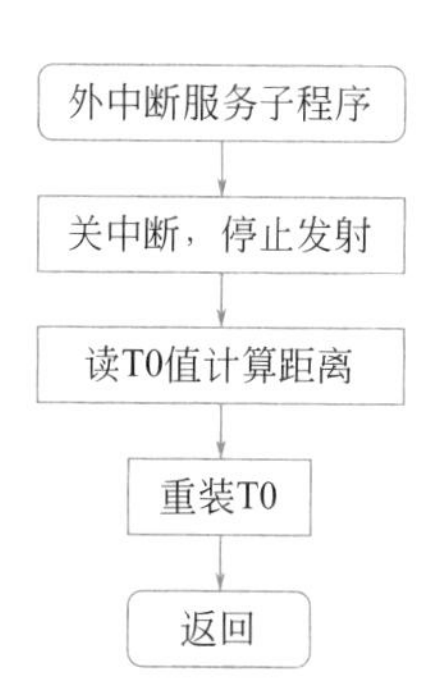

图8-70　中断服务子程序

② 脉冲信号通过超声波发射换能器发出超声波。

③ 单片机在发送脉冲时刻开始计时。

④ 超声波遇到障碍物后回波被超声波换能器接收。

⑤ 读取 T0 口计数值。

⑥ 数据计算。

⑦ 显示报警。

主程序首先是对系统环境初始化，设置定时器T0工作模式为16位定时计数器模式。由于采用的是12 MHz的晶 振，计数器每计一个数就是1μs，当主程序检测到接收成功的标志位后，将计数器T0中的数（即超声波来回所用的时间）计算，即可得被测物体与测距仪之间的距离，设计时取20℃时的声速为344 m/s，则有：

$$d=(c\times t)/2=172\text{T0}/10000\text{cm}$$

式中，T0为计数器T0的计算值。

测出距离后结果将以十进制BCD码方式送往LCD显示约0.5s，然后再发超声波脉冲重复测量过程。为了有利于程序结构化和容易计算出距离，主程序采用C语言编写。

（4）超声波发生子程序和超声波接收中断程序 超声波发生子程序的作用是通过P1.0端口发送脉冲信号控制555芯片超声波的发射（频率约40kHz的方波）占空比不一定为50%，脉冲宽度为12μs左右，同时把计数器T0打开进行计时。超声波发生子程序较简单，但要求程序运行准确，所以采用汇编语言编程。

- 使用外部中断INT0来检测回波，使其工作于下降沿触发方式（IT0=1）。当检测到回波信号，触发并进入中断，同时停止发射超声波和停止计时器T0，在中断服务程序中读取T1的值，并计算测量结果。
- 使用T0作为计时器，工作方式为方式1。发射超声波的同时开定时器T1。如果定时时间结束仍没有接收到回波信号，则进入T1溢出中断服务程序，关闭外部中断INT0和T1溢出中断，重新开始新的一轮测试。

由于T0工作方式为方式1时，最大可定时65ms，即在理想情况下可测最大距离为0.065×324/2=10.5m。实际情况下并不需测这么远的距离或系统很难探测到这么远的距离，但为了方便计算，所以初值赋为0。

超声波测距主程序利用外中断0检测返回超声波信号，一旦接收到返回超声波信号（即INT0引脚出现低电平），立即进入中断程序。进入中断后就立即关闭计时器T0停止计时，并将测距成功标志字赋值1。如果当计时器溢出时还未检测到超声波返回信号，则定时器T0溢出中断将外中断0关闭，并将测距成功标志字赋值2以表示此次测距不成功。前方测距电路的输出端接单片机INT0端口，中断优先级最高，左、右测距电路的输出通过与门的输出接单片机INT1端口，同时单片机P1.3和P1.4接到与门的输入端，中断源的识别由程序查询来处理，中断优先级为先右后左。

8.2 传感器与机电一体化设备的综合电路制作

例 8-7 传感器设备制作——倒车雷达制作

红外倒车雷达电路原理图如图8-71所示，电路板图如图8-72所示，调试与检修可扫二维码学习。它由多谐振荡电路、红外信号发射与接收电路、红外信号放大及电压比较

电路构成，具有电路简单、成本低、电路工作稳定的特点，广泛应用于各种测距场合。基本工作原理：

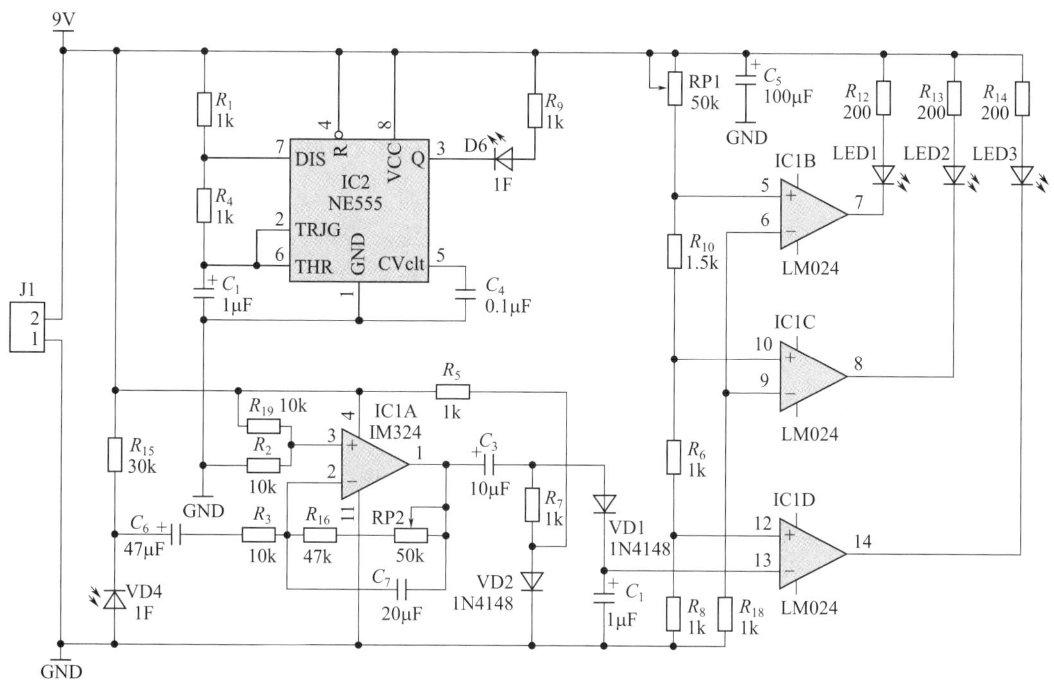

图8-71　电路原理图

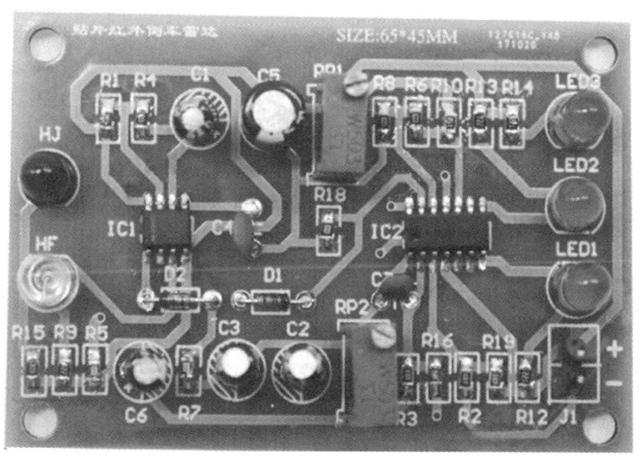

图8-72　组装的电路板图

红外线倒车雷达调试与检修

（1）红外发射管HF和红外接收管HJ有极性（长脚为正极），请勿装错，安装方向可以朝上，也可以朝侧面。RP1调节反射距离，RP2调节灵敏度，可以尝试距离30cm时LED3亮，距离20cm时LED2和LED3亮，距离10cm时全亮。红外传感器上方用白纸遮挡反射效果好。

（2）时基电路NE555及周围元件组成多谐振荡器，产生红外波信号，经IC2第3脚输出并驱动红外发射管HF发射红外信号。

例8-8 自动寻找轨道车制作

自动巡道车组装、调试与维修

单片机智能循迹避障车的制作

关于自动循迹小车为机电一体化设备，详细原理与制作过程参见二维码视频讲解，除此款循迹车外，网上还有一种自动循迹避障车，是由单片机控制的，商家配备编程程序，读者可购买后练习编程用。

（1）基本原理 电路原理如图8-73所示。图8-74所示为循迹车及运动轨道。表8-9为电路元件清单。LM393随时比较着两路光敏电阻的大小，当出现不平衡时（例如一侧压黑色跑道）立即控制一侧电动机停转，另一侧电动机加速旋转，从而使小车修正方向，恢复到正确的方向上，整个过程是一个闭环控制，因此能快速灵敏地控制。

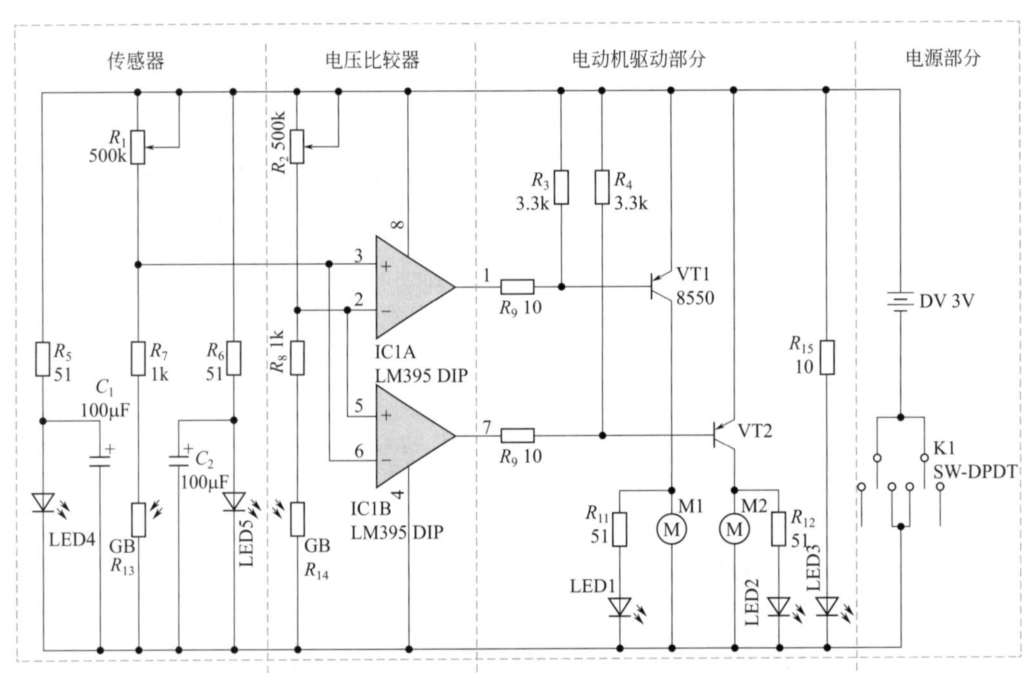

图8-73 电路原理图

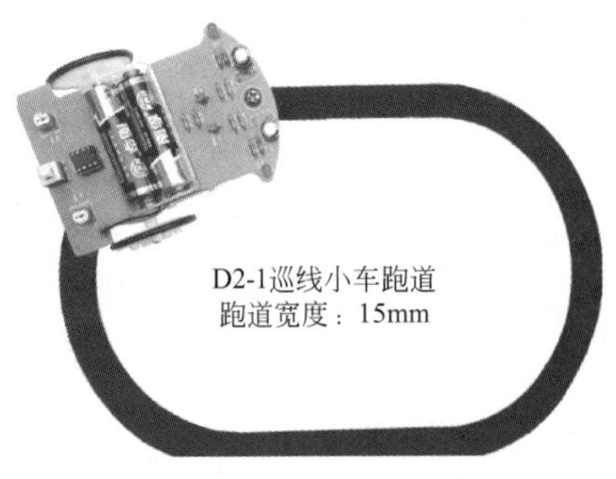

图8-74 循迹轨道图

（2）制作过程 本着从简到繁的原则，我们首先来制作一款由数字电路来控制的智能循迹小车，在组装过程中我们不但能熟悉机械原理，还能逐步学习到光电传感器、电压比较器、电动机驱动电路等相关电子知识。

① 光敏电阻器件 光敏电阻能够检测外界光线的强弱，外界光线越强光敏电阻的阻值越小，外界光线越弱阻值越大，当红色LED光投射到白色区域和黑色跑道时，因为反光率的不同，光敏电阻的阻

值会发生明显区别，便于后续电路进行控制。

② **LM393 比较器集成电路**　LM393 是双路电压比较器集成电路，由两个独立的精密电压比较器构成。它的作用是比较两个输入电压，根据两路输入电压的高低改变输出电压的高低。输出有两种状态：接近开路或者下拉接近低电平，LM393 采用集电极开路输出，所以必须加上拉电阻才能输出高电平。

表 8-9　元件清单

电子元器件清单				机械零部件清单			
标号	名称	规格	数量	序号	名称	规格	数量
IC1	电压比较器	LM393	1	1	减速电动机	JD3-100	2
−γ	集成电路座	8 脚	1	2	车轮轮片 1	/	2
C1	电解电容	100μF	1	3	车轮轮片 2		2
C2		100μF	1	4	车轮轮片 3		2
R1	可调电阻	10k	1	5	硅胶轮胎	25×2.5	2
R2		10k	1	6	车轮螺丝	M3×10	4
R3	色环电阻	3.3k	1	7	车轮螺母	M3	4
R4		3.3k	1	8	轮毂螺丝	M2 2.7	2
R5		51	1	9	万向轮螺丝	M5×30	1
R6		51	1	10	万向轮螺母	M5	1
R7		1k	1	11	万向轮	M5	1
R8		1k	1	其他配件清单			
R9		10	1	序号	名称	规格	数量
R10		10	1	1	电路板	D2-1	1
R11		51	1	2	连接导线	红色	1
R12		51	1	3		黑色	1
R13	光敏电阻	CDS5	1	4	胶底电池盒	AA×2	1
R14		CDS5	1	5	说明书	A4	1
D1	ϕ3.0 发光二极管	LED	1				
D2		LED	1				
D4	ϕ5.0 发光二极管	LED1	1				
D5		LED2	1				
VT1	三极管	8550	1				
VT2		8550	1				
S1	开关	SEITCH	1				

③ 带减速齿轮的直流电动机　直流电动机驱动小车的话必须要减速，否则转速过高小车跑得太快根本来不及控制，而且未经减速则转矩太小甚至跑不起来，由于已经集成了减速齿轮，大大降低了制作难度，非常适合我们使用。

LM393 随时比较着两路光敏电阻的大小，当出现不平衡时（例如一侧压黑色跑道）立即控制一侧电动机停转，另一侧电动机加速旋转，从而使小车修正方向，恢复到正确的方向上，整个过程是一个闭环控制，因此能快速灵敏地控制。

（3）组装步骤

第一步：电路部分基本焊接

电路焊接部分比较简单，焊接顺序按照元件高度从低到高的原则，首先焊接8个电阻，焊接时务必用万用表确认阻值是否正确，焊接有极性的元件如三极管、绿色指示灯、电解电容，务必分清楚极性，尽量参考图示的元件方向焊接。焊接电容时引脚短的是负极，插入PCB印上阴影的一侧，焊接绿色LED时注意引脚长的是正极，并且焊接时间不能太长，否则容易焊坏，D_4、D_5、R_{13}、R_{14}可以暂时不焊，集成电路芯片可以不插，初步焊接完成后务必细心核对，防止粗心大意。

第二步：机械组装

将万向轮螺丝穿入PCB孔中，并旋入万向轮螺母和万向轮。电池盒通过双面胶贴在PCB上，引出线穿过PCB预留孔焊接到PCB上，红线接3V正电源，黄线接地，多余的引线可以用于电动机连线。

机械部分组装可以先组装轮子，轮子由三片黑色亚克力轮片组成，装配前将保护膜揭去，最内侧的轮片中心孔是长圆孔，中间的轮片直径比较小，外侧的轮片中心孔是圆的，用螺丝、螺母固定好三片轮片，并用黑色的自攻螺丝固定在电动机的转轴上，最后将硅胶轮胎套在车轮上。用引线连接好电动机引线，最后将车轮组件用不干胶粘贴在PCB指定位置，注意车轮和PCB边缘保持足够的间隙，将电动机引线焊接到PCB上。注意引线适当留长一些，便于电动机旋转方向错误后调换引线的顺序。

第三步：安装光电回路

光敏电阻和发光二极管（注意极性）是反向安装在PCB上的，和地面间距约5mm，光敏电阻和发光二极管之间的距离也在5mm左右。最后可以通电测试。

第四步：整车调试

在电池盒内装入2节AA电池，开关拨在“ON”位置上，小车正确的行驶方向是沿万向轮方向。如果按住左边的光敏电阻，小车的右侧的车轮应该转动，按住右边的光敏电阻，小车的左侧的车轮应该转动，如果小车后退行驶，可以同时交换两个电动机的接线，如果一侧正常另一侧后退，只要交换后退一侧电动机接线即可。

注意事项：循迹小车的简易跑道可以直接用1.5～2.0cm黑色的电工胶带直接粘贴在地面上，设计成复杂的跑道。

附录

附录一　模拟集成运算放大器国内外型号对照表

<table>
<tr><th colspan="2">类别</th><th>部标型号</th><th>国标型号</th><th>国内型号</th><th>国外型号</th></tr>
<tr><td rowspan="12">通用型</td><td rowspan="2">I</td><td>F001</td><td></td><td>CE314　BG301 5G922 FC31　FC1</td><td rowspan="2">μA702
μPC51
LM702</td></tr>
<tr><td>F002</td><td>CF702</td><td>4E315</td></tr>
<tr><td rowspan="4">II</td><td>F004</td><td></td><td>5G23</td><td>BE809</td></tr>
<tr><td>F003</td><td></td><td>X51</td><td rowspan="2">μA702
μPC55
LM702</td></tr>
<tr><td>F005</td><td>CF709</td><td>4E304</td></tr>
<tr><td>其他</td><td></td><td>8FC2　8FC3　FC3　X52</td><td rowspan="3">μA741
TA7504
LM741</td></tr>
<tr><td rowspan="6">III</td><td>F006</td><td></td><td>4E322</td></tr>
<tr><td>F007</td><td>CF741</td><td>5G24　XFC5</td></tr>
<tr><td>F009</td><td></td><td>8FC4</td><td></td></tr>
<tr><td>F008</td><td></td><td></td><td></td></tr>
<tr><td rowspan="2">其他</td><td>CF101</td><td>SG101</td><td>LM101</td></tr>
<tr><td></td><td>XFC-77　GB303　NG04</td><td></td></tr>
<tr><td rowspan="14">特殊型</td><td rowspan="5">低功耗型</td><td>F010</td><td></td><td>X54　XFC-75　FC54</td><td></td></tr>
<tr><td>F011</td><td>CF253</td><td>SG101</td><td>μPC253</td></tr>
<tr><td>F012</td><td></td><td>5G26</td><td></td></tr>
<tr><td>F013</td><td></td><td>FC6</td><td></td></tr>
<tr><td>其他</td><td></td><td>8FC7　7XC4　XFC-75</td><td></td></tr>
<tr><td rowspan="5">高精度型</td><td>F030</td><td></td><td>4E325</td><td rowspan="2">AD508</td></tr>
<tr><td>F031</td><td></td><td>XFC-10</td></tr>
<tr><td>F032</td><td></td><td></td><td></td></tr>
<tr><td>F033</td><td>CF725</td><td>8FC5</td><td>μA725</td></tr>
<tr><td>F034</td><td></td><td>XFC-78</td><td></td></tr>
<tr><td rowspan="4">高速型</td><td>F050</td><td></td><td>4E502　XFC7-1</td><td rowspan="2">μA772</td></tr>
<tr><td>F051</td><td></td><td></td></tr>
<tr><td>F052</td><td>CF118</td><td>X55　7XC5　XFC55</td><td>LM118</td></tr>
<tr><td>F054</td><td></td><td>4E321　FC92　XFC7-2</td><td></td></tr>
</table>

续表

类别		部标型号	国标型号	国内型号	国外型号
特殊型	高速型	F055	CF715	8FC6 5G27	μA715
		其他		XFC-75	
	宽带型	F733		SG012 XFC-79 BG323	
		其他		7XC7 BG302 FC9	
	高阻型	F072 F3140		DG3140 F3140 TD04 TD05	CA3140
		其他		X56 BG313 5G28	
	高压型	F1536		FC10	MC1536
		其他		BG315 B001	
	多重型	F124	CF124	DG124	LM124
		其他		F3401 BGF3401 5G14573	
		F747	CF747	DG747 BG320	μA747
		F101		XFX-80	
		其他		DG358 F158 5G353	
	前置放大器			7XC6 FC74 TD01	
	乘法器			BG314 FZ4	

附录二 常用TTL（74系列）数字集成电路型号及引线排列表

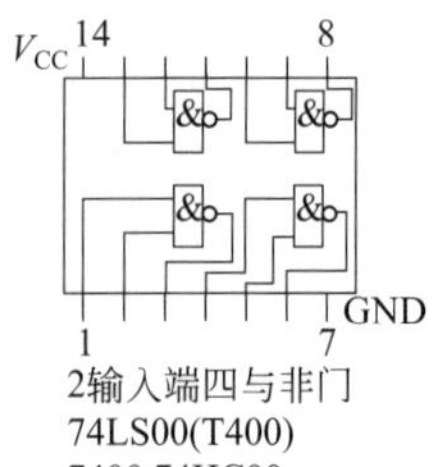

2输入端四与非门
74LS00(T400)
7400 74HC00

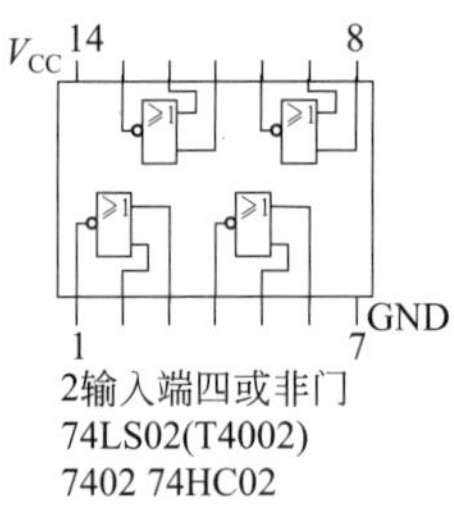

2输入端四或非门
74LS02(T4002)
7402 74HC02

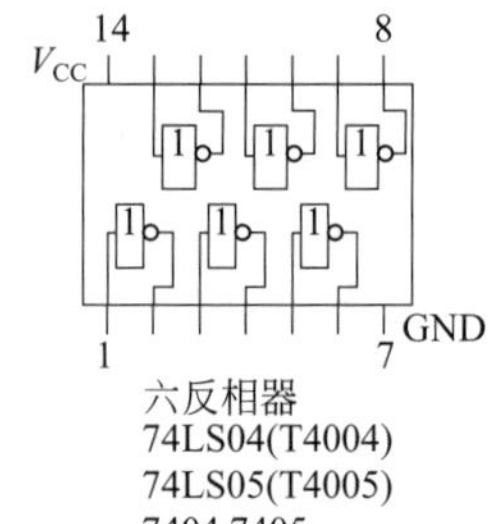

六反相器
74LS04(T4004)
74LS05(T4005)
7404 7405

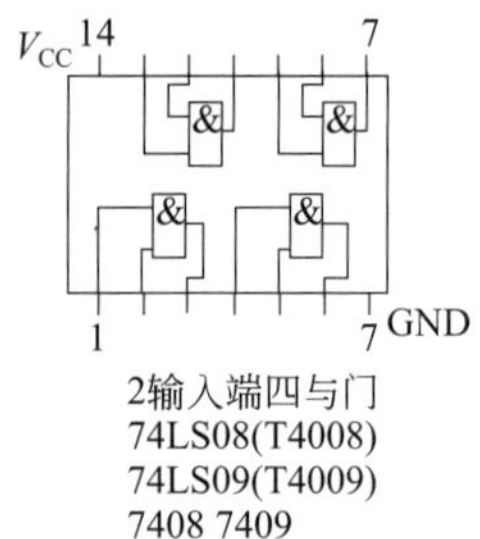

2输入端四与门
74LS08(T4008)
74LS09(T4009)
7408 7409

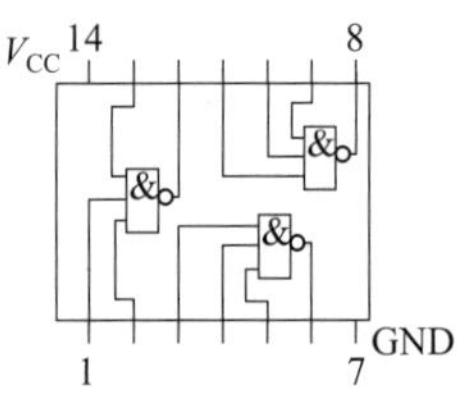

3输入端三与非门
74LS10(T4010)
74LS12(T4012)
7410 7412

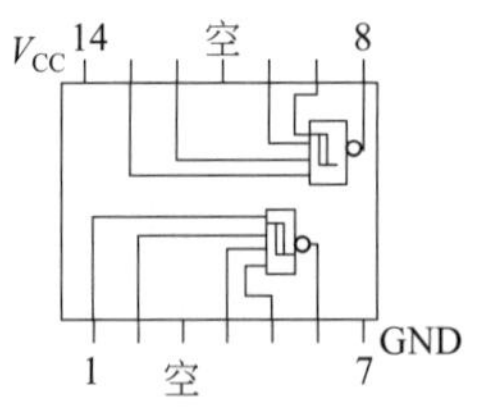

4输入端双与非施密特触发器
74LS13(T4013)
74LS18(T4018)
7413 7418

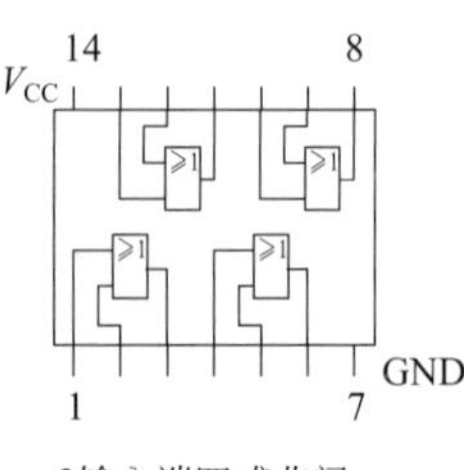

2输入端四或非门
74LS32(T032)
7432

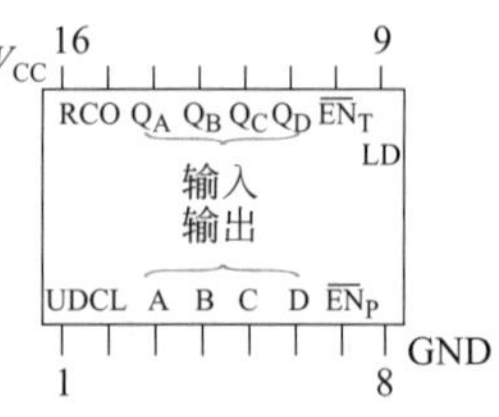

二进制(十进制)四位
加/减同步计数器
74LS168(T4168)(十进制)
74LS169(T4169)(二进制)

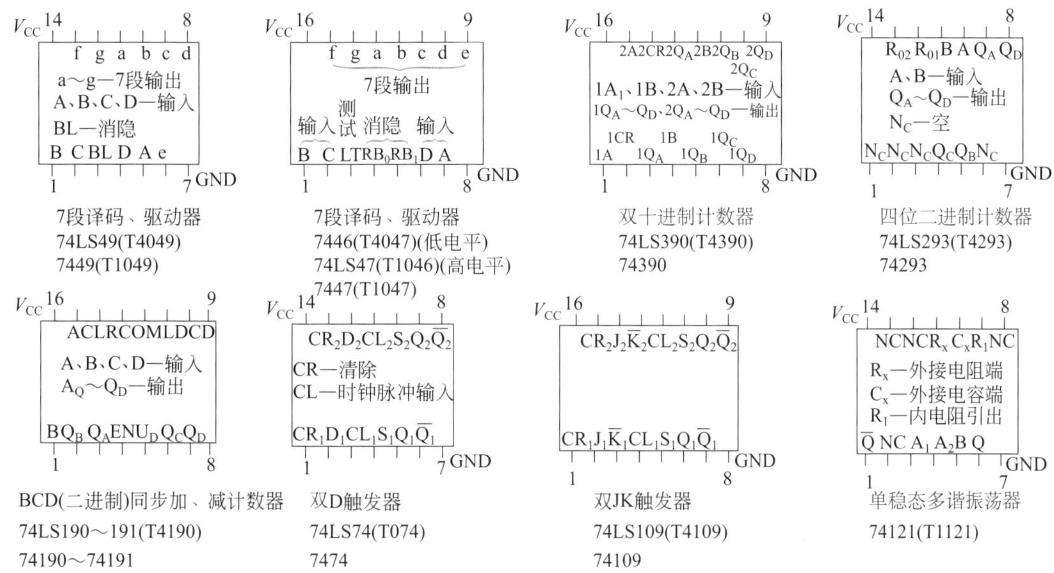

7段译码、驱动器
74LS49(T4049)
7449(T1049)

7段译码、驱动器
7446(T4047)(低电平)
74LS47(T1046)(高电平)
7447(T1047)

双十进制计数器
74LS390(T4390)
74390

四位二进制计数器
74LS293(T4293)
74293

BCD(二进制)同步加、减计数器
74LS190～191(T4190)
74190～74191

双D触发器
74LS74(T074)
7474

双JK触发器
74LS109(T4109)
74109

单稳态多谐振荡器
74121(T1121)

附录三 常用CMOS（C000系列）数字集成电路型号及引线排列表

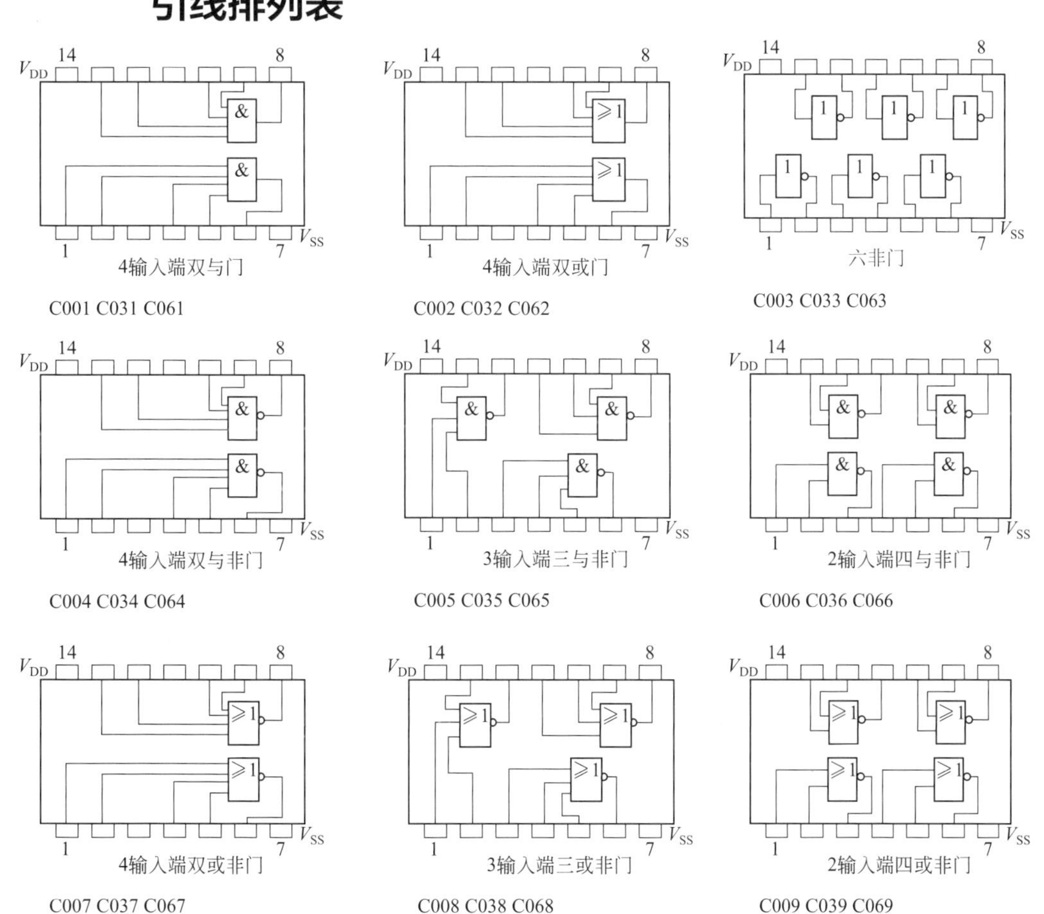

4输入端双与门
C001 C031 C061

4输入端双或门
C002 C032 C062

六非门
C003 C033 C063

4输入端双与非门
C004 C034 C064

3输入端三与非门
C005 C035 C065

2输入端四与非门
C006 C036 C066

4输入端双或非门
C007 C037 C067

3输入端三或非门
C008 C038 C068

2输入端四或非门
C009 C039 C069

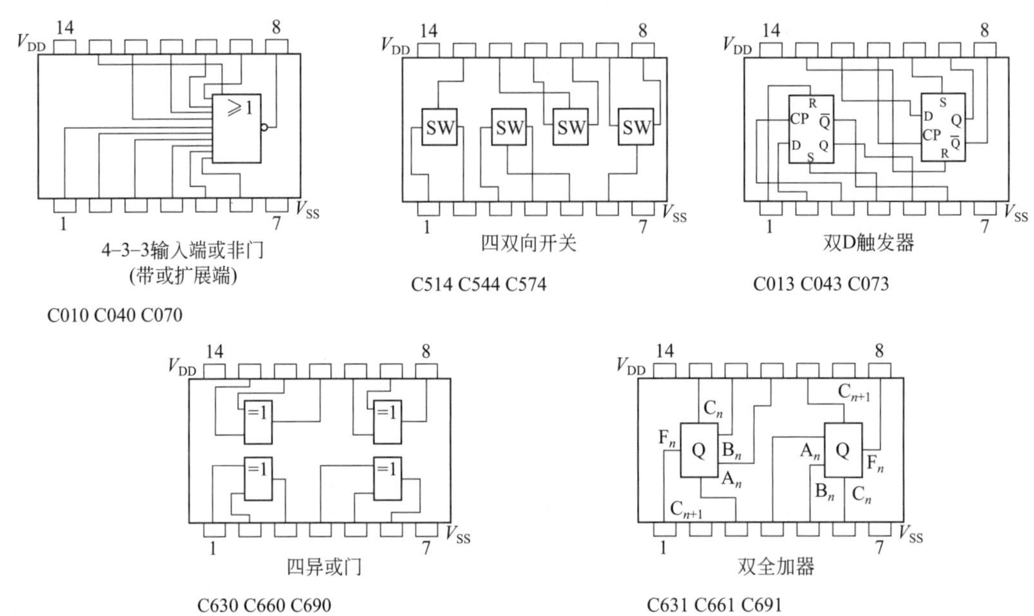
VDD
14
8
1
7
VSS
≥1
4-3-3输入端或非门
(带或扩展端)
C010 C040 C070
SW
四双向开关
C514 C544 C574
R
CP
Q
D
S
双D触发器
C013 C043 C073
=1
四异或门
C630 C660 C690
Cn
Cn+1
Fn
Bn
An
双全加器
C631 C661 C691

附录四　常用CMOS（CC4000系列）数字集成电路国内外型号对照及引线排列表

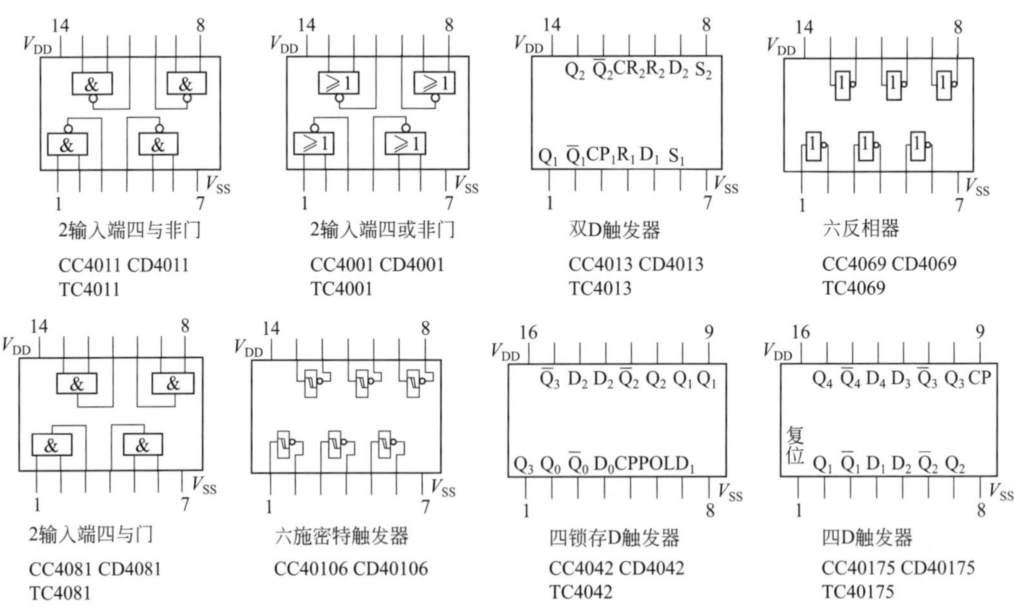
VDD
14
8
1
7
VSS
&
2输入端四与非门
CC4011 CD4011
TC4011
≥1
2输入端四或非门
CC4001 CD4001
TC4001
Q2 Q2CR2R2 D2 S2
Q1 Q1CP1R1 D1 S1
双D触发器
CC4013 CD4013
TC4013
六反相器
CC4069 CD4069
TC4069
2输入端四与门
CC4081 CD4081
TC4081
六施密特触发器
CC40106 CD40106
16
9
Q3 D2 D2 Q2 Q2 Q1 Q1
Q3 Q0 Q0 D0CPPOLD1
四锁存D触发器
CC4042 CD4042
TC4042
Q4 Q4 D4 D3 Q3 Q3 CP
复位
Q1 Q1 D1 D2 Q2 Q2
四D触发器
CC40175 CD40175
TC40175

V_{DD} 16 9
Q_{11} Q_{10} Q_8 Q_9 Cr CP Q_1
Q_{12} Q_6 Q_5 Q_7 Q_4 Q_3 Q_2
1 8 V_{SS}

12位二进制
串行计数器
CC4040 CD4040

V_{DD} 16 9
Cr CP $\overline{EN}$ Q_{CO} Y_9 Y_4 Y_6
Y_5 Y_1 Y_0 Y_2 Y_6 Y_7 Y_3
1 8 V_{SS}

十进制计数器/
脉冲分配器
CC4017 CD4017

V_{DD} 16 9
f g a b c d e
B C $\overline{LT}$ $\overline{BI}$ LED A
1 8 V_{SS}

译码驱动器
CC4511 CD4511 TC4511

V_{DD} 14 8
1 7 V_{SS}

四施密特触发器
CC4093 CD4093

V_{DD} 24 13
$\overline{EN}$ A_4 A_3 Y_{16} Y_{15} Y_{14} Y_{13} Y_{12} Y_{11} Y_{10} Y_9
ST A_1 A_2 Y_1 Y_2 Y_3 Y_4 Y_5 Y_6 Y_7 Y_8
1 12 V_{SS}

4线-16线锁存译码器
CC4514 CD4514

V_{DD} 16 9
2Cr $2Q_4$ $2Q_3$ $2Q_2$ $2Q_1$ 2EN
2CP
1EN 1Q4
1CP $1Q_1$ $1Q_2$ $1Q_3$ 1Cr
1 8 V_{SS}

双二-十进制加计数器
CC4518 CD4518
TC4518

V_{DD} 14 8
1 7 V_{SS}

模拟开关
CC4066 CD4066
TC4066

V_{DD} 16 9
$\overline{DS}_3$ OFMRCDisLE Q_0
$\overline{DS}_2$ $\overline{DS}_1$ C_B C_A Q_2 Q_3 Q_1
1 8 V_{SS}

十进制计数器
CC4553 CD4553
TC4553

V_{DD} 14 8
&
&
&
1 7 V_{SS}

3输入端三与非门
CC4023 CD4023
TC4023

V_{DD} 14 8
&
&
1 7 V_{SS}

4输入二与非门
CC4012 CD4012
TC4012

V_{DD} 14 8
≥1 ≥1
≥1 ≥1
1 7 V_{SS}

2输入四或门
CC4071 CD4071
TC4071

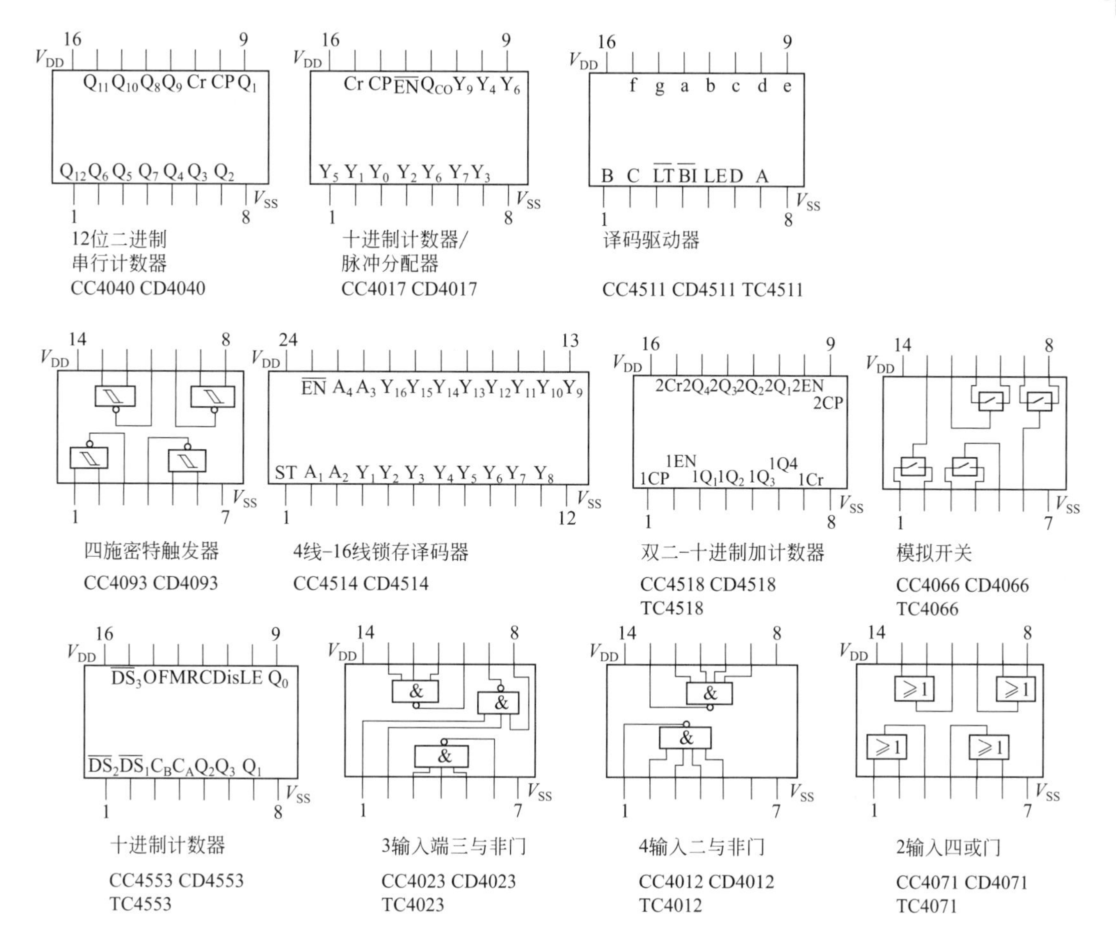

附录五 NI Multisim 10的使用

NI Multisim10
的使用

NI Multisim 10的使用可扫二维码学习。

附录六 Protel DXP的使用

Protel DXP
的使用

Protel DXP的使用可扫二维码学习。

附录七　开关电源原理与制作、调试与维修

附录七-并联开关电源的检修

附录七-并联开关电源原理

附录七-串联开关电源检修

附录七-串联开关电源原理

附录七-典型分立件开关电源无输出检修

附录七-典型集成电路开关电源原理

附录七-分立件开关电源输出电压低检修

附录七-高集成度开关电源原理、维修

附录七-厚膜集成电路电源原理、维修

附录七-开关电源检修注意事项

附录七-开关电源烧保险的故障检修

附录七-开关电源设计-移植法

附录七-自激振荡分立元件开关电源

拓展　电子元器件的识别、检测与维修

拓展-IGBT晶体管的检测

拓展-场效应管的检测

拓展-单向可控硅的检测

拓展-电感的测量

拓展-电容器的检测

拓展-电位器的检测

拓展-电阻器的检测

拓展-二极管的检测

拓展-集成电路与稳压器件的检测

拓展-开关继电器的检测

拓展-三极管的检测

拓展-数字表测量变压器

拓展-数字万用表的使用

拓展-双向可控硅的检测

拓展-指针万用表的使用

参考文献

[1] 张伯虎. 开关电源设计与维修从入门到精通. 北京: 化学工业出版社, 2019.

[2] 张校铭. 从零开始学电子元器件——识别 • 检测 • 维修 • 代换 • 应用. 北京: 化学工业出版社, 2017.

[3] 张校铭. 一学就会的130个电子制作实例. 北京: 化学工业出版社, 2017.

[4] 张振文. 电工电路识图、布线、接线与维修. 北京: 化学工业出版社, 2018.

[5] 张校珩. 从零开始学万用表检测、应用与维修. 北京: 化学工业出版社, 2019.

[6] 张振文. 电工手册. 北京: 化学工业出版社, 2018.

[7] 赵家贵. 电子电路设计. 北京: 中国计量出版社, 2005.

[8] 朱正涌. 半导体集成电路. 北京: 清华大学出版社, 2001.

[9] 刘光祐. 模拟电路基础. 成都: 电子科技大学出版社, 2003.

全书视频讲解清单

- 2页-电子琴的制作
- 2页-多功能报警器的制作
- 3页-开关电源设计-移植法
- 18页-电子元器件识别、检测与维修
- 18页-简单的门铃电路制作
- 18页-认识电路板上的电子元器件
- 20页-电子元器件识别、检测与维修
- 20页-认识电路板上的电子元器件
- 21页-线性电源原理与维修
- 23页-光控感应开关的制作
- 33页-线性电源原理与制作
- 34页-自己制作变压器
- 39页-三端稳压器的检测
- 43页-并联开关电源原理
- 43页-串联开关电源原理
- 44页-充电器控制电路检修
- 44页-充电器无输出启动电路检修
- 44页-充电器以TL3842为核心的电路原理
- 59页-石英晶体的检测
- 92页-收音机工作过程与原理
- 92页-收音机调试维修
- 92页-收音机组装过程
- 104页-光电耦合器的检测
- 124页-电子琴的制作
- 124页-检测NE555集成电路
- 124页-简单的行走机器人的制作
- 133页-NI Multisim10的使用
- 168页-Protel DXP的使用
- 168页-用AD软件绘制电路原理图
- 301页-RS-232转485 AD原理图设计
- 301页-RS-232转485电路板布局设计
- 301页-RS-232转485电路板布线设计
- 307页-红外线倒车雷达调试与检修
- 308页-单片机智能循迹避障车的制作
- 308页-自动巡道车组装、调试与维修
- 315页-NI Multisim10的使用
- 315页-Protel DXP的使用
- 附录七-并联开关电源的检修
- 附录七-并联开关电源原理
- 附录七-串联开关电源检修
- 附录七-串联开关电源原理
- 附录七-典型分立件开关电源无输出检修
- 附录七-典型集成电路开关电源原理
- 附录七-分立件开关电源输出电压低检修
- 附录七-高集成度开关电源原理、维修
- 附录七-厚膜集成电路电源原理、维修
- 附录七-开关电源检修注意事项
- 附录七-开关电源烧保险的故障检修
- 附录七-开关电源设计-移植法
- 附录七-自激振荡分立元件开关电源
- 拓展-IGBT晶体管的检测
- 拓展-场效应管的检测
- 拓展-单向可控硅的检测
- 拓展-电感的测量
- 拓展-电容器的检测
- 拓展-电位器的检测
- 拓展-电阻器的检测
- 拓展-二极管的检测
- 拓展-集成电路与稳压器件的检测
- 拓展-开关继电器的检测
- 拓展-三极管的检测
- 拓展-数字表测量变压器
- 拓展-数字万用表的使用
- 拓展-双向可控硅的检测
- 拓展-指针万用表的使用